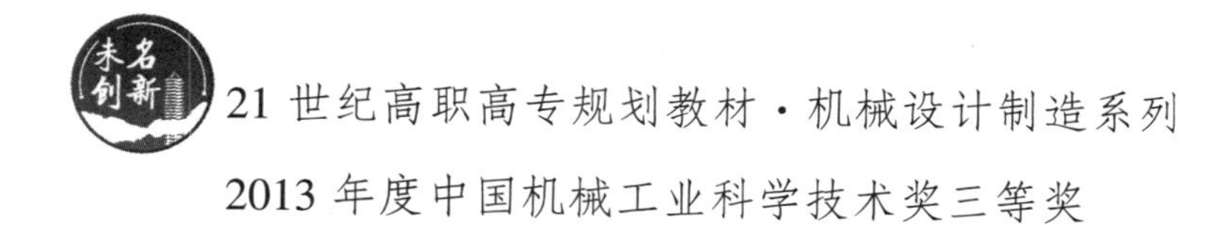

21 世纪高职高专规划教材·机械设计制造系列

2013 年度中国机械工业科学技术奖三等奖

机电设备装配安装与维修

（第二版）

主　编　马光全

副主编　刘德斌　唐天德

参　编　严　锐　郑明波

主　审　智海素

内 容 简 介

本书对机电设备的装配、安装、管理维护和维修4个方面进行了讲解。

本书共分9章，讲解机械零部件装配基本知识，联接零部件、传动零部件、轴承和密封件的装配技术要求和装配工艺方法，阐述了机电设备安装、机电设备管理、维修基本知识、典型零件的修理、设备电气维修等相关内容，并列举了实用的实训内容。本书的特点是少理论、多技能、多图片，在内容上符合实践生产的需求，在形式上符合高职教育的特点。

本书可作为高职高专机械类专业的教学用书，也可作为机械类中专和技师的培训教材以及从事设备维修、设备管理的人员和设备安装调试人员的参考书。

图书在版编目(CIP)数据

机电设备装配安装与维修/马光全主编. —2版. —北京:北京大学出版社,2014.7
(全国高职高专规划教材·机械设计制造系列)
ISBN 978-7-301-24431-9

Ⅰ.①机…　Ⅱ.马…　Ⅲ.①机电设备—设备安装—高等职业教育—教材
②机电设备—维修—高等职业教育—教材　Ⅳ.①TH17　②TH182

中国版本图书馆CIP数据核字(2014)第137711号

书　　　名：机电设备装配安装与维修(第二版)
著作责任者：马光全　主编
策 划 编 辑：温丹丹
责 任 编 辑：温丹丹
标 准 书 号：ISBN 978-7-301-24431-9/TH·0396
出 版 发 行：北京大学出版社
地　　　址：北京市海淀区成府路205号　100871
网　　　址：http://www.pup.cn　新浪官方微博:@北京大学出版社
电 子 信 箱：zyjy@pup.cn
电　　　话：邮购部010-62752015　发行部010-62750672　编辑部010-62756923
印　刷　者：三河市北燕印装有限公司
经　销　者：新华书店
787毫米×1092毫米　16开本　16.25印张　405千字
2008年8月第1版
2014年7月第2版　2021年8月第8次印刷(总第17次印刷)
定　　　价：38.00元

第二版前言

机械设备的精度取决于零件的加工精度和装配精度，机械设备能否保持较长的寿命和正常使用取决于设备的正确安装调试和设备的维护维修管理。根据生产实践的需要，本书阐述了机电设备的装配、安装、管理维护和维修4个方面的内容，这些内容是学生将来从事设备装配、设备安装调试、设备管理和设备维修等相关工作必须掌握的基本知识和技能。

本书的特点是少理论、多操作、多图片，在内容上符合实践生产的需求，形式上符合高职教育的特点。

本书共分9章。第1章介绍机械装配方法、机械零件清洗、平衡试验、机电设备几何精度的检验等相关知识；第2章介绍螺纹联接、键联接、销联接、过盈联接装配工艺要求和装配方法；第3章介绍齿轮传动、蜗杆传动、带传动、链传动、丝杠螺母传动和联轴器的技术要求和装配方法；第4章介绍轴承和密封元件的装配技术要求和装配方法；第5章介绍机电设备的安装、机电设备试运转的相关内容；第6章介绍设备维护保养、设备更新改造的主要内容与方法和设备检修管理的基本知识与设备配件管理；第7章介绍机械零件失效的形式、机械故障诊断的基本原理和基本方法、机械零件的修复技术、机电设备的拆卸、清洗等维修基本知识；第8章介绍轴类零件、箱体轴承孔、轴承、导轨、丝杠螺母机构、齿轮的修理方法；第9章介绍电气图形、文字符号、电气控制线路图等电气基本知识，讲解了常见设备电气控制系统工作原理和设备常见电气故障分析排除方法，并在章节后面增加相关的实训内容。

本书由丽水职业技术学院马光全任主编，四川机电职业技术学院刘德斌、绵阳职业技术学院唐天德任副主编，石家庄职业技术学院智海素任主审。编写分工如下：马光全编写第1、3章；浙江嘉丽工业有限公司严锐编写第2、8章；浙江嘉丽工业有限公司郑明波编写第4、5章；唐天德编写第6、9章；刘德斌编写第7章。

本书可作为高职高专机械类专业的教学用书，也可作为机械类中专和技师的培训教材以及从事设备维修、设备管理的人员和设备安装调试人员的参考书。

编　者

2014年6月

目　　录

第 1 章　机械零部件装配基本知识 …… 1

1.1　装配概述 …… 1
1.2　装配工艺规程 …… 4
1.3　装配工艺与生产类型 …… 5
1.4　装配精度和装配方法 …… 6
1.5　装配时零件的清理和清洗 …… 7
1.6　旋转件的平衡 …… 9
1.7　机电设备几何精度的检验 …… 12
1.8　实训 …… 24
1.9　思考题 …… 38

第 2 章　联接零部件的装配 …… 39

2.1　螺纹联接的装配 …… 39
2.2　键联接的装配 …… 46
2.3　销联接的装配 …… 49
2.4　过盈联接的装配 …… 50
2.5　思考题 …… 53

第 3 章　传动零部件的装配 …… 54

3.1　齿轮传动机构的装配 …… 54
3.2　蜗杆传动机构的装配 …… 63
3.3　带传动机构的装配 …… 69
3.4　链传动机构的装配 …… 73
3.5　丝杠螺母传动机构的装配 …… 75
3.6　联轴器的装配 …… 83
3.7　思考题 …… 85

第 4 章　轴承和密封件的装配 …… 87

4.1　滚动轴承的装配 …… 87
4.2　滑动轴承的装配 …… 96
4.3　密封装置的装配 …… 101
4.4　实训 …… 105
4.5　思考题 …… 112

第 5 章 机电设备安装 …… 113

5.1 机械安装前的准备工作 …… 113
5.2 机械的开箱检查 …… 114
5.3 机电设备基础的验收 …… 114
5.4 一般机器基础的设计计算 …… 117
5.5 机械的安装 …… 119
5.6 二次灌浆 …… 124
5.7 试运转 …… 125
5.8 实例 …… 127
5.9 思考题 …… 129

第 6 章 机电设备管理 …… 130

6.1 设备管理概述 …… 130
6.2 设备的使用 …… 133
6.3 设备的维护 …… 136
6.4 设备润滑 …… 138
6.5 设备检修管理 …… 149
6.6 备件管理 …… 154
6.7 设备的故障与事故管理 …… 156
6.8 设备的更新和改造 …… 159
6.9 实训 …… 162
6.10 思考题 …… 165

第 7 章 维修基本知识 …… 166

7.1 机械零件失效的形式 …… 166
7.2 机械设备状态监测和故障诊断 …… 173
7.3 机电设备的拆卸和清洗 …… 185
7.4 机械零件的修复技术 …… 189
7.5 思考题 …… 204

第 8 章 典型零部件的修理 …… 205

8.1 轴类零件的修理 …… 205
8.2 箱体轴承孔的修理 …… 208
8.3 轴承的修理 …… 210
8.4 丝杠螺母机构的修理 …… 212
8.5 齿轮的修理 …… 213
8.6 导轨的修复 …… 217
8.7 零件修复实例 …… 218
8.8 实训 …… 223

8.9　思考题 …… 234

第9章　设备电气维修 …… 235

9.1　设备电气控制线路常识 …… 235
9.2　车床电气控制系统 …… 243
9.3　钻床电气控制系统 …… 245
9.4　思考题 …… 250

参考文献 …… 252

第1章　机械零部件装配基本知识

教学目标

- 理解装配的重要作用
- 掌握装配工艺规程的内容
- 掌握保证装配精度的装配方法
- 掌握机械零件清洗的方法
- 掌握旋转件的平衡试验方法
- 掌握机电设备几何精度的检验方法

1.1　装配概述

机械装配是机械制造过程中最后的工艺环节，它将最终保证机械产品的质量。如果装配工艺制定不合理，即使所有机械零件都合乎质量要求，也不能装配出合格产品。

1.1.1　装配的概念

机械产品一般由许多零件和部件组成。按规定的技术要求，将若干零件结合成部件或若干个零件和部件结合成机器的过程称为装配。

零件是组成机器不可再分的基本单元。机器零件一般包括基本零件、通用零件或部件、标准零件和外购零件。

（1）基本零件，即主体件，如机座、床身、箱体、轴、齿轮等。

（2）通用零件或部件是指带有通用性质的零件或部件。

（3）标准零件，如螺钉、螺母、轴承、接头、垫圈、销子等。

（4）外购零件，如密封填料、电气零件等。

装配是一个多层次的工作。图1-1为装配过程示意图。若干零件永久联接（如铆接、过盈配合等）或联接后再经加工成套件（又称合件）。例如，蜗轮是由齿圈与轮毂零件过盈联接后再经加工成的合件，如图1-2所示。若干个零件组合或若干个零件与若干个合件组合成组件。例如，机床主轴箱中的主轴与其上的键、齿轮、垫片、套、轴承和调整螺母组成主轴组件，如图1-3所示。若干个零件、合件和组件组合成部件，部件是机器中具有完整功能的一个组成部分。例如，卧式车床的主轴箱、进给箱和溜板箱、刀架、尾座、床身等是组成卧式车床的组成部分，是卧式车床的部件。图1-4是CA6140型卧式车床尾座部件图，由23个零件组成，具备完整的功能，可以安装顶尖、钻头，车床尾座可以在导轨上滑动，快速紧固手柄可以把车床尾座锁紧固定在导轨的任一部位，摇动手轮可以使顶尖或钻头前后运动。

将零件、合件装配成组件称为组装。将零件、合件和组件装配成部件称为部装。将零件、合件、组件和部件最终装配成机器称为总装。

比较复杂的产品，其装配工艺常分为部装和总装两个过程。把产品划分成若干个部装是保证缩短装配周期的基本措施。因为划分为若干个部装后，可在装配工艺上组织平行装配作业，扩大装配工作面，而且能使装配按流水线组织生产，或便于大协作生产。同时，各部装能预先调整试验，各部分以比较完善的状态送去总装，有利于保证产品质量。

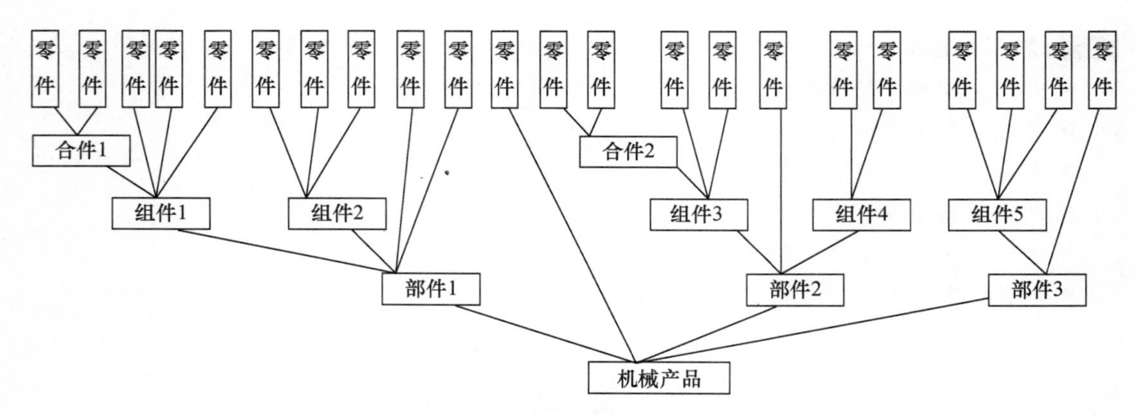

图 1-1　装配过程示意图

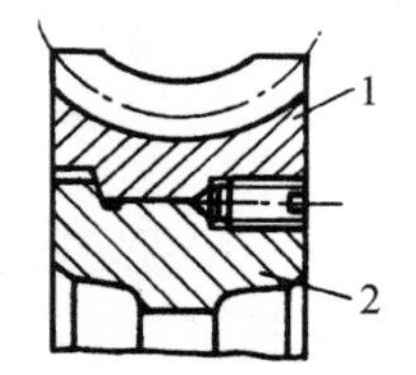

图 1-2　组合式蜗轮（套件）

1—齿圈（铸铜）；2—轮毂（铸铁或钢）

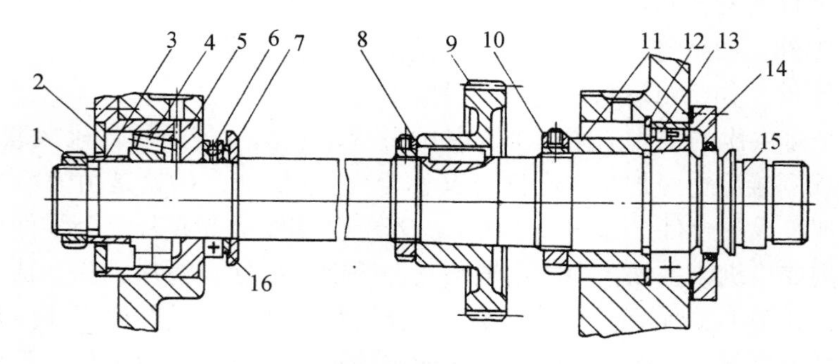

图 1-3　车床主轴部件

1、8、10—螺母；2—盖板；3、11—衬套；4—圆锥滚子轴承；5—轴承座体；6—推力球轴承；7、16—垫圈；9—齿轮；12—弹性挡圈；13—圆柱滚子轴承；14—前盖；15—主轴

产品的总装通常是在工厂的总装配车间（或装配工段）内进行。但在某些场合下（如重型机床、大型汽轮机和大型泵等），产品在制造厂内只进行部装工作，而在产品安装的现场进行总装工作。

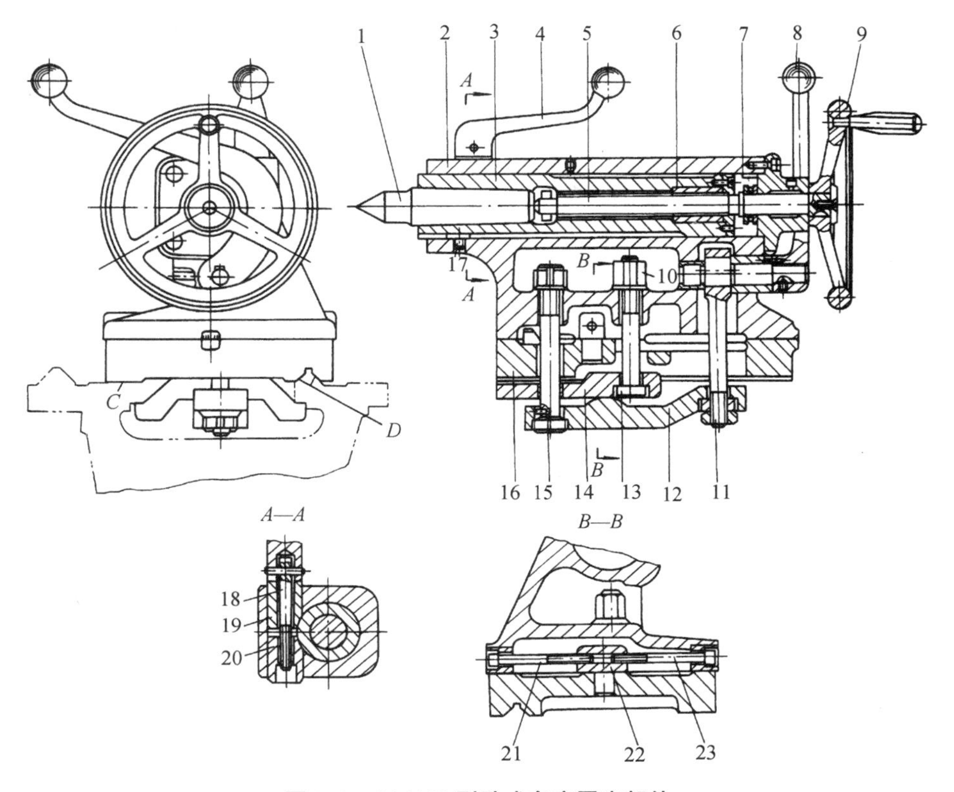

图 1-4　CA6140 型卧式车床尾座部件

1—后顶尖；2—尾座体；3—尾座套筒；4—手柄；5—丝杆；6—螺母；7—支承盖；8—快速紧固手柄；9—手轮；10—六角螺母；11—拉杆；12—杠杆；13—T 形螺栓；14—压板；15—螺栓；16—尾座底板；17—键；18—螺杆；19、20—套筒；21、23—调整螺钉；22—T 形螺母

1.1.2　装配工作的重要性

装配不仅是最终保证产品质量的重要环节，而且在装配过程中可以发现机器在设计和制造过程中所存在的问题，如设计上的错误和结构工艺性不好，零件加工过程中存在的质量问题以及装配工艺本身的问题，从而在设计、制造和装配方面不断改进。因此，装配在保证产品质量中占有非常重要的地位。

装配工作包括部装、总装、调整、检验和试机等工作。装配质量的好坏，对整个产品的质量起着决定性的作用。通过装配才能形成最终产品，并保证它具有规定的精度及设计所定的使用功能以及验收质量标准。如果装配不当，不重视清理工作，不按工艺技术文件要求装配，即使所有零件加工质量都合格，也不一定能够装配出合格的、优质的产品。这种装配质量较差的产品，精度低、性能差、功率损耗大、寿命短、不受用户的欢迎。装配工作是一项非常重要而细致的工作，必须认真按照产品装配图的要求，制定出合理的装配工艺规程，采用新的装配工艺，以提高装配精度，达到优质、低耗、高效。

1.2 装配工艺规程

1.2.1 装配工艺规程的概念

装配工艺规程是指规定装配部件和整个产品的工艺过程，以及该过程中所使用的设备和工具、夹具、量具等的技术文件。

装配工艺规程是生产实践和科学实验的总结，是提高劳动生产率、保证产品质量的必要措施，是组织装配生产的重要依据。只有严格按工艺规程生产，才能保证装配工作的顺利进行，降低成本，增加经济效益。装配工艺规程随生产力的发展而不断改进。

1.2.2 装配工艺过程

装配工艺过程一般由以下5个部分组成。

1. 装配前的准备工作

（1）研究装配图及工艺文件、技术资料，了解产品结构，熟悉各零件、部件的作用、相互关系及联接方法。

（2）确定装配方法，准备所需要的工具。

（3）平衡实验。旋转体的平衡是装配过程中的一项重要工作；对于转速高且运转平稳性要求高的机械，尤其应该严格要求回转零件的平衡，并要求总装后在工作转速下进行整机平衡。如精密磨床、电动机和高速内燃机等，为了防止运转中发生振动，应对其旋转零部件进行平衡实验。

（4）有的还要进行渗漏试验和气密性试验等。

2. 装配工作

装配不只是将合格零件简单地联接起来，它包含一系列内容。

（1）去掉零件上的毛刺。

（2）检查。在装配过程中，要随时对装配零件进行检查，避免全部装好后再返工。

（3）清理和清洗。经检验合格的零件，装配前要经过认真清理和清洗，其目的是去除黏附在零件上的灰尘、切屑和油污，并使零件具有一定的防锈能力。清洗对轴承、配偶件、密封件、传动件等特别重要。如装配主轴部件时，若清理和清洗工作不严格，将会造成轴承温升过高，并过早丧失其精度；对于相对滑动的导轨副，也会因摩擦面间有砂粒、切屑等而加速磨损，甚至会出现导轨副“咬合”等严重事故。为此，在装配过程中必须认真做好这项工作。

（4）联接。这是装配的主要工作。联接包括可拆联接（用螺纹、键、销联接等）和不可拆联接（用焊接、黏结、铆接和过盈配合等）两种。

3. 校正、调整与配作

在机器装配过程中，特别是在单件小批生产条件下，完全靠零件互换装配以保证装配精度往往是不经济的，有的甚至是不可能的，所以在装配过程中常需做校正、调整与配作工作。

校正是指相关零部件间相互位置的找正、找直、找平及相应的调整工作。如床身导轨扭曲的校正，卧式车床主轴中心与尾座套筒中心等高的校正等。

调整是指相关零部件间相互位置的调节工作，使机构或机器工作协调。如轴承间隙、导轨副间隙的调整等。

配作是指几个零件配钻、配铰、配刮和配磨等，这是装配中间附加的一些钳工和机械加工工作。配钻和配铰要在校正、调整后进行。配刮和配磨的目的是为增加相配表面的接触面积和提高接触刚度。

4. 试验与验收

机器装配完成以后，要按照有关技术标准和规定进行试验与验收。如发动机需进行特性试验、寿命试验，机床需进行温升试验、振动和噪声试验等。又如机床出厂前需进行相互位置精度和相对运动精度的验收等。

5. 喷漆、涂油、装箱

喷漆是为了防止不加工面的锈蚀和使机器外表美观；涂油是为了使工作表面及零件已加工表面不生锈；装箱是为了便于运输。它们也都需结合装配工序进行。

1.3 装配工艺与生产类型

随着产品生产类型和复杂程度的不同，装配工艺的组织形式也不同。机器装配的生产类型，大致可分为单件生产、成批生产和大量生产三种。生产类型与装配工艺的组织形式、装配工艺方法、工艺过程、工艺装备、手工操作等方面，有着本质上的联系(如表1-1所示)，并起着支配装配工艺的重要作用。

表 1-1　各种生产类型装配工作的特点

<table>
<tr><th colspan="2">生产类型</th><th>大批大量生产</th><th>成批生产</th><th>单件小批生产</th></tr>
<tr><td colspan="2">基本特性</td><td>产品固定，生产活动长期重复，生产周期一般较短</td><td>产品在系列化范围内变动，分批交替投产或多品种同时投产，生产活动在一定时期内重复</td><td>产品经常变换，不定期重复生产，生产周期一般较长</td></tr>
<tr><td rowspan="3">装配工作特点</td><td>组织形式</td><td>多采用流水装配线：有连续移动、间歇移动及可变节奏等移动方式，还可采用自动装配机或自动装配线</td><td>笨重、批量不大的产品多采用固定流水装配，批量较大时采用流水装配，多品种平行投产时多品种可变节奏流水装配</td><td>多采用固定装配或固定式流水装配进行总装，同时对批量较大的部件亦可采用流水装配</td></tr>
<tr><td>装配工艺方法</td><td>按互换法装配，允许有少量简单的调整，精密偶件成对供应或分组供应装配，无任何修配工作</td><td>主要采用互换法，但灵活运用其他保证装配精度的装配工艺方法，如调整法、修配法及合并法，以节约加工费用</td><td>以修配法及调整法为主，互换件比例较少</td></tr>
<tr><td>工艺过程</td><td>工艺过程划分很细，力求达到高度的均衡性</td><td>工艺过程的划分须适合于批量的大小，尽量使生产均衡</td><td>一般不制定详细工艺文件，工序可适当调度，工艺也可灵活掌握</td></tr>
</table>

续表

生产类型		大批大量生产	成批生产	单件小批生产
装配工作特点	工艺装备	专业化程度高，宜采用专用高效工艺装备，易于实现机械化、自动化	通用设备较多，但也采用一定数量的专用工、夹、量具，以保证装配质量和提高工效	一般为通用设备及通用工、夹、量具
	手工操作要求	手工操作比重小，熟练程度容易提高，便于培养新工人	手工操作比重较大，技术水平要求较高	手工操作比重大，要求工人有高的技术水平和多方面工艺知识
应用实例		汽车，拖拉机，内燃机，滚动轴承，手表，缝纫机，电气开关	机床，机车车辆，中小型锅炉，矿山采掘机械	重型机床，重型机器，汽轮机，大型内燃机，大型锅炉

1.4 装配精度和装配方法

1.4.1 装配精度

保证装配精度是装配工作的根本任务。装配精度是指装配后的质量与技术规格的符合程度，一般包括零部件间的配合精度（间隙、过盈），距离精度（轴向间隙、轴向距离、轴线距离），位置精度（如平行度、垂直度、同轴度、跳动），相对运动精度和接触精度等。

运动精度是指有相对运动的零件间在运动方向上和运动位置上的精度。运动方向上的精度有：直线度，平行度，垂直度；运动位置上（传动精度）的精度有：内传动链中始末两传动元件间的相对传动精度。接触精度是指接触面积、接触斑点。

上述装配精度的要求都是通过装配工艺保证的。影响装配精度的主要因素如下。

（1）零件本身加工质量的好坏。

（2）装配过程中的选配和加工质量。

（3）装配后的调整与质量检验。

一般来说，零件的精度高，装配精度也就高；而生产实际表明，即使零件精度较高，若装配工艺不合理，也达不到较高的装配精度。因此，研究零件精度与装配精度的关系，对制定装配工艺是非常必要的。

1.4.2 保证装配精度的装配方法

在机械装配过程中大部分工作是保证零部件之间的正常配合。为了保证配合精度，装配时要严格按公差要求。目前，常采用的保证装配配合精度的方法有以下几种。

（1）完全互换法。相互配合零件公差之和小于或等于装配允许偏差，零件完全互换。对零件不需挑选、调整或修配就能达到装配精度要求。该方法操作方便，易于掌握，生产效率高，便于组织流水作业，但对零件的加工精度要求较高。适用于配合零件数较少、批量较大的场合。

（2）分组选配法。这种方法零件的加工公差按装配精度要求的允许偏差放大若干倍，对加工后的零件测量分组，对应的组进行装配，同组可以互换。零件能按经济加工精度制造，配合精度高，但增加了测量分组工作。适用于成批或大量生产，配合零件数少，装配精度较高的场合。

（3）调整法。选定配合副中一个零件制造成多种尺寸作为调整件，装配时利用它来调整到装配允许的偏差；或采用可调装置如斜面、螺纹等改变有关零件的相互位置来达到装配允许偏差。零件可按经济加工精度制造，能获得较高的装配精度。但装配质量在一定程度上依赖操作者的技术水平。调整法可用于多种装配场合。如轴承间隙的调整。

（4）修配法。在某零件上预留修配量，在装配时通过修去其多余部分达到要求的配合精度。这种方法零件可按经济加工精度加工，并能获得较高的装配精度。但增加了装配过程中的手工修配和机械加工工作量，延长了装配时间，且装配质量在很大程度上依赖工人的技术水平。适用于单件小批生产，或装配精度要求高的场合。如锥齿轮间隙的调整靠垫圈的厚度调整。

上述四种装配方法中，分组选配法、调整法、修配法过去采用得比较多，采用完全互换法比较少。但随着科学技术的进步，生产的机械化、自动化程度不断提高，零件较高的加工精度已不难实现。由于现代化生产的大型、连续、高速和自动化的特点，完全互换法已在机械装配中日益广泛采用，成为发展的方向。

1.4.3　密封的重要性

在机械装配过程中，如果密封装置位置不当、选用密封材料和预紧程度不合适、密封装置的装配工艺不符合要求，都可能产生机械设备漏油、漏水、漏气等现象，轻则损失能源，造成环境污染，使机械设备降低或丧失工作能力；重则可能发生严重事故。因此在装配工作中，对密封性必须给予足够重视。要恰当地选用密封材料，严格按照正确的工艺过程合理装配，要有合理的装配紧度，并且压紧要均匀。

1.5　装配时零件的清理和清洗

在装配过程中，零件的清理和清洗工作对提高装配质量，延长产品使用寿命都有重要意义。特别对于轴承、精密配合件、液压元件、密封件以及有特殊清洗要求的零件等更为重要。

1.5.1　零件的清理

装配前，对零件上残存的型砂、铁锈、切屑、研磨剂、油漆、灰砂等必须用钢丝刷、毛刷、皮风箱或压缩空气等清除干净，绝不允许有油污、脏物和切屑存在，并应倒钝零件上的锐边和去毛刺。有些铸件及钣金件还必须先打腻子和喷漆后才能装配（如变速箱、机体等内部喷淡色油漆）。对于孔、槽、沟及其他容易存留杂物的地方，应特别仔细地清理。

在装配时，要及时和彻底地清除在钻、铰或攻螺纹等加工时所产生的切屑。对重要的配合表面，在清理时，应注意保持所要求的精度和表面粗糙度，且不准对表面粗糙度值（Ra）1.6 μm 以下的表面使用锉刀加工，必要时在取得工艺员的同意下，可用超细砂布修饰。

装好的并经检查合格的组件或部件，必须加以防护盖罩，以防止水、气、污物及其他脏物进入部件内部。

1.5.2 零件的清洗

1. 零件的清洗方法

在单件和小批生产中，零件可在洗涤槽内用抹布擦洗或进行冲洗。在成批或大量生产中，常用洗涤机清洗零件。图1-5所示为适用于成批生产中清洗小型零件的固定式喷嘴喷洗装置。图1-6所示是一种比较理想的超声波清洗装置。它利用高频率的超声波，使清洗液振动从而出现大量空穴气泡，并逐渐长大。然后突然闭合，闭合时会产生自中心向外的微激波，压力可达几十甚至几百兆帕促使零件上所黏附的油垢剥落。

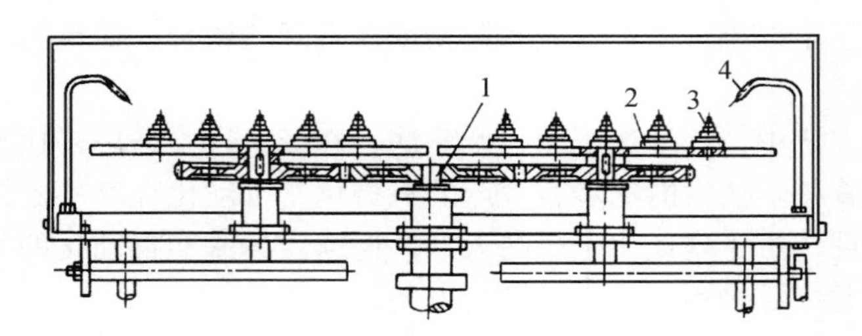

图1-5 固定式喷嘴喷洗装置

1—传动主轴；2—转盘；3—工件；4—喷嘴

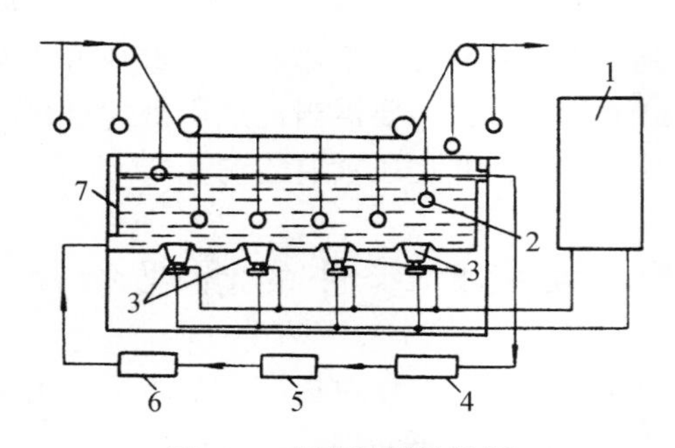

图1-6 超声波清洗装置

1—超声波发生器；2—零件；3—换能器；4—过滤器；5—泵；6—加热器；7—清洗器

同时空穴气泡的强烈振荡，加强和加速了清洗液对油垢的乳化作用和增溶作用，提高了清洗能力。

超声波清洗，主要用于清洗精度要求较高的零件，尤其是经精密加工、几何形状较复杂的零件，如光学零件、精密传动的零部件、微型轴承、精密轴承等。对零件上的小孔、深孔、不通孔、凹槽等，也能获得较好的清洗效果。

2. 常用的清洗液

常用的清洗液有汽油、煤油、轻柴油和水剂清洗液。它们的性能如下。

（1）工业汽油，主要用于清洗油脂、污垢和黏附的机械杂质，适用于清洗较精密的零部件。航空汽油用于清洗质量要求较高的零件。对橡胶制品，严禁用汽油，以防发胀变形。

（2）煤油和轻柴油的应用与汽油相似，但清洗能力不及汽油，清洗后干得较慢，但比汽油安全。

（3）水剂清洗液，是金属清洗剂起主要作用的水溶液，金属清洗剂占 4% 以下，其余是水。金属清洗剂主要是非离子表面活性剂。具有清洗力强，应用工艺简单，多种清洗方法都可适用，并有较好的稳定性、缓蚀性，无毒，不燃，使用安全，成本低等特点。常用的有 6501、6503 和 105 清洗剂等。

3. 清洁度的检测

清洁度是反映产品质量的重要指标之一。它是指经过清理和洗涤后的零部件以至装配完成后的整机，含有杂质的程度，杂质包括金属粉屑、锈片、尘沙、棉纱头、污垢等。检测时要对主要零件的内外表面、孔槽，一般零件的工作面，导轨面的结合部位，以及机械传动、液压、电气系统等都要用目测、手感或称量法进行检测。用称量法检测机床部件内部杂质、油污的质量指标，如表 1-2 所示。

表 1-2　机床部件内部杂质、油污的质量指标

部　　件	床身上最大回转直径 D_a/mm			
	$D_a \leqslant 360$	$360 < D_a \leqslant 500$	$500 < D_a \leqslant 800$	$800 < D_a \leqslant 1250$
主轴箱	12 000	16 000	21 000	28 000
溜板箱	6 000	7 000	11 000	14 000
进给箱	4 000	5 000	7 500	10 000
润滑油箱	2 000	3 000	4 500	7 000
整机	24 000	31 000	44 000	59 000

1.6　旋转件的平衡

机器中的旋转件（如齿轮、带轮、飞轮及各种转子等）由于材料密度不均匀、加工精度或其他原因都会使旋转件的重心和旋转中心不重合，当旋转件旋转时，产生一离心力 F。

$$F = mr\omega^2 = mr(\pi n/30)^2 \tag{1-1}$$

式中　F——离心力（N）；

m——不平衡量（kg）；

r——旋转件的重心到旋转中心的距离（m）；

n——转速（r/min）。

这种附加力将使机械效率、工作精度和可靠性下降，加速零件的损坏，缩短机械的使用寿命。当这些惯性力的大小和方向呈周期性变化时，会使机械和基础产生振动。因此，研究机构平衡的目的，就是要消除或减小惯性力的不良影响，这是机械工程中的重要问题。

1.6.1　旋转件的不平衡形式

由于回转件结构不对称、制造和安装不准确或材料不均匀等原因，使其质心偏离回转

轴线，当回转件转动时，将产生离心惯性力。在高速、重载、精密的机械中，离心惯性力的平衡是很重要的。

根据回转件不平衡质量的分布情况，回转件平衡问题可分为静平衡和动平衡。

1.6.2　静平衡

质量分布在同一回转平面内的平衡问题是静平衡。

如图1-7(a)所示，轴向宽度不大的回转件（宽度与直径之比 $B/D \leqslant 0.2$），如齿轮、带轮、飞轮等，可以认为其质量分布在同一回转平面内，这类回转件的平衡问题属于静平衡。静平衡的条件是：回转件上各质量的离心惯性力的向量和等于零或质径积的向量和等于零。

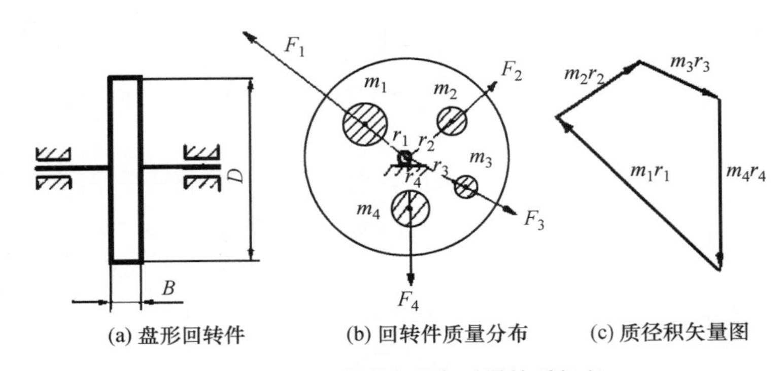

图1-7　用图解法求平衡质量的质径积

1.6.3　动平衡

动平衡是指质量分布不在同一回转平面内的平衡问题，对于轴向宽度较大的回转件（宽度与直径之比 $B/D > 0.2$），如多缸发动机、电动机转子和机床主轴等，这些构件的质量分布不在同一回转平面内，但可看作是分布在垂直于回转轴线的若干互相平行的回转平面内。

如图1-8所示的回转体，两个不平衡质量 $m_1 = m_2$，向径 $r_1 = r_2$。虽然总质心在回转轴线上，满足静平衡条件 $m_1 r_1 + m_2 r_2 = 0$，但由于两个不平衡质量不在同一回转平面内，离心惯性力 F_1 与 F_2 形成的惯性力矩，使回转件仍处于不平衡状态。这种状态只有在回转件转动时才显示出来。如果回转件的质心不在旋转轴线上，则既有不平衡的惯性力，又有不平衡的惯性力矩。这种包含惯性力和惯性力矩的不平衡称为动不平衡。因此，回转件动平衡的条件是：回转件上各个质量的离心惯性力的向量和等于零，同时，离心惯性力矩的向量和也等于零。

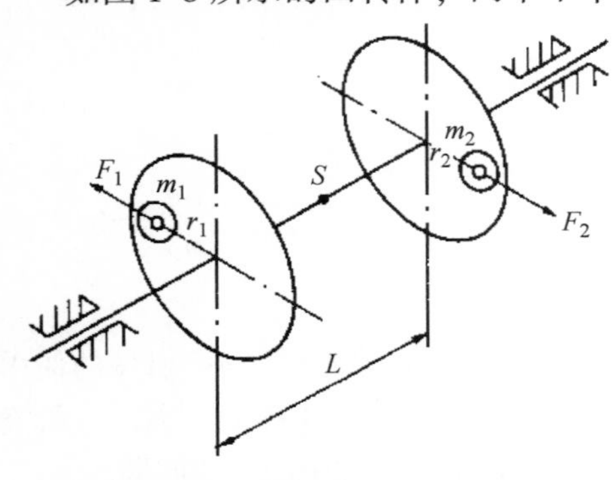

图1-8　静平衡但动不平衡的构件

1.6.4　回转件平衡试验

在实际工程中，经过平衡计算的回转件，由于制造、安装的误差和材料的不均匀等原因，仍然会存在不平衡，因此，还必须进行平衡试验。

1. 静平衡法

（1）静平衡法的适用对象及试验要求。静平衡法只能平衡旋转件重心的不平衡，适用于长径比较小（如盘类零件）或长径比虽较大，但转速较低的旋转件。

静平衡是在棱形、圆柱形等平衡支架上进行的（如图 1-9 所示）。静平衡实质是确定旋转件上不平衡量的大小和相位。

(a) 圆柱形平衡架

(b) 棱形平衡架

图 1-9　静平衡支架

平衡支架的支承面必须光滑、耐磨，同时应具有很高的直线度，两支承面必须同处于水平面内，并且平行，以保证旋转件在滚动时具有较高的灵敏度。

（2）静平衡的具体方法。将待平衡件装在心轴上后，放在平衡支架的支承面上，轻轻推动旋转件，使其缓慢滚动。待静止后，不平衡量在重力作用下，位于旋转件的正下方，在旋转件的正下方做一记号。如此重复若干次，当所做记号位置确实不变，则此方向即为不平衡量所在相位。然后在与记号相对的部位上黏上一定质量的橡皮泥。再轻轻推动旋转件，判断橡皮泥和原先的记号谁处于旋转件的正下方；改变橡皮泥在该相位上的径向位置（即改变橡皮泥到旋转轴线的距离或改变橡皮泥质量），重复上述过程，直至旋转件可在任意角度位置上静止。此时，去掉橡皮泥，并在其位置上加上相当质量的重块，或在相反方向去掉相等质量的一块材料，使其成为静平衡的回转件。

2. 动平衡法

（1）动平衡法的适用对象。对于径长比较大或转速较高的旋转件，在有平衡要求时，都必须进行动平衡。

动平衡是在旋转件高速旋转时进行的。因为不平衡量在旋转时会产生明显的离心力，因此，动平衡转速越高，它所能达到的平衡精度就越高。

动平衡不仅可以平衡不平衡量所产生的离心力，而且还可以平衡离心力所组成的力矩，因此，动平衡也包括了静平衡。但在动平衡之前应先进行静平衡，以除去较为显著的不平衡量，防止动平衡时发生意外事故。

（2）动平衡的力学原理。图 1-10 所示为转子存在两个不平衡量 T_1、T_2，当转子旋转时，它们产生的离心力分别为 P 和 Q。P 和 Q 不在同一径向平面内，但 P、Q 都垂直于回转轴线。为了平衡这两个力，可在转子两端任选两个径向平面 Ⅰ 和 Ⅱ 作为动平衡的校正面，将 P 和 Q 分别分解到Ⅰ和Ⅱ平面内。

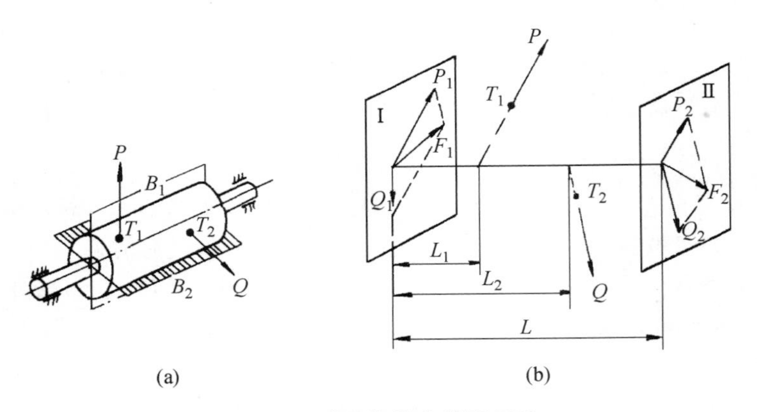

图 1-10 动平衡的力学原理图

在平面Ⅰ内将 P_1、Q_1 合成得合力 F_1，在平面Ⅱ内将 P_2、Q_2 合成得合力 F_2。由力学原理可知，F_1、F_2 对转子的作用等效于 P、Q 对转子的作用。所以，对转子动平衡就变成了在平面Ⅰ和平面Ⅱ内分别对 F_1、F_2 的平衡。

综上所述可知，对于任何被平衡件，都可将其不平衡力（可以是任意一个）分解到两个任意选定的径向平面（校正平面）上，并在该平面上进行平衡校正，使旋转件达到平衡。

（3）动平衡的具体方法。动平衡是在动平衡机上进行的。把被平衡的旋转件按其工作状态安装在动平衡机的轴承上，由动平衡机驱动旋转件转动。转动时旋转件上的原始不平衡量产生的离心力引起动平衡机轴承座的振动，通过仪器的测量，便可确定在校正平面上需要增减的平衡量的大小和相位。经过几次驱动、测量并增减平衡块质量后，就可使旋转件逐步获得动平衡。

1.7 机电设备几何精度的检验

机电设备的几何精度不但影响设备质量、使用性能和运行可靠性，更是对其所生产的产品质量影响巨大。机电设备的主要几何精度包括主轴回转精度、导轨直线度、平行度、工作台面的平面度及两部件间的同轴度、垂直度等。

1.7.1 主轴回转精度的检验

主轴回转精度的检验项目：主轴锥孔中心线径向跳动、主轴定心轴颈径向跳动、主轴端面跳动及主轴轴向窜动等。

1. 主轴锥孔中心线径向跳动的检验

在主轴中心孔中紧密地插入一根锥柄检验棒，将百分表固定在机床上，百分表测头顶在检验棒表面上，压表数为 0.2～0.4 mm。如图 1-11 所示，a 靠近主轴端部；b 与 a 相距为 300 mm 或 150 mm。

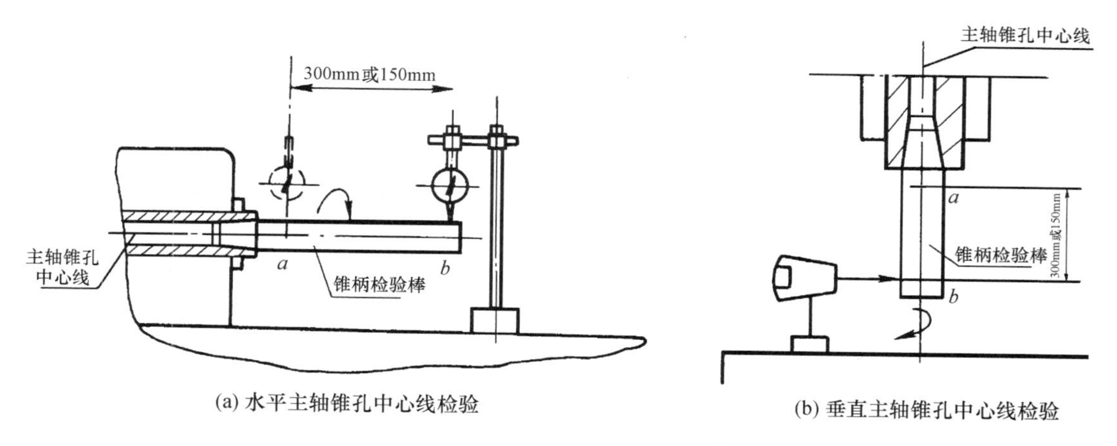

(a) 水平主轴锥孔中心线检验　(b) 垂直主轴锥孔中心线检验

图 1-11　主轴锥孔中心线径向跳动的检验方法

为了避免锥柄检验棒与主轴锥孔配合不良的误差，可将检验棒每隔 90°插入一次检验，共检验 4 次，4 次测量结果的平均值就是径向跳动误差。a、b 的误差分别计算。

2. 主轴定心轴颈径向跳动的检验

为保证工件或刀具在回转时处于平稳状态，根据使用和设计要求，有各种不同的定位方式，并要求主轴定心轴颈的表面与主轴回转中心同轴。检查其同轴度的方法也就是测量其径向跳动的数值。测量时，将百分表固定在机床上，百分表测头顶在主轴定心轴颈表面上（若是锥面，测头必须垂直于锥面），旋转主轴检查。百分表读数的最大差值，就是定心轴颈的径向跳动误差，如图 1-12 所示。

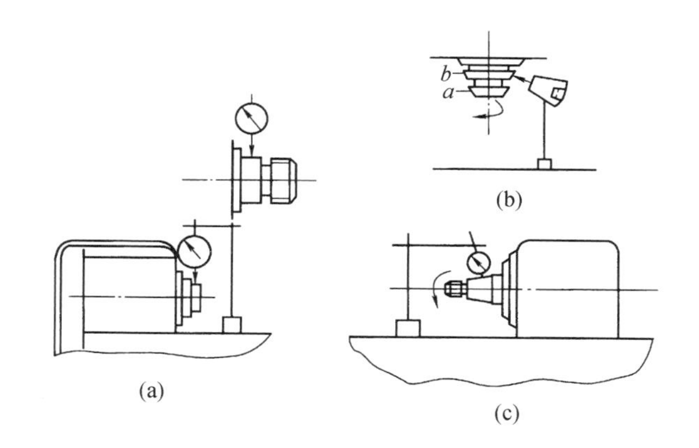

图 1-12　主轴定心轴颈径向跳动的检验方法

3. 主轴端面跳动的检验

将百分表测头顶在主轴轴肩支承面靠近边缘的位置，旋转主轴，分别在相隔 180°的 a 点和 b 点检验。百分表两次读数的最大差值就是主轴支承面的跳动数值，如图 1-13 所示。

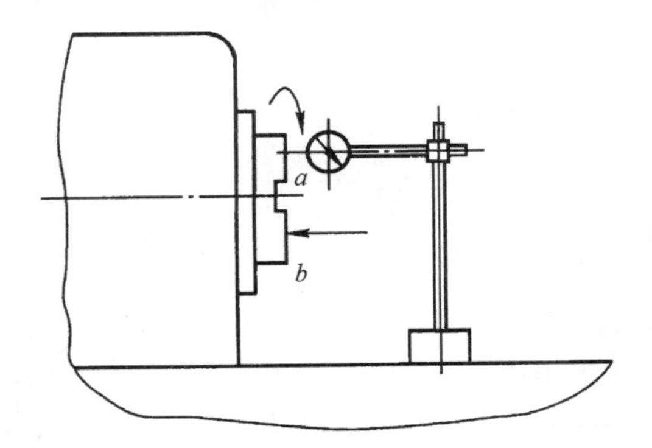

图 1-13　主轴端面跳动的检验方法

4. 主轴轴向窜动的检验

将平头百分表固定在机床上，使百分表测头顶在主轴中心孔上的钢球上，带锥孔的主轴应在主轴锥孔中插入一根锥柄短检验棒，中心孔中装有钢球，旋转主轴检验，百分表读数最大差值就是轴向窜动数值，如图 1-14 所示。

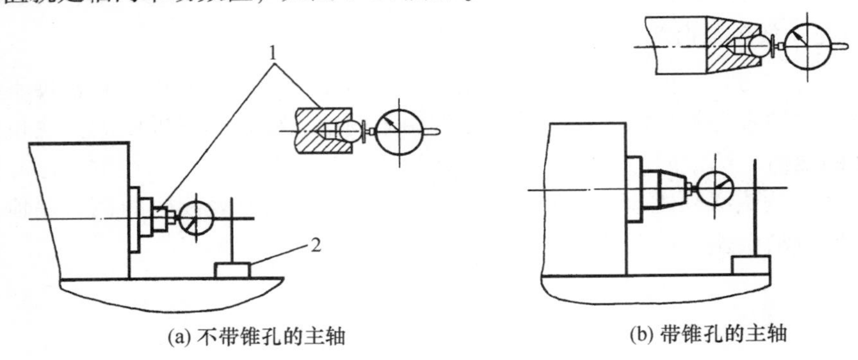

图 1-14　轴向窜动的检验方法

1—锥柄短检验棒；2—磁力表架

1.7.2　导轨直线度的检验

导轨直线度是指组成 V 形（或矩形）导轨的平面与垂直平面（或水平面）交线的直线度，且常以交线在垂直平面和水平面内的直线度体现出来。在给定平面内，包容实际线的两平行直线的最小区域宽度即为直线度误差。有时也以实际线的两端点连线为基准，实际线上各点到基准直线坐标值中最大的一个正值与最大一个负值的绝对值之和，作为直线度误差。图 1-15 所示为导轨在垂直平面和水平面内的直线度误差。

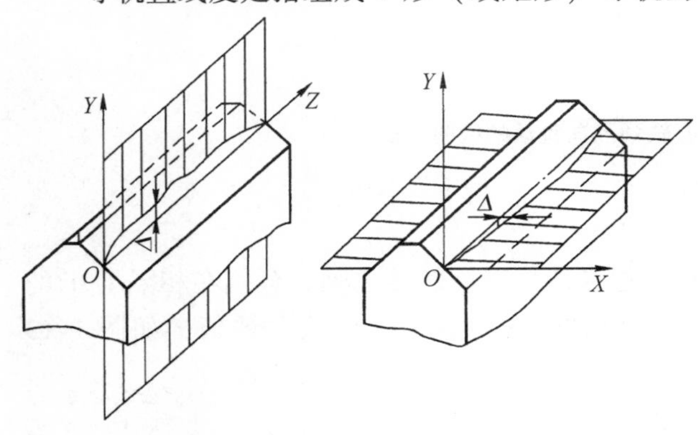

图 1-15　导轨直线度误差

1. 导轨在垂直平面内直线度的检验

（1）水平仪测量法

用水平仪测量导轨在垂直平面内直线度误差，属节距测量法。测量过程犹如步行登山，一步一跨，因而每次测量移过的间距应和桥板的长度相等。只有在这种情况下，测量所获得的读数，才能用误差曲线来评定直线度误差。

① 水平仪的放置方法。若被测量导轨安装在纵向（沿测量方向）对自然水平有较大的倾斜时，可允许如图 1-16 所示，在水平仪和桥板之间垫纸条。测量目的只是为了求出各挡之间倾斜度的变化，因而垫纸条后对评定结果并无影响。若被测量导轨安装在横向（垂直于测量方向）对自然水平有较大的倾斜时，则必须严格保证桥板是沿一条直线移动，否则，横向的安装水平误差将会反映到水平仪示值中。

② 用水平仪测量导轨在垂直平面内直线度的方法。例如，有一车床导轨长为 1 600 mm，用精度 0.02/1000 的框式水平仪，仪表座长度为 200 mm，求此导轨在垂直平面上的直线度误差。具体操作如下。

a. 将仪表座放置于导轨长度方向的中间，水平仪置于其上，调平导轨使水平仪的气泡居中。

b. 导轨用粉笔作标记分段，其长度与仪表座长度相同。从靠近主轴箱位置开始依次首尾相接逐渐测量，取得各段高度差读数。可根据气泡移动方向来评定导轨倾斜方向，如假定气泡移动方向与水平仪移动方向一致时为“+”，反之为“-”。

c. 把各段测量读数逐点累积，用绝对读数法。每段读数值依次为 +1、+1、+2、0、-1、-1、0、0.5，如图 1-17 所示。

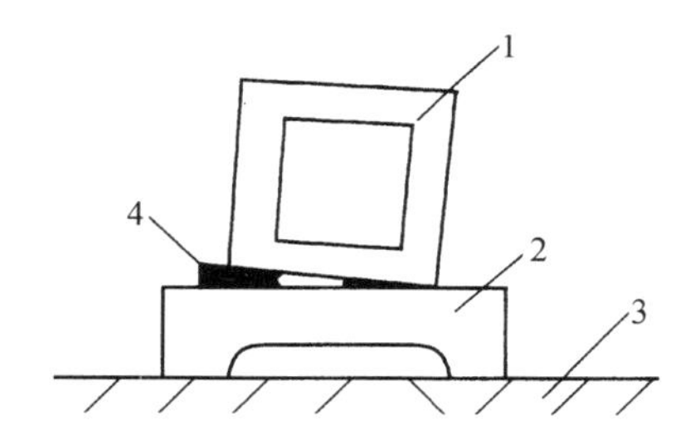

图 1-16　使水平仪适应被测表面的方法

1—水平仪；2—桥板；3—纸条；4—被测量导轨

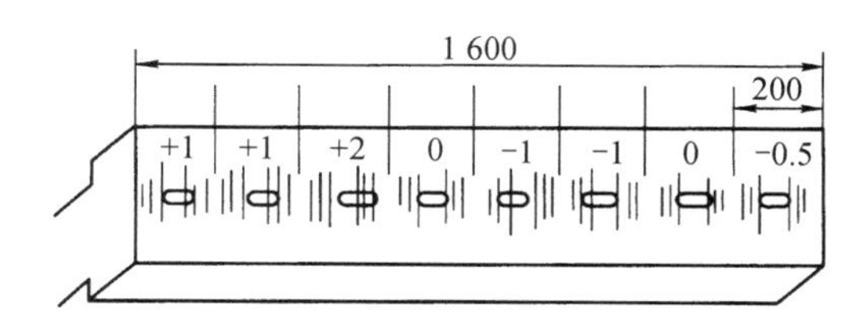

图 1-17　导轨分段测量气泡位置

d. 取坐标纸，画得导轨直线度曲线图。作图时，导轨的长度为横坐标，水平仪读数为纵坐标。根据水平仪读数依次画出各折线段，每一段的起点与前一段的终点重合。

e. 用两端点连线法或最小区域法确定最大误差格数及误差曲线形状，如图 1-18 所示。

两端点连线法：在导轨直线度误差呈单凸（或单凹）时，作首尾两端点连线Ⅰ—Ⅰ，并过曲线最高点（或最低点），作Ⅱ—Ⅱ直线与Ⅰ—Ⅰ平行。两包容线间最大纵坐标值即为最大误差格数。在图 1-18 中，最大误差在导轨长为 600 mm 处。曲线右端点坐标值为 1.5 格，按相似三角形解法，导轨 600 mm 处最大误差格数为 4 - 0.56 格 = 3.44 格。

最小区域法：在直线度误差曲线有凸有凹时，采用如图 1-19 所示的方法：过曲线上两个最低点（或两个最高点），作一条包容线Ⅰ—Ⅰ；过曲线上两个最高点

（或最低点）作平行于Ⅰ—Ⅰ线的另一条包容线Ⅱ—Ⅱ，将误差曲线全部包容在两平行线之间，两平行线之间沿纵轴方向的最大坐标值即为最大误差。

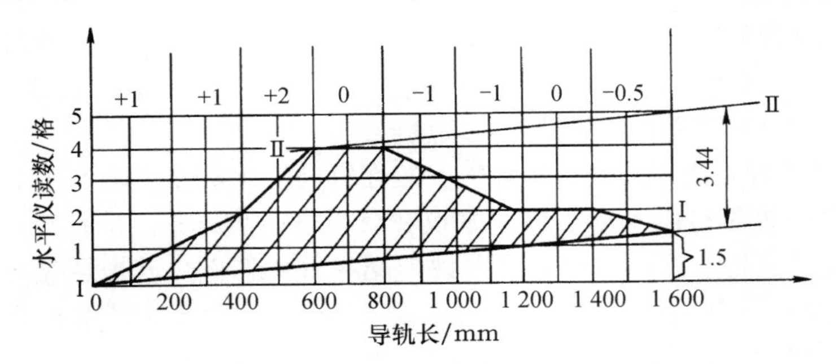

图 1-18 导轨直线度误差曲线图

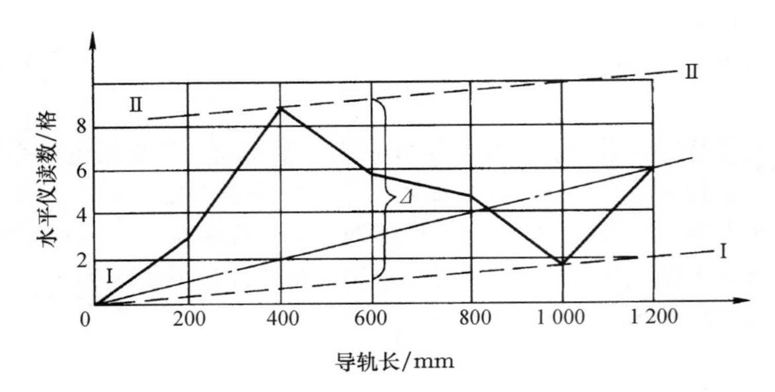

图 1-19 最小区域法确定导轨曲线误差

f. 按误差格数换算。导轨直线度数值一般按式（1-2）换算：

$$\Delta = nil \tag{1-2}$$

式中 Δ——导轨直线度误差数值（mm）；

n ——曲线图中最大误差格数；

i ——水平仪的读数精度；

l ——每段测量长度（mm）。

在图 1-18 中所示的数据计算如下：

$$\Delta = nil = 3.44 \times 0.02/1\,000 \times 200\ \text{mm} = 0.014\ \text{mm}$$

（2）自准直仪测量法

自准直仪和水平仪都是精密测角仪器，是按节距法原理测量，所测量时，自准直仪 1 固定在被测导轨 4 一端，而反射镜 3 则放在检验桥板 2 上，沿被测导轨逐挡移动进行测量，读数所反映的是检验桥板倾斜度的变化。当测量被测导轨在垂直平面内的直线度误差时，需要测量的是检验桥板在垂直平面内倾斜度的变化，若所用仪器为光学平直仪，则读数筒应放在向前的位置，如图 1-20 所示。

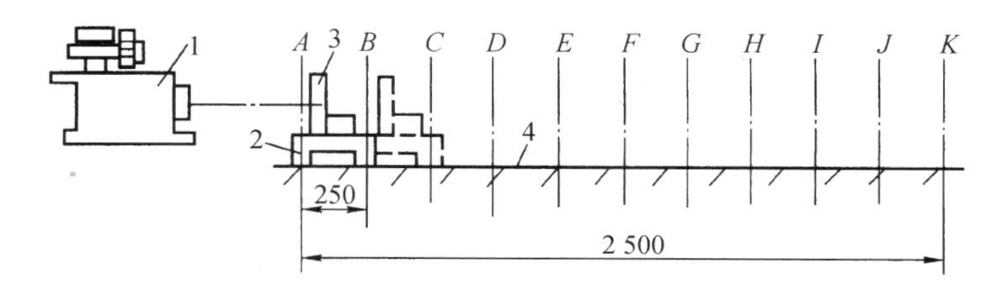

图 1-20　用自准直仪测量垂直平面内直线度误差

1—自准直仪；2—检验桥板；3—反射镜；4—被测导轨

例如，用分度为 1 的自准直仪和长度为 250 mm 的桥板测量导轨在垂直平面内的直线度，共测 10 挡，读数为 46、52、47、53、54、52、56、54、48、44。此读数可以同减任意一个数值。为了使误差曲线向上的部位反映被测导轨“凸”，向下的部位反映被测导轨“凹”，作图或计算的顺序应始终从靠近自准直仪的一端开始。对自准直仪原始读数常采用图解法处理。

采用图解法作数据处理时，对原始读数可先减去第一挡的读数，而作误差曲线时，若发现曲线太陡，可根据情况再各加或各减某一数值。如在以上读数上各减 46，得

$$0、+6、+1、+7、+8、+6、+10、+8、+2、-2$$

根据此读数作误差曲线，曲线形状就会很陡，这是因为读数之和为 46，也就是说曲线始末的高度差将达到 46，所以若在各挡读数再各减 4，则曲线始末的高度差将减少 40，曲线就可以较平，各减 4 后，读数为

$$-4、+2、-3、+3、+4、+2、+6、+4、-2、-6$$

根据此读数作误差曲线图，如图 1-21 所示。

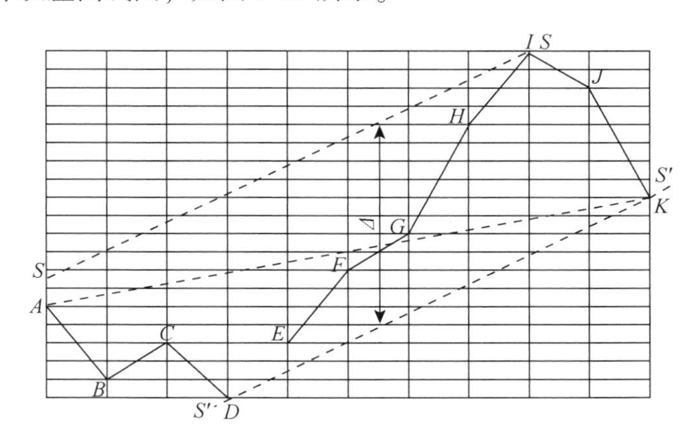

图 1-21　导轨误差曲线图

若按两端连线评定时，则 I 点凸起 9. 2 格，D 点凹下 6. 8 格，所以直线度误差为

$$\Delta = 0.005/1\,000 \times 250 \times 11\ \text{mm} = 0.014\ \text{mm}$$

2. 导轨在水平面内直线度的检验

导轨在水平面内直线度的检验方法有检验棒或平尺测量法、自准直仪测量法、钢丝测量法等。

（1）检验棒或平尺测量法

以检验棒或平尺为测量基准，用百分表进行测量。在被测导轨的侧面架起检验棒或平尺，百分表固定在仪表座上，百分表的测头顶在检验棒的侧母线（或平尺工作面）上。首先将检验棒或平尺调整到和被测导轨平行，即百分表读数在检验棒（或平尺）两端点一致。然后移动仪表座进行测量，百分表读数的最大代数差就是被测导轨在水平面内相对于两端连线的直线度误差。若需要按最小条件评定，则应在导轨全长上等距测量若干点，然后再作基准转换（数据处理），如图 1-22 所示。

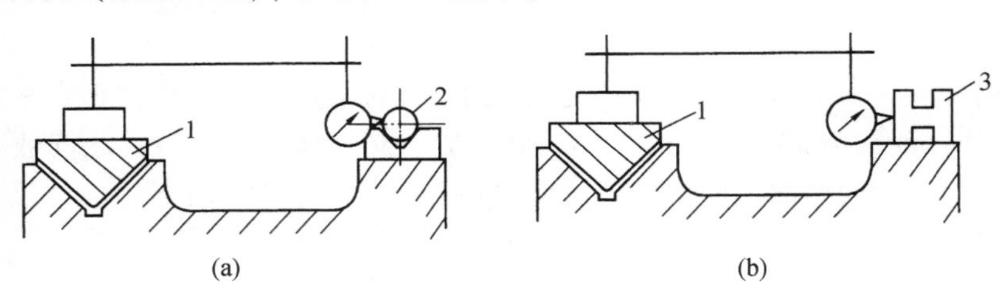

图 1-22　用检验棒或平尺测量水平面内直线度误差

1—桥板；2—检验棒；3—平尺

（2）自准直仪测量法

节距测量法的原理同样可以测量导轨在水平面内的直线度，不过这时需要测量的是仪表座在水平面内相对于某一理想直线（测量基准）偏斜角的变化，所以水平仪已不能胜任，但仍可以用自准直仪测量。若所用仪器为光学平直仪，则只需将读数鼓筒转到仪器的侧面位置即可（仪器上有锁紧螺钉定位），如图 1-23 所示。此时测出的将是十字线影像垂直与光轴方向的偏移量，反映的是反射镜仪表座在水平面内的偏斜角 β。而测量方法、读数方法、数据处理方法，则和测量导轨在垂直平面内直线度误差时并无区别。

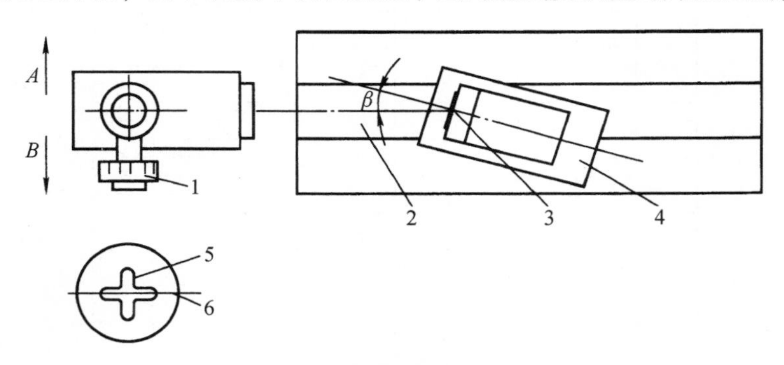

图 1-23　用自准直仪测量水平面内直线度误差

1—读数鼓筒；2—被测导轨；3—反射镜；4—桥板；5—十字线影像；6—活动分划板刻线

（3）钢丝测量法

钢丝经充分拉紧后，其侧面可以认为是理想“直”的，因而可以作为测量基准，即从水平方向测量实际导轨相对于钢丝的误差，如图 1-24 所示。拉紧一根直径为 0. 1～0. 3 mm 的钢丝，并使它平行于被检验导轨，在仪表座上垂直安放一个带有微量移动装置的显微镜，将仪表座全长移动进行检验。导轨在水平面内的直线度误差，以显微镜读数最大代数差计算。

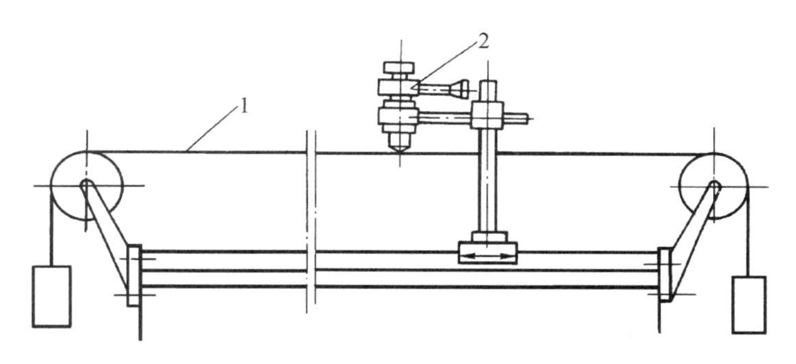

图 1-24　钢丝测量法

1—细钢丝；2—显微镜

这种测量方法的主要优点是：测距可达 20 多米，而且目前一般工厂用的光学平直仪的设计测距只有 5 m；并且所需要的物质条件简单，任何中、小工厂都可以制备，容易实现。特别是机床工作台移动的直线度，若允差为线值，则只能用钢丝测量法。因为在不具备节距测量法条件时，角值量仪的读数不可能换算出线值误差。

1.7.3　平行度的检验

形位公差规定在给定方向上平行于基准面（或直线、轴线）、相距为公差值两平面之间的区域即为平行度公差带。平行度的允差与测量长度有关，如在 300 mm 长度上允差为 0.02 mm 等；对于测量较长的导轨时，还要规定局部允差。

(1) 用水平仪检验 V 形导轨与平面导轨在垂直平面内的平行度，如图 1-25 所示。检验时，将水平仪横向放在专用桥板（或溜板）上，移动桥板逐点进行检验，其误差计算的方法用角度偏差值表示，如 0.02/1 000 mm 等。水平仪在导轨全长上测量读数的最大代数差，即为导轨的平行度误差。

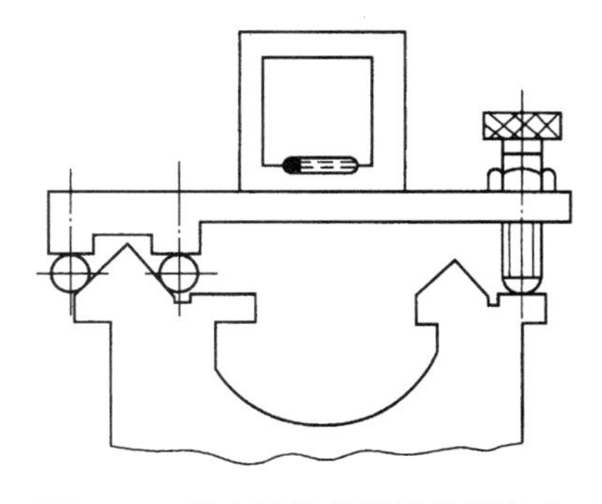

图 1-25　用水平仪检验导轨平行度

(2) 部件间平行度的检验，图 1-26 所示为车床主轴锥孔中心线对床身导轨平行度的检验方法。在主轴锥孔中插一根检验棒，百分表固定在轴线相距为公差值两平行面之间溜板上，在指定长度内移动溜板，用百分表分别在检验棒的上母线 a 和侧母线 b 进行检验。a、b 的测量结果分别以百分表读数的最大差值表示。为消除检验棒圆柱部分与锥体部分的同轴度误差，第一次测量后，将检验棒拔去，转 180°后再插入重新检验。误差以两次测量结果的代数和的一半计算。

其他如外圆磨床头架主轴锥孔中心线、砂轮架主轴中心线对工作台导轨移动的平行度、卧式铣床悬梁导轨移动对主轴锥孔中心线的平行度等，都与上述检验方法类似。

图 1-27 所示为双柱坐标镗床主轴箱水平直线移动对工作台面平行度的检验方法，在工作台面上放两块等高块，将平尺放在等高块上，平行于横梁。将测微仪固定在主轴箱上，按图示方法移动主轴箱进行检测，测微仪的最大差值就是平行度误差。为了提高测量精度，必须用块规塞入百分表测头与平尺表面之间进行测量，以防止刮研平尺的刀花带来

测量误差。要消除平尺工作面和工作台面的平行度误差，可在第一次测量后，将平尺调头，再测量一次，两次测量结果的代数和的一半就是平行度误差。

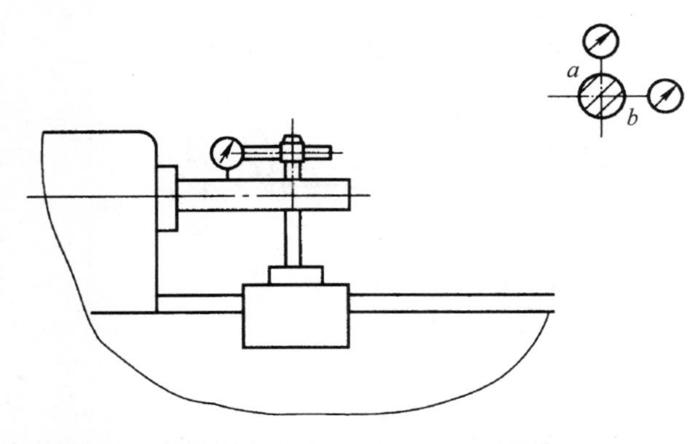

图 1-26 主轴锥孔中心线对导轨平行度的检验

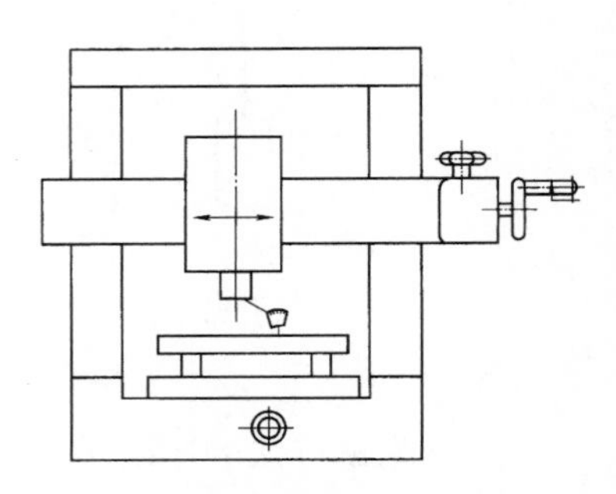

图 1-27 主轴箱移动对工作台面平行度的检验

1.7.4 平面度的检验

在我国机床精度标准中，规定为测量工作台面在各个方向（纵、横、对角、辐射）上的直线度误差后，取其中最大一个直线度误差作为工作台面的平面度误差。对小型件可采用标准的平板研点法、塞尺检查法等，较大型或精密工件可采用间接测量法、光线基准法。

（1）平板研点法。这种方法是在中小台面利用标准平板，涂色后对台面进行研点，检查接触斑点的分布情况，以证明台面的平面度情况。使用工具最简单，但不能得出平面度误差数据。平板最好采用 0～1 级精度的标准平板。

（2）塞尺检查法。用一根相应长度的平尺，精度为 0～1 级。在台面上放两个等高垫块，平尺放在垫块上，用块规或塞尺检查工作台面至平尺工作面的间隙，或用平行平尺和百分表测量，如图 1-28 所示。

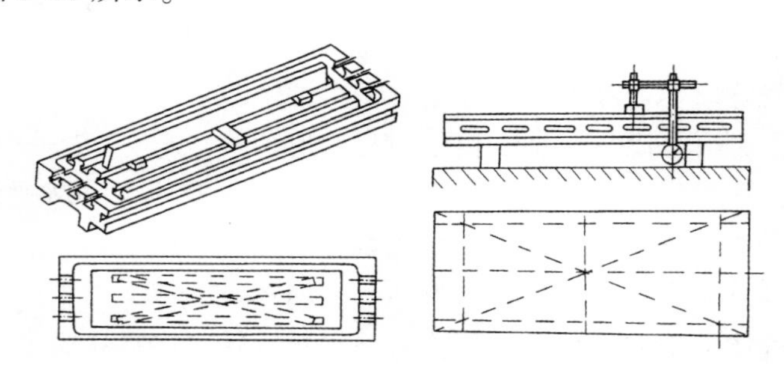

图 1-28 塞尺检查法

（3）光线基准法。用光线基准法测量平面度时，可采用经纬仪等光学仪器。通过光线扫描方法来建立测量基准平面。其特点是它的数据处理与调整都方便，测量效率高，只是受仪器精度的限制，其测量精度不高。

测量时，将测量仪器放在被测工件表面上，这样被测表面位置变动对测量结果没有影响，只是仪器放置部位的表面不能测量。测量仪器也可放置于被测表面外，这样就能测出全部的被测表面，但被测表面位置的变动会影响测量结果。因此，在测量过程中，要保持被测表面的原始位置。此方法要求三点相距尽可能远一些，如图 1-29 所示的Ⅰ、Ⅱ、Ⅲ点。按此三点放置靶标，仪器绕转轴旋转并逐一瞄准它们。调整仪器扫描平面位置，使与上述所建立的平面平行，即靶标在这三点时，仪器的读数应相等，从而建立基准平面。然后再测出被测表面上各点的相对高度，便可以得到该表面的平面度误差的原始数据。

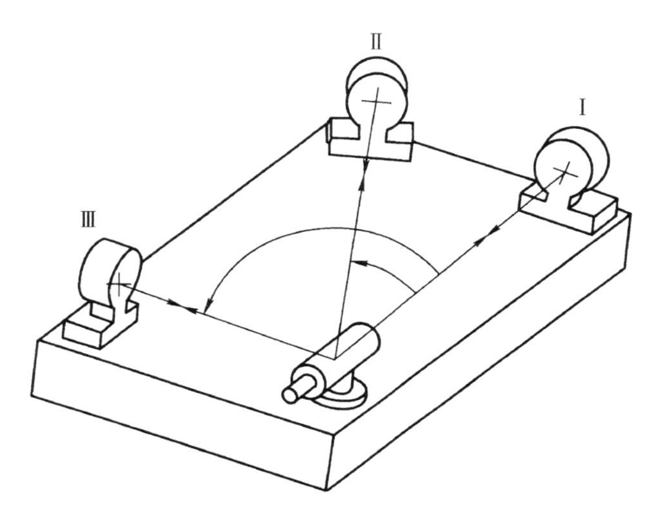

图 1-29　光线基准扫描法测量平面度

1.7.5　同轴度的检验

同轴度是指两个或两个以上轴中心线不相重合的变动量。如卧式铣床刀杆支架孔对主轴中心的同轴度、六角车床主轴对工具孔的同轴度、滚齿机刀具主轴中心线对刀具轴活动托架轴承孔中心线等都有同轴度精度的检验要求。

1. 转表测量法

这种测量方法比较简单，但需注意表杆挠度的影响，如图 1-30 所示。测量六角车床主轴与回转头工具孔同轴度的误差：在主轴上固定百分表，在回转头工具孔中紧密地插入一根检验棒，百分表测头顶在检验棒表面上。主轴回转，分别在垂直平面和水平面内进行测量。百分表读数在相对 180°位置上差值的一半，就是主轴中心线与回转头工具孔中心线之间的同轴度误差。

如图 1-31 所示，测量立式车床工作台回转中心线对五方刀台工具孔中心线之间同轴度误差的情况。将百分表固定在工作台面上，在五方刀台工具孔中紧密地插一根检验棒，使百分表测头顶在检验棒表面上。回转工作台并水平移动刀台溜板，在平行于刀台溜板移动方向截面内，使百分表在检验棒两侧母线上的读数相等。然后旋转工作台进行测量，百分表读数最大差值的一半，就是工作台回转中心线与五方刀台工具孔中心线之间的同轴度误差。

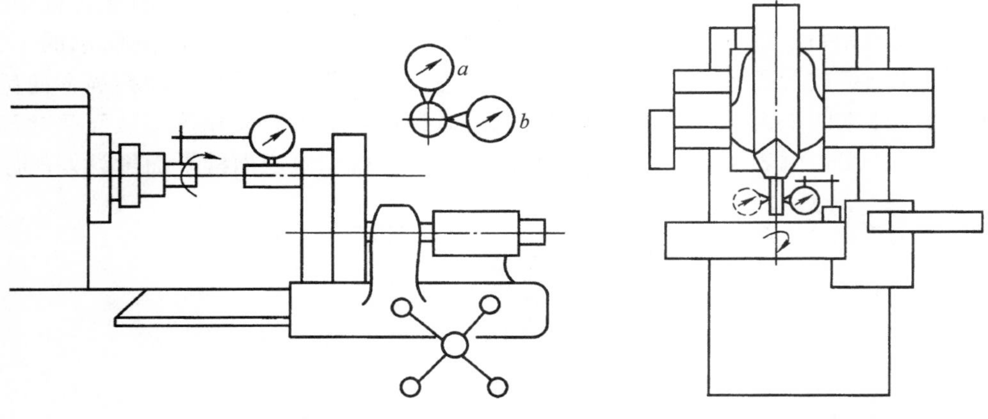

图 1-30　同轴度误差测量一　　　图 1-31　同轴度误差测量二

2. 锥套塞插法

对于某些不能用转表测量法的场合，可以采用锥套塞插法进行测量。图 1-32 所示为测量滚齿机刀具主轴中心线与刀具轴活动托架轴承中心线之间的同轴度误差。在刀具主轴锥孔中，紧密地插入一根检验棒，在检验棒上套一只锥形检验套，套的内径与检验棒滑动配合，套的锥面与活动托架锥孔配合。固定托架，并使检验棒的自由端伸出托架外侧。将百分表固定在床身上，使其测头顶在检验棒伸出的自由端上，推动检验套进入托架的锥孔中靠紧锥面，此时百分表指针的摆动量，就是刀具主轴中心线与刀具轴活动托架轴承中心线之间的同轴度误差，在检验棒相隔 90°的位置上分别测量。

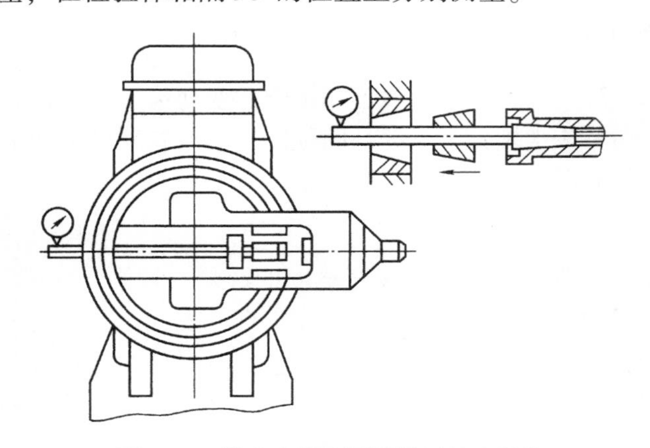

图 1-32　锥套塞插法测量的同轴度误差

1.7.6　垂直度的检验

机床部件基本是在相互垂直的三个方向上移动，即垂直方向、纵向和横向。测量这三个方向移动相互间的垂直度误差，检具一般采用方尺、直角尺、百分表、框式水平仪及光学仪器等。

1. 用直角平尺与百分表检验垂直度

图 1-33 所示为车床床鞍上、下导轨面的垂直度检验。在车床床身主轴箱安装面上卧放

直角平尺，将百分表固定在燕尾导轨的下滑座上，百分表测头顶在直角平尺与纵向导轨平行的工作面上，移动床鞍找正直角平尺。也就是以长导轨轨迹（纵向导轨）为测量基准。将中拖板装到床鞍燕尾导轨上，百分表固定在上平面上，百分表测头顶在直角平尺与纵向导轨垂直的工作面上，在燕尾导轨全长上移动中拖板，则百分表的最大读数就是床鞍上、下导轨面的垂直度误差。若超过允差，应修刮床鞍与床身结合的下导轨面，直至合格。

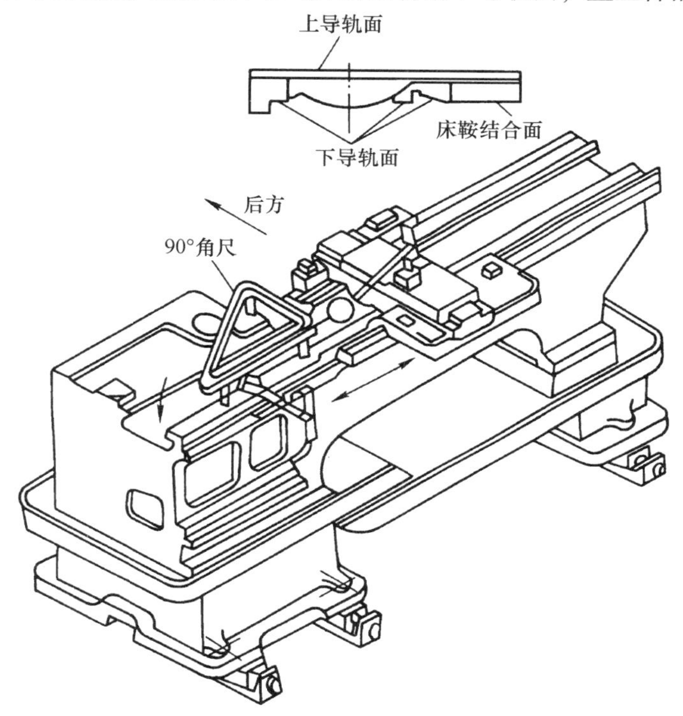

图 1-33　测量床鞍上、下导轨面的垂直度

2. 用框式水平仪检验垂直度

图 1-34 所示为摇臂钻工作台侧面对工作台面的垂直度检验。工作台放在检验平板上（或用千斤顶支承）。用框式水平仪将工作台面按 90°两个方向找正，记下读数；然后将水平仪的侧面紧靠工作台侧工作面上，再记下读数，水平仪最大读数的最大代数差值就是工作台侧工作面对工作台面的垂直度误差。两次测量水平仪的方向不能变，若将水平仪回转 180°，则改变了工作台面的倾斜方向，当然读数就错了。

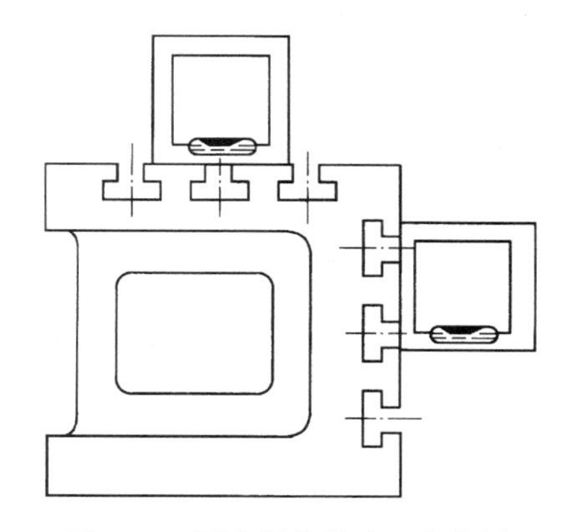

图 1-34　用水平仪检验工作台侧面对工作台面的垂直度

3. 用方尺、百分表检验垂直度

图 1-35 所示为铣床工作台纵向、横向移动的垂直度检验。将方尺卧放在工作台面上，百分表固定在主轴上，其测头顶在方尺工作面上，移动工作台使方尺的工作面 b 和工作台移动方向平行。然后变动百分表位置，使其测头顶在方尺的另一工作面 a

上，横向移动工作台进行检验，百分表读数的最大差值就是垂直度误差。

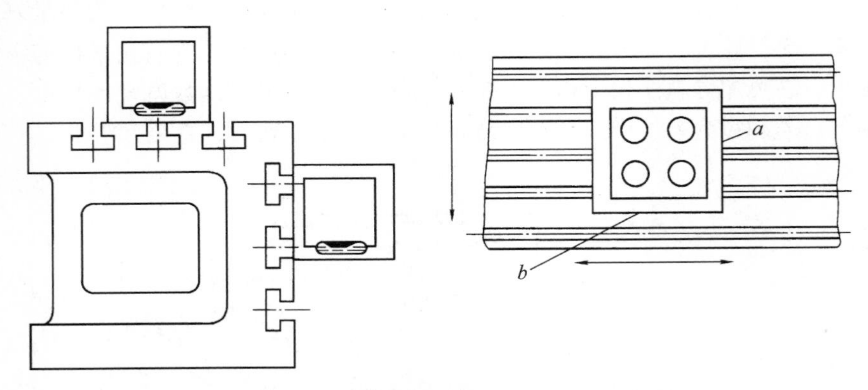

图 1-35 工作台纵向移动和横向移动垂直度检验

1.8 实　　训

1.8.1 实训名称

CA6140 车床精度检验。

1.8.2 实训目的

(1) 掌握 CA6140 车床各项精度检测方法。
(2) 熟练掌握百分表、水平尺等量具使用。
(3) 加深对精度的理解。

1.8.3 实训设备

CA6140 车床、百分表、千分表（0.001）、水平尺、检验棒、平尺、平盘。

1.8.4 实验内容

(1) 床身导轨调平。
(2) 检验溜板移动在水平面内的直线度误差。
(3) 检验尾座移动对溜板移动的平行度误差。
(4) 主轴的轴向窜动和主轴轴肩支承面的端面圆跳动误差。
(5) 检验主轴定心轴颈的径向圆跳动误差。
(6) 检验主轴锥孔轴线的径向圆跳动误差。
(7) 检验主轴轴线对溜板移动的平行度误差。
(8) 检验顶尖的径向圆跳动误差。
(9) 检验尾座套筒轴线对溜板移动的平行度误差。
(10) 检验尾座套筒锥孔轴线对溜板移动的平行度误差。
(11) 检验主轴和尾座两顶尖的等高度误差。
(12) 小滑板纵向移动对主轴轴线的平行度。

（13） 中滑板横向移动对主轴轴线的垂直度检验。

（14） 丝杠的轴向窜动误差检验。

1.8.5　几何精度检验

1. 床身导轨调平

把机床安置适当的基础上，并按机床使用说明书将机床调平，调平的目的是为了得到机床的静态稳定性，以利于测量（特别是直线度的误差测量）。对于卧式车床来说，调平时需使用垫铁或紧固螺栓，使两条导轨的两端放置成水平，必要时应校正床身的扭曲。为此，水平仪应顺序地放在纵向 a、b、c、d 和横向 e、f 的位置上，如图 1-36 所示。

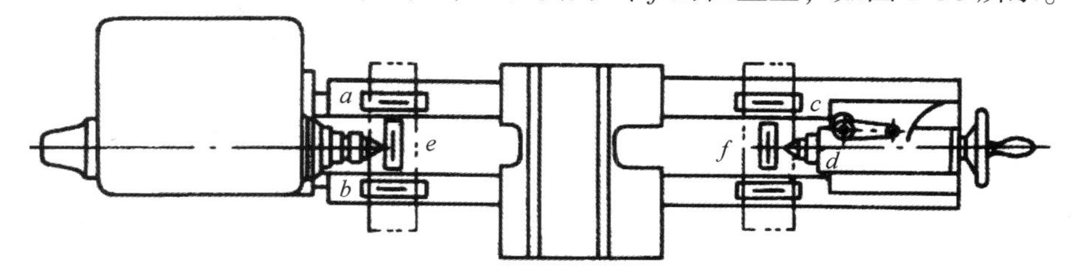

图 1-36　机床导轨的调平

导轨在垂直平面内的直线度误差标准如表 1-3 所示。

表 1-3　导轨在垂直平面内的直线度误差标准　（单位：mm）

<table>
<tr><td colspan="2" rowspan="2"></td><td rowspan="2">精密级</td><td colspan="2">普通级</td><td rowspan="2">检验工具</td></tr>
<tr><td>$800 \leqslant D_a$</td><td>$800 < D_a \leqslant 1600$</td></tr>
<tr><td rowspan="4">纵向检验要求</td><td>$D_c \leqslant 500$</td><td>≤0.01（凸）</td><td>≤0.01（凸）</td><td>≤0.015（凸）</td><td rowspan="4">精密水平仪、光学仪器</td></tr>
<tr><td rowspan="3">$500 < D_c \leqslant 1000$</td><td rowspan="3">≤0.015（凸）
局部公差任意 250 测量长度为
≤0.005</td><td>≤0.02（凸）</td><td>≤0.03（凸）</td></tr>
<tr><td colspan="2">局部公差任意 250 测量长度为</td></tr>
<tr><td>≤0.0075</td><td>≤0.01</td></tr>
<tr><td colspan="2">横向检验要求</td><td>≤0.03/1000</td><td colspan="2">≤0.04/1000</td><td>精密水平仪</td></tr>
</table>

（1） 导轨在垂直平面内的直线度误差检验。导轨在垂直平面内的直线度误差检验按前面讲述的导轨在垂直平面内直线度的检验方法检验。

（2） 导轨在垂直平面内的平行度误差检验。其检验方法及误差值的确定如下：如图 1-37 所示，在溜板上横向放一水平仪，等距离移动溜板进行检验（移动距离近似等于规定的局部误差的测量长度），水平仪在全部测量长度上读数的最大代数差值，就是导轨的平行度误差；也可将水平仪放在专用桥板上，在导轨上进行检验。

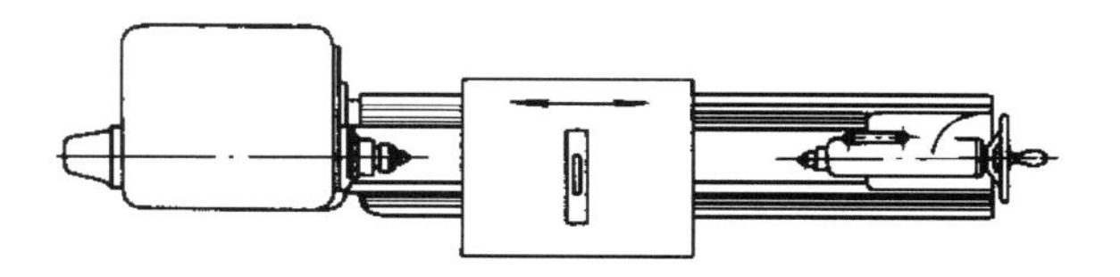

图 1-37　检验导轨在垂直平面内的平行度误差

2. 检验溜板移动在水平面内的直线度误差

溜板移动在水平面内的直线度误差，其检验方法及误差值的确定如下：如图1-38所示，当溜板行程小于或等于1 600 mm时，利用检验棒和百分表之类的指示器检验。将百分表固定在溜板上，使其测头触及主轴和尾座顶尖间的检验棒表面上，调整尾座，使百分表在检验棒两端的读数相等，移动溜板在全部行程上进行检验。百分表读数的最大代数差值就是直线度误差。

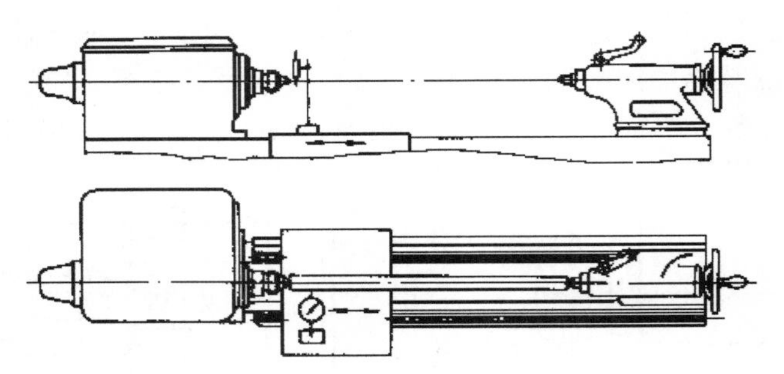

图1-38 检验溜板移动在水平面内的直线度误差

车床溜板移动在水平面内的直线度标准如表1-4所示。

表1-4 溜板移动在水平面内的直线度标准 （单位：mm）

	精密级	普通级		检验工具
		$800 \leqslant D_a$	$800 < D_a \leqslant 1\,600$	
$D_c \leqslant 500$	≤0.01	≤0.015	≤0.02	指示器（百分表）和检验棒
$500 < D_c \leqslant 1\,000$	≤0.015	≤0.02	≤0.025	检验棒

为消除检验棒误差，可在沿该表面测取第一次读数后，将检验棒旋转180°，测取第二次读数。这时再将检验棒调头，重复上述检验，以4次读数的平均值为溜板移动在水平面内的直线度误差。

溜板行程大于1 600 mm时，用直径约为0.1 mm的钢丝和读数显微镜检验。在机床中心较高的位置上绷紧一根钢丝，显微镜固定在溜板上，调整钢丝，使显微镜在钢丝两端的读数相等。等距离移动溜板，在全部行程上进行检验，显微镜读数的最大代数差值就是直线度误差。

检验时也可以不将两端的读数调整到相等，此时必须将读数画在坐标纸上，作出误差曲线来确定其误差值。

例如，用百分表和检验棒来检验上例车床溜板移动在水平面内的直线度误差。在溜板处于主轴端的极限位置时，首先得出一个百分表的读数，然后每移动500 mm得一个读数，共得5个读数。设5个数依次为0、0.015、0.045、0.03、0.007 5，将读数值在坐标纸上画出误差曲线A、B、C、D，如图1-39所示。

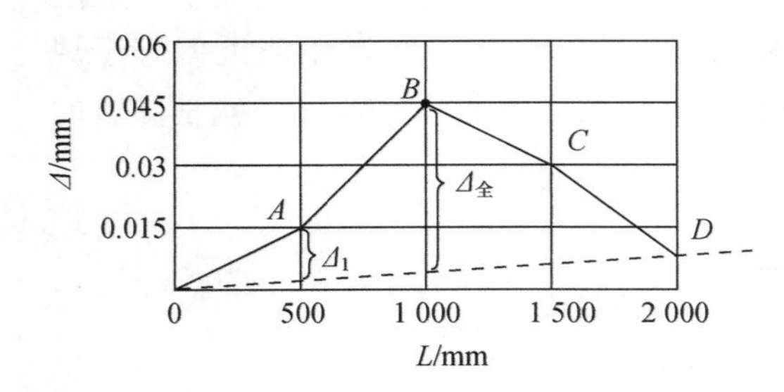

图1-39 检验溜板移动在水平面内的直线度误差曲线

作误差曲线起点和终点的两端点连线，找出曲线相对其两端点连线的最大坐标值 $\Delta_{全}$，即为全部行程上的误差值（本例为 0.042 mm）。

3. 检验尾座移动对溜板移动的平行度误差

其检验方法及误差值的确定如下。

如图 1-40 所示，将指示器固定在溜板上，使其测量头触及近尾座体端面的顶尖套上：*a* 位置是在垂直平面内；*b* 位置是在水平面内，锁紧顶尖套。使尾座与溜板一起移动（朝同一方向按相同速度一起移动），在溜板全部行程上检验。*a*、*b* 位置的误差分别计算，指示器在任意 500 mm 行程上和全部行程上读数的最大差值，就是局部长度和全长上的平行度误差。

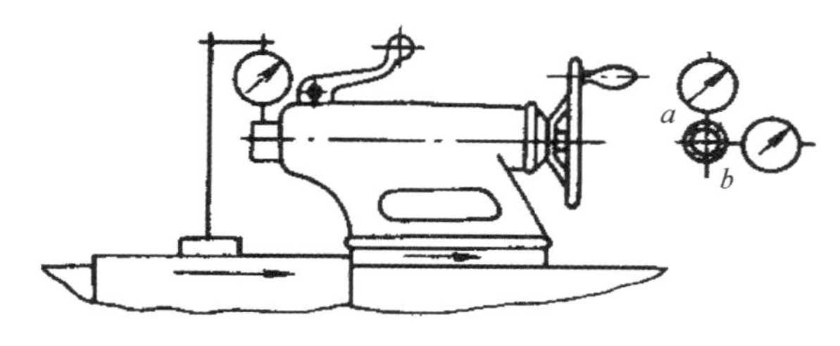

图 1-40　检验尾座移动对溜板移动的平行度误差

尾座移动对溜板移动的平行度标准如表 1-5 所示。

表 1-5　尾座移动对溜板移动的平行度标准　（单位：mm）

	精密级	普通级		检验工具
		$800 \leqslant D_a$	$800 < D_a \leqslant 1600$	
$D_c \leqslant 500$	a. 局部公差≤0.02，任意 500 测量长度上为≤0.01	≤0.03	≤0.04	指示器（百分表）
$500 < D_c \leqslant 1000$	b. 局部公差≤0.02，任意 500 测量长度上为≤0.02			

注：a 在水平面内；b 在垂直面内。

4. 主轴的轴向窜动和主轴轴肩支承面的端面圆跳动误差

其检验方法及误差值的确定（如图 1-41 所示）如下。

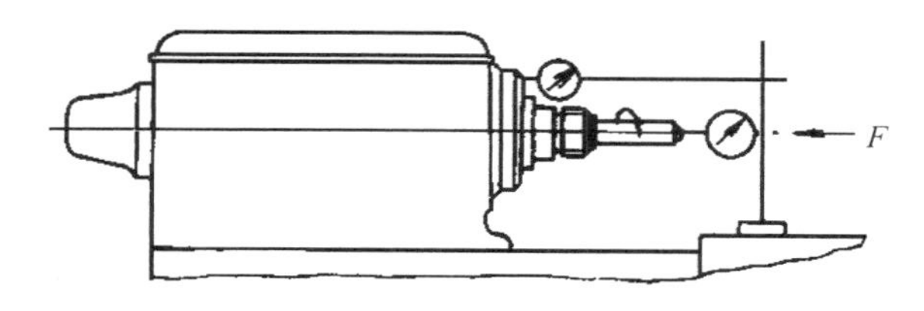

图 1-41　主轴的轴向窜动和主轴轴肩支承面的端面圆跳动误差

（1）主轴的轴向窜动检验。固定指示器，使其测量头触及检验棒端部的钢球上，为消除止推轴承游隙的影响，在测量方向上沿主轴轴线加一力 *F*，慢速旋转主轴进行检验。指示器读数的最大差值就是轴向窜动误差。

（2）主轴轴肩支承面的端面圆跳动误差检验。固定指示器，使其测量头触及主轴轴肩支承面上，沿主轴轴线加一力 F，慢速旋转主轴。将指示器放置在相隔一定间隔的圆周位置上检验，其中最大误差值就是包括轴向窜动误差在内的轴肩支承面的端面圆跳动误差。

主轴的轴向窜动和主轴轴肩支承面的端面圆跳动标准如表 1-6 所示。

表 1-6 主轴的轴向窜动和主轴轴肩支承面的端面圆跳动标准 （单位：mm）

	精密级	普通级		检验工具
	$800 \leqslant D_a$ 和 $D_c \leqslant 1500$	$800 \leqslant D_a$	$800 < D_a \leqslant 1600$	
主轴的轴向窜动	≤0.005	≤0.01	≤0.015	指示器（百分表）或专用检验工具
主轴轴肩支承面的端面圆跳动	≤0.01 包括轴向窜动	≤0.02 包括轴向窜动	≤0.02 包括轴向窜动	

5. 检验主轴定心轴颈的径向圆跳动误差

其检验方法及误差值的确定如下：如图 1-42 所示，固定指示器，使其测量头垂直触及轴颈（包括圆锥轴颈）的表面，沿主轴轴线加一力 F，旋转主轴进行检验。指示器读数的最大差值就是径向圆跳动误差。

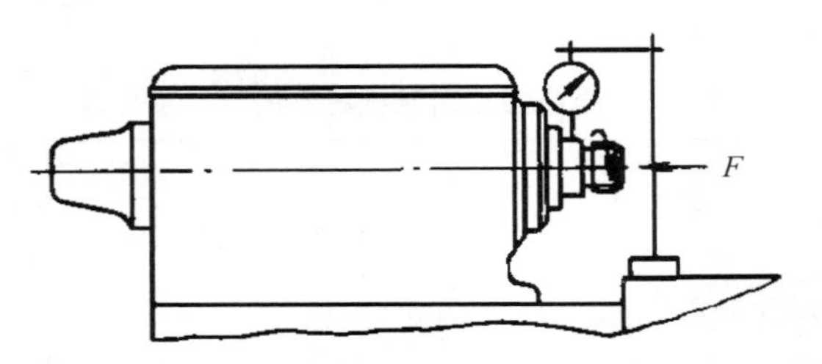

图 1-42 主轴定心轴颈的径向圆跳动误差检验

在检验主轴锥面的径向圆跳动时，若主轴有任何轴向移动都会使被测检验圆的直径发生变化，这时在锥面上测得的数值比实际的增大。因此，只有当锥度不太大时，可直接在锥面上测取径向圆跳动的误差；否则，要预先测量主轴的轴向窜动，并根据锥角计算其对测量结果可能产生的影响。

主轴定心轴颈的径向圆跳动误差标准如表 1-7 所示。

表 1-7 主轴定心轴颈的径向圆跳动误差标准 （单位：mm）

	精密级	普通级		检验工具
	$800 \leqslant D_a$ 和 $D_c \leqslant 1500$	$800 \leqslant D_a$	$800 < D_a \leqslant 1600$	
主轴定心轴颈的径向圆跳动	≤0.007	≤0.01	≤0.015	指示器（百分表）

6. 检验主轴锥孔轴线的径向圆跳动误差

其检验方法和误差值的确定如下：如图 1-43 所示，将检验棒插入主轴锥孔内，固定指示器，使其测量头触及检验棒的表面，a 位置靠近主轴端面；b 位置距 a 为 L 处，旋转主轴进行检验。L 等于 $D_a/2$ 或不超过 300 mm。对于 $D_a > 800$ mm 的车床，测量长度应增加至 500 mm。规定在 a、b 两个位置上检验，这是因为检验棒的轴线有可能在测量平面内与旋转轴线相交叉。

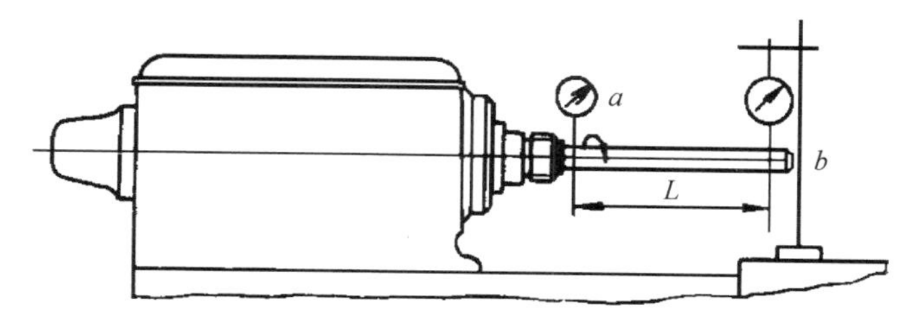

图 1-43　主轴锥孔轴线的径向圆跳动误差检验

为了消除检验棒误差和检验棒插入孔内时的安装误差对主轴锥孔轴线径向圆跳动误差起到叠加或抵偿作用，因此，应将检验棒相对主轴每隔 90°插入一次检验，共检验 4 次，4 次测量结果的平均值就是径向跳动误差。a、b 位置的误差分别计算。

主轴锥孔轴线的径向圆跳动标准如表 1-8 所示。

表 1-8　主轴锥孔轴线的径向圆跳动标准　（单位：mm）

	精密级	普通级		检验工具
	$800 \leq D_a$ 和 $D_c \leq 1500$	$800 \leq D_a$	$800 < D_a \leq 1600$	
靠近主轴端面	≤0.005	≤0.01	≤0.015	指示器（百分表）或检验棒
距主轴端面 $D_a/2$ 或不超过 300 mm	在 300 测量长度上为≤0.015 在 200 测量长度上为≤0.01 在 100 测量长度上为≤0.005	在 200 测量长度上为≤0.02	在 500 测量长度上为≤0.05	

7. 检验主轴轴线对溜板移动的平行度误差

其检验方法及误差值的确定如下：如图 1-44 所示，指示器固定在溜板上，使其测量头触及检验棒的表面，a 位置在垂直平面内；b 位置在水平面内，移动溜板进行检验。为消除检验棒轴线与旋转轴线不重合对测量的影响，必须旋转主轴 180°作两次测量，a、b 位置误差分别计算，两次测量结果的代数和之半，就是平行度误差。

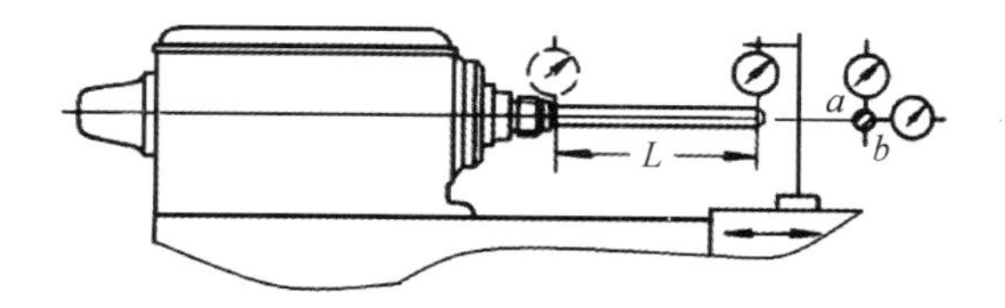

图 1-44　主轴轴线对溜板移动的平行度误差检验

如图 1-45 所示，其实际误差应为：

$$\Delta = \frac{0.03/300 + 0.01/300}{2} = 0.02\,(\text{mm})/300\,(\text{mm})$$

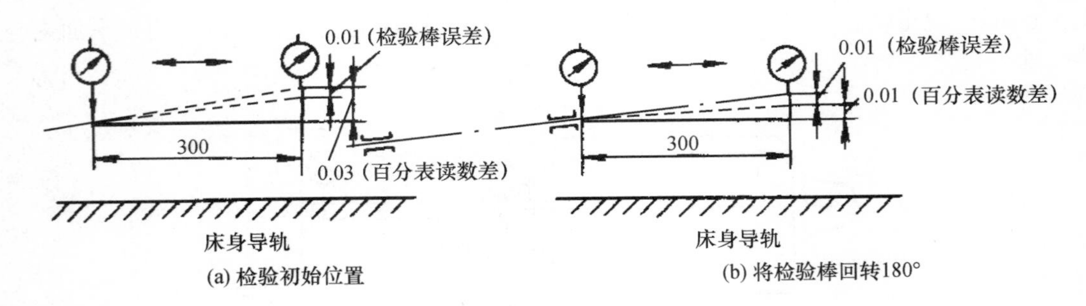

图 1-45 消除检验棒误差对测量的影响

主轴轴线对溜板移动的平行度标准如表 1-9 所示。

表 1-9 主轴轴线对溜板移动的平行度标准 （单位：mm）

	精密级	普通级		检验工具
	$800 \leqslant D_a$ 和 $D_c \leqslant 1\,500$	$800 \leqslant D_a$	$800 < D_a \leqslant 1\,600$	
在水平面内	在 300 测量长度上为≤0.01 向前	在 300 测量长度上为≤0.015 向前	在 500 测量长度上为≤0.03 向前	指示器（百分表）或检验棒
在垂直面内	在 300 测量长度上为≤0.02 向上	在 300 测量长度上为≤0.02 向上	在 500 测量长度上为≤0.04 向上	

8. 检验顶尖的径向圆跳动误差

其检验方法及误差值的确定如下：如图 1-46 所示，顶尖插入主轴孔内，固定指示器，使其测量头垂直触及顶尖锥面上。沿主轴轴线加一力 F，旋转主轴进行检验，指示器读数除以 $\cos\alpha$（α 为锥体半角）后，就是顶尖径向圆跳动误差。

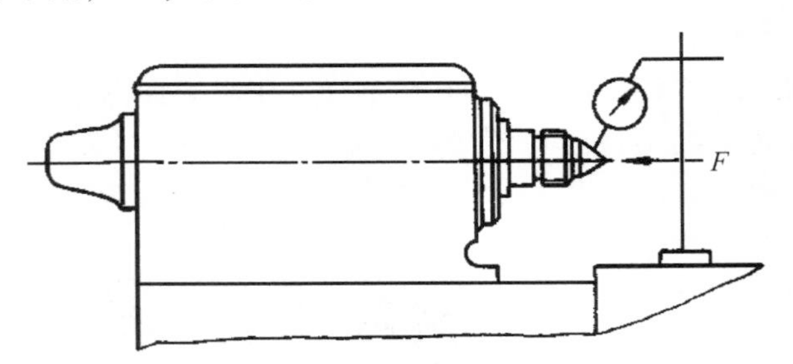

图 1-46 检验顶尖的径向圆跳动误差

主轴顶尖的径向跳动标准如表 1-10 所示。

表 1-10 主轴顶尖的径向跳动标准 （单位：mm）

	精密级	普通级		检验工具
	$800 \leqslant D_a$ 和 $D_c \leqslant 1\,500$	$800 \leqslant D_a$	$800 < D_a \leqslant 1\,600$	
主轴顶尖的径向跳动	≤0.01	≤0.015	≤0.02	指示器（百分表）

9. 检验尾座套筒轴线对溜板移动的平行度误差

其检验方法及误差值的确定如下：如图 1-47 所示，将尾座紧固在检验位置。当 $D_c \leq$ 500 mm 时，应紧固在床身导轨的末端；当 $D_c > 500$ mm 时，应紧固在 $D_c/2$ 处，但最大不大于 2 000 mm。尾座顶尖套伸出量，约为最大伸出长度的一半，并锁紧。

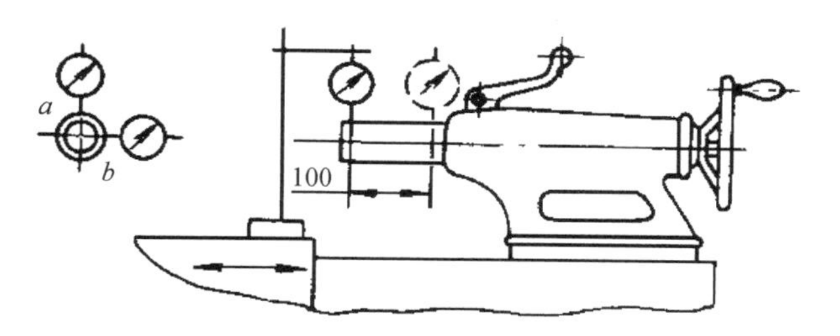

图 1-47　检验尾座套筒轴线对溜板移动的平行度误差

将指示器固定在溜板上，使其测量头触及尾座套筒的表面：*a* 位置在垂直平面内；*b* 位置在水平面内，移动溜板进行检验。指示器读数的最大差值，就是平行度误差，*a*、*b* 位置误差分别计算。

尾座套筒轴线对溜板移动的平行度标准如表 1-11 所示。

表 1-11　尾座套筒轴线对溜板移动的平行度标准　（单位：mm）

	精密级	普通级		检验工具
	$800 \leq D_a$ 和 $D_c \leq 1\,500$	$800 \leq D_a$	$800 < D_a \leq 1\,600$	
在水平面内	在 100 测量长度上为 ≤ 0.01 向前	在 100 测量长度上为 ≤ 0.015 向前	在 100 测量长度上为 ≤ 0.02 向前	指示器（百分表）
在垂直面内	在 100 测量长度上为 ≤ 0.015 向上	在 100 测量长度上为 ≤ 0.02 向上	在 100 测量长度上为 ≤ 0.03 向上	

10. 检验尾座套筒锥孔轴线对溜板移动的平行度误差

其检验方法及误差值的确定如下：如图 1-48 所示，检验时尾座的位置同检验尾座套筒轴线对溜板移动的平行度误差，顶尖套筒退入尾座孔内，并锁紧。

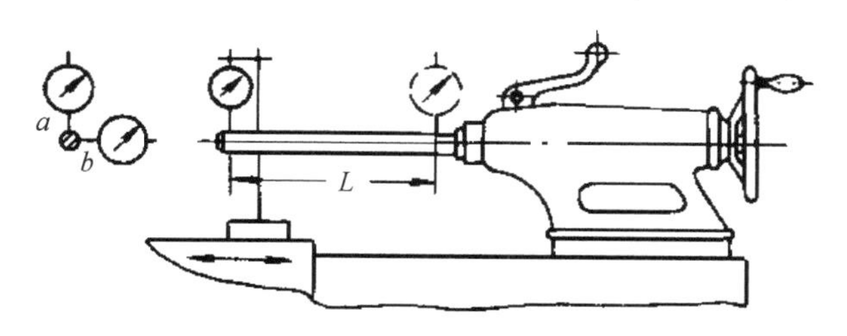

图 1-48　检验尾座套筒锥孔轴线对溜板移动的平行度误差

在尾座套筒锥孔中，插入检验棒。将指示器固定在溜板上，使其测量头触及检验棒表面。*a* 位置在垂直平面内；*b* 位置在水平面内，移动溜板进行检验。一次检验后，拔出检验棒，旋转180°后重新插入尾座顶尖套锥孔中，重复检验一次。两次检验结果的代数和之半，就是平行度误差，a、b位置误差分别计算。

尾座套筒锥孔轴线对溜板移动的平行度标准如表1-12所示。

表1-12　尾座套筒锥孔轴线对溜板移动的平行度标准（单位：mm）

	精密级	普通级		检验工具
	$800 \le D_a$ 和 $D_c \le 1\,500$	$800 \le D_a$	$800 < D_a \le 1\,600$	
在水平面内	在100测量长度上为≤0.01向前	在100测量长度上为≤0.015向前	在100测量长度上为≤0.02向前	指示器（百分表）
在垂直面内	在100测量长度上为≤0.015向上	在100测量长度上为≤0.02向上	在100测量长度上为≤0.03向上	

11. 检验主轴和尾座两顶尖的等高度误差

其检验方法及误差值的确定如下：如图1-49所示，在主轴与尾座顶尖间装入检验棒，将指示器固定在溜板上，使其测量头在垂直平面内触及检验棒，移动溜板在检验棒的两极限位置上进行检验。指示器在检验棒两端读数的差值，就是等高度误差。检验时，尾座顶尖套应退入尾座孔内，并锁紧。

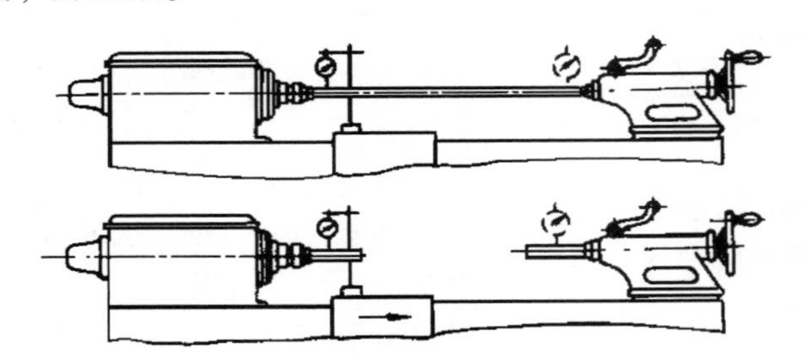

图1-49　检验主轴和尾座两顶尖的等高度误差

主轴和尾座两顶尖的等高度标准如表1-13所示。

表1-13　主轴和尾座两顶尖的等高度标准（单位：mm）

	精密级	普通级		检验工具
	$800 \le D_a$ 和 $D_c \le 1\,500$	$800 \le D_a$	$800 < D_a \le 1\,600$	
主轴和尾座两顶尖的等高度	≤0.02尾座顶尖高于主轴顶尖	≤0.04尾座顶尖高于主轴顶尖	≤0.06尾座顶尖高于主轴顶尖	指示器（百分表）和检验棒

12. 检验小滑板纵向移动对主轴轴线的平行度

小滑板纵向移动对主轴轴线的平行度检验方法及误差值的确定如下：如图1-50所示，将检验棒插入主轴锥孔内，指示器固定在溜板上，使其测量头在水平面内触及检验棒。调整小滑板，使指示器在检验棒两端的读数相等。再将指示器测头在垂直平面内触及检验棒，并移动小滑板进行检验。将主轴旋转180°，再用同样方法检验一次。两次测量结果的代数和之半，就是平行度误差。

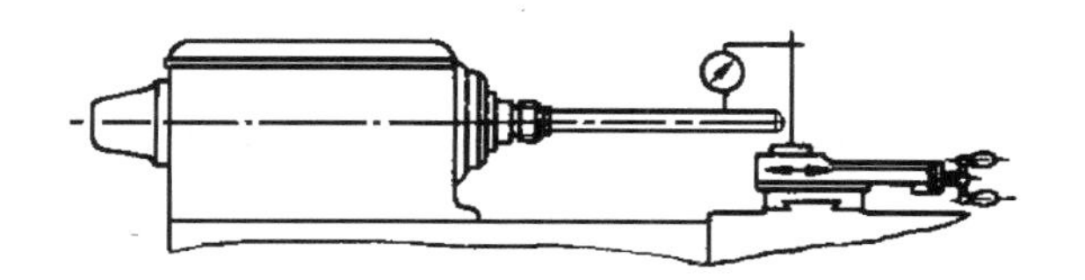

图 1-50　检验小滑板纵向移动对主轴轴线的平行度

小滑板纵向移动对主轴轴线的平行度标准如表 1-14 所示。

表 1-14　小滑板纵向移动对主轴轴线的平行度标准　（单位：mm）

	精密级	普通级		检验工具
	$800 \leqslant D_a$ 和 $D_c \leqslant 1\,500$	$800 \leqslant D_a$	$800 < D_a \leqslant 1\,600$	
小滑板纵向移动对主轴轴线的平行度	在 150 测量长度上为 ≤0.015	在 300 测量长度上为≤0.04		指示器（百分表）和检验棒

13. 检验中滑板横向移动对主轴轴线的垂直度

中滑板横向移动对主轴轴线的垂直度误差，其检验方法及误差值的确定如下：如图 1-51 所示，将平面圆盘固定在主轴上，指示器固定在中滑板上，使其测量头触及平面圆盘，移动中滑板进行检验。

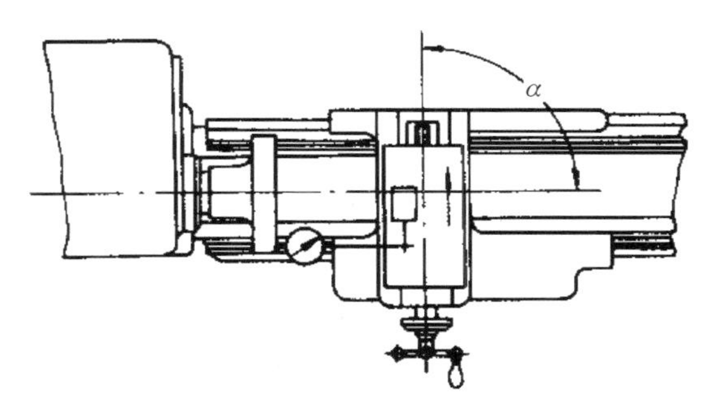

图 1-51　检验中滑板横向移动对主轴轴线的垂直度

将主轴旋转 180°，再用同样方法检验一次，两次测量结果的代数和之半，就是垂直度误差。

中滑板横向移动对主轴轴线的垂直度标准如表 1-15 所示。

表 1-15　中滑板横向移动对主轴轴线的垂直度标准　（单位：mm）

	精密级	普通级		检验工具
	$800 \leqslant D_a$ 和 $D_c \leqslant 1\,500$	$800 \leqslant D_a$	$800 < D_a \leqslant 1\,600$	
中滑板横向移动对主轴轴线的垂直度	≤0.01/300 偏差方向 $\alpha \geqslant 90°$	≤0.02/300 偏差方向 $\alpha \geqslant 90°$		指示器（百分表）和水平尺

14. 检验丝杠的轴向窜动误差

其检验方法及误差值的确定如下：如图 1-52 所示，固定指示器，使其测量头触及丝杠顶尖孔内用黄油黏住的钢球上。在丝杠的中段处闭合开合螺母，旋转丝杠进行检验。检验时，有托架的丝杠应在装有托架的状态下检验。指示器读数的最大差值，就是丝杠的轴向窜动误差。正转、反转均应检验，但由正转变换到反转时的游隙量不计入误差内。

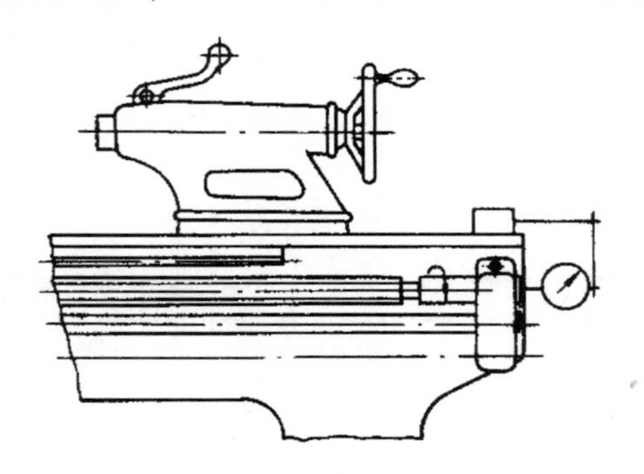

图 1-52 检验丝杠的轴向窜动误差

丝杠的轴向窜动标准如表 1-16 所示。

表 1-16 丝杠的轴向窜动标准 （单位：mm）

	精密级	普通级	
	800≤D_a 和 D_c≤1 500	800≤D_a	800<D_a≤1 600
丝杠轴向窜动误差检验要求	≤0.01	≤0.015	≤0.02

1.8.6 测量数据结果

按上述步骤进行检测，检验结果记录到表 1-17～表 1-30 中，并判断检验结果合格与否。

表 1-17 导轨在垂直平面内的直线度误差检验结果 （单位：mm）

<table>
<tr><td colspan="2" rowspan="2"></td><td rowspan="2">精密级</td><td colspan="2">普通级</td></tr>
<tr><td>800≤D_a</td><td>800<D_a≤1 600</td></tr>
<tr><td rowspan="4">纵向检验要求</td><td>D_c≤500</td><td>≤0.01（凸）</td><td>≤0.01（凸）</td><td>≤0.015（凸）</td></tr>
<tr><td rowspan="3">500<D_c≤1 000</td><td rowspan="3">≤0.015（凸）局部公差任意 250 测量长度上为≤0.005</td><td>≤0.02（凸）</td><td>≤0.03（凸）</td></tr>
<tr><td colspan="2">局部公差任意 250 测量长度为</td></tr>
<tr><td>≤0.007 5</td><td>≤0.01</td></tr>
<tr><td colspan="2">横向检验要求</td><td>≤0.03/1 000</td><td colspan="2">≤0.04/1 000</td></tr>
<tr><td rowspan="4">纵向检验结果</td><td>D_c≤500</td><td></td><td></td><td></td></tr>
<tr><td rowspan="3">500<D_c≤1 000</td><td rowspan="3"></td><td></td><td></td></tr>
<tr><td colspan="2">局部公差任意 250 测量长度为</td></tr>
<tr><td></td><td></td></tr>
<tr><td colspan="2">横向检验结果</td><td></td><td colspan="2"></td></tr>
</table>

表 1-18　溜板移动在水平面内的直线度检验结果　（单位：mm）

	精密级	普通级	
		$800 \leq D_a$	$800 < D_a \leq 1600$
$D_c \leq 500$ 检验要求	≤0.01	≤0.015	≤0.02
$500 < D_c \leq 1000$ 检验要求	≤0.015	≤0.02	≤0.025
$D_c \leq 500$ 检验结果			
$500 < D_c \leq 1000$ 检验结果			

表 1-19　尾座移动对溜板移动的平行度检验结果　（单位：mm）

	精密级	普通级	
		$800 \leq D_a$	$800 < D_a \leq 1600$
$D_c \leq 500$ 检验要求	a. 局部公差 0.02，任意 500 测量长度上为≤0.01	≤0.03	a 和 b≤0.04
$500 < D_c \leq 1000$ 检验要求	b. 局部公差 0.02，任意 500 测量长度上为≤0.02		
$D_c \leq 500$ 检验结果			
$500 < D_c \leq 1000$ 检验结果			

注：a. 在水平面内；b. 在垂直面内。

表 1-20　主轴的轴向窜动和主轴轴肩支承面的端面圆跳动检验结果　（单位：mm）

	精密级	普通级	
	$800 \leq D_a$ 和 $D_c \leq 1500$	$800 \leq D_a$	$800 < D_a \leq 1600$
主轴的轴向窜动检验要求	≤0.005	≤0.01	≤0.015
主轴轴肩支承面端面圆跳动检验要求	≤0.01 包括轴向窜动	≤0.02 包括轴向窜动	≤0.02 包括轴向窜动
主轴的轴向窜动检验结果			
主轴轴肩支承面端面圆跳动检验结果			

表 1-21　主轴定心轴颈的径向圆跳动检验结果　（单位：mm）

	精密级	普通级	
	$800 \leq D_a$ 和 $D_c \leq 1500$	$800 \leq D_a$	$800 < D_a \leq 1600$
主轴定心轴颈的径向圆跳动检验要求	≤0.007	≤0.01	≤0.015
主轴定心轴颈的径向圆跳动检验结果			

表 1-22 主轴锥孔轴线的径向圆跳动检验结果 （单位：mm）

	精密级	普通级	
	$800 \leqslant D_a$ 和 $D_c \leqslant 1\,500$	$800 \leqslant D_a$	$800 < D_a \leqslant 1\,600$
靠近主轴端面检验要求	≤0.005	≤0.01	≤0.015
距主轴端面 $D_a/2$ 或不超过 300 mm 检验要求	在 300 测量长度上为≤0.015 在 200 测量长度上为≤0.01 在 100 测量长度上为≤0.005	在 200 测量长度上为≤0.02	在 500 测量长度上为≤0.05
靠近主轴端面检验结果			
距主轴端面 $D_a/2$ 或不超过 300 mm 检验结果			

表 1-23 主轴轴线对溜板移动的平行度检验结果 （单位：mm）

	精密级	普通级	
	$800 \leqslant D_a$ 和 $D_c \leqslant 1\,500$	$800 \leqslant D_a$	$800 < D_a \leqslant 1\,600$
在水平面内检验要求	在 300 测量长度上为≤0.01 向前	在 300 测量长度上为≤0.015 向前	在 500 测量长度上为≤0.03 向前
在垂直面内检验要求	在 300 测量长度上为≤0.02 向上	在 300 测量长度上为≤0.02 向上	在 500 测量长度上为≤0.04 向上
在水平面内检验结果			
在垂直面内检验结果			

表 1-24 主轴顶尖的径向跳动检验结果 （单位：mm）

	精密级	普通级	
	$800 \leqslant D_a$ 和 $D_c \leqslant 1\,500$	$800 \leqslant D_a$	$800 < D_a \leqslant 1\,600$
主轴顶尖的径向跳动检验要求	≤0.01	≤0.015	≤0.02
主轴顶尖的径向跳动检验结果			

表 1-25 尾座套筒轴线对溜板移动的平行度检验结果 （单位：mm）

	精密级	普通级	检验工具
	$800 \leqslant D_a$ 和 $D_c \leqslant 1\,500$	$800 \leqslant D_a$	$800 < D_a \leqslant 1\,600$
在水平面内检验要求	在 100 测量长度上为≤0.01 向前	在 100 测量长度上为≤0.015 向前	在 100 测量长度上为≤0.02 向前
在垂直面内检验要求	在 100 测量长度上为≤0.015 向上	在 100 测量长度上为≤0.02 向上	在 100 测量长度上为≤0.03 向上
在水平面内检验结果			
在垂直面内检验结果			

表 1-26　尾座套筒锥孔轴线对溜板移动的平行度检验结果　(单位：mm)

	精密级	普通级	
	$800 \leqslant D_a$ 和 $D_c \leqslant 1500$	$800 \leqslant D_a$	$800 < D_a \leqslant 1600$
在水平面内检验要求	在 100 测量长度上为≤0.01 向前	在 100 测量长度上为≤0.015 向前	在 100 测量长度上为≤0.02 向前
在垂直面内检验要求	在 100 测量长度上为≤0.015 向上	在 100 测量长度上为≤0.02 向上	在 100 测量长度上为≤0.03 向上
在水平面内检验结果			
在垂直面内检验结果			

表 1-27　主轴和尾座两顶尖的等高度检验结果　(单位：mm)

	精密级	普通级	
	$800 \leqslant D_a$ 和 $D_c \leqslant 1500$	$800 \leqslant D_a$	$800 < D_a \leqslant 1600$
主轴和尾座两顶尖的等高度检验要求	0.02 尾座顶尖高于主轴顶尖	0.04 尾座顶尖高于主轴顶尖	0.06 尾座顶尖高于主轴顶尖
主轴和尾座两顶尖的等高度检验结果			

表 1-28　小滑板纵向移动对主轴轴线的平行度检验结果　(单位：mm)

	精密级	普通级	
	$800 \leqslant D_a$ 和 $D_c \leqslant 1500$	$800 \leqslant D_a$	$800 < D_a \leqslant 1600$
小滑板纵向移动对主轴轴线的平行度检验要求	在 150 测量长度上为 0.015	在 300 测量长度上为 0.04	
小滑板纵向移动对主轴轴线的平行度检验结果			

表 1-29　中滑板横向移动对主轴轴线的垂直度检验结果　(单位：mm)

	精密级	普通级	
	$800 \leqslant D_a$ 和 $D_c \leqslant 1500$	$800 \leqslant D_a$	$800 < D_a \leqslant 1600$
中滑板横向移动对主轴轴线的垂直度检验要求	0.01/300 偏差方向 $a \geqslant 90°$	0.02/300 偏差方向 $a \geqslant 90°$	
中滑板横向移动对主轴轴线的垂直度检验结果			

表 1-30　丝杠的轴向窜动检验结果　(单位：mm)

	精密级	普通级	
	$800 \leqslant D_a$ 和 $D_c \leqslant 1500$	$800 \leqslant D_a$	$800 < D_a \leqslant 1600$
丝杠轴向窜动误差检验要求	≤0.01	≤0.015	≤0.02
丝杠轴向窜动误差检验结果			

1.9 思考题

1. 较复杂的产品，其装配工艺分为部装和总装两个过程具有什么意义？

2. 装配工作的重要性体现在哪些方面？

3. 装配工艺过程一般由几个部分组成？

4. 各种生产类型装配工作的特点是什么？

5. 装配时常采用的保证配合精度的装配方法有几种？各自特点是什么？

6. 在装配过程中，零件的清理和清洗工作的重要意义是什么？

7. 清洗液的种类有哪些？装配时如何选择？

8. 旋转件平衡分为几种？旋转件平衡的重要意义是什么？旋转件静平衡法的实验步骤是什么？

9. 机电设备的主要几何精度包括哪些？CA6140 需要保证的几何精度包括哪些？

10. 说出百分表可以用来检测机电设备哪些几何精度？如何操作？

11. 说出水平仪、平尺、塞尺、角尺、水准仪、自准仪在检测机电设备哪些几何精度得到应用？

第2章　联接零部件的装配

教学目标

▶ 掌握螺纹联接装配的技术要求和装配方法

▶ 掌握键联接、销联接的装配技术要求和装配方法

▶ 掌握过盈配合联接装配的技术要求和装配方法

2.1　螺纹联接的装配

螺纹联接是一种可拆卸的紧固联接，它具有结构简单、联接可靠、装拆方便等优点，故在固定联接中应用广泛。螺纹联接可分为普通螺纹联接和特殊螺纹联接两大类。由已标准化的螺栓、螺母或螺钉等螺纹紧固件构成的联接，称为普通螺纹联接；普通螺纹联接的基本类型有螺栓联接、双头螺柱联接和螺钉联接，如图2-1所示。除此以外的螺纹联接称为特殊螺纹联接，如圆螺母联接等。

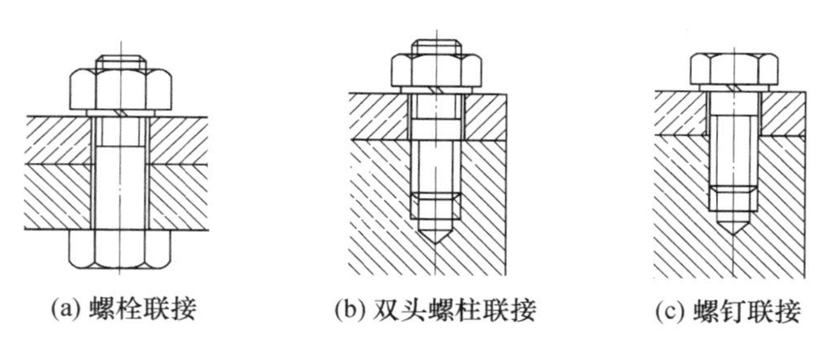

(a) 螺栓联接　(b) 双头螺柱联接　(c) 螺钉联接

图2-1　普通螺纹联接的种类

2.1.1　螺纹联接装配的技术要求

1. 保证有一定的拧紧力矩

在螺纹联接装配时应保证有一定的拧紧力矩，使螺纹副产生足够的预紧力，保证螺纹副具有一定的摩擦阻力矩，目的是增强联接的刚性、紧密性和防松能力等。

拧紧力矩的大小，与螺纹联接件材料预紧应力的大小及螺纹直径有关，预紧力不得大于其材料屈服点 δ_s 的80%。对于规定预紧力的螺纹联接，常用控制转矩法、控制螺栓弹性伸长法和控制螺母扭角法来保证预紧力的准确性。对于预紧力要求不严格的螺纹联接，可使用普通扳手、气动扳手或电动扳手拧紧，凭操作者的经验来判断预紧力是否适当。

下面介绍三种控制预紧力的方法。

(1) 控制转矩法。可使用指针式扭力扳手，使预紧力达到给定值。图2-2所示为指针式扭力扳手。它有一个长的弹性扳手杆5，一端装着手柄1，另一端装有带四方头或六角头的柱体3，四方头或六角头上套装一个可更换的套筒，用钢球4卡住。在柱体3上还装

有一个长指针 2，刻度板 7 固定在柄座上，刻度单位为 N · m。在工作时，弹性扳手杆 5 和刻度板一起随旋转的方向位移，因此指针尖 6 就在刻度板上指出拧紧力矩的大小。图 2-3 所示定力矩扳手。

（2）控制螺栓弹性伸长法。如图 2-4 所示，螺母拧紧前，螺栓的原始长度为 L_1，根据预紧力拧紧后，螺栓的长度变为 L_2，测定 L_1 和 L_2 的弹性伸长量，即可计算出拧紧力矩的大小，此法精度虽高，但不便于生产中应用。

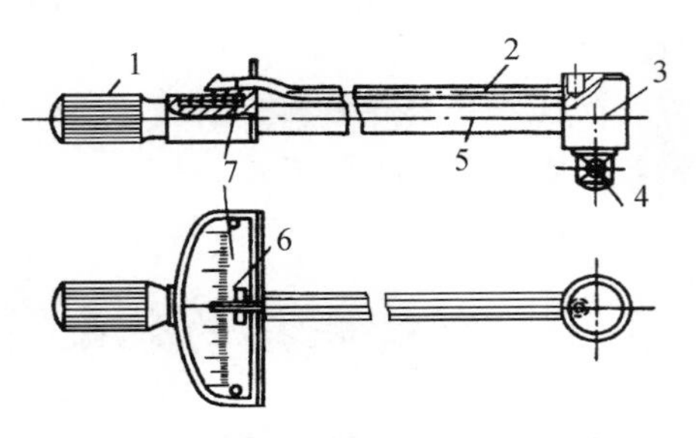

图 2-2　指针式扭力扳手

1—手柄；2—长指针；3—柱体；4—钢球；5—弹性扳手杆；6—指针尖；7—刻度板

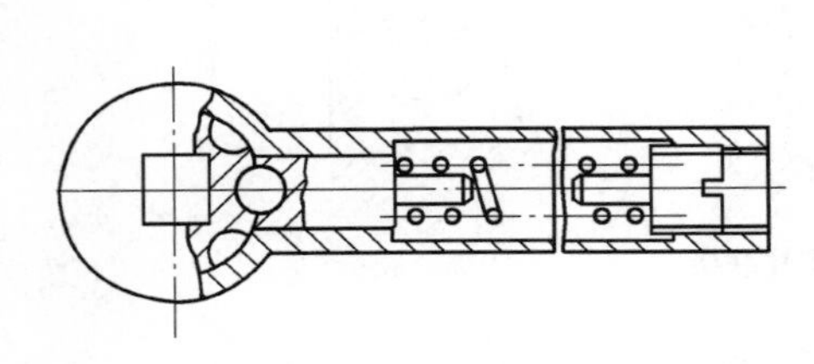

图 2-3　定力矩扳手

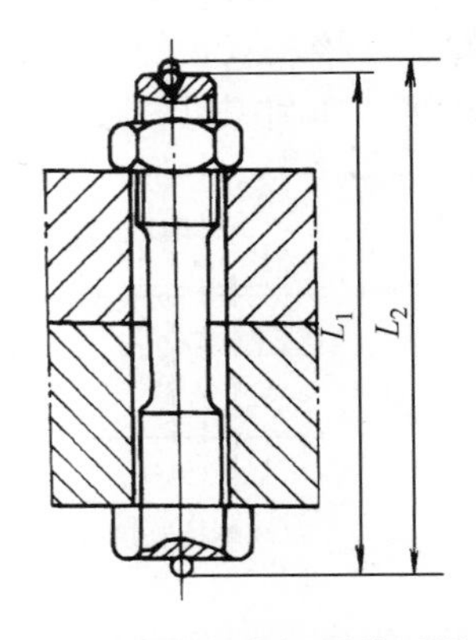

图 2-4　螺栓伸长量的测量

（3）控制螺母扭角法。此法的原理和测量螺栓弹性伸长法相似，即在螺母拧紧到各被联接件消除间隙时，测得扭转角 ϕ_1，然后再拧紧一个扭转角 ϕ_2，通过测量 ϕ_1 和 ϕ_2 来确定预紧力。此法在有自动旋转设备时，可得到较高精度的预紧力。

2. 有可靠的防松装置

螺纹联接一般都有自锁性，在受静载荷和工作温度变化不大时，不会自行松脱。但在冲击、振动或变载荷作用下，以及工作温度变化很大时，为了确保联接可靠，防止松动，必须采取可靠的防松措施。螺纹防松装置有很多种。

（1）用弹簧垫圈制止螺纹回松。这种防松装置可靠，所以应用较普遍，如图 2-5 所示。

（2）对成对的或成组螺钉和螺母，可以用钢丝穿过螺钉头互相绑住，以防止回松，如图 2-6 所示。用钢丝绑住的时候，必须用钢丝钳或尖头钳拉紧钢丝，钢丝旋转的方向必须与螺纹旋转方向相同，使螺钉或螺母不松动。

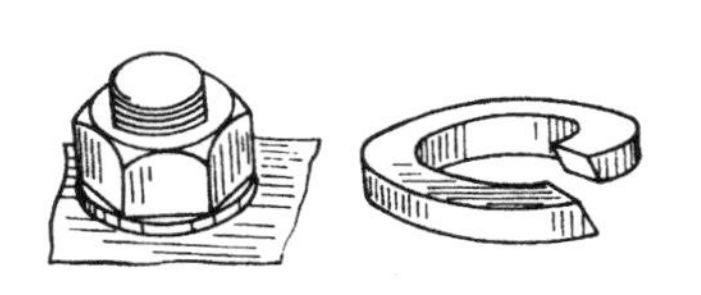

图 2-5　用弹簧垫圈防松

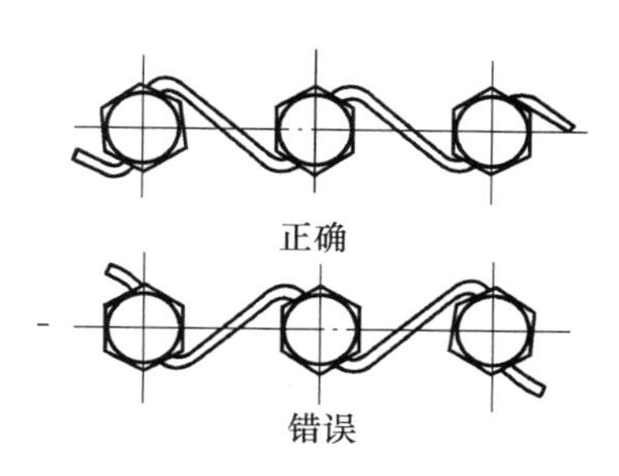

图 2-6　用钢丝防止螺纹回松

（3）用保险垫圈防止螺纹的回松，如图 2-7 所示。使用带翅垫圈（又称为止动垫圈）时，必须把内外翅插入槽内。

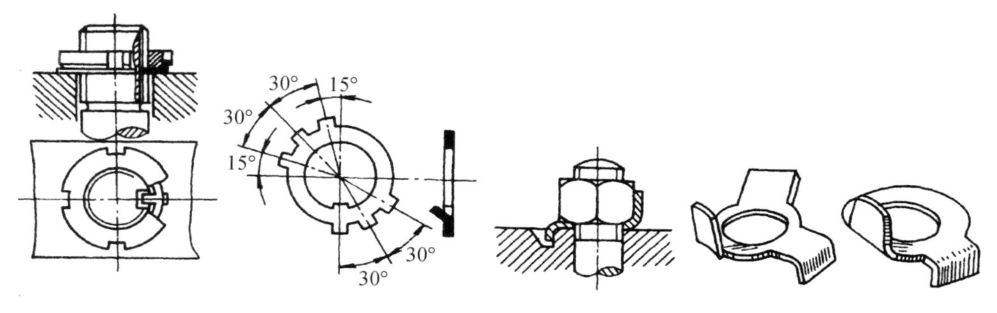

图 2-7　带耳止动垫圈防松

（4）点铆法防松。当螺钉或螺母被拧紧后，用点铆法可以防止螺钉或螺母松动。图 2-8所示为用样冲在螺钉头直径上点铆。图 2-9 是采用样冲在螺母的侧面上点铆，当 $d >$ 8 mm 时铆 3 点，$d \leqslant 8$ mm 时铆 2 点。

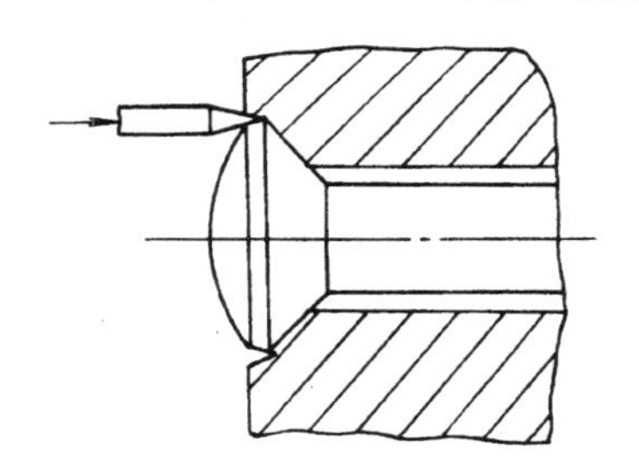

图 2-8　用样冲在螺钉上点铆

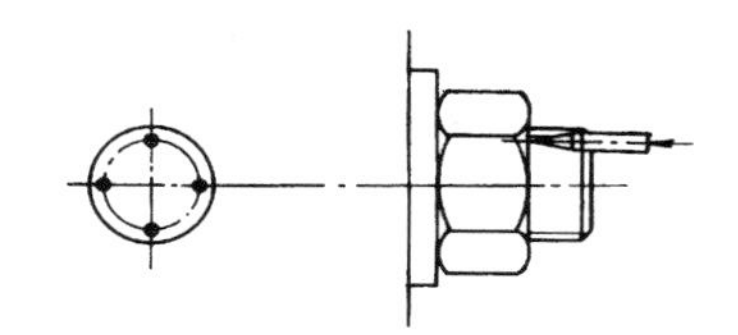

图 2-9　用样冲在螺母侧面点铆

这种方法防松比较可靠，但拆卸后联接零件不能再用，故仅用于特殊需要的防松场合。

（5）黏接法防松。在螺纹的接触表面涂上厌氧性黏结剂（在没有氧气的情况下才能固化），拧紧螺母后，黏结剂硬化、效果良好。

（6）用锁紧螺母来防止螺纹的回松，如图 2-10 所示。它是依靠主、副螺母间在螺母端面上所产生的摩擦力来防松的。

（7）将开口销插入螺钉孔内，使螺母自动回松不超过一定的限度，如图 2-11 所示。

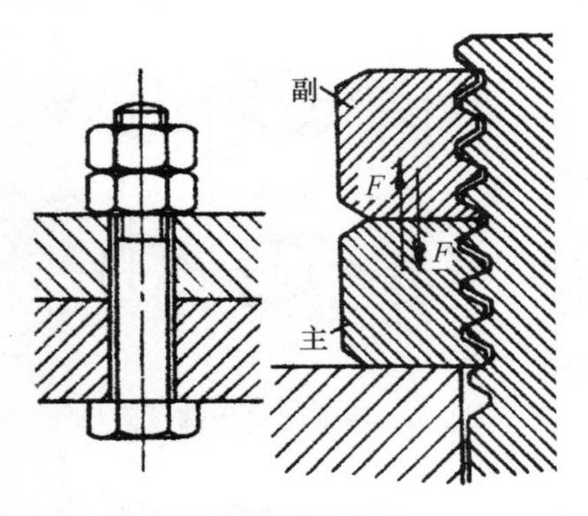

图 2-10　用锁紧螺母来防止螺纹的回松

图 2-11　用开口销防松

2.1.2　螺纹联接装拆工具

由于螺纹联接中螺栓、螺钉、螺母等紧固件的种类较多，因而装拆工具也很多。装配时应根据具体情况合理选用。

1. 螺钉旋具

螺钉旋具用于拧紧或松开头部带沟槽的螺钉。常用的螺钉旋具有以下几种。

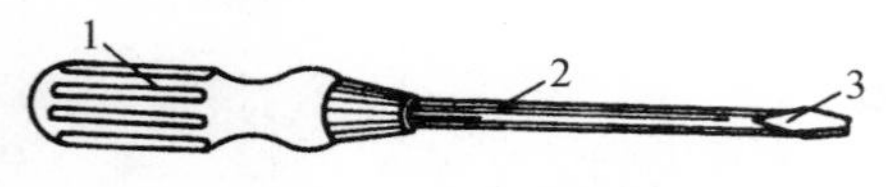

图 2-12　一字槽螺钉旋具

1—柄；2—刀体；3—刀口

（1）一字槽螺钉旋具（如图 2-12 所示）。这种螺钉旋具的规格用刀体部分的长度代表。常用的有 100 mm（4 in）、150 mm（6 in）、200 mm（8 in）、300 mm（12 in）及 400 mm（16 in）等几种，螺钉旋具可根据螺钉直径和沟槽宽来选用。

（2）其他螺钉旋具。双弯头螺钉旋具（如图 2-13(a) 所示）用于螺钉头顶部空间受到限制的场合；十字槽螺钉旋具（如图 2-13(b) 所示）用于拧紧头部带十字槽的螺钉，它在较大的拧紧力下，也不易从槽中滑出；快速螺钉旋具用于拧紧小螺钉，工作时推压手柄，使螺旋杆通过来复孔而转动，从而加快装拆速度（如图 2-13(c) 所示）。

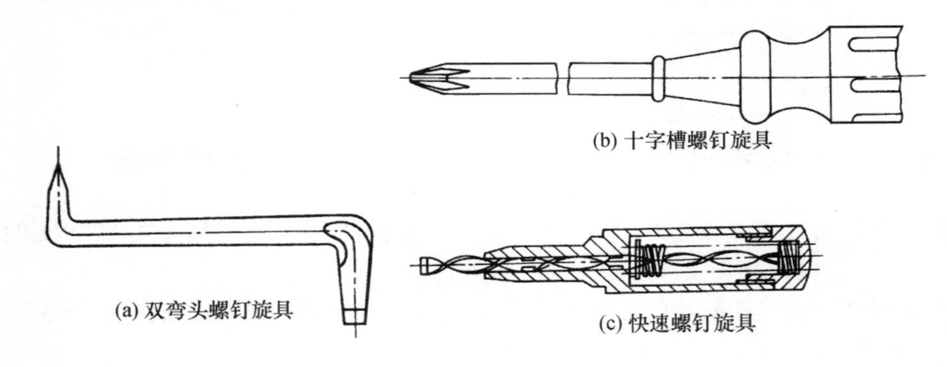

(b) 十字槽螺钉旋具

(a) 双弯头螺钉旋具

(c) 快速螺钉旋具

图 2-13　其他螺钉旋具

2. 扳手

扳手用来拧紧六角形、正方形螺钉和各种螺母。扳手分通用活扳手、专用扳手和特种扳手三类。

（1）通用活扳手（活扳手）。活扳手开口尺寸能在一定范围内调节。使用活扳手时应让固定钳口受主要作用力，否则扳手易损坏（如图 2-14 所示）。扳手手柄的长度不可任意接长，以免拧紧力矩太大而损坏扳手或螺钉。活扳手的效率不高，活动钳口容易歪斜，往往损坏螺母或螺钉的头部。

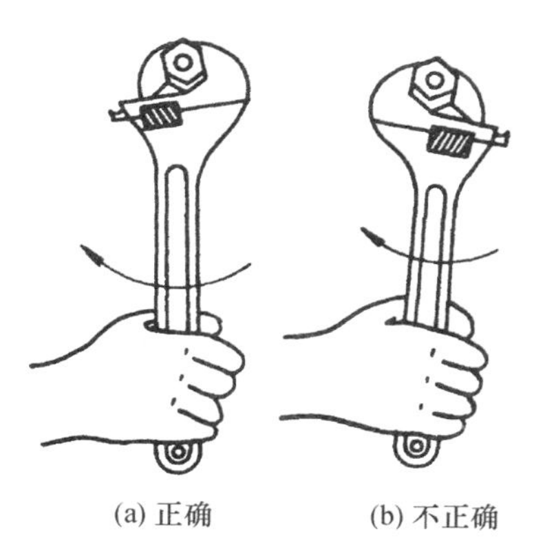

图 2-14　活扳手的使用

（2）专用扳手。专用扳手只能扳动一种规格的螺母或螺钉。根据用途不同分为下列几种。

① 呆扳手（如图 2-15 所示）。呆扳手有单头和双头之分，它的开口尺寸与螺母或螺钉的对边间距的尺寸相适应的。

② 整体扳手（如图 2-16 所示）。有正方形、六角形、十二角形（梅花扳手）等几种。其中梅花扳手应用最广，它只要旋转 30°，就可以改换扳动的方向，所以在狭窄的地方工作比较方便。

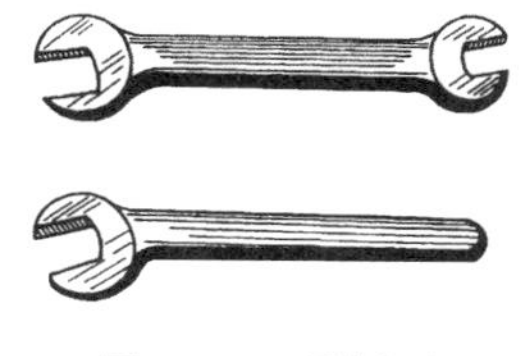
图 2-15　呆扳手

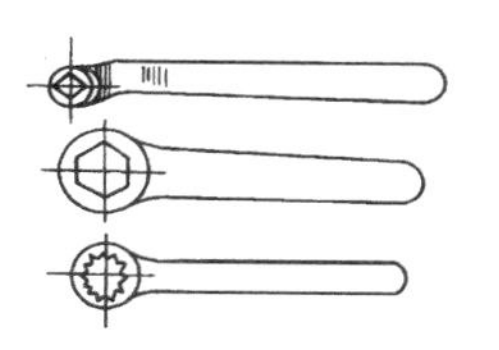
图 2-16　整体扳手

③ 套筒扳手（如图 2-17 所示）。套筒扳手是由一套尺寸不等的梅花套筒组成的，使用时，弓形的手柄可连续转动，工作效率高。

④ 内六角扳手（如图 2-18 所示）。用于拧紧内六角螺钉。

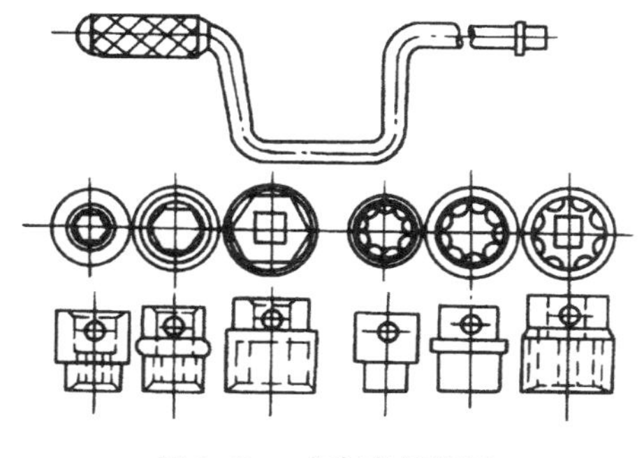
图 2-17　成套套筒扳手

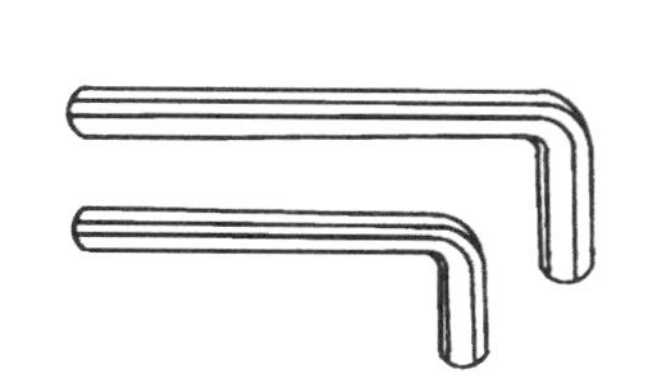
图 2-18　内六角扳手

此外还有装配双头螺柱的专用扳手（如图 2-23 所示）。

（3）特种扳手。

① 棘轮扳手（如图 2-19 所示）。用于在狭窄的地方装卸螺钉或螺母。这种扳手只要摆动的角度不小于 20°时，就能旋紧螺钉或螺母。工作时，正转手柄，棘爪就在弹簧的作用下进入内六角套筒的缺口内，套筒便跟着转动；反转时，棘爪就从套筒缺口的斜面上滑过去，因此螺母（或螺钉）不会随着反转。当需要扳手松开螺钉或螺母时，可以把它翻转过来，用另一面进行工作。

② 管子钳（如图 2-20 所示）。装卸管子等要用管子钳。

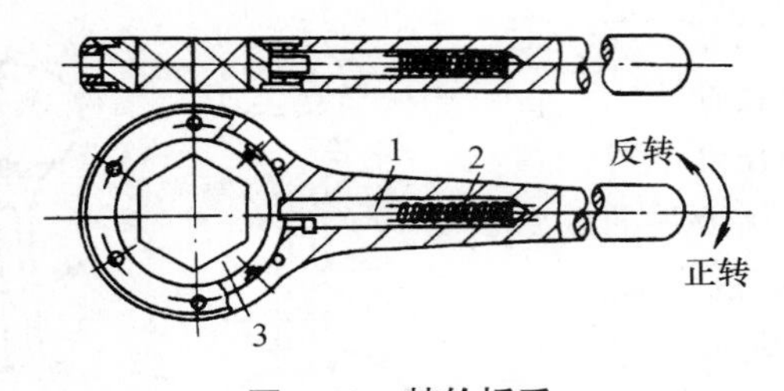

图 2-19 棘轮扳手

1—棘爪；2—弹簧；3—内六角套筒

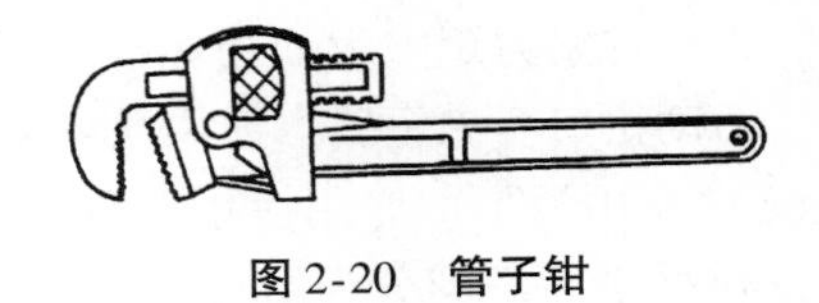

图 2-20 管子钳

2.1.3 螺纹联接的装配工艺

1. 双头螺柱的装配要点

(1) 应保证双头螺柱与机体螺纹的配合有足够的紧固性（即在装拆螺母的过程中，双头螺柱不能有任何松动现象）。为此，螺柱的紧固端应采用过渡配合，保证配合后中径有一定过盈量；也可采用图 2-21 所示的台肩式或利用最后几圈较浅的螺纹，以达到配合的紧固性。当螺柱装入软材料机体时，其过盈量要适当大些。

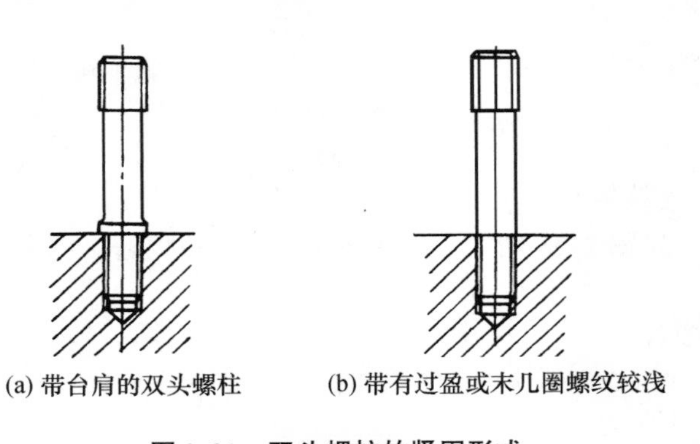

(a) 带台肩的双头螺柱　(b) 带有过盈或末几圈螺纹较浅

图 2-21 双头螺柱的紧固形式

(2) 双头螺柱的轴线必须与机体表面垂直，通常用 90°角尺进行检验（如图 2-22 所示）。当双头螺柱的轴线有较小的偏斜时，可把螺柱拧出采用丝锥校准螺孔，或把装入的双头螺柱校准到垂直位置，如偏斜较大时，不得强行修正，以免影响联接的可靠性。

(3) 装入双头螺柱时，必须用油润滑，以免拧入时产生咬住现象，同时可使今后拆卸更换较为方便。拧紧双头螺柱的专用工具如图 2-23 所示。

图 2-23(a) 所示为用两个螺母拧紧法。先将两个螺母相互锁紧在双头螺柱上，然后扳动上面的一个螺母，把双头螺柱拧入螺孔中。

图 2-23(b) 所示为使用长螺母的拧紧法。用止动螺钉来阻止长螺母和双头螺柱之间的相对运动，然后扳动长螺母，这样双头螺柱即可拧入。要松掉螺母时，先使止动螺钉回松，就可旋下螺母。

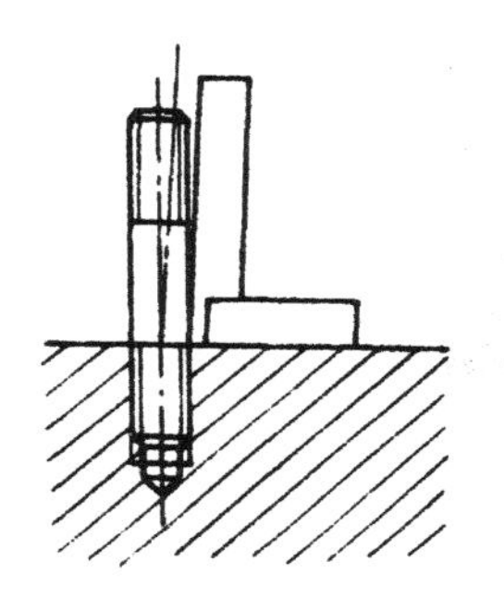

图 2-22　用角尺检验双头螺柱的垂直度

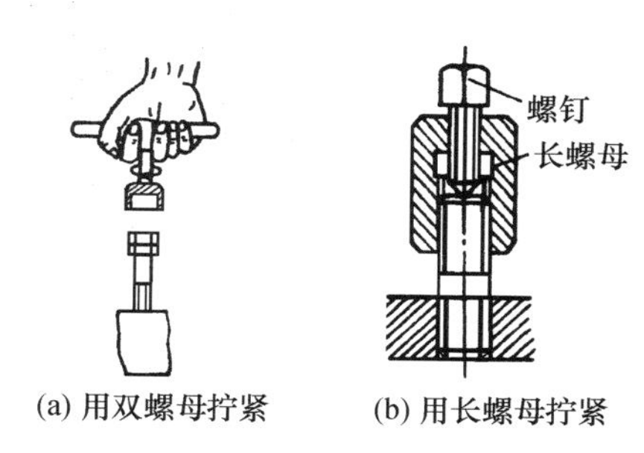

(a) 用双螺母拧紧　(b) 用长螺母拧紧

图 2-23　拧紧双头螺柱的专用工具

2. 螺栓、螺母和螺钉的装配要点

（1）螺栓、螺钉或螺母与贴合的表面要光洁、平整，贴合处的表面应当经过加工，否则容易使联接件松动或使螺钉弯曲。

（2）螺栓、螺钉或螺母和接触的表面之间应保持清洁，螺孔内的脏物应当清理干净。

（3）拧紧成组多点螺纹联接时，必须按一定的顺序进行，并做到分次逐步拧紧（一般分三次拧紧），否则会使零件或螺杆产生松紧不一致，甚至变形。在拧紧长方形布置的成组螺母时，应从中间开始，逐渐向两边对称地扩展（如图 2-24 所示）；在拧紧方形或圆形布置的成组螺母时，必须对称进行（如图 2-25 所示）。

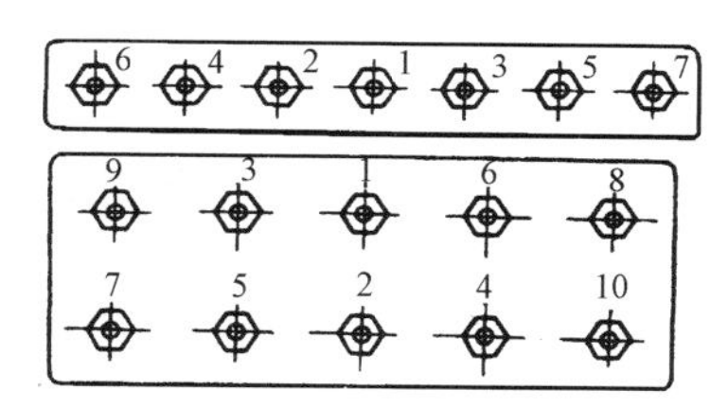

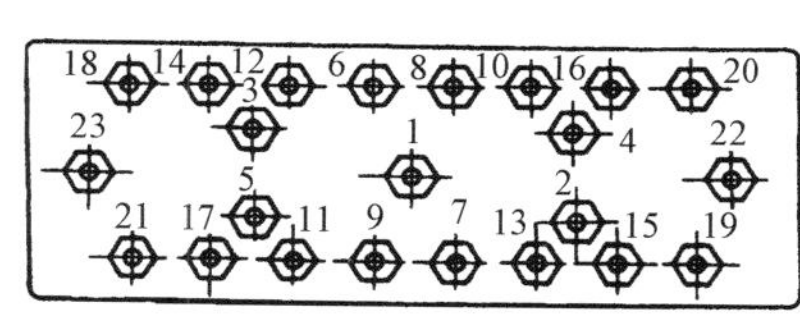

图 2-24　拧紧长方形布置的多点成组螺母顺序

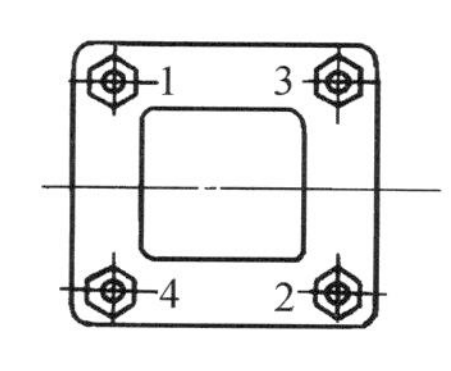

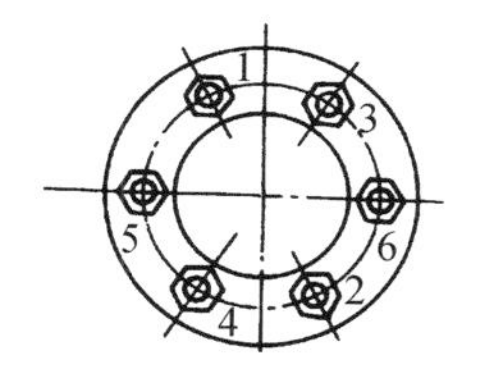

图 2-25　拧紧方形、圆形布置的成组螺母顺序

（4）主要部位的螺钉，必须按一定的拧紧力矩来拧紧。因为拧紧力矩太大时，会出现螺栓或螺钉被拉长甚至断裂和机件变形现象。螺钉在工作中断裂，常常可能引起严重事故。拧紧力矩太小时，则不可能保证机器工作的可靠性。

（5）联接件要有一定的夹紧力，紧密牢固，在工作中有振动或冲击时，为了防止螺钉和螺母松动，必须采用可靠的防松装置。

2.2 键联接的装配

键是用来联接轴和轴上零件（如齿轮、皮带轮、蜗轮等），以传递转矩的一种机械零件。它具有结构简单、工作可靠、装拆方便等优点，因此在机械行业中得到广泛应用。键联接有松键联接和紧键联接之分。松键联接常见种类如图 2-26 所示，紧键联接常见种类如图 2-27 所示。区别在于紧键联接顶面没有间隙。

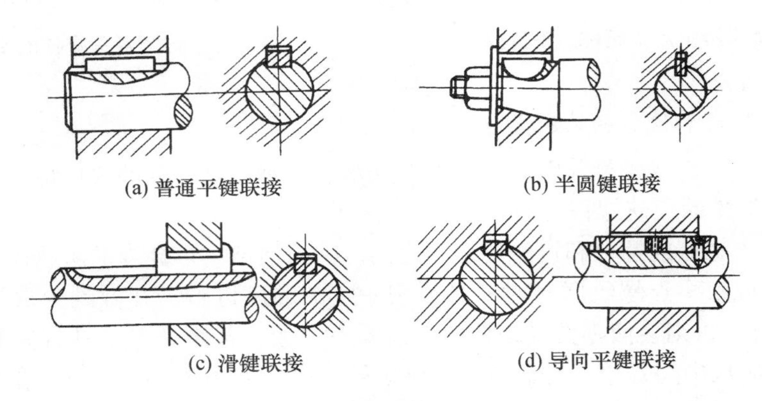
(a) 普通平键联接　(b) 半圆键联接　(c) 滑键联接　(d) 导向平键联接

图 2-26　松键联接形式

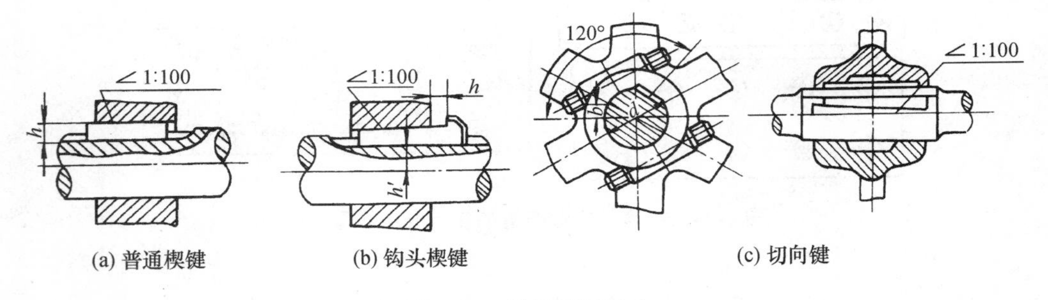

(a) 普通楔键　(b) 钩头楔键　(c) 切向键

图 2-27　紧键联接形式

2.2.1　平键的装配

平键联接在机械设备中应用的比较广泛。平键在装配时，它与轴上键槽的两侧面必须带有一定的过盈。保证在有顺、逆旋转时，键不会产生松动现象，以免降低轴和键槽的使用寿命及工作的平稳性。而键顶面和轮毂间必须留有一定的间隙，如图 2-26(a) 所示。

装配方法如下。

(1) 清除键槽的锐边，以防装配时过紧。

(2) 修配键与槽的配合精度及键的长度。

(3) 修锉键的圆头（一般键在轴端部为平头，装在轴中间的键端为半圆头）。

(4) 键安装于轴的键槽中必须与槽底接触，一般采用虎钳夹紧（必须在虎钳与键平面之间垫上铜皮）或敲击等方法。

（5）轮毂上的键槽与键配合过紧时，可修整轮毂的键槽，但不允许松动。

（6）为了使键拆卸时不损坏，可在键上面备有螺孔，如图 2-28 所示。

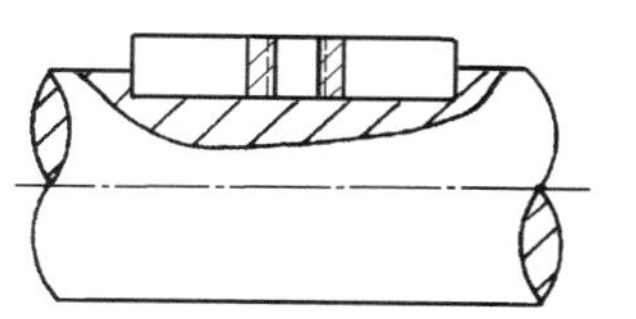

图 2-28　带有螺孔的平键

2.2.2　滑键和导键的装配

滑键和导键不仅带动轮毂旋转，还须使轮毂沿轴线方向在轴上来回移动，故装配时，键与滑动件轮毂键槽（键座）宽度的配合必须是间隙配合，而键与非滑动件（轴）的键座（或键槽）两侧面必须过盈配合紧密，没有松动现象。有时为防止键因振动而松动，须用埋头螺钉把键固定（如图 2-29 所示）。这样，才能保证滑动件在工作时能够正常滑动。

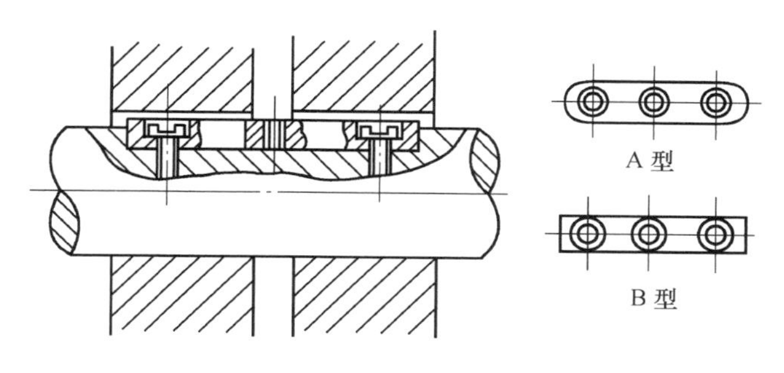

图 2-29　导键固定在轴上

2.2.3　斜键（楔形键）的装配

斜键形状与平键相似，但在顶面有斜度。斜键有头（如图 2-30(a) 所示），主要是为了便于拆装。拆卸工具如图 2-30(b) 和图 2-30(c) 所示。斜键的顶面亦与键槽的顶面接触，能承受振动和一定的轴向力。键槽的斜度与键的斜度一致，一般是 1 : 100。键的侧面与键槽间有一定的间隙。楔形键即为紧键联接，能传递转矩并能承受单向轴向力。

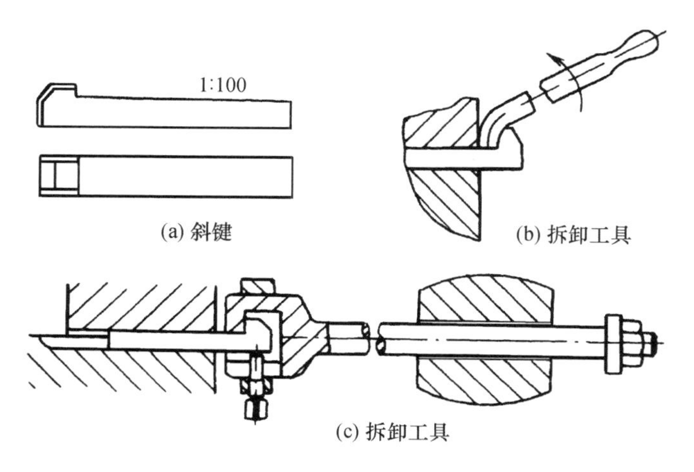

图 2-30　斜键及拆卸工具

斜键的装配方法如下。

（1）清除键槽锐边。

（2）修配键与槽的配合精度，然后把轮毂套在轴上。

（3）使轴与轮毂键槽对正，在斜键的斜面涂色来检查斜度正确与否，用刮削法进行修正，使键和轮毂键槽紧密贴合，并使接触长度符合要求。

（4）清洗斜键及键槽等，最后把斜键上油后，敲入键槽中。

2.2.4 半圆键（月牙键）的装配

如图2-26(b)所示，半圆键一般用在直径较小的轴或锥形轴上，以传递不大的动力，如机床上手轮和轴配合等。这种键的装配方法与平键相同，但键在键槽中可以滑动，能自动适应轮毂中的斜度。

2.2.5 花键的装配

花键联接有静联接、动联接两种方式，它的特点是轴的强度高，传递转矩大，对中、导向都很好，但制造成本较高，广泛用于机床、汽车、飞机等制造业中。图2-31所示为矩形花键联接，其应用比较广泛。

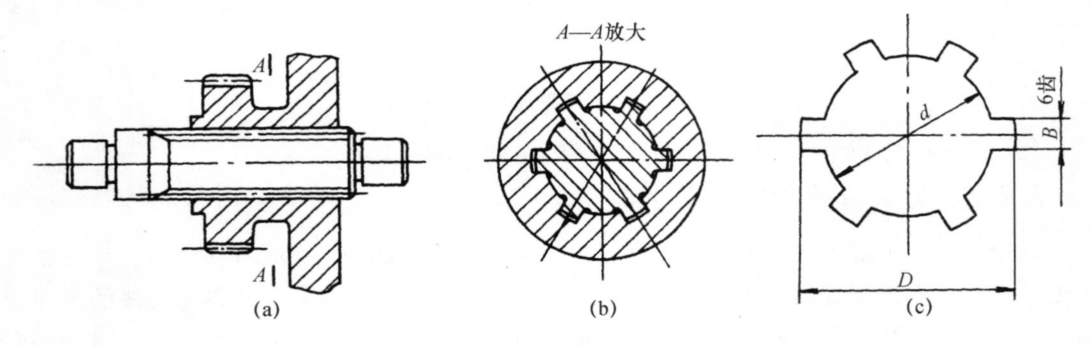

图2-31 矩形花键联接

1. 花键要素（如图2-31所示）

（1）键数。花键轴的键数或花键孔的键槽数。

（2）大径（D）和小径（d）。花键配合时，公称的最大、最小直径。

（3）键宽（B）。键或槽的公称宽度。

2. 定心方式（如图2-31所示）

花键定心方式有大径定心（D）、小径定心（d）和齿侧定心（B）三种，精度高、质量好的是小径定心方式。

3. 矩形花键的配合

花键配合包括定心直径、非定心直径和键宽配合，根据精度要求和松紧来确定。

4. 花键联接的装配要求

（1）固定联接的花键。当过盈量较小时可用铜锤轻轻打入。对于过盈量较大的联接，可将套件加热至80～100℃后进行装配。

（2）滑动联接的花键。花键轴与花键孔多为滑动配合，故属于滑键形式。花键轴在滚或铣出后，一般外圆经过磨削，花键孔是拉出来的，因此，轴与孔配合比较准确。在装配前必须清理花键轴和孔上的凸起处的毛刺和锐边，以防装配时产生拉毛、咬住现象。然后，把孔套在轴上，并根据涂色的情况来修正它们间的配合，直到花键孔在轴上能够自由滑动为止。

2.3　销联接的装配

销联接是用销钉把机件联接在一起，使它们之间不能互相转动或移动。销联接可以起到定位、联接和保险作用。联接所用的销子，有圆柱销和圆锥销两种。圆锥销的锥度为 1∶50 。按联接的用途，销子又可分成紧固销和定位销，除某些定位销外，销与销孔都是依靠过盈达到紧固的联接。

2.3.1　圆柱销的装配

圆柱销全靠配合时的过盈，故一经拆卸失去过盈就必须调换。为了保证销子与销孔的过盈量，要求销子和销孔表面粗糙度较小，通常两零件的销孔必须同时钻出（称为配钻），并经过铰孔，以保证两零件销孔的重合性、销孔的尺寸及较小的表面粗糙度，如图 2-32 所示。

装配时，在销子上涂油，用铜棒垫在销子端面上，把销子打入孔中。对某些定位销，不能用打入法，可用压入法把销子压入孔内（如图 2-33 所示）。压入法比打入法好，销子不会变形、工件间不会移动。

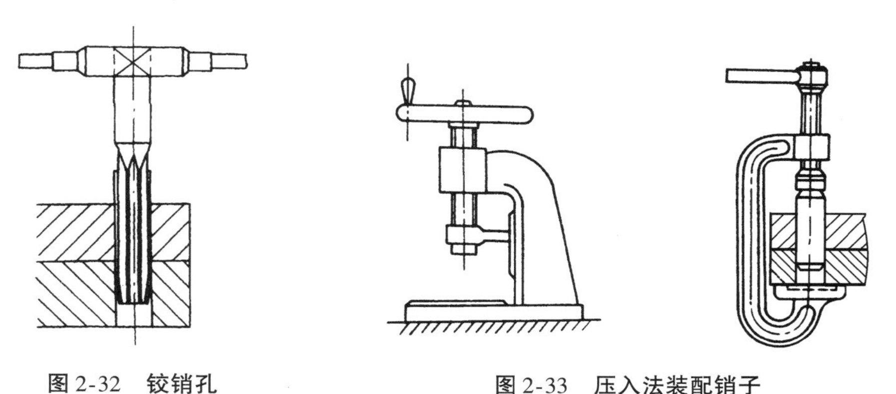

图 2-32　铰销孔　　　图 2-33　压入法装配销子

2.3.2　圆锥销的装配

大部分圆锥销是定位销，它的优点是装拆方便，可在一个孔内装拆几次，而不损坏联接面质量。装配后，销子的大端应稍露出零件的表面，或与零件的表面一样平；小头应与零件表面一样平或缩进一些。圆锥孔铰好后，如果能用手将圆锥销塞入孔内 80%～85%，则能获得正常的过盈，而销子装入孔中的深度一般也较适当。

有时为了便于取出销子，可采用带螺纹的圆锥销（如图 2-34(a) 所示）上的螺母即可将带外螺纹的销子拔出。对带内螺纹的圆锥销（如图 2-34(b) 所示）要用拔销器（如图 2-34(c) 所示）取出。

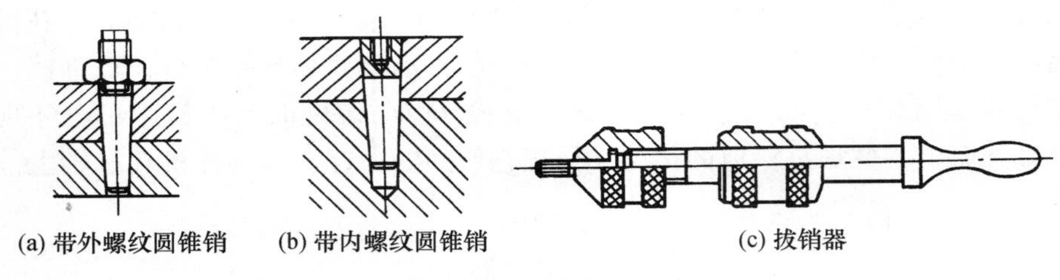

图 2-34 圆锥销拆卸

2.4 过盈联接的装配

过盈联接是依靠包容件（孔）和被包容件（轴）配合后的过盈量，来达到紧固联接的目的。装配后，轴的直径被压缩，孔的直径被扩大，由于材料发生弹性变形，在包容件和被包容件配合表面产生压力（如图 2-35 所示），依靠此压力产生摩擦力来传递转矩和轴向力。

过盈联接结构简单，同轴度高，承载能力强，并能承受变载和冲击力，还可避免配合零件由于切削键槽而削弱被联接零件的强度。但对配合表面的加工精度要求较高，装配和拆卸较困难。如图 2-36 中与轮箍、齿轮内孔与轮毂外圆的联接，都采用过盈联接。

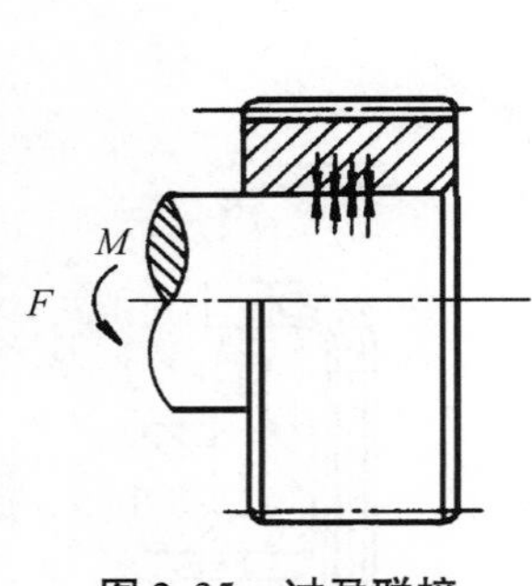

图 2-35 过盈联接

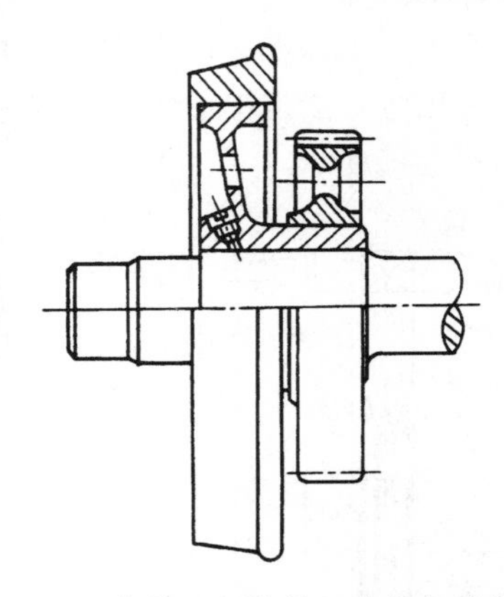

图 2-36 机车轮心与轮箍、齿轮与轴的联接

2.4.1 过盈联接装配技术要求

（1）有适当的过盈量。过盈量太小不能满足传递转矩的要求，过盈量过大则增加装配难度。因此，配合后的过盈量是按被联接件要求的紧固程度确定的。

（2）有较高的配合表面精度。配合表面应有较高的形状、位置精度和较小的表面粗糙度值。装配时，注意保持轴孔的同轴度。以保证有较高的对中性。

（3）有适当的倒角。为了便于装配，孔端和轴的进入端应有倒角 $\alpha = 5° \sim 10°$（如图 2-37 所示），图中数值 a 和 A 视直径大小而定，可取 $a = 0.5 \sim 3$ mm，$A = 1 \sim 3.5$ mm。

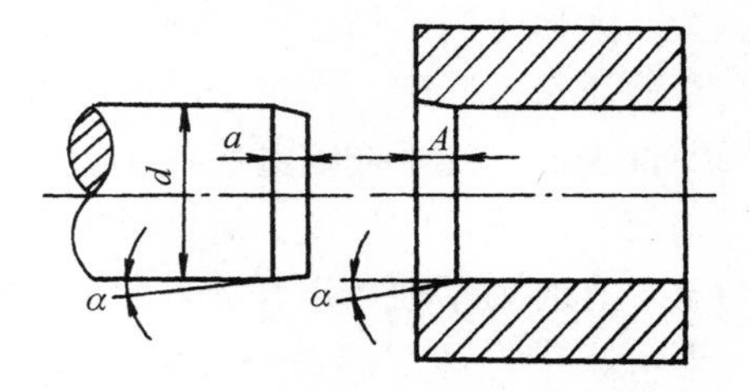

图 2-37 圆柱面过盈联接的倒角

2.4.2　过盈联接的装配工艺

1. 圆柱面过盈联接的装配

按孔和轴配合后产生的过盈量，可采用压装法、热装法或冷装法装配。选用热装法和冷装法可比压装法多承受 3 倍的转矩和轴向力，且不需另加紧固件。

(1) 压装法。当配合尺寸较小和过盈量不大时，可选用在常温下将配合的两零件压到配合位置的压装法。

图 2-38(a) 所示是用锤子加垫块敲击压入的压装法。这种方法简单，但导向性不好，容易发生歪斜。适用于 H/m、H/h、H/j、H/js 等过渡配合或配合长度较短的联接件。此法多用于单件生产。

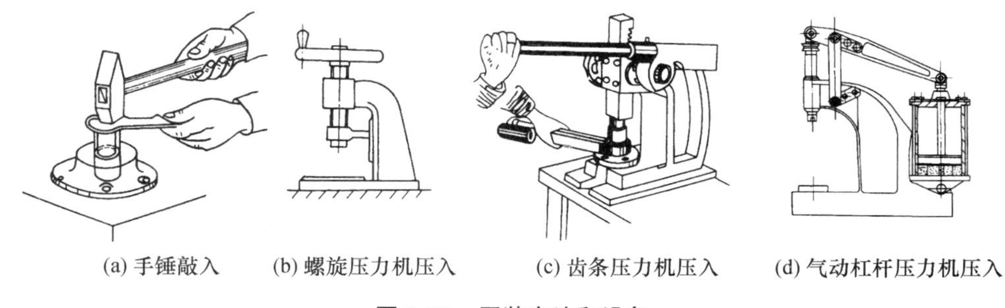

(a) 手锤敲入　(b) 螺旋压力机压入　(c) 齿条压力机压入　(d) 气动杠杆压力机压入

图 2-38　压装方法和设备

如图 2-38(b)、图 2-38(c)、图 2-38(d) 所示分别为螺旋压力机、齿条压力机和气动杠杆压力机。用这些设备进行压入时，其导向性比敲击压入好，适用于压装过渡配合和较小过盈量的配合，如小型轮圈、轮毂、齿轮、套筒和一般要求的滚动轴承等。此法也多用于小批生产。

(2) 热装法。热装法又称为红套法，它是利用金属材料热胀冷缩的物理特性进行装配的。其工艺是，在具有过盈配合的两零件中，先将包容件加热，使之胀大，然后将被包容件装入到配合位置，待冷缩后，配合件就形成能传递轴向力、转矩或轴向力与转矩同时存在的结合体。

加热方法如下。

① 热浸加热法。常用于尺寸及过盈量较小的联接件，如轴承。此方法是将机油放在铁盒内加热，再将需加热的零件放入油内即可。对于忌油的联接件，则可采用沸水或蒸汽加热。

② 氧-乙炔焰加热法。多用于较小零件的加热，这种加热方法简单，但易于过烧，故要求具有熟练的操作技术。

③ 电阻加热法。用镍-铬电阻丝绕在耐热瓷管上，放入被加热零件的孔里，对镍-铬丝通电便可加热。为了防止散热，可用石棉板做一外罩盖在零件上，这种方法可用于有精密设备和易燃易爆物品的场所。

④ 电感应加热法。利用交变电流通过铁芯（被加热零件可视为铁芯）外的线圈，使铁芯产生交变磁场，在铁芯内与磁力线垂直方向产生感应电动势，此感应电动势以铁芯为导体产生电流。这种电流在铁芯内形成的涡流现象称为涡流。在铁芯内电能转化为热能，

铁芯变热。此方法操作简单，加热均匀，最适合于装有精密设备和有易爆易燃物品的场所。

（3）冷装法。冷装法是将被包容件用冷却剂冷却使之缩小，再把被包容件装入到配合位置的过程。如小过盈量的小型配合件和薄壁衬套等，均可采用干冰冷缩（可冷至 -78℃），操作比较简便。对于过盈量较大的配合件，如发动机连杆衬套等，可采用液氮冷缩（可冷至 -195℃），其冷缩时间短，生产率较高。

冷装法与热装法相比，收缩变形量较小，因而多用于过渡配合，有时也用于过盈配合。冷却前应将被冷却件的尺寸进行精确测量，并按冷却的工序及要求在常温下进行试装演习，其目的是为了准备好操作和检查的必要工具、量具及冷藏运输容器，检查操作工艺是否可行。

冷装配合要特别注意操作安全，稍不小心便会冻伤人体。

2. 液压无键联接的装配

液压无键联接是一种先进技术，它对高速重载、拆装频繁的联接件具有操作方便、使用安全可靠等特点。国外普遍应用于重型机械的装配，国内随着加工技术的提高和高压技术的进步，也正得到推广。

液压无键联接的原理是利用钢的弹性膨胀和收缩，使套件紧箍在轴上所产生的摩擦力来传递扭矩或轴向力的一种联接方式，如图 2-39 所示。图 2-39(b) 采用过渡锥套主要是为了便于加工和发生操作事故时易于更换修理。

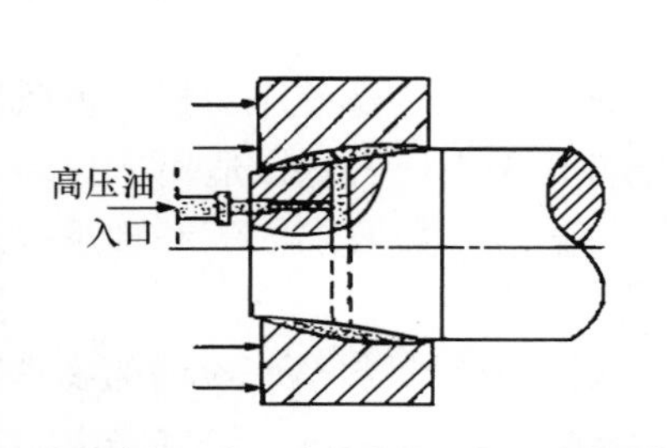

(a) 直接在轴上加工出锥度的圆锥面过渡连接

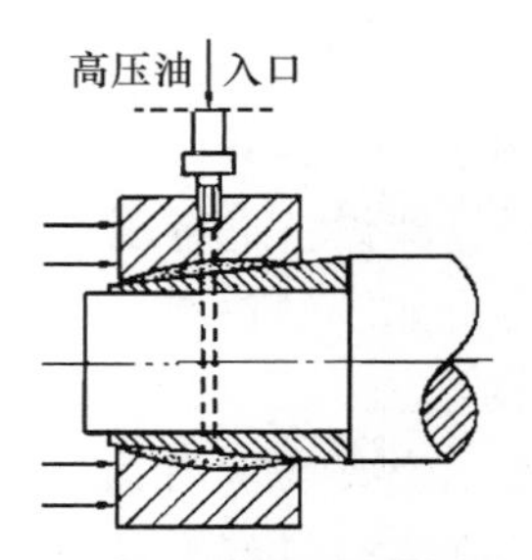

(b) 采用过渡锥套的圆锥面过渡连接

图 2-39 圆锥面过盈联接

利用液压装拆过盈联接时，不需很大的轴向力，配合面也不易擦伤。但对配合面接触精度要求较高，工艺要求严格，并需要高压油泵等专用设备。这种联接多用于承受较大载荷且需要多次装拆的场合，尤其适用于大、中型联接件。

2.4.3 过盈联接的装配要点

（1）注意清洁度。装入时应去掉表面上的灰尘、污物。若用加热或冷却法装配时，配合件经加热或冷却后，配合面还要擦拭干净（注意安全）。

（2）注意润滑。若采用压装时，在压合前，配合表面必须用油润滑，以免压入时擦伤配合表面。压入过程应连续，速度不宜太快，通常用 2～4 mm/s，并需准确控制压入行程。压装时，还要用 90°角尺检查轴孔的中心线的位置是否正确，以保证同轴度要求。

（3）注意过盈量和形状误差。对于细长的薄壁件，要特别注意检查其过盈量和形状误差，装配时最好垂直压入，以防变形，压入速度也不宜过快。

（4）装到预定位置。必须将零件装到预定位置，并将装入件压装在轴肩上，直到机件完全冷却为止。不允许用水冷却机件，避免造成内应力，降低机件的强度。

2.5　思考题

1. 拧紧螺纹时，怎样控制拧紧力矩的大小？
2. 螺纹联接常采用哪些防松装置？它们的基本原理是什么？
3. 装配螺纹联接时，常用的工具有哪些？各用在哪种场合？
4. 装配双头螺柱、螺钉、螺母都有哪些要求？
5. 键联接的装配工艺要点是什么？
6. 销联接装配的作用、销的种类及销联接装配工艺要点是什么？
7. 什么叫过盈联接？其联接的特点如何？
8. 过盈联接的装配方法有哪些？

第3章　传动零部件的装配

教学目标

- ▶ 掌握齿轮传动的技术要求和装配方法
- ▶ 掌握带传动、链传动的技术要求和装配方法
- ▶ 掌握蜗轮蜗杆传动的技术要求和装配方法
- ▶ 掌握丝杠螺母传动、联轴器的技术要求和装配方法

3.1　齿轮传动机构的装配

3.1.1　齿轮传动机构概述

齿轮传动可用来传递运动和转矩，改变转速的大小和方向，与齿条配合时，可把旋转运动转变为直线运动。

齿轮传动在机械传动中应用广泛，它具有以下一些特点：能保证一定的瞬时传动比，传动准确可靠；传递的功率和速度范围大；传动效率高、使用寿命长以及结构紧凑、体积小等。但是，它也有一些缺点，如噪声大、无过载保护作用、不宜用于远距离传动以及制造装配要求高等。

下面介绍齿轮副的侧隙和接触精度的概念，理解齿轮副的侧隙和接触精度是保证安装精度的前提。

1. 齿轮副的侧隙

装配好的齿轮副，若固定其中一个齿轮，另一个齿轮能转过的节圆弧长的最大值，称为圆周侧隙，见图3-1中的 C 值。

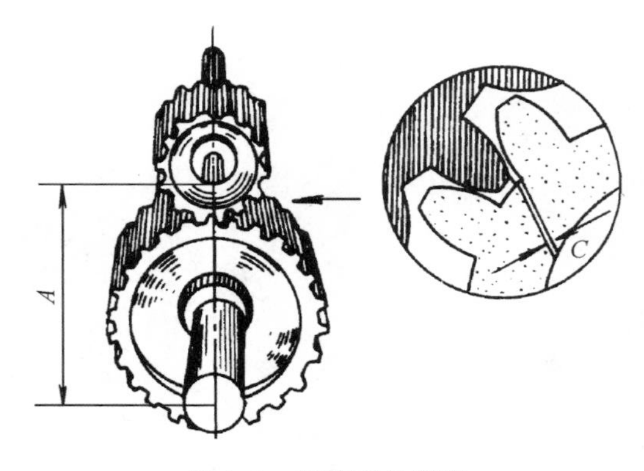

图3-1　齿轮副的侧隙

2. 齿轮副的接触精度

齿轮副的接触精度是用齿轮副的接触斑点和接触位置来评定的。相互啮合的两齿轮的接触斑点，是用涂色法来检验或通过接触擦亮痕迹来检验的。通过接触擦亮痕迹来检验接触斑点，就是将装配好的齿轮副，在轻微的制动下，运转后齿面上分布的接触擦亮痕迹来判断啮合质量。涂色法来检验两齿轮的接触斑点，就是将显示剂涂在主动齿轮上，来回转动该齿轮，以从动齿轮齿面上的斑点痕迹形状、位置和大小来判断啮合质量。接触斑点的大小是以在齿面展开图上用百分比来计算的。在轮齿的高度上，接触斑点面积不少于 30%～50%；在轮齿长度上，不少于 40%～70%（随齿轮的精度而定）。通过涂色检验（如图 3-2 所示）还可以判断装配时产生误差的原因。

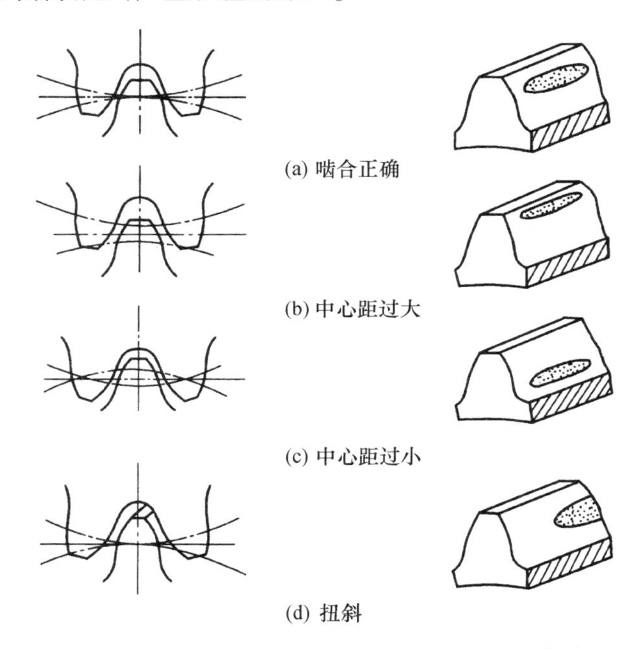

图 3-2　根据圆柱齿轮的接触斑点的位置判断啮合情况

当接触斑点的位置正确而面积太小时，可在齿面上加研磨剂进行研磨，以达到足够的接触面积。

3.1.2　齿轮传动机构装配的技术要求

对各种齿轮传动机构的基本技术要求是传递运动准确，传递平稳均匀，冲击振动和噪声小，承载能力强以及使用寿命长等。

为了达到上述要求，除齿轮和箱体、轴等必须分别达到规定的尺寸和技术要求外，还必须保证装配质量。

对齿轮传动机构的装配技术要求如下。

（1）齿轮孔与轴的配合要满足使用要求。例如，对固定联接齿轮不得有偏心和歪斜现象；对滑移齿轮不应有咬死或阻滞现象；对空套在轴上的齿轮，不得有晃动现象等。

（2）保证中心距和侧隙。保证齿轮有准确的安装中心距和适当的侧隙。侧隙过小，齿轮传动不灵活，热胀时会卡齿，从而加剧齿面磨损；侧隙过大，换向时空行程大，易产生冲击和振动。

（3）保证齿面接触精度。保证齿面有一定的接触斑点和正确的接触位置，这两者是互相联系的，接触位置不正确同时也反映了两个啮合齿轮的相互位置误差。

（4）保证齿轮定位。变换机构应保证齿轮准确的定位，其错位量不得超过规定值。

（5）保证动平衡。对转速较高的大齿轮，一般应在装配到轴上后再作动平衡检查，以免振动过大。

3.1.3 直齿圆柱齿轮传动机构的装配

装配圆柱齿轮传动机构，一般是先把齿轮装在轴上，再把齿轮轴部件装入箱体中。

1. 齿轮与轴的装配

齿轮是在轴上进行工作的，轴上安装齿轮（或其他零件）的部位应光洁并符合图样要求。图 3-3 是常见的几种安装方式。

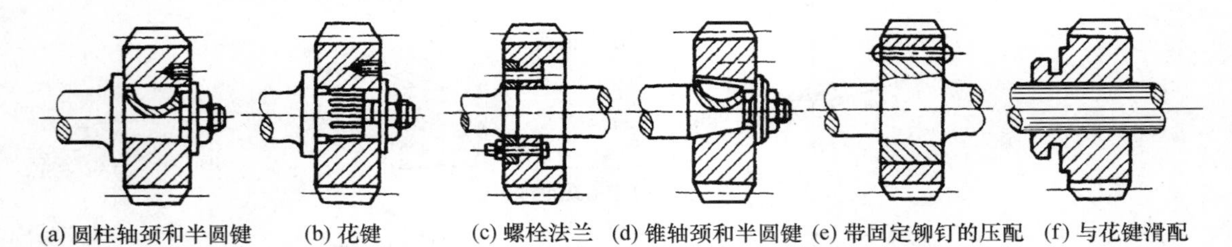

(a) 圆柱轴颈和半圆键 (b) 花键 (c) 螺栓法兰 (d) 锥轴颈和半圆键 (e) 带固定铆钉的压配 (f) 与花键滑配

图 3-3 齿轮在轴上的安装方式

在轴上固定的齿轮，通常与轴有少量过盈的配合（多数为过渡配合），装配时需加一定外力。压装时，要避免齿轮歪斜和产生变形。若配合的过盈量不大，则可用手工工具敲击或压装；若配合的过盈量较大的，则可用压力机压装。

在轴上安装的齿轮，常见的装配误差是：齿轮轴线的偏心、歪斜和端面未贴紧轴肩（如图 3-4 所示）而形成的安装误差。

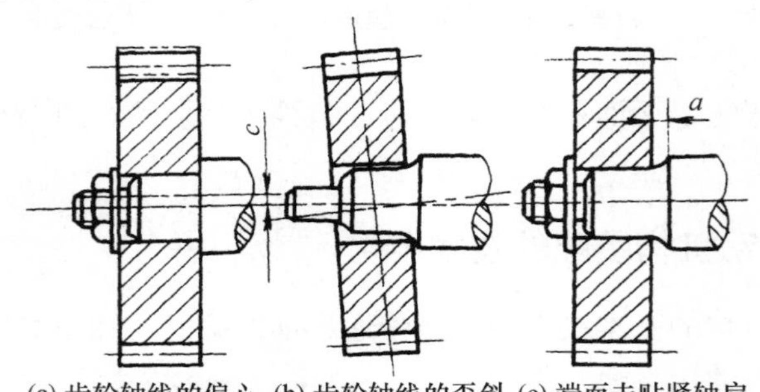

(a) 齿轮轴线的偏心 (b) 齿轮轴线的歪斜 (c) 端面未贴紧轴肩

图 3-4 齿轮在轴上的安装误差

精度要求高的齿轮传动机构，在压装后需要检验其径向圆跳动和端面圆跳动误差。检查径向圆跳动误差的方法，如图 3-5 所示。将齿轮轴支承在 V 形架或两顶尖上，使轴和平板平行，把圆柱规放在齿轮的轮齿间，将百分表测量头抵在圆柱规上，从百分表上得出一个读数。然后转动齿轮，每隔 3～4 个轮齿又重复进行一次检查，百分表最大读数与最小读数之差，就是齿轮分度圆上的径向圆跳动误差。

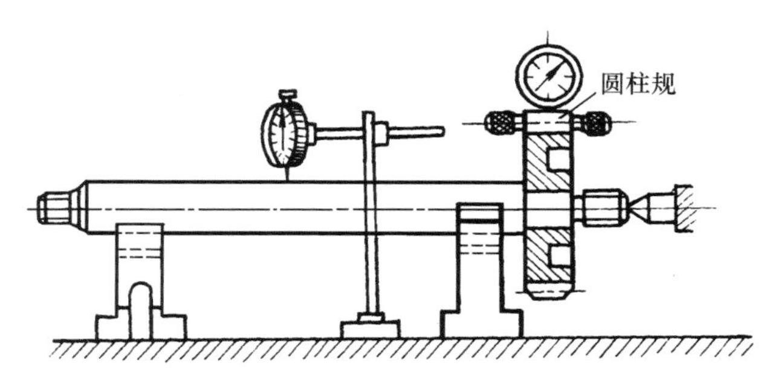

图 3-5　齿轮径向圆跳动误差的检查

检查端面圆跳动误差，可以用顶尖将轴顶在中间，使百分表测量头抵在齿轮端面上（如图 3-6 所示）。在齿轮轴旋转一周范围内，百分表的最大读数与最小读数之差为齿轮端面圆跳动误差（注意：应取各个测量圆柱面上测得的跳动量中的最大值）。

齿轮孔与轴为锥面配合时（如图 3-7 所示），常用于定心精度较高的场合。装配前，用涂色法检查内外锥面的接触情况，贴合不良的可用三角刮刀进行修正。装配后，轴端与齿轮端面应有一定的间距 Δ。

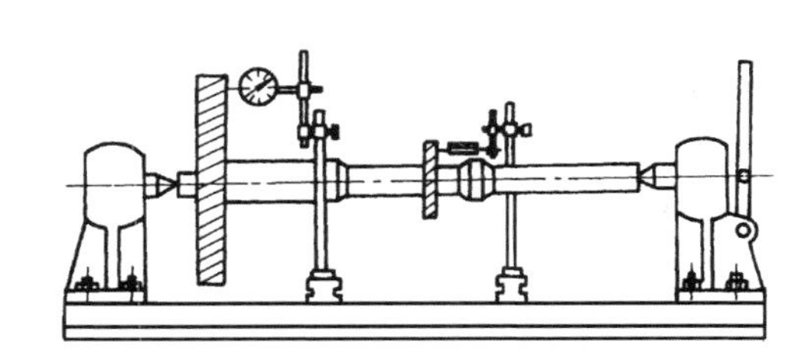

图 3-6　齿轮端面圆跳动误差的检查

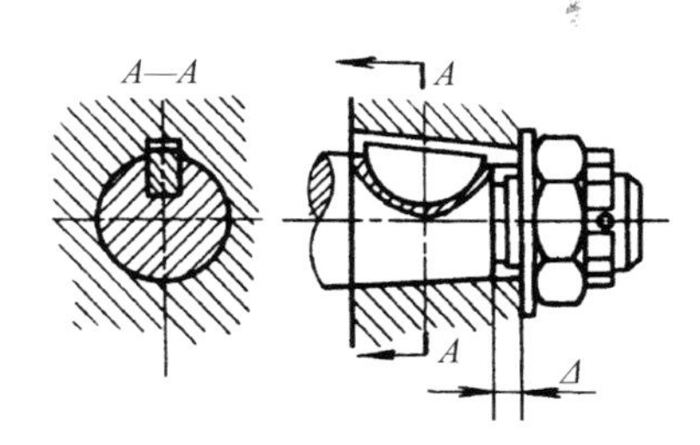

图 3-7　齿轮孔与轴为锥面配合

2. 将齿轮轴部件装入箱体

将齿轮轴部件装入箱体，是一个极为重要的工序，装配的方式应根据轴在箱体中的结构特点而定。为了保证质量，装配前应检验箱体的主要部位是否达到规定的技术要求。检验内容主要有：孔和平面的尺寸精度及几何形状精度，孔和平面的表面粗糙度及外观质量；以及相互位置精度。前两项检验比较简单，本节只介绍孔和平面的相互位置精度的检验方法。

（1）同轴线孔的同轴度误差的检验。在成批生产中，用专用检验芯棒检验，若芯棒能自由地推入几个孔中，则表明孔的同轴度误差在规定的范围之内。对精度要求不很高的多个同轴孔，为减少专用检验芯棒数量，可用几根不同外径的检验套配合检验，如图 3-8 所示。

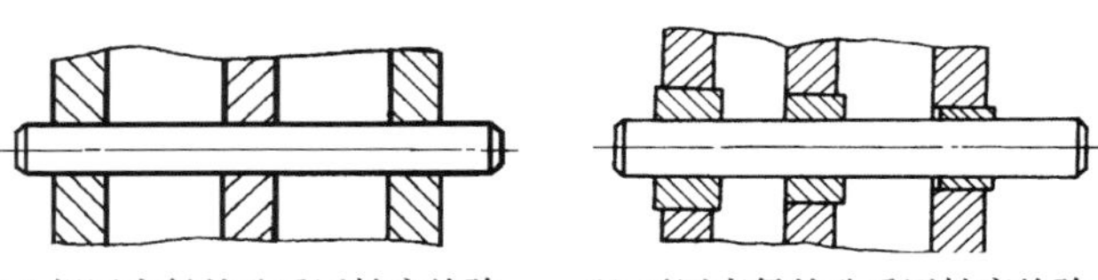

(a) 相同直径的孔系同轴度检验　(b) 不同直径的孔系同轴度检验

图 3-8　用通用芯棒检验轴孔的同轴度误差

若要确定同轴度误差值，则可用检验芯棒及百分表检验（如图 3-9 所示），在两孔中装入专用套，将芯棒 1 插入套中，再将百分表 2 固定在芯棒上，转动芯棒即可测出同轴度误差值。

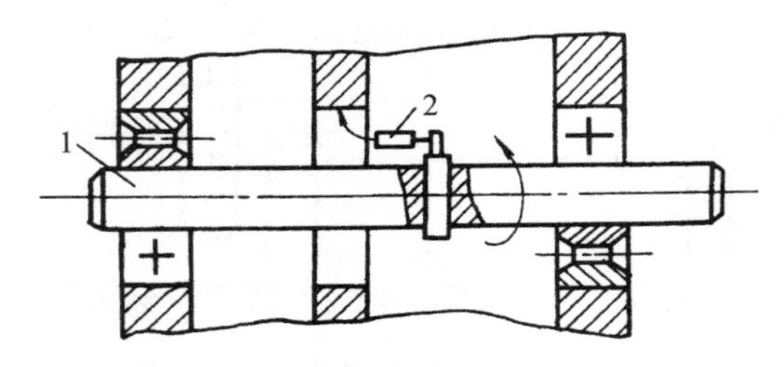

图 3-9　用芯棒和百分表检验同轴孔的同轴度误差

1—检验芯棒；2—百分表

（2）孔距精度和孔系相互位置精度的检验。

① 孔距的检验。孔距常用游标卡尺测得 L_1 或 L_2、d_1 及 d_2 的实际尺寸，再计算出实际的孔距尺寸，如图 3-10(a) 所示。

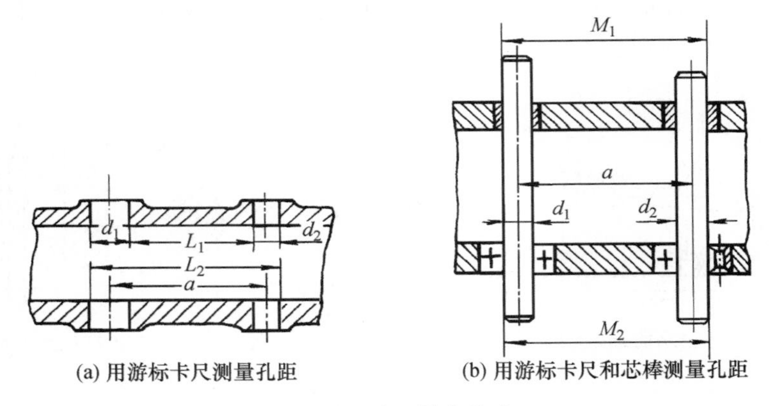

(a) 用游标卡尺测量孔距　　(b) 用游标卡尺和芯棒测量孔距

图 3-10　孔距精度检验

$$a = L_1 + \left(\frac{d_1}{2} + \frac{d_2}{2}\right)$$

$$a = L_2 + \left(\frac{d_1}{2} + \frac{d_2}{2}\right)$$

也可用图 3-10(b) 所示方法检验孔距，在孔内安装检验套和芯棒。实际的孔距尺寸

$$a = \frac{M_1 + M_2}{2} - \frac{d_1 + d_2}{2} \tag{3-1}$$

② 孔系（轴系）平行度误差的检验。如图 3-10(b) 所示，用外径千分尺分别测量芯棒两端的尺寸 M_1 和 M_2，其差值（$M_1 - M_2$）就是两轴孔轴线在所测长度内的平行度误差。

（3）轴线与基面的尺寸精度和平行度误差的检验。箱体基面用等高垫块支承在平板上，将芯棒插入孔中（如图 3-11 所示）。用高度游标卡尺测量（或在平板上用量块和百分表相对测量）芯棒两端尺寸 h_1 和 h_2，则轴线与基面的距离 h 为

$$h = \frac{h_1 + h_2}{2} - \frac{d}{2} - a \tag{3-2}$$

平行度误差为：

$$\Delta = h_1 - h_2 \tag{3-3}$$

（4）轴线与孔端面垂直度误差的检验。将带有检验圆盘的芯棒插入孔中，用涂色法或塞尺可检验轴线与孔端面的垂直度误差 Δ（如图 3-12(a) 所示），也可用如图 3-12(b) 所示的方法进行检验。芯棒转动一周，百分表指示的最大值与最小值之差，即为端面对轴心线的垂直度误差。

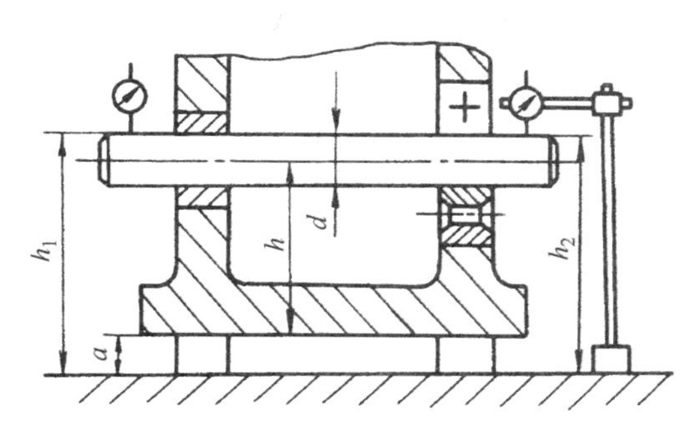

图 3-11　轴线与基面的尺寸精度和平行度误差的检验

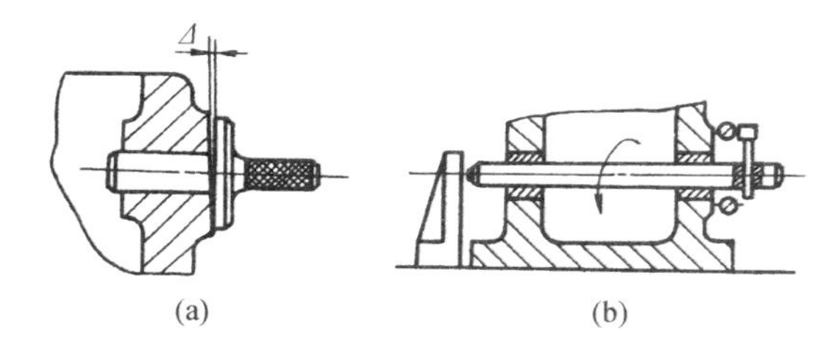

图 3-12　轴线与孔端面垂直度误差的检验

（5）用定向装配法补偿零件的积累误差。如找出齿圈径跳量的最大值及其相位，做上记号，再测出安装轴和轴承的径跳量及其相位，然后进行相位调整，适当抵消装配积累误差。再如为改善传动的平稳性，将齿顶和齿的两端进行去毛刺、倒角也常常很有效，可避免轮齿发生变形。

3. 接触精度的检验和调整

齿轮轴部件装入箱体后，要检验齿轮副的啮合质量，它包括检查齿的接触斑点和测量侧隙的大小。

一般齿轮副接触斑点的分布位置和大小，按表 3-1 和表 3-2 规定选取。为了提高接触精度，通常是以轴承为调整环节，通过刮削轴瓦或微量调节轴承支座的位置，对轴线平行度误差进行调整，使接触精度达到规定要求。

表 3-1　齿轮副的接触斑点

接触斑点	单　位	精度等级											
		1	2	3	4	5	6	7	8	9	10	11	12
按齿高不少于	%	65	65	65	60	55 (45)	50 (40)	45 (35)	40 (30)	30	25	20	15
按齿长不少于	%	95	95	95	90	80	70	60	50	40	30	30	30

表 3-2 接触斑点百分比的计算

图 例	接触痕迹方向	定 义	计算公式
	沿齿长方向	接触痕迹的长度 b''（扣除超过模数值的断开部分 c）与工作长度 b'之比的百分数	$(b''-c)/b'\times100\%$
	沿齿高方向	接触痕迹的平均高度 h''与工作高度 h'之比的百分数	$(b''/b')\times100\%$

渐开线圆柱齿轮接触斑点常见的问题，产生原因及其调整方法，如图 3-2 与表 3-3 所示，当接触斑点的位置正确但面积太小时，可在齿面上加研磨剂使齿轮副转动进行对研，以达到足够的接触斑点百分比要求。

表 3-3 渐开线圆柱齿轮接触斑点及调整方法

接触斑点	原因分析	调整方法
正常接触		
同向偏接触	两齿轮轴线不平行	可在中心距公差范围内，刮削轴瓦或调整轴承座
异向偏接触	两齿轮轴线歪斜	
单面偏接触	两齿轮轴线不平行，同时歪斜	
游离接触，在整个齿圈上接触区由一边逐渐移至另一边	齿端面与回转中心线不垂直	检查并校正齿轮端面与回转中心线的垂直度误差
不规则接触（有时齿面一个点接触，有时在端面边线上接触）	齿面有毛刺或有碰伤隆起	去除毛刺/修整
接触较好，但不规则	齿圈径向跳动太大	检查并消除齿圈的径向跳动误差

4. 齿轮副侧隙的测量

测量齿轮副侧隙的方法有以下两种。

（1）用压熔断丝检验。如图 3-13 所示，在齿面沿齿长两端并垂直于齿长方向，放置两条熔断丝（宽齿放 3～4 条）。熔断丝的直径不宜大于齿轮副规定的最小极限侧隙的 4 倍。经滚动齿轮挤压后，测量熔断丝最薄处的厚度，即为齿轮副的侧隙。

（2）用百分表检验。检验小模数齿轮副的侧隙时，可采用图 3-14 所示的装置。检验时将一个齿轮固定，在另一个齿轮 1 上装上夹紧杆 2，然后倒顺转动与百分表 3 测量头相接触的齿轮，得到表针摆动的读数 C。根据分度圆半径 R 及测量点的中心距 L，可求出侧隙：

$$j_n = C\frac{R}{L}$$

齿轮副侧隙能否符合要求，在剔除齿轮加工因素外，与中心距误差密切相关。侧隙还会同时影响接触精度，因此一般要与接触精度结合起来调整中心距，使侧隙符合要求。

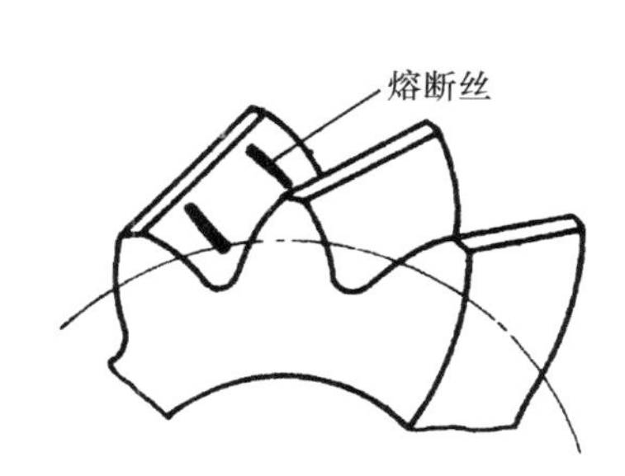

图 3-13　用压熔断丝检验侧隙

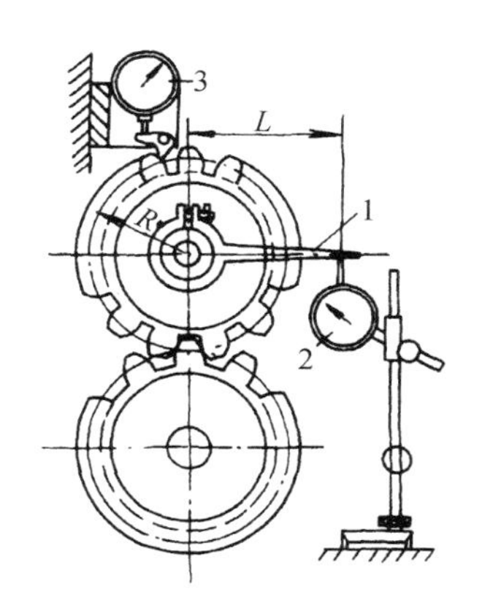

图 3-14　检验小模数齿轮啮合中的侧隙
1—齿轮；2—夹紧杆；3—百分表

3.1.4　锥齿轮传动机构的装配工艺

装配锥齿轮传动机构的顺序与装配圆柱齿轮传动机构相似，如锥齿轮在轴上的安装方法基本都与圆柱齿轮大同小异；但锥齿轮一般是传递互相垂直两轴之间的运动，故在两齿轮轴的轴向定位和侧隙的调整以及箱体检验等方面，各有不同的特点。

1. 箱体检验

箱体检验主要是指检验两孔轴线的垂直度误差，可分为以下两种情况。

（1）轴交角在同一平面内垂直相交的两孔垂直度误差可按图 3-15(a) 所示的方法检验。将百分表装在芯棒 2 上，为了防止芯棒轴向窜动，芯棒上应加定位套，旋转芯棒 2，在 0°和 180°的两个位置上用百分表检测芯棒 1 的最低点的读数差，即为两孔在 L 长度内的垂直度误差。图 3-15(b) 所示为成批检验两孔轴交角，将芯棒 2 的测量端做成叉形槽，芯棒 1 的测量端按垂直度公差做成两个阶梯形，即通端与止端。检验时，若通端能通过叉形槽而止端不能通过，则垂直度合格，否则即为超差。

（2）轴线不在同一平面内相互垂直但不相交的两孔垂直度误差可用图 3-15(c) 所示的方法检验。箱体用 3 个千斤顶 4 支承在平板上，用 90°角尺 3 在互成 90°的两个方位上找正，调整千斤顶使检验芯棒 2 成垂直位置。此时，测量芯棒 1 对平板的平行度误差，即为两孔轴线的垂直度误差。

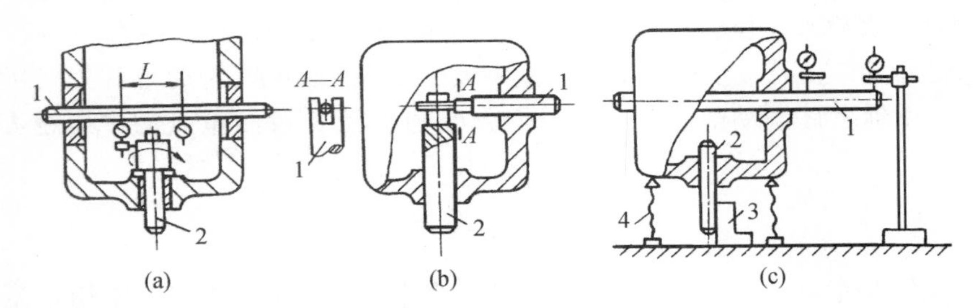

图3-15 垂直两孔轴线的检验

1、2—芯棒；3—90°角尺；4—千斤顶

2. 两锥齿轮轴向位置的确定

当一对锥齿轮正确啮合时，必须使两齿轮分度圆锥相切，两锥顶重合。装配时以此先确定小齿轮的轴向位置；或者说这个位置是以“安装距离”x_0（小齿轮基准面A至大齿轮轴的距离，如图3-16(a)所示）来确定的。若小齿轮轴与大齿轮轴不相交时，小齿轮的轴向定位，同样也以“安装距离”为依据，用专用量规测量（如图3-16(b)所示）。若大齿轮尚未装好，那么可用工艺心轴代替，然后按侧隙要求决定大齿轮的轴向位置。

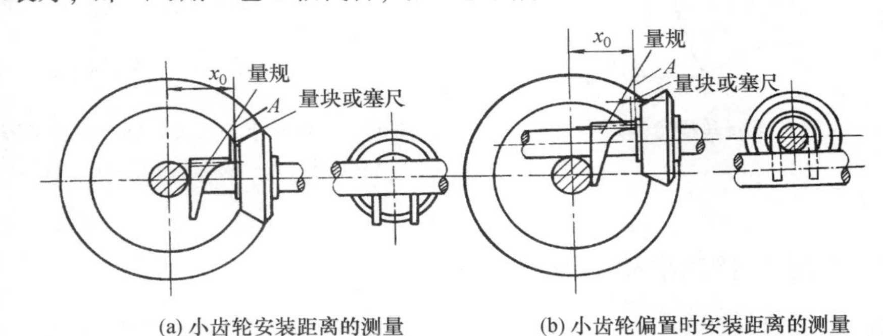

(a) 小齿轮安装距离的测量　　(b) 小齿轮偏置时安装距离的测量

图3-16 小齿轮的轴向定位

用背锥面作基准的锥齿轮副，装配时将两齿轮厚端的轮齿端面对成平齐，即轴向大致位置已定，检验时可用目测、刀口型直尺透光等方法。也可以使两个齿轮沿着各自的轴线方向移动，一直移到其假想锥体顶点重合为止，如图3-17所示。在轴向位置调整好以后，通常用调整垫圈（如图3-17所示的件1）厚度的方法，将齿轮的位置固定。

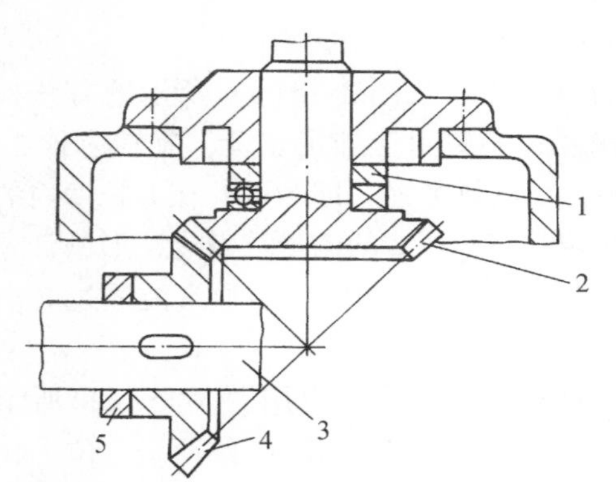

图3-17 圆锥齿轮的轴向调整

1—垫圈；2、4—圆锥齿轮；3—轴；5—固定圈

3. 锥齿轮副啮合质量的检查与调整

锥齿轮传动的啮合质量检查，应包括侧隙的检验和接触斑点的检验。

(1) 侧隙的检验和调整

锥齿轮侧隙的检验方法与圆柱齿轮基本相同，也可用百分表测定，如图3-18所示。测定时，锥齿轮副按规定的位置装好，固定其中一个齿轮，测量非工作齿面间的最短距离（以齿长中点处计量），即为法向侧隙值。

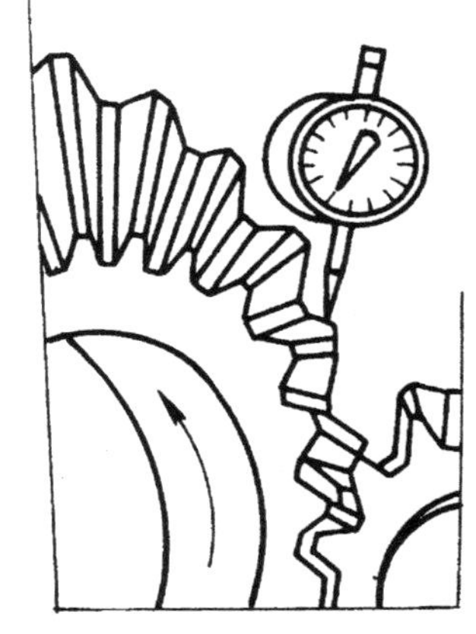

图 3-18　用百分表检验侧隙

（2）接触斑点的检验与调整

用涂色法检查锥齿面接触斑点时，与圆柱齿轮的检查方法相似。就是将显示剂涂在主动齿轮上，来回转动该齿轮，以从动齿轮齿面上的斑点痕迹形状、位置和大小来判断啮合质量。一般对齿面修形的齿轮，在齿面大端、小端和齿顶边缘处，不允许出现接触斑点。斑点痕迹大小（百分比）与齿轮的精度等级有关。

对于工作载荷较大的锥齿轮副，其接触斑点应满足下列要求：即轻载荷时，斑点应略偏向小端，而重载荷时，接触斑点应从小端移向大端，且斑点的长度和高度均增大，以免大端区应力集中。

如果接触斑点不符合上述要求时，则可参照图 3-19 分析的原因，再有针对性地进行调整。一般在测量达不到要求时，要调整大齿轮，而当接触的斑点达不到要求时，可调整小齿轮。

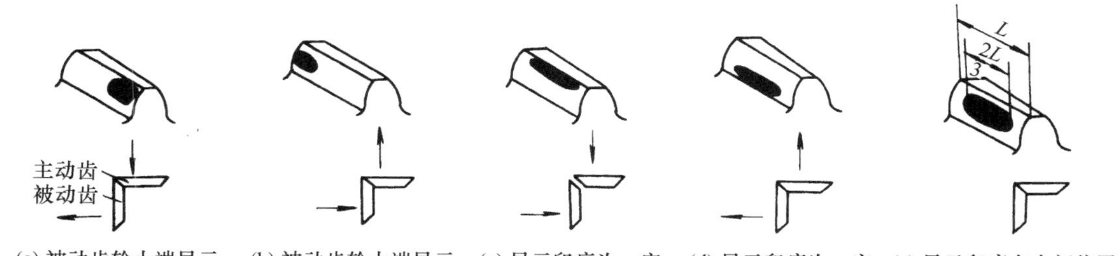

(a) 被动齿轮小端显示　(b) 被动齿轮大端显示　(c) 显示印痕为一窄长条，并接近齿顶　(d) 显示印痕为一窄长条，并接近齿根　(e) 显示印痕在中间位置

图 3-19　用涂色法检查圆锥齿轮啮合情况

3.2　蜗杆传动机构的装配

蜗杆传动机构常用于传递空间两交错轴间的运动及动力，通常轴交角为 90°，如图 3-20 所示。它具有传动比大而且准确、工作较平稳、噪声低、结构紧凑、可以自锁等特点。主要缺点是传动效率较低，工作时发热大，需要有良好的润滑。

3.2.1　蜗杆传动的精度和技术要求

（1）蜗杆传动的精度。按国家标准 GB/T 10089—1988 规定有 12 个精度等级，第 1 级精度最高，第 12 级精度最低。

（2）蜗杆传动的侧隙规定。国家标准 GB/T 10089—1988 中规定蜗杆传动的侧隙共分 8 种：a、b、c、d、e、f、g 和 h。最小法向侧隙值以 a 为最大，其他依次减小，一直到 h 为零。应根据工作条件和使用要求来选择传动的侧隙种类。各种侧隙的最小法向侧隙 $j_{n\min}$ 值如表 3-4 所示。

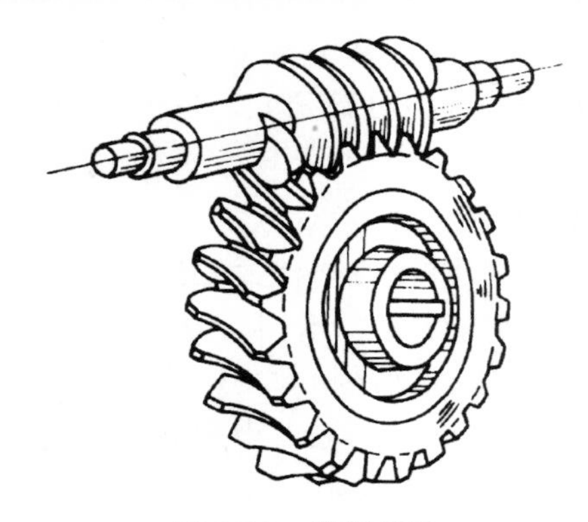

图 3-20 蜗杆传动

（3）蜗杆副的接触斑点要求。蜗杆副的接触斑点要符合表 3-5 的规定。

（4）蜗杆传动的技术要求。对蜗杆传动的主要技术要求如下。

① 保证蜗杆轴线与蜗轮轴线的相对位置正确（如表 3-6 所示），并保持稳定性（主要靠调整各相关零件，使之无轴向窜动来保证）。

② 中心距的精度如表 3-7 所示（主要靠机械加工保证）。

③ 蜗杆轴线应在蜗轮轮齿的中间平面内（如图 3-21(c) 所示），并保证有适当的啮合侧隙和正确的接触斑点（主要靠装配钳工的调试技能来保证）。

表 3-4 蜗杆传动的最小法向侧隙 j_{nmin} 值 （单位：μm）

传动中心距 a/min	侧隙种类							
	h	g	f	e	d	c	b	a
≤30	0	9	13	21	33	52	84	130
>30～50	0	11	16	25	39	62	100	160
>50～80	0	13	19	30	46	74	120	190
>80～120	0	15	22	35	54	87	140	220
>120～180	0	18	25	40	63	100	160	250
>180～250	0	20	29	46	72	115	185	290
>250～315	0	23	32	52	81	130	210	320
>315～400	0	25	36	57	89	140	230	360
>400～500	0	27	40	63	97	155	250	400
>500～630	0	30	44	70	110	175	280	440
>630～800	0	35	50	80	125	200	320	500
>800～1 000	0	40	56	90	140	230	360	560

注：传动的最小圆周侧隙值 $j_{tmin} \approx j_{nmin}/\cos\gamma' \cdot \cos a_n$，$\gamma'$为蜗杆节圆柱量程角；$a_n$ 为蜗杆法向齿形角。

表 3-5　蜗杆副的接触斑点要求

图　例	精度等级	接触面积（%）		接触形状	接触位置
		沿齿高≥	沿齿长≥		
沿齿长 $b''/b' \times 100\%$ 沿齿长 $h''/h' \times 100\%$	1 和 2	75	70	齿痕在齿高方向无断缺，不允许成带状条纹	痕迹分布位置趋近于齿面中部，允许略偏于啮合端。在齿顶和啮入、啮出端的棱边处不允许接触
	3 和 4	70	65		
	5 和 6	65	60		
	7 和 8	55	50	不作要求	痕迹应偏于啮出端，但不允许在齿顶和啮入、啮出端的棱边接触。
	9 和 10	45	40		
	11 和 12	30	30		

表 3-6　蜗杆蜗轮传动轴交角极限偏差（$\pm f_{\Sigma}$）的 f_{Σ}　（单位：μm）

蜗轮齿长/mm	精度等级						
	3	4	5	6	7	8	9
≤30	5	6	8	10	12	17	24
>30～50	5.6	7.1	9	11	14	19	28
>50～80	6.5	8	10	13	16	22	32
>80～120	7.5	9	12	15	19	24	36
>120～180	9	11	14	17	22	28	42
>180～250	—	13	16	20	25	32	48
>250	—	—	—	22	28	36	53

表 3-7　蜗杆蜗轮传动中心距极限偏差（$\pm f_a$）的 f_a 和传动中间平面极限偏差（$\pm f_x$）的 f_x　（单位：μm）

项目	精度等级	传动中心距 a（mm）											
		≤30	>30～50	>50～80	>80～120	>120～180	>180～250	>250～315	>315～400	>400～500	>500～630	>630～800	>800～1 000
f_a	3	7	8	10	11	13	15	16	18	20	22	25	28
	4	11	13	15	18	20	23	26	28	32	35	40	45
	5	17	20	23	27	32	36	40	45	50	55	62	70
	6	17	20	23	27	32	36	40	45	50	55	62	70
	7	26	31	37	44	50	58	65	70	78	87	100	115
	8	26	31	37	44	50	58	65	70	78	87	100	115
	9	42	50	60	70	80	92	105	115	125	140	160	180
f_x	3	5.6	6.5	8	9	10.5	12	13	14.5	16	18	20	23
	4	9	10.5	12	14.5	16	18.5	21	23	26	28	32	36
	5	14	16	18.5	22	27	29	32	36	40	44	50	56
	6	14	16	18.5	22	27	29	32	36	40	44	50	56
	7	21	25	30	36	40	47	52	56	63	70	80	92
	8	21	25	30	36	40	47	52	56	63	70	80	92
	9	34	40	48	56	64	74	85	92	100	112	130	145

对于不同用途的蜗杆传动机构，在装配时，要加以区别对待。例如，用于分度机构中的蜗杆传动，应以提高其运动精度为主，以尽量减小传动副在运动中的空程角（即减小侧隙）用于传递动力的蜗杆传动机构，则以提高其接触精度为主，使之增加耐磨性能和传递较大的转矩。

装配蜗杆传动过程中，可能产生的三种误差，如图 3-21 所示。

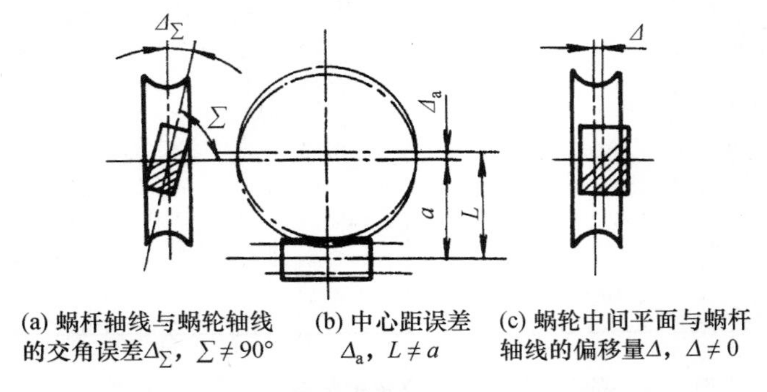

图 3-21 蜗杆传动机构的不正确啮合情况

3.2.2 蜗杆传动机构的装配工艺

1. 对蜗杆箱体的检验

为了确保蜗杆传动机构装配要求，在蜗杆副装配前，先要对蜗杆孔轴线轮孔轴线的中心距误差和垂直度误差进行检验。检验箱体孔中心距时，可按图 3-22 所示的方法进行测量。测量时，分别将检验芯棒 1 和 2 插入箱孔中。箱体用三个千斤顶支承在平板上，调整千斤顶，分别使两芯棒与平板平行，用百分表在每根芯棒端最高点上检验，再用两组量块以相对测量法，分别测量两芯棒至平板的高度，即可算出中心距 a。

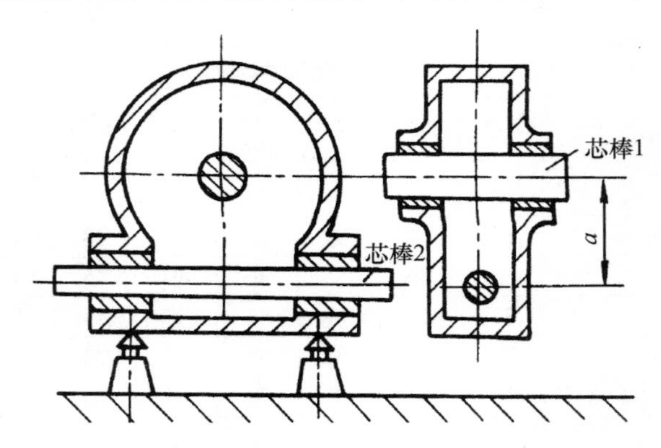

图 3-22 检验蜗杆箱体孔的中心距

测量箱体孔轴线间的垂直度误差，可采用如图 3-23 所示的检验工具。检验时将芯棒 1 和 2 分别插入箱体孔中，在芯棒 2 的一端套一百分表摆杆，用螺钉固定，旋转芯棒 2，百分表上的读数差，即是轴线的垂直度误差。

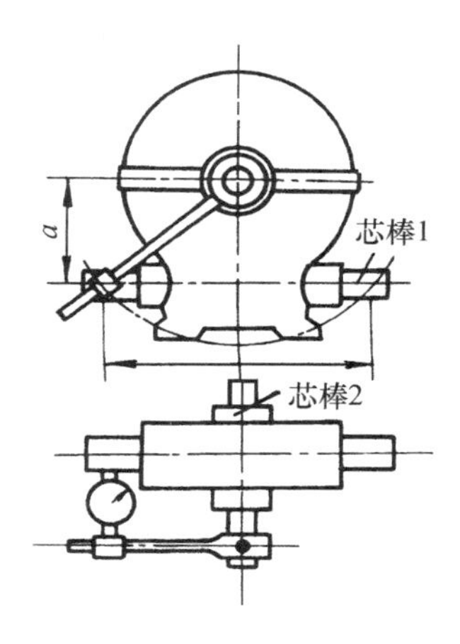

图 3-23　检验蜗杆箱体孔轴线间的垂直度误差

2. 装配工艺

蜗杆传动机构的装配工艺，按其结构特点的不同，有的应先装蜗轮，后装蜗杆；有的则相反。一般情况下，装配工作是从装配蜗轮开始的，其步骤如下。

（1）将蜗轮齿圈 1 压装在轮毂 2 上，并用螺钉加以紧固，如图 1-2 所示。

（2）将蜗轮装在轴上，安装和检验方法与圆柱齿轮相同。

（3）把蜗轮轴装入箱体，然后再装蜗杆。一般蜗杆轴心线的位置，是由箱体安装孔所确定的，因此蜗轮的轴向位置可通过改变调整垫圈厚度或其他方式进行校正，如图 3-24 所示。

（4）将蜗轮、蜗杆装入蜗杆箱体后，首先要用涂色法来检验蜗杆与蜗轮的相互位置，以及啮合的接触斑点。将红丹粉涂在蜗杆螺旋面上，给蜗轮以轻微阻尼，转动蜗杆。根据蜗轮轮齿上的痕迹判断啮合质量。正确的接触斑点位置应在中部稍偏蜗杆旋出方向如图 3-24(a) 所示。对于图 3-24(b)、图 3-24(c) 所示的情况，则应调整蜗轮的轴向位置（如改变垫片厚度等）。

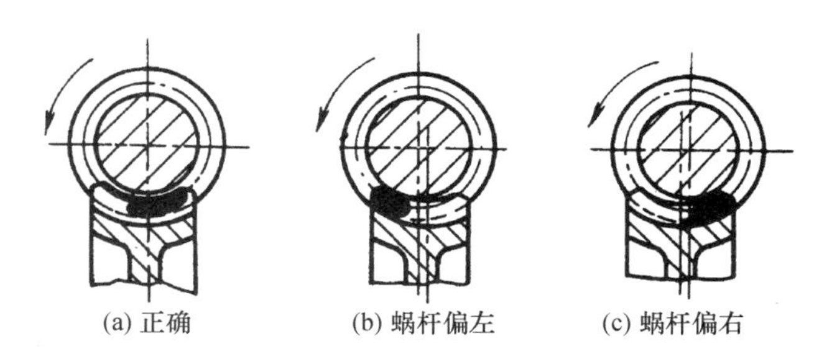

图 3-24　蜗轮齿面上的接触斑点

蜗杆副在承受载荷时，如有不正确接触，可按表 3-8 所列方法调整。

表 3-8 蜗轮齿面接触斑点及调整方法

接触斑点	症　　状	原　　因	调整方法
	正常接触		
	左、右齿面对角接触	中心距大或蜗杆轴线歪斜	①调整蜗杆座位置（缩小中心距） ②调整或修改蜗杆基面
	中间接触	中心距小	调整蜗杆座位置（增大中心距）
	下端接触		调整蜗杆座（向上）
	上端接触		调整蜗杆座（向下）
	带状接触	①蜗杆径向跳动误差大 ②加工误差大	①调整蜗杆轴承（或刮轴瓦） ②调整蜗轮或采取跑合
	齿顶接触	蜗杆与终加工刀具齿形不一致	①调换蜗杆或蜗轮 ②重新加工（在中心距有充分条件情况下）
	齿根接触	蜗杆与终加工刀具齿形不一致	①调换蜗杆或蜗轮 ②重新加工（在中心距有充分条件情况下）

（5）蜗杆传动侧隙的检查

由于蜗杆传动的结构特点，其侧隙（如图 3-25 所示）用塞尺或压铅片的方法测量是有困难的。对不太重要的蜗杆传动机构，有经验的钳工是用手转动蜗杆，根据蜗杆的空程量判断侧隙大小。对要求较高的传动机构，一般要用百分表进行测量。

如图 3-26（a）所示，在蜗杆轴上固定一带量角器的刻度盘，用百分表测量头顶在蜗轮齿面上，手转蜗杆，在百分表指针不动的条件下，用刻度盘相对于固定指针的最大空程角来判断侧隙大小。如用百分表直接与蜗轮齿面接触有困难时，可在蜗轮轴上装一测量杆，如图 3-26(b) 所示。

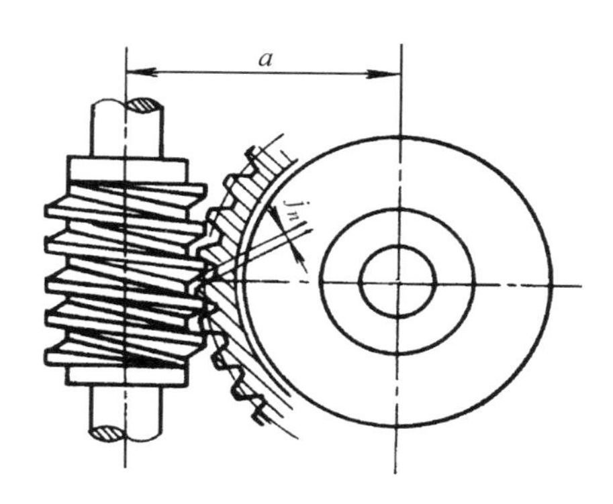

图 3-25　蜗杆传动的齿侧间隙

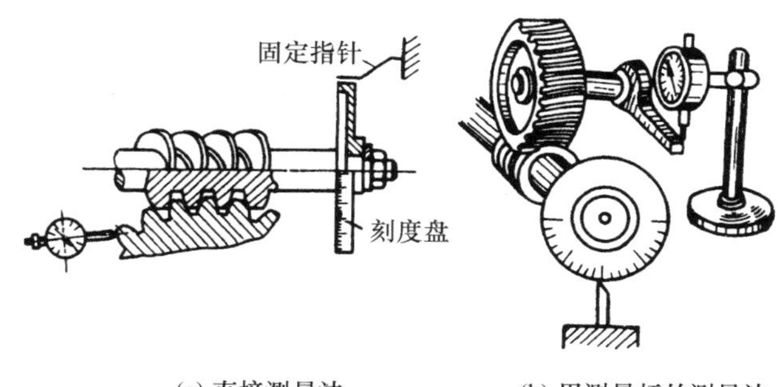

(a) 直接测量法　　(b) 用测量杆的测量法

图 3-26　蜗杆传动侧隙的检查

空程角与圆周侧隙有如下的近似关系（略去蜗杆导程角的影响）

$$j_t = \phi m_x z_1 \tag{3-4}$$

式中　ϕ——蜗杆空程角（°）；

m_x——轴向模数（mm）；

z_1——蜗杆头数；

j_t——圆周侧隙（mm）。

装配后的蜗杆传动机构，还要检查它的转动灵活性。蜗轮在任何位置上，用手轻而缓慢地旋转蜗杆所需的转矩均应相同，而且没有忽松忽紧和咬住现象。

3.3　带传动机构的装配

带传动是常用的一种机械传动，它是依靠张紧在带轮上的带（或称传动带）与带轮之间的摩擦力（或啮合）来传递运动和动力的。与齿轮传动相比，带传动具有工作平稳、噪声小、结构简单、不需要润滑、缓冲吸振、制造容易以及能过载保护，并能适应两轴中心距较大的传动等优点。因此得到了广泛应用。但其缺点是传动比不准确，传动效率低，带的寿命短。

常用的带传动有平带传动（如图 3-27(a) 所示）及 V 带传动（如图 3-27(b) 所示）。

V 带安装在相应轮槽内，以其两侧面与轮槽接触，而不与槽底接触。在同样初拉力的作用下，其摩擦力是平带传动的 3 倍左右。因此 V 带传动的应用比平带传动广泛。如图 3-27(c) 所示为圆带传动，如图 3-27(d) 所示为同步带传动，其特点是传动能力强，不打滑，能保证同步运转，但成本较高。本节主要介绍 V 带传动的装配工艺。

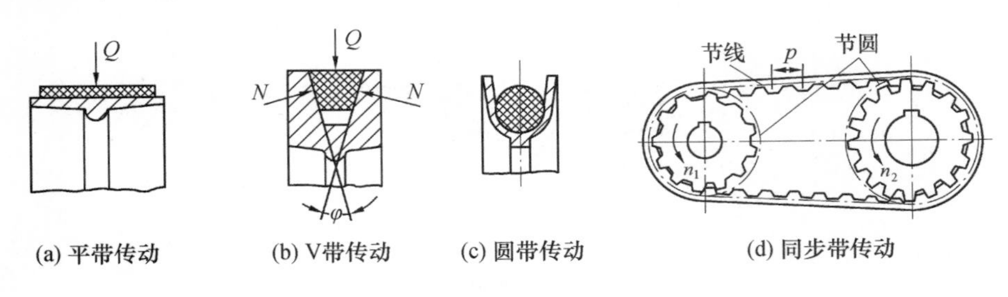

(a) 平带传动　(b) V带传动　(c) 圆带传动　(d) 同步带传动

图 3-27　带传动

3.3.1　带传动机构的技术要求

(1) 表面粗糙度。带轮轮槽工作面的表面粗糙度要适当，过细易使传动带打滑，过粗则传动带工作时易发热而加剧磨损。其表面粗糙度值一般取 *R*a 为 3.2 μm，轮槽的棱边要倒圆或倒钝。

(2) 安装精度。带轮在轴上的安装精度，通常不得低于下述规定：带轮的径向圆跳动公差和端面圆跳动公差为 0.2～0.4 mm。安装后两轮槽的中间平面与带轮轴线垂直度误差为 ±30′，两带轮轴线应相互平行，相应轮槽的中间平面应重合，其误差不超过 ±20′。

(3) 包角。带在带轮上的包角不能太小，因为当张紧力一定时，包角越大，摩擦力也越大。对 V 带来说，其小带轮包角不能小于 120°，否则也容易打滑。

(4) 张紧力。带的张紧力对其传动能力、寿命和轴向压力都有很大影响。张紧力不足，传递载荷的能力降低，效率也低，且会使小带轮急剧发热，加快带的磨损；张紧力过大则也会使带的寿命降低，轴和轴承上的载荷增大，轴承发热与加速磨损。因此适当的张紧力是保证带传动能正常工作的重要因素。

在带传动机构中，都有调整张紧力的拉紧装置。拉紧装置的形式很多，如图 3-28 所示。

图 3-28(a) 用于水平或接近水平的传动。放松固定螺栓，旋转调节螺钉，可使电机沿导轨移动，调节带的张紧力，当带轮调到合适位置时，即可拧紧固定螺栓。

图 3-28(b) 用调节轴的位置张紧，定期张紧，用于垂直或接近垂直的传动。旋转调整螺母，使机座绕转轴转动，将带轮调到合适位置，使带获得需要的张紧力，然后固定机座位置。

图 3-28(c) 用张紧轮张紧，用于固定中心距传动。张紧轮安装在带的松边。为了不使小带轮的包角减少过多，应将张紧轮尽量靠近大带轮。

图 3-28(d) 自动张紧，用于小功率传动。利用自重自动张紧传动带。

图 3-28(e) 用张紧轮张紧，用于中心距小、传动比大的场合，但寿命短。适宜平带传动。张紧轮可以装在平带松边的外侧，并尽量靠近小带轮处，这样可以增加小带轮上的包角。

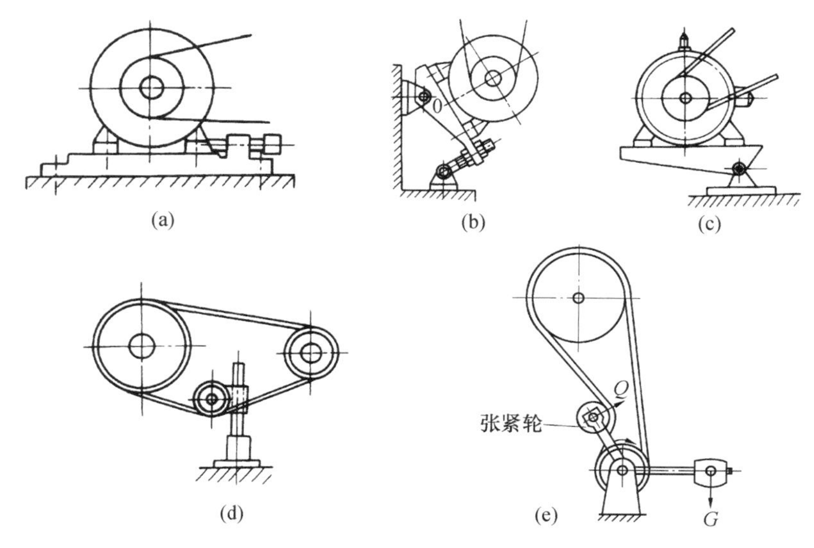

图 3-28 带传动的张紧

3.3.2 带轮的装配工艺

带轮孔和轴的联接，一般采用过渡配合（H7/k6），这种配合有少量过盈，对同轴度要求较高。为了传递较大的转矩，需用键和紧固件等进行周向固定和轴向固定，如图 3-29 所示为带轮与轴的几种安装方式。

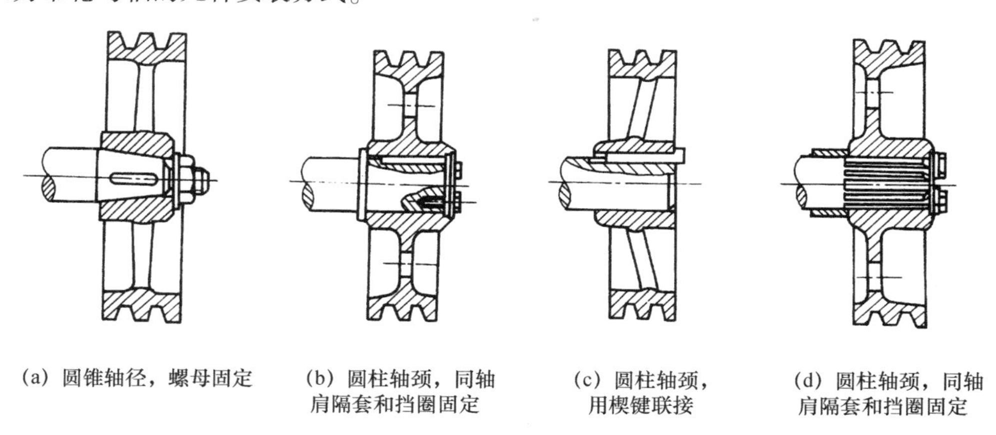

(a) 圆锥轴径，螺母固定　(b) 圆柱轴颈，同轴肩隔套和挡圈固定　(c) 圆柱轴颈，用楔键联接　(d) 圆柱轴颈，同轴肩隔套和挡圈固定

图 3-29 带轮的安装方式

安装带轮前，必须按轴和轮毂孔的键槽来修配键，然后清理安装面并涂上润滑油。把带轮装在轴上时，通常采用木槌锤击，螺旋压力机或油压机压装。由于带轮通常用铸铁（脆性材料）制造，故当用锤击法装配时，应避免锤击轮缘，锤击点尽量靠近轴心。带轮的装拆也可用如图 3-30(a) 所示的双爪或三爪顶拔器。对于在轴上空转的带轮，应在压力机上将轴套或向心轴承先压在轮毂孔中，然后再将带轮装到轴上（如图 3-30(b) 所示）。

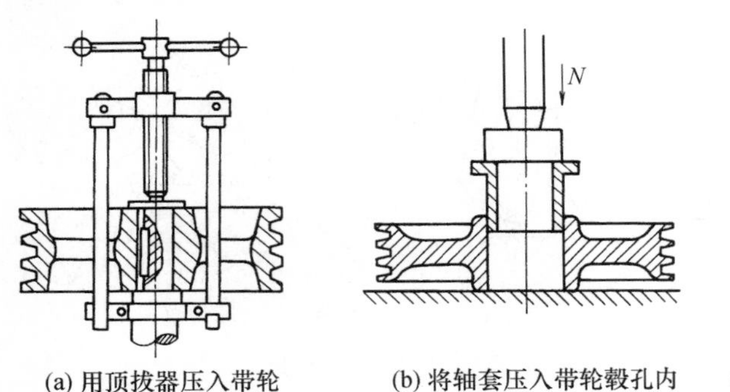

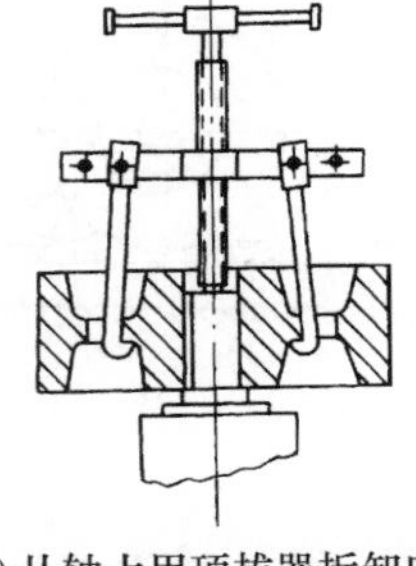

(a) 用顶拔器压入带轮　　(b) 将轴套压入带轮毂孔内　　(c) 从轴上用顶拔器拆卸皮带轮

图 3-30　用压紧法装配带轮

3. 3. 3　V 带的装配和调整

V 带有 Y、Z、A、B、C、D、E 7 种型号，7 种 V 带的截面尺寸各不相同，相对应的带轮轮槽截面也各不相同。

普通 V 带的标记如 A2000 GB/T 11544—1997，其含义为：A 型普通 V 带，基准长度 $L_d = 2\,000$mm，标准号为 GB/T 11544—1997。

选择好 V 带型号和规格后，首先将两带轮的中心距调小，然后将 V 带先套在小带轮上，再将 V 带旋进大带轮（不要用带有刃口锋利的金属工具硬性将带拨入轮槽，以免损伤带）。

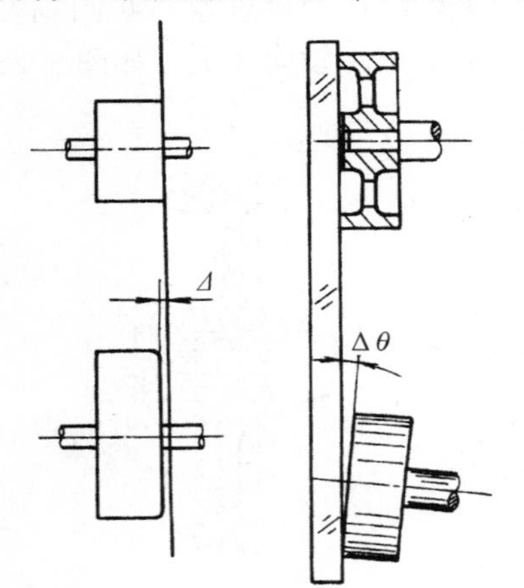

图 3-31　带轮相互位置正确性的检查

安装时还要注意以下事项。

(1) 由于带轮的拆卸比装入难些，故在装配过程中要经常用平尺或拉线法，测量两带轮相互位置的正确性（如图 3-31 所示），以免返工。

(2) 传动带在带轮轮槽中有正确的位置应像图 3-32(a) 所示的那样，而不应陷到槽底或凸在轮槽外（如图 3-32 (b) 所示）。才能充分发挥带传动的传动能力。

(3) 带传动装置应有防护罩，以免发生意外事故和保护带传动的工作环境。

(4) V 带不宜在阳光下曝晒，特别要防止矿物质、酸、碱等与带接触，以免变质。工作温度不宜超过 60°C。

(5) 张紧力要调整适中。

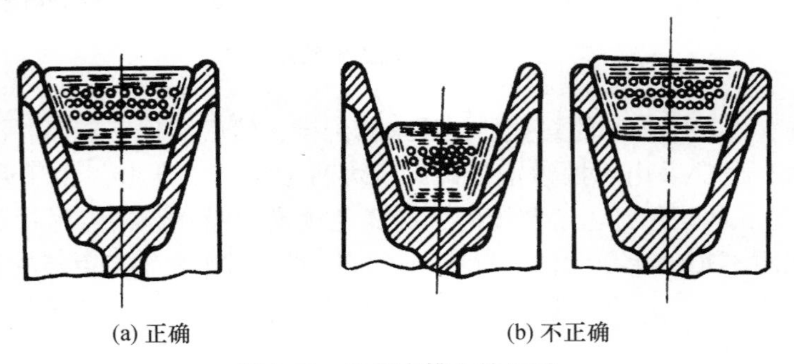

(a) 正确　　(b) 不正确

图 3-32　V 带在槽中的位置

3.4　链传动机构的装配

链传动由主动链轮 1、从动链轮 2 和绕在链轮上的链条 3 等组成（如图 3-33 所示），靠链条与链轮轮齿的啮合来传递平行轴间的运动和动力。

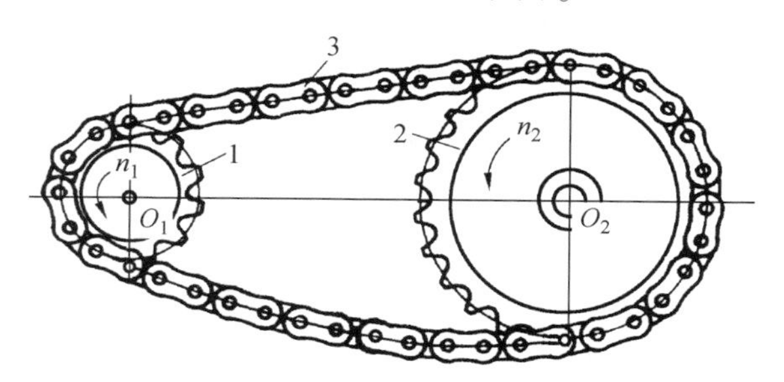

图 3-33　链传动

1—主动链轮；2—从动链轮；3—链条

3.4.1　链传动的布置

为了保证链传动能正常可靠地工作，除了应满足承载能力要求外，还应对链传动进行合理布置、张紧和正确使用维护。

布置链传动时应注意以下事项。

（1）最好两轮轴线布置在同一水平面内（如图 3-34(a) 所示），或两轮中心连线与水平面的倾斜角小于 45°，如图 3-34(b) 所示。

（2）应尽量避免垂直传动。两轮轴线在同一铅垂面内时，链条因磨损而垂度增大，使与下链轮啮合的齿数减少或松脱。若必须采用垂直传动时，可采用如下措施：

① 中心距可调；

② 设张紧装置；

③ 上下两轮错开，使两轮轴线不在同一铅垂面内，如图 3-34(c) 所示。

（3）主动链轮的转向应使传动的紧边在上，如图 3-34(a)、(b) 所示。若松边在上方，则会由于垂度增大，链条与链轮齿相干扰，破坏正常啮合，或者引起松边与紧边相碰。

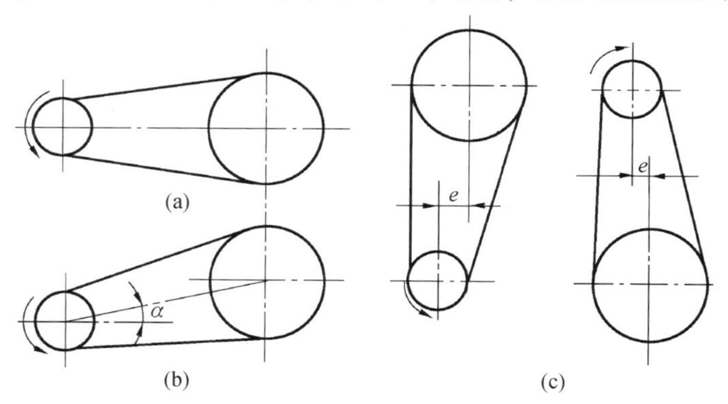

图 3-34　链传动的布置

3.4.2 链传动的安装

两链轮的轴线应平行。安装时应使两轮轮宽中心平面的轴向位置误差 $\Delta e \leqslant 0.0002\alpha$（$\alpha$ 为中心距），两轮的旋转平面间的夹角 $\Delta\theta \leqslant 0.0002$ rad，如图 3-35 所示。若误差过大，易脱链和增加磨损。

（1）套筒滚子链传动两轴的平行度偏差和水平度偏差均不应超过 0.5/1 000 mm。当中心距大于 500 mm 时，两链轮轴向偏移允差为 2 mm。套筒滚子大、小链轮的径向允差为 0.25～1.20 mm，端面跳动允差为 0.30～1.50 mm。水平传动链条的下垂度为两链轮中心距的 0.02 倍。

（2）板式链传动滑道表面应平滑，不得有毛刺和局部突起现象，凹型槽沿不得变形扭斜，其直线度偏差在全长范围内不得超过 5 mm。被动端同轴链轮应在同一直线上，其偏差不超过 3 mm。链板不得扭曲，其非工作表面的下垂度以能顺利通过支架为宜。链条托辊的上母线应在同一平面内，其高低偏差不大于 1 mm。

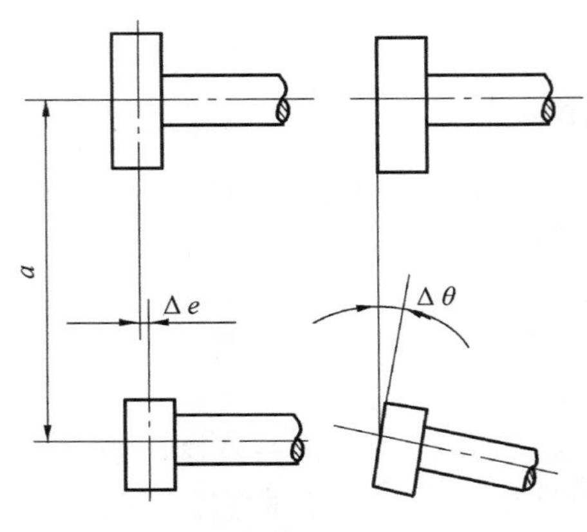

图 3-35 链传动的安装误差

3.4.3 链传动的张紧

1. 链传动的垂度

链传动松边的垂度可近似认为是两轮公切线与松边最远点的距离。合适的松边垂度推荐为 $f=(0.01 \sim 0.02)\alpha$，α 为中心距。对于重载、经常制动、启动、反转的链传动以及接近垂直的链传动，松边垂度应适当减少。

2. 链传动的张紧

张紧的目的主要是为了避免链条在垂度过大时产生啮合不良和链条的振动，同时也可增大包角。链传动的张紧采用下列方法。

（1）调整中心距增大中心距使链张紧。对于滚子链传动，中心距的可调整量为 $2p$。

（2）缩短链长对于因磨损而变长的链条，可去掉 1～2 个链节，使链缩短而张紧。

（3）图 3-36(a) 采用张紧轮。张紧轮一般与松边靠近小链轮处外侧（如图 3-36(b)、图 3-36(c) 所示）采用压板或托板，适宜于中心距较大的链传动。

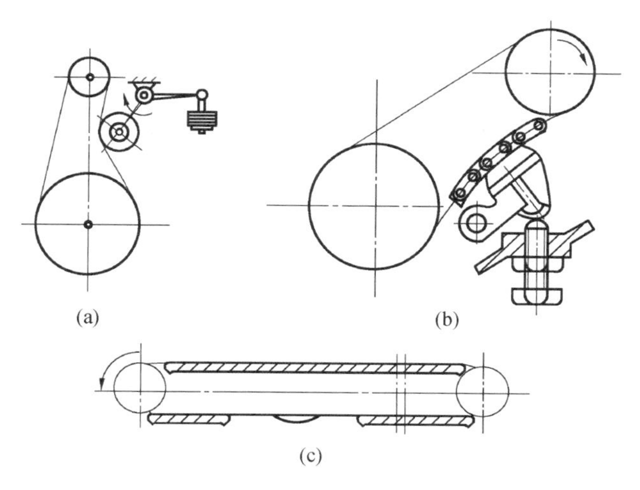

图 3-36　链传动的张紧装置

3.5　丝杠螺母传动机构的装配

丝杠螺母传动机构，主要是将旋转运动变成直线运动，同时进行能量和力的传递，或调整零件的相互位置。它的特点是：传动精度高、工作平稳、无噪声、易于自锁、能传递较大的动力。在机械传动中应用广泛，如车床的纵、横向进给机构、钳工的台虎钳等。

3.5.1　丝杠螺母传动机构的装配技术要求

丝杠螺母传动机构在装配时，为了提高丝杠的传动精度和定位精度，必须认真调整丝杠螺母副的配合精度。一般应满足以下要求。

(1) 保证径向和轴向配合间隙达到规定要求。

(2) 丝杠与螺母同轴度及丝杠轴线与基准面的平行度应符合规定要求。

(3) 丝杠与螺母相互转动应灵活，在旋转过程中无时松时紧和无阻滞现象。

(4) 丝杠的回转精度应在规定范围内。

3.5.2　丝杠螺母传动机构的装配工艺

1. 丝杠直线度误差的检查与校直

将丝杠擦净，放在大型平板或机床工作台上（如龙门刨床工作台），把行灯放在对面并沿丝杠轴向移动，目测其底母线与工作台面的缝隙是否均匀。然后将丝杠转过一个角度，继续重复上述检查。若丝杠存在弯曲（如由于热处理或保存不当造成内应力而使其变形等），则校直其弯曲部分，又不能损伤其精度。为此，在作上述检查过程中，应用粉笔记下弯曲点及弯曲方向。

一般来说，需要校直的丝杠，其弯曲度都不是很大，甚至用肉眼几乎看不出来。校直时将丝杠的弯曲点置于两 V 形架的中间，然后在螺旋压力机上，沿弯曲点和弯曲方向的反向施力 F，就可使弯曲部分产生塑性变形而达到校直的目的（如图 3-37(a) 所示）。两支承用的 V 形架间的距离只与丝杠的直径 d 有关。可参考式（3-5）确定：

$$a = (7 \sim 10)d \quad (3\text{-}5)$$

在校直丝杠时，丝杠被反向压弯（如图 3-37(b) 所示），把最低点与底面的距离 c 测量出来，并记录下来。然后去掉外力 F，用百分表（最好用圆片式测头）测量其弯曲度，如图 3-38 所示。如果丝杠还未被校直，可加大施力，并参考上次的 c 值，来决定本次 c 值的大小。

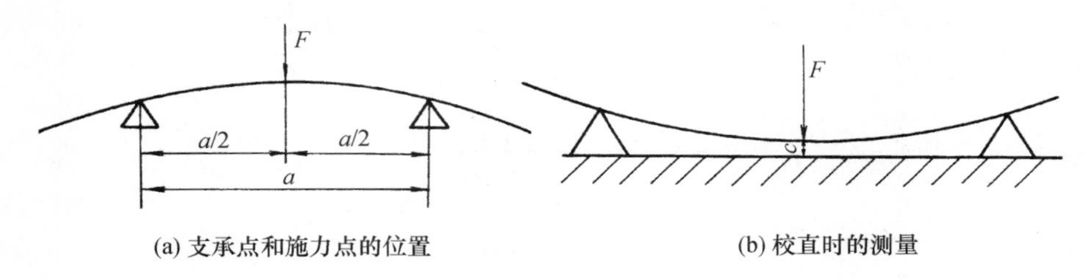

(a) 支承点和施力点的位置　　(b) 校直时的测量

图 3-37　丝杠的校直

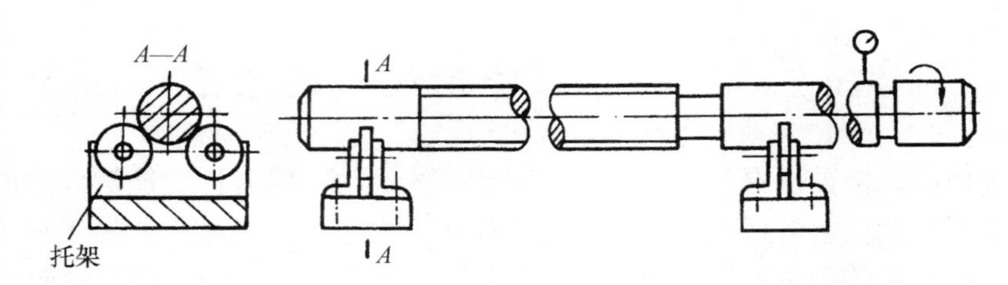

图 3-38　丝杠挠度的检测

丝杠校直完毕后，要重新测量直线度误差，当符合技术要求后，将其悬挂起来备用。

2. 丝杠螺母副配合间隙的测量及调整

配合间隙包括径向和轴向两种。轴向间隙直接影响丝杠螺母副的传动精度，因此需采用消隙机构予以调整。但测量时径向间隙比轴向间隙更易准确反映丝杠螺母副的配合精度，所以配合间隙常用径向间隙表示。

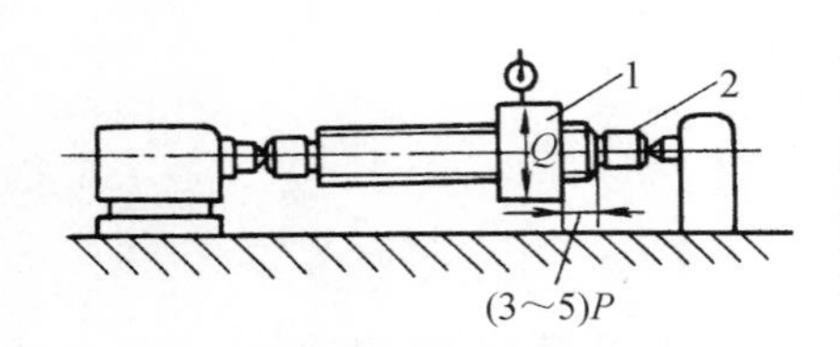

图 3-39　径向间隙的测量

1—螺母；2—丝杠

（1）径向间隙的测量，如图 3-39 所示。将螺母旋在丝杠上的适当位置，为避免丝杠产生弹性变形，螺母离丝杠一端约 $(3 \sim 5)P$，把百分表测量头触及螺母上部，然后用稍大于螺母重量的力提起和压下螺母，此时百分表读数的代数差即为径向间隙。

（2）轴向间隙的调整。无消隙机构的丝杠螺母副，用单配或选配的方法来决定合适的配合间隙；有消隙机构的丝杠螺母副根据单螺母或双螺母结构采用下列方法调整间隙。

① 单螺母结构。磨刀机上常采用图 3-40 所示的机构，使螺母与丝杠始终保持单向接触。

如图 3-40(a) 所示的消隙机构是靠弹簧拉力的；如图 3-40(b) 所示的消隙机构是靠液压缸压力的；

如图 3-40(c) 所示的消隙机构是靠重锤重力的。

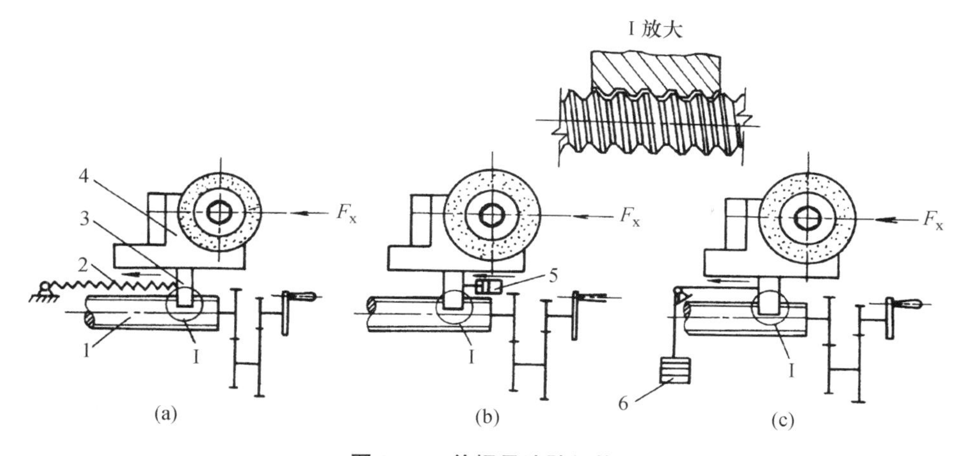

图 3-40　单螺母消隙机构

1—丝杠；2—弹簧；3—螺母；4—砂轮架；5—液压缸；6—重锤

装配时可调整或选择适当的弹簧拉力、液压缸压力、重锤质量，以消除轴向间隙。

单螺母结构中消隙机构的消隙力方向与切削分力 F_x 方向必须一致，以防进给时产生爬行，而影响进给精度。

② 双螺母结构。调整两螺母 1、2 轴向相对位置，以消除与丝杠之间的轴向间隙并实现预紧。消隙机构如图 3-41(a) 所示。

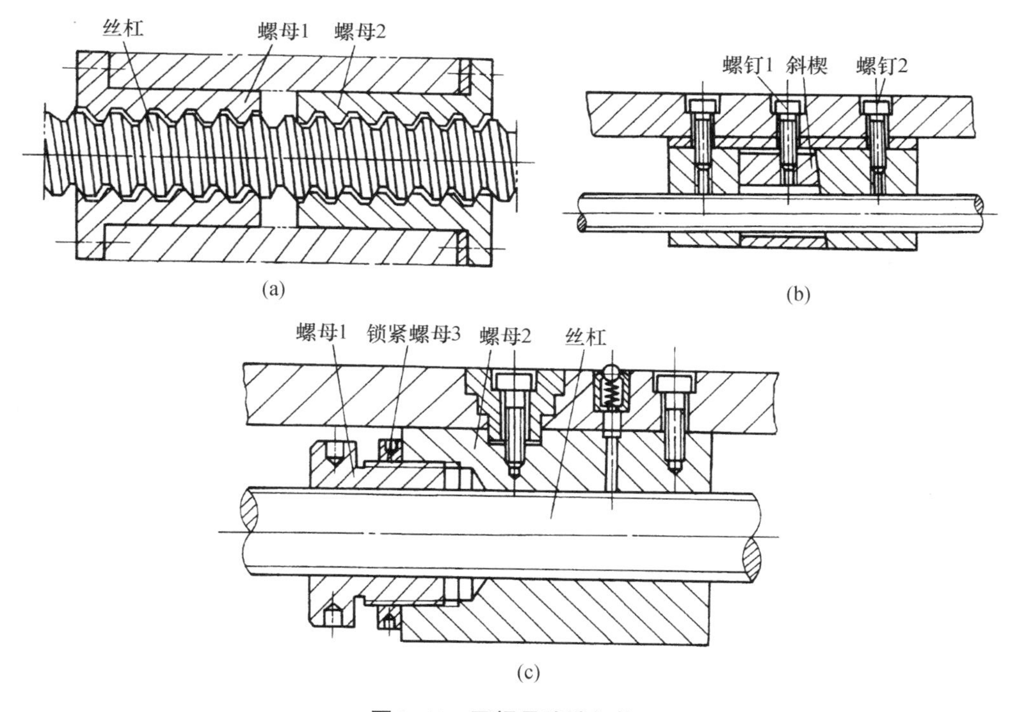

图 3-41　双螺母消隙机构

图 3-41(b) 所示为斜面消隙机构，其调整方法是：拧松螺钉 2，再拧动螺钉 1，使斜楔向上移动，以推动带斜面的螺母右移，从而消除轴向间隙。调好后再用螺钉 2 和锁紧螺

母3锁紧。

图3-41(c) 所示是另一种双螺母消隙机构。调整时先松开螺钉，再拧动调整螺母1，消除螺母2与丝杠间隙后，旋紧螺钉。

3.5.3 滚珠丝杠螺母副

滚珠丝杠螺母副是直线运动与回转运动能相互转换的新型传动装置。

1. 工作原理与特点

滚珠丝杠螺母副的结构原理示意图如图3-42所示。在丝杠3和螺母1上都有半圆弧形的螺旋槽，当它们套装在一起时便形成了滚珠的螺旋滚道。螺母上有滚珠回路管道a，将几圈螺旋滚道的两端连接起来，构成封闭的循环滚道，并在滚道内将装满滚珠2。当丝杠旋转时，滚珠在滚道内既自转又沿滚道循环转动，因而迫使螺母（或丝杠）轴向移动。

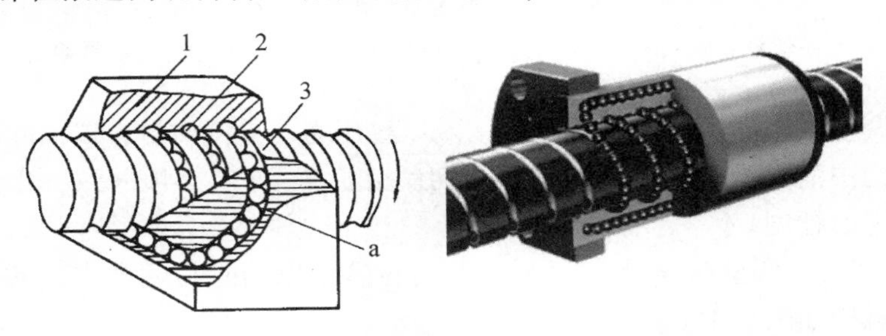

图3-42 滚珠丝杠螺母副的结构原理

1—螺母；2—滚珠；3—丝杠；a—滚珠回路管道

滚珠丝杠螺母副的特点如下。

(1) 传动效率高，摩擦损失小。滚珠丝杠螺母副的传动效率 $\eta=0.92\sim0.96$，比常规的丝杠螺母副提高3～4倍。因此，功率消耗只相当于常规丝杠螺母副的1/4～1/3。

(2) 给予适当预紧，可消除丝杠和螺母的螺纹间隙，反向时就可以消除空程死区，定位精度高，刚度好。

(3) 运动平稳，无爬行现象，传动精度高。

(4) 运动具有可逆性，可以从旋转运动转换为直线运动，也可以从直线运动转换为旋转运动，即丝杠和螺母都可以作为主动件。

(5) 磨损小，使用寿命长。

(6) 制造工艺复杂。滚珠丝杠和螺母等元件的加工精度要求高，表面粗糙度也要求高，故制造成本高。

(7) 不能自锁。特别是对于垂直丝杠，由于自重惯力的作用，下降时当传动切断后，不能立即停止运动，故常需添加制动装置。

2. 滚珠丝杠螺母副的循环方式

常用的循环方式有外循环与内循环两种。滚珠在循环过程中有时与丝杠脱离接触的称为外循环；始终与丝杠保持接触的称为内循环。

(1) 外循环。图3-43所示为常用的一种外循环方式，这种结构是在螺母体上轴向相隔数个半导程处钻两个孔与螺旋槽相切，作为滚珠的进口与出口。再在螺母的外表面上铣出回珠槽并沟通两孔。另外，在螺母内进出口处各装一挡珠器，并在螺母外表面装一套筒，这样构成封闭的循环滚道。外循环结构制造工艺简单，使用较广泛。其缺点是滚道接缝处很难做得平滑，影响滚珠滚动的平稳性，甚至发生卡珠现象，噪声也较大。

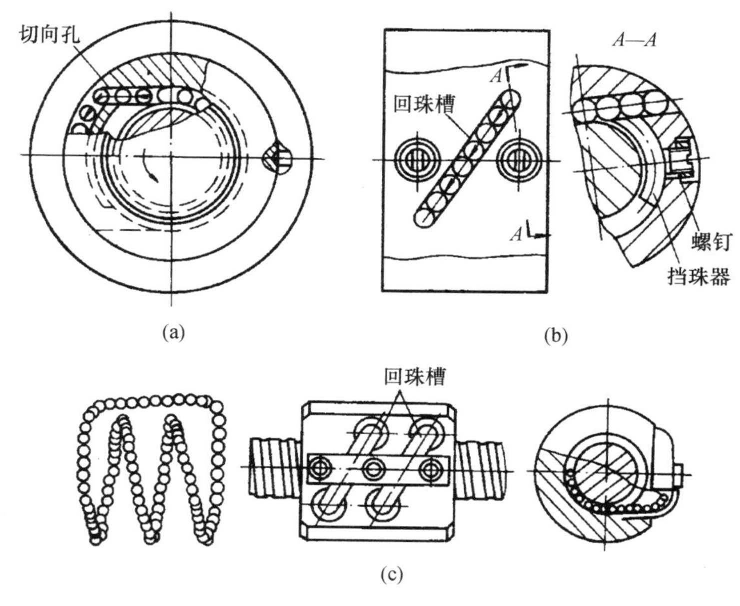

图 3-43 外循环滚珠丝杠

（2）内循环。内循环均采用反向器实现滚珠循环，反向器有两种形式。图 3-44(a) 所示为圆柱凸键反向器，反向器的圆柱部分嵌入螺母内，端部开有反向槽 2。反向槽靠圆柱外圆面及其上端的凸键 1 定位，以保证对准螺纹滚道方向。图 3-44(b) 为扁圆镶块反向器，反向器为一半圆头平键形镶块，镶块嵌入螺母的切槽中，其端部开有反向槽 3，用镶块的外廓定位。两种反向器比较，后者尺寸较小，从而减小了螺母的径向尺寸及缩短了轴向尺寸。但这种反向器的外廓和螺母上的切槽尺寸精度要求较高。

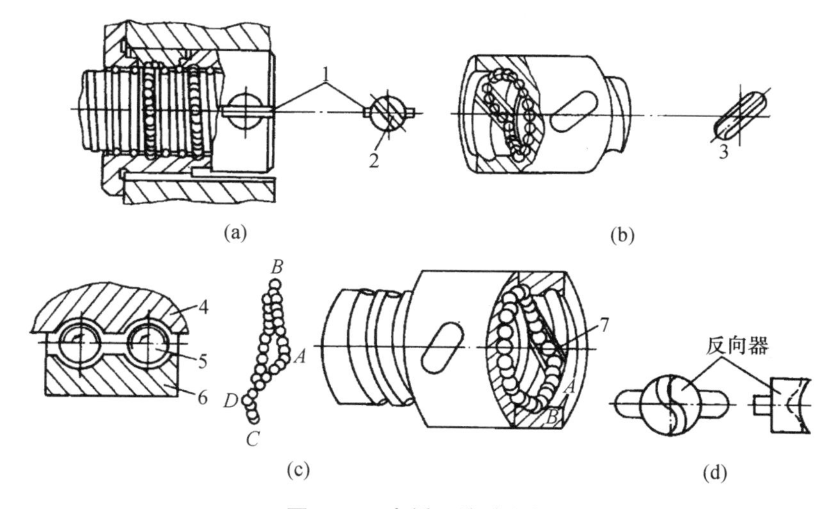

图 3-44 内循环滚珠丝杠

1 —凸键；2、3—反向槽；4—丝杠；5—钢珠；6—螺母；7—反向器

3. 螺旋滚道型面

螺旋滚道型面（即滚道法向截形）的形状有多种，常见的截形有单圆弧型面和双圆弧型面两种。图3-45为螺旋滚道型面的简图，图中钢球与滚道表面在接触点处的公法线与螺纹轴线的垂线间的夹角称为接触角 α。理想接触角 $\alpha=45°$。

（1）单圆弧型面如图3-45(a)所示，通常滚道半径 r_n 稍大于滚珠半径 r_w，通常 $2r_n=(1.04\sim1.1)D_w$。对于单圆弧型面的螺纹滚道，接触角 α 是随轴向负荷 F 的大小而变化。当 $F=0$ 时，$\alpha=0$；承载后，随 F 的增大，α 也增大，α 的大小由接触变形的大小决定。当接触角 α 增大后，传动效率 E_d、轴向刚度 R_c 以及承载能力随之增大。

（2）双圆弧型面如图3-45(b)所示，滚珠与滚道只在内相切的两点接触，接触角 α 不变。两圆弧交接处有一小空隙，可容纳一些脏物，这对滚珠的流动有利。

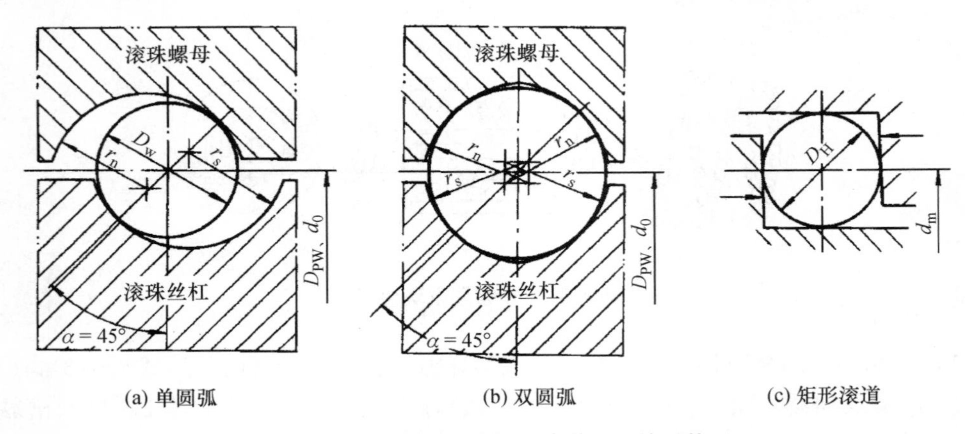

(a) 单圆弧　(b) 双圆弧　(c) 矩形滚道

图3-45 滚珠丝杠副螺旋滚道型面的形状

单圆弧型面，接触角 α 是随负载的大小而变化，因而轴承刚度和承载能力也随之而变化，应用较少。双圆弧型面，接触角选定后是不变的，应用较广。

（3）矩形滚道型面如图3-45(c)所示，这种型面制造容易，只能承受轴向载荷，承载能力低，可在要求不高的传动中应用。

4. 滚珠丝杠螺母副间隙的调整

为了保证滚珠丝杠反向传动精度和轴向刚度，必须消除滚珠丝杠螺母副轴向间隙。消除间隙的方法常采用双螺母结构，利用两个螺母的相对轴向位移，使两上滚珠螺母中的滚珠分别贴紧在螺旋滚道的两个相反的侧面上，用这种方法预紧消除轴向间隙时，应注意预紧力不宜过大。预紧力过大会使空载力矩增加，从而降低传动效率，缩短使用寿命。

（1）双螺母消隙。常用的双螺母丝杠消除间隙方法有以下几种。

① 垫片调隙式。如图3-46所示，调整垫片厚度使左右两螺母产生轴向位移，即可消除间隙和产生预紧力。这种方法结构简单，刚性好，但调整不便，滚道有磨损时不能随时消除间隙和进行预紧。

② 螺纹调隙式。如图3-47所示，螺母1的外端有凸缘，螺母7外端有螺纹，调整时只要旋动圆螺母6，即可消除轴向间隙，并可达到产生预紧力的目的。

③ 齿差调隙式。如图3-48所示，在两个螺母的凸缘上各制有圆柱外齿轮，分别与固紧在套筒两端的内齿圈相啮合，其齿数分别为 z_1 和 z_2，并相差一个齿。调整时，先取下

内齿圈，让两个螺母相对于套筒同方向都转动一个齿，然后再插入内齿圈，则两个螺母便产生相对角位移，其轴向位移量：$s=(1/z_1-1/z_2)\ P_n$。例如，$z_1=80$，$z_2=81$，滚珠丝杠的导程为 $P=6$ mm 时，$s=6/6\,480\approx0.001$ mm，这种调整方法能精确调整预紧量，调整方便、可靠，但结构尺寸较大，多用于高精度的传动。

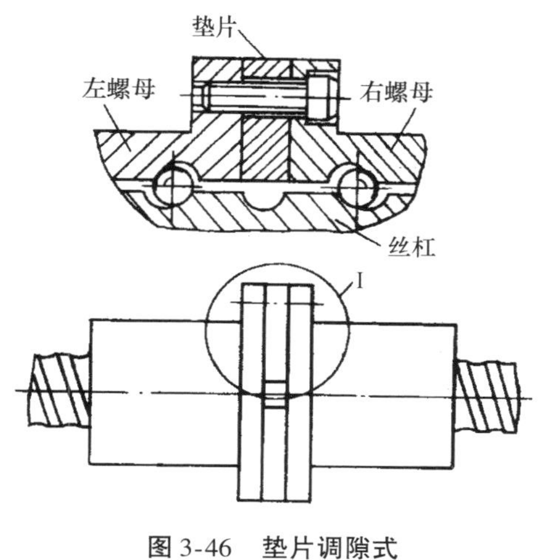

图 3-46　垫片调隙式

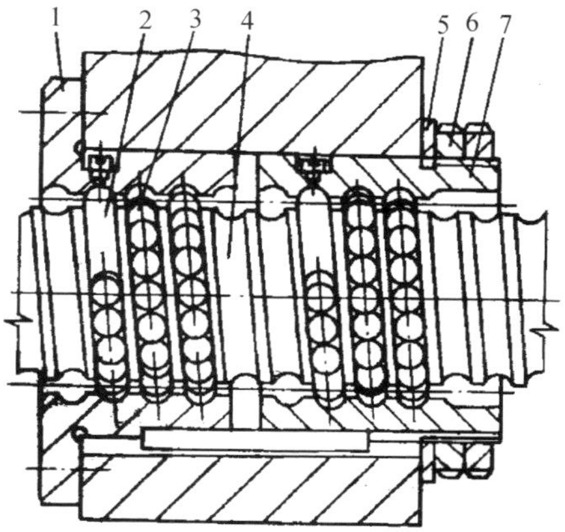

图 3-47　螺纹调整式的滚珠丝杠螺母副

1、7—螺母；2—返回器；3—钢球；4—螺杆；5—垫圈；6—圆螺母

（2）单螺母消隙

① 单螺母变位螺距预加负荷。如图 3-49 所示，它是在滚珠螺母体内的两列循环珠链之间，使内螺母滚道在轴向产生一个 ΔL_0 的导程突变量，从而使两列滚珠在轴向错位实现预紧。这种调隙方法结构简单，但负荷量须预先设定且不能改变。

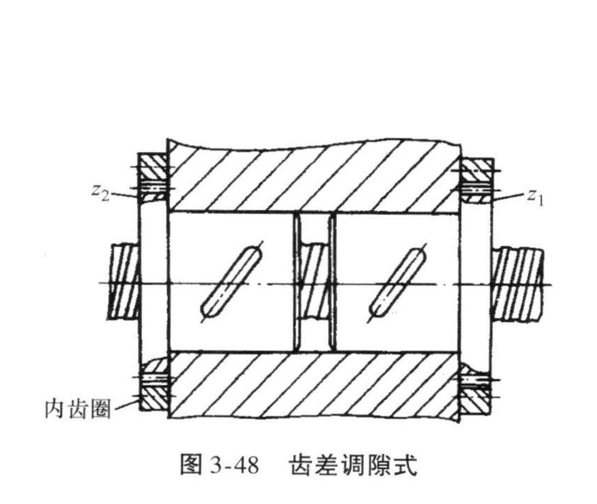

图 3-48　齿差调隙式

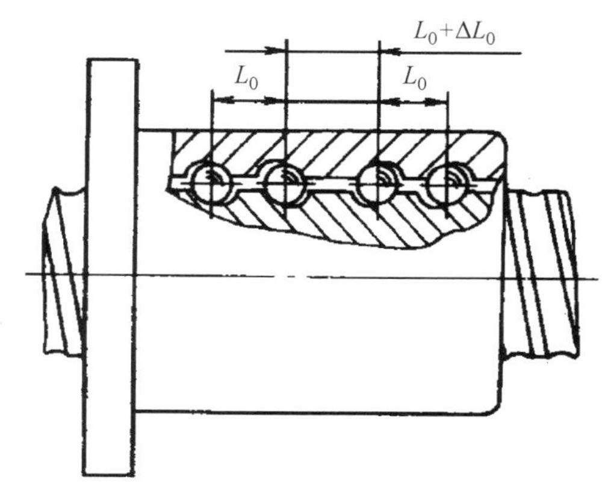

图 3-49　单螺母变螺距式

② 单螺母螺钉预紧。如图 3-50 所示，螺母在专业生产工厂完成精磨之后，沿径向开一薄槽，通过内六角调整螺钉实现间隙的调整和预紧。该专利技术成功地解决了开槽后滚珠在螺母中良好的通过性。单螺母结构不仅具有很好的性能价格比，而且间隙的调整和预紧极为方便。

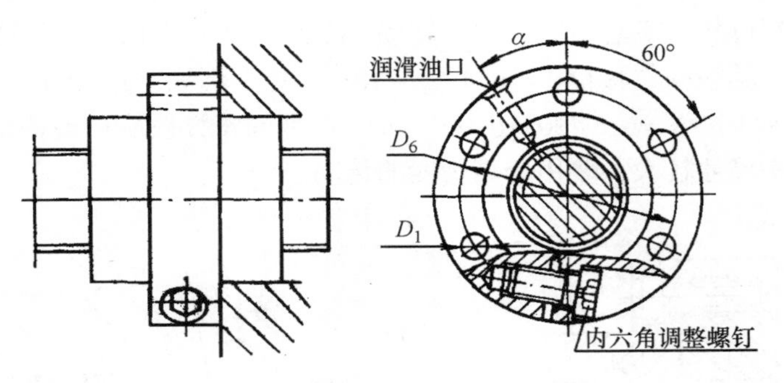

图 3-50 能消除间隙的单螺母结构

（3）滚珠丝杠螺母副预紧。对于滚珠丝杠螺母副，为保证传动精度及刚度，除消除传动间隙外，还要求预紧。预紧力计算公式为：

$$F_v = 1/3F_{max} \tag{3-6}$$

式中 F_{max}——轴向最大工作载荷。

前述各例消除滚珠丝杠螺母副轴向间隙的方法，都能对螺母副进行预紧。调整时只要注意预紧力大小 $F_v = 1/3F_{max}$ 即可。

5. 滚珠丝杠副装配工艺

滚珠丝杠副各零件在装配前必须进行退磁处理，否则在使用时容易吸附微小的灰屑等杂物，会使丝杠副发卡甚至损坏。经退磁的滚珠丝杠副各零件需要做清洗处理，清洗时要将各个部位彻底清洗干净，如空刀、螺纹底沟等。

滚珠丝杠副的装配有两种方法：一种是先将循环返向装置安装在螺母上，然后把滚珠装在螺母内，在套筒的辅助支承下将装满滚珠的螺母装到丝杠上，此种方法用于各种形式的螺母；另一种方法是先把螺母套在丝杠上，然后将滚珠逐个装入循环孔，最后把装满滚珠的环部件安装在螺母上，这方法适用于外循环，内循环不能采用这种方法。内循环装配时必须有一端是螺纹开通的（如图 3-51 所示），否则没法安装。安装滚珠时，一个完整的循环里，必须空出 1～2 个滚珠直径的空间，这样会减少滚珠与滚珠的相互摩擦，有利于提高滚珠丝杠副的效率。

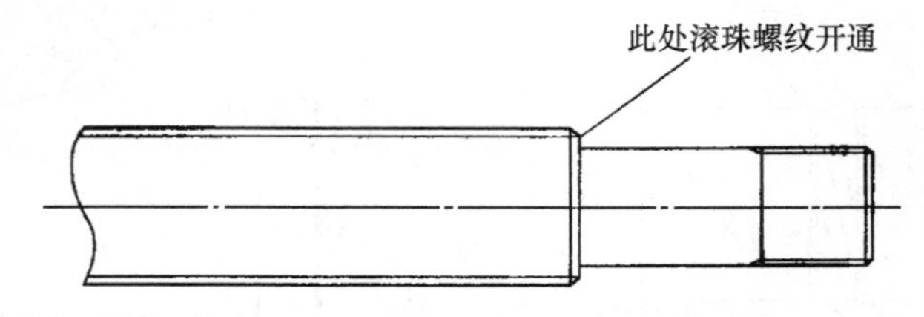

图 3-51 滚珠螺纹开通部位示意图

滚珠丝杠副在装配时很关键的一个项目就是预紧力的调整和轴向间隙的调整。对于双螺母垫片预紧滚珠丝杠螺母副来说，首先要调整单个螺母安装到丝杠上的间隙，轴向间隙一般调整到 0.005 mm 左右，若单个螺母的间隙太大将会导致滚珠丝杠螺母副空回转量增大。调整轴向间隙的方法是更换滚珠，通常一个型号的滚珠都配备了从 -0.010～ +0.010 mm 范围的滚珠，0.001 mm 为一挡。以 3.969 mm 滚珠举例供选配的滚珠为 3.959，3.96，3.961，…，3.979。螺母间隙调整好后，开始配垫片。首先将选配的量块插入两螺母中间，然后测量转矩，若转矩在图样要求范围内，则按量块尺寸配磨垫片；若转矩不在图样要求范围内，则重新更换量块，再测转矩，直到符合要求为止。对于单螺母变位预紧和增大滚珠直径预紧来说，预紧力的调整只需更换不同尺寸的滚珠即可。

预紧力调整好后装上防尘圈，并将其用顶丝固定即可。对于一端封闭的滚珠丝杠来说，需要在装配螺母之前将一侧防尘圈装上，装完螺母后再装另一个防尘圈。若是两端都封闭的话，只有将防尘圈切开，再进行装配。各零件装配好后需要进行综合检查，检查项目包括螺母外圆径向跳动、法兰安装面垂直度、丝杠轴端安装轴承外圆的跳动、轴承靠面的垂直度、连接螺纹、转矩、外观等。检查合格后涂润滑脂或防锈油，最后包装入库。

3.6　联轴器的装配

在机械传动中，从一根轴传递动力到另一根轴，把两根轴同轴地连在一起传递动力(也称为组合轴)，常采用联轴节、轴套加销或键、十字联轴器。

这里主要介绍联轴器的两轴在装配时如何找正其相对位置，保证两轴的同轴、平行或垂直。

3.6.1　常见联轴器介绍

常见的联轴器结构如图 3-52 所示，圆盘式联轴器（如图 3-52(a) 所示）由两个带毂的圆盘组成。两圆盘用键分别安装在两轴轴端，并靠螺栓把它们联成一体。套筒式联轴器销联接（如图 3-52(b) 所示）、套筒式联轴器平键联接（如图 3-52(c) 所示）用一个套筒联接两根轴的形式。套筒式联轴器销联接（如图 3-52(b) 所示）若将圆锥销改用剪切安全销，也可作为安全联轴器，即当机器过载或承受冲击载荷超过定值时，联轴器中的联接件即可自动断开，从而保护设备安全。

图 3-52(d) 所示为十字槽式联轴器，它由端面开有凹槽的两个套筒和两侧各具有凸块（作为滑块）的中间圆盘组成。中间圆盘两侧的凸块相互垂直，分别嵌入两个套筒的凹槽中。如果两轴线不同轴，运动时中间圆盘的滑块将在凹槽内滑动，凹槽内要加润滑油。

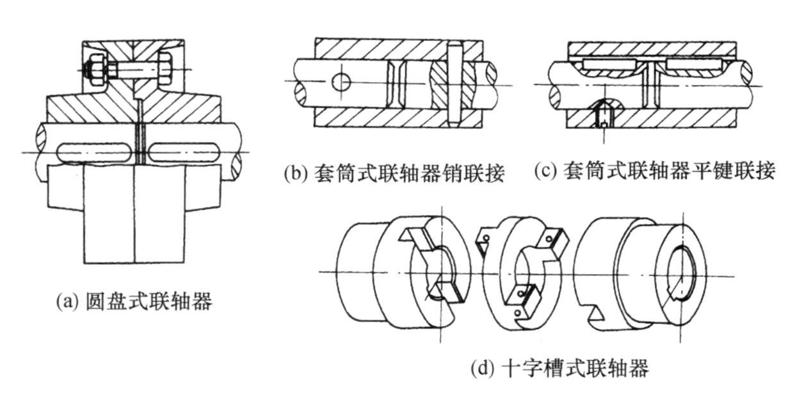

(a) 圆盘式联轴器　(b) 套筒式联轴器销联接　(c) 套筒式联轴器平键联接　(d) 十字槽式联轴器

图 3-52　同心轴的联轴器

3.6.2 联轴器的装配方法

在机械传动中，用联轴器联接以传递转矩的方法很多。装配时，它的主要技术要求是：严格保证两轴线的同轴度，使运转时不产生振动，保持平衡。

如图 3-53 所示，为箱体传动轴与电动机轴的联接，首先要校正两轴同轴度，才能确定箱体与电动机的装配位置。

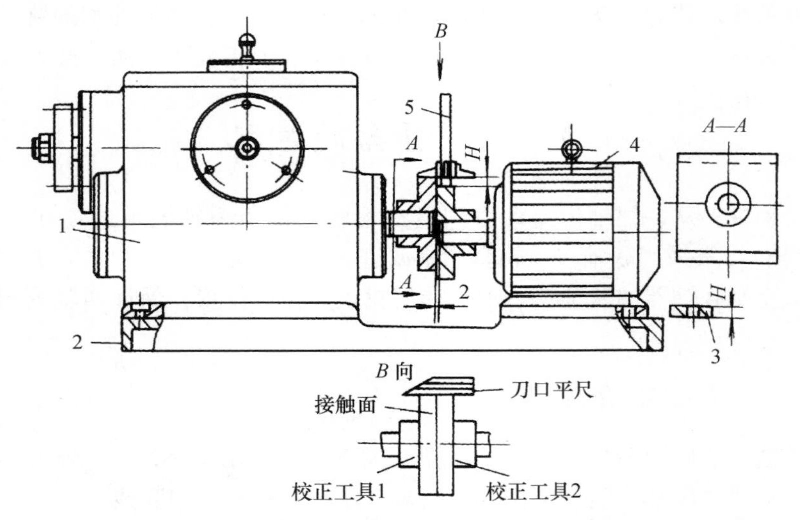

图 3-53 用专用校正工具校正两轴同轴度

1—箱体组件；2—底板；3—调整垫片；4—电动机；5—深度尺

1. 使用校正工具的装配

使用一种专用的校正工具，用来找出箱体轴与电动机轴的不同轴度，以确定调整垫片的厚度，达到两轴同轴度要求的目的。调整校正工具的方法如下。

（1）分别在箱体轴和电机轴上装配校正工具 1 和 2（如图 3-54 所示），并将箱体、电动机置于底板上。

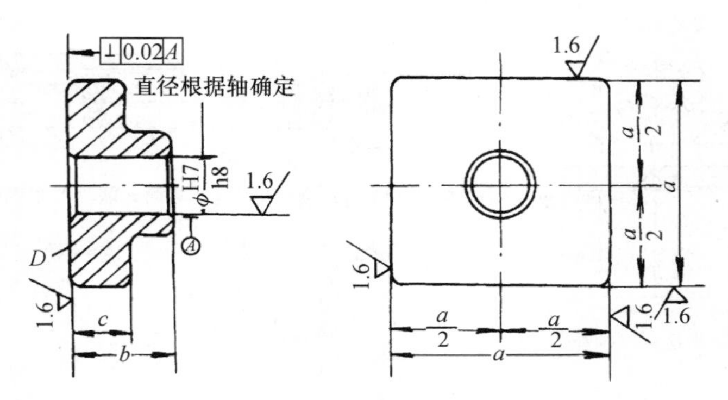

图 3-54 联轴器轴线的校正工具

（2）调整箱体与电动机轴端相距 2 mm。用刀口平尺检查工具 1 和 2 的两侧面，保持平直（*B* 向视图），两工具平面接触应良好。

（3）用游标深度尺测量工具 1 和 2 的不等高值 H（H 值即为调整垫片的厚度），此时，便可确定箱体与电动机的装配位置，把它们的螺钉光孔配划在底板上。

采用上述校正工具，找出两轴线的不同轴度，调整很简便，并能达到一般联轴器的同轴度要求。但这在很大程度上取决于校正工具本身的制造精度。

（4）校直工具的制造。首先要知道两轴直径的尺寸大小，以两轴来确定工具的孔，工具孔与两轴之间的配合间隙应极小（一般为间隙配合）。工具为正方形体，如图 3-54 所示。两件四边边长都相等，且与孔中心线相对称；厚度 b 要根据两轴颈伸出的长度来定（但应比轴颈短，以便于移动）；D 平面应与孔垂直；校直面的宽度 c 尽量宽一些（用刀口平尺检查两侧面平直时能使接触线增长，有利于提高测量精度）。

2. 不用校正工具的装配

（1）圆盘式联轴器的装配，如图 3-55 所示。首先在轴 1 和轴 5 上装配键 4 和安装圆盘，然后用直尺 a 靠紧基准圆盘（如圆盘 2）的凸缘上，旋转轴 5，使圆盘 3 也紧贴着直尺进行找正。并用塞尺测量间隙 Z，在一转中，间隙 Z 应当相同。

初步找正后，将百分表固定在圆盘 2 上，并使百分表的触头抵在圆盘 3 的凸缘上，找正圆盘 3，使它的径向摆动在允许范围之内。然后，移动轴 5，使圆盘 2 的凸肩少许插进圆盘 3 的台阶孔内。最后，转动轴 5 检查两个圆盘端面间的间隙，如果间隙均匀，则移动轴 5 使两圆盘端面靠紧，最后用螺栓紧固。

这种方法简单易行，且不用辅助工具。

（2）十字槽式联轴器的装配，如图 3-56 所示。这种联轴器在工作时允许两轴线有一定的径向偏移和略有倾斜，所以比较容易装配。它的装配顺序是：分别在轴 1 和轴 7 上修配键 3 和键 6、安装套筒 2 和套筒 5，并用直尺按上述（1）的方法来找正。再在两套筒间安装中间圆盘 4，并移动轴，使套筒与圆盘间留有少许间隙 Z（一般为 0.5～1 mm）。

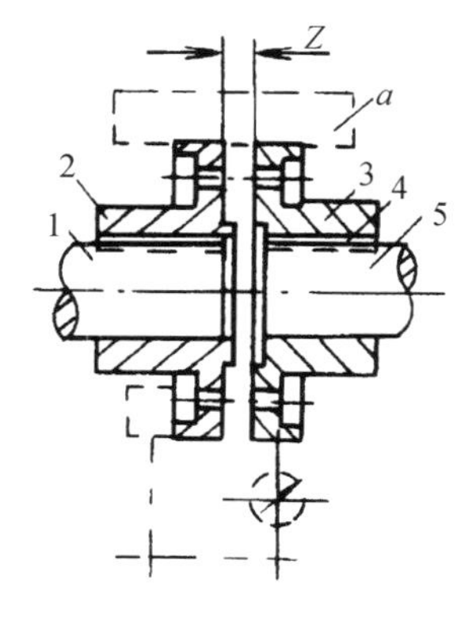

图 3-55　圆盘式联轴器的装配
1、5—轴；2、3—圆盘；4—键

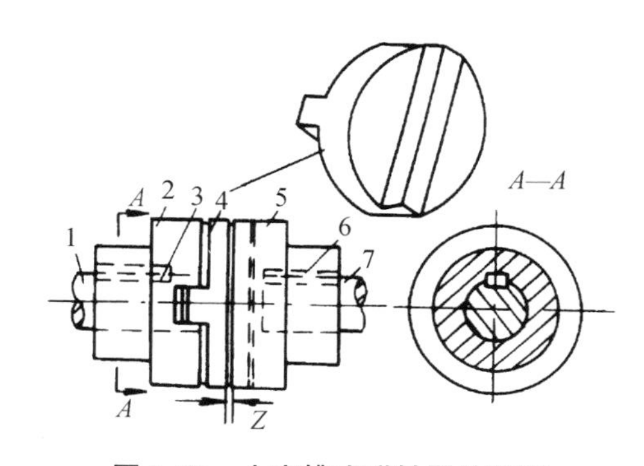

图 3-56　十字槽式联轴器的装配
1、7—轴；2、5—套筒；3、6—键；4—中间圆盘

3.7　思 考 题

1. 简述齿轮传动机构装配的技术要求。
2. 简述圆柱齿轮箱孔距精度和孔系相互位置精度的检验方法。

3. 简述圆柱齿轮接触精度的检验和调整方法。
4. 简述圆柱齿轮副侧隙的测量方法。
5. 简述锥齿轮安装时，箱体两孔轴线垂直度的检验方法。
6. 简述圆锥齿轮的轴向调整方法。
7. 简述圆锥齿轮侧隙的检验和调整方法。
8. 简述蜗杆传动机构的装配工艺。
9. 简述蜗杆传动侧隙的检查方法。
10. 带传动机构的技术要求有哪些？
11. 链传动的张紧采用哪些方法？
12. 调整丝杠螺母副的配合精度，一般应满足哪些要求？
13. 丝杠螺母副配合间隙的测量及调整方法有哪些？
14. 联轴器的装配的技术要求有哪些？
15. 简述联轴器的功能和联轴器找正的方法。

第4章　轴承和密封件的装配

教学目标

- ▶掌握轴承装配的技术要求
- ▶掌握轴承的装配方法
- ▶掌握轴承的间隙调整方法
- ▶理解密封的重要性和掌握密封元件的装配方法

4.1　滚动轴承的装配

轴承是用来支承轴的部件。常见的轴承主要分为滑动轴承和滚动轴承两大类。

滚动轴承是标准件，由专门工厂成批生产。一般来说，滚动轴承通常由外圈1、内圈2、滚动体3和保持架4（为减少滚动体间的摩擦，起隔开分离作用）四个部分组成，如图4-1所示。内圈的外面和外圈的里面都有供滚动体作滚动的滚道5。内圈是和轴颈配合，外圈和轴承座或机座配合。通常是内圈随轴颈旋转，外圈不转（如机床主轴），也可以是外圈旋转而内圈不转（如车轮）。滚动轴承具有摩擦阻力小、效率高、轴向尺寸小、装拆方便等优点，是机器中的重要部件之一。

滚动体的形状有球形、短圆柱滚子、滚针、圆锥滚子和球面滚子等，如图4-2所示。

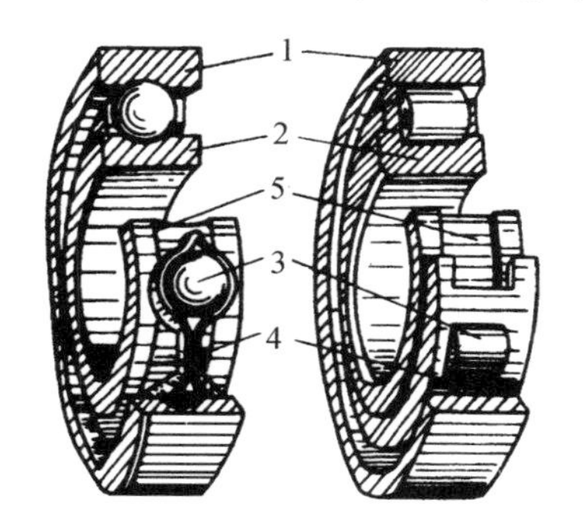

图4-1　滚动轴承

1—外圈；2— 内圈；3—滚动体；4—保持架；5—滚道

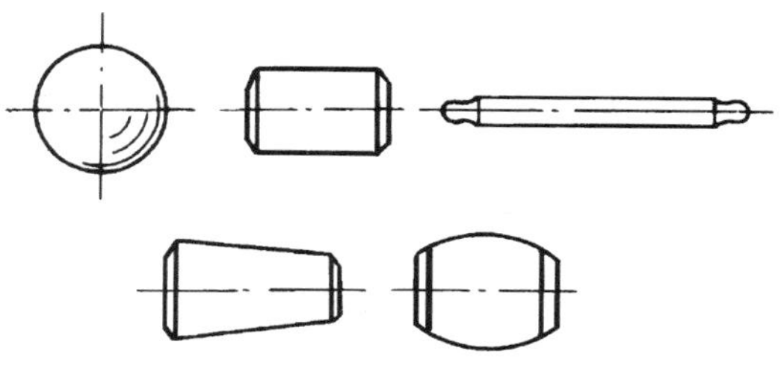

图4-2　滚动体形状

4.1.1　常见滚动轴承的类型特点和应用

常见滚动轴承的类型特点和应用如表4-1所示。

表 4-1 常见滚动轴承的类型特点和应用

轴承名称	结构图	特点和应用
深沟球轴承		(1) 结构简单，易于制造，价格低廉，噪声小，摩擦阻力小 (2) 主要承受径向载荷，也能承受一定的轴向载荷 (3) 适用于高速，在高速时可用来代替推力球轴承 (4) 承载能力较低，不耐冲击，不适用于重载
角接触球轴承		(1) 基本特点与向心球轴承相同，但能承受较大轴向力 (2) 可承受一个方向的纯轴向载荷，成对使用轴时可承受两个方向的纯轴向载荷 (3) 因接触角不同有不同的类型，接触角较大者可承受较大轴向载荷，但承受径向载荷的能力和极限转速均随之下降
圆锥滚子轴承		(1) 能承受很大的径向及轴向载荷（成对使用时方向不限） (2) 内外圈可分离，安装方便，可以通过预紧增大刚度，可调整游隙 (3) 对安装误差及角偏位敏感 (4) 单个使用不宜承受纯轴向载荷 (5) 因接触角不同有不同的类型，小接触角成对使用时可承受纯径向载荷，大接触角不宜承受纯径向载荷
单向推力球轴承		只能承受单向轴向载荷
双向推力球轴承		可以承受双向轴向载荷
推力圆柱滚子轴		能承受很大的轴向载荷
推力滚子轴承		能承受很大的轴向载荷，允许转速比双向推力球轴承和推力圆柱滚子轴承为高

4.1.2 轴承内径代号

在选择轴承时，如果确定了轴承类型，轴承的内径的尺寸由轴承代号的后两位或后一位数字来表示。具体表示方式如表 4-2 所示。

表 4-2 轴承内径代号

轴承公称内径（mm）		内径代号	示例
0.6 到 10（非整数）		用公称内径毫米数值直接表示，在其尺寸系列代号之间用“/”分开	深沟球轴承 618/2.5 $d=2.5$
1 到 9（整数）		用公称内径毫米数值直接表示，对深沟球轴承及角接触球轴承 7、8、9 直径系列，内径与尺寸系列代号 18 之间用“/”分开	深沟球轴承 618/5 $d=5$
10 到 17	10 12 15 17	00 01 02 03	深沟球轴承 6200 $d=10$
20 到 480（22、28、32 除外）		用公称内径毫米数值除以 5 的商数表示，若商数为个位数，则需在商数左边加“0”，如 08	推力球轴承 51408 $d=40$
大于和等于 500 以上及 22、28、32		用公称内径毫米数值直接表示，在其尺寸系列代号之间用“/”分开	调心滚子轴承 230/500 $d=500$ 深沟球轴承 637/22 $d=22$

4.1.3 滚动轴承配合

滚动轴承是专门工厂大量生产的标准部件，其内孔和外径出厂时均已确定，因此轴承的内径与轴的配合应为基孔制，外径与轴承座孔的配合应为基轴制。配合的松紧程度由轴和轴承座孔的尺寸公差来保证。

滚动轴承配合的选用：滚动轴承内圈与轴颈的配合，外圈与轴承座孔的配合，一般大多选用过渡配合，其配合间隙和过盈量直接影响轴承工作性能、精度和使用寿命。装入轴颈和轴承座孔后，会使轴承的径向间隙减少，其减少量可用下式算出。

当内圈压配在轴颈上时：

$$\Delta = (0.55 \sim 0.6)Y \tag{4-1}$$

当外圈压配在轴承座孔中时：

$$\Delta = (0.65 \sim 0.7)Y \tag{4-2}$$

式中 Δ——安装后径向间隙减少量（μm）；

Y——轴承安装前过盈量（μm）。

4.1.4 滚动轴承的游隙调整和预紧

1. 滚动轴承的游隙

所谓游隙，是将轴承的一个套圈（内圈或外圈）固定，另一套圈沿径向或轴向的最大活动量，如图4-3所示。滚动轴承游隙分径向游隙和轴向游隙两类。径向的最大活动量称为径向游隙，轴向的最大活动量称为轴向游隙。两类游隙之间存在正比关系，一般来说，径向游隙越大，则轴向游隙也越大；反之，径向游隙越小，轴向游隙也越小。

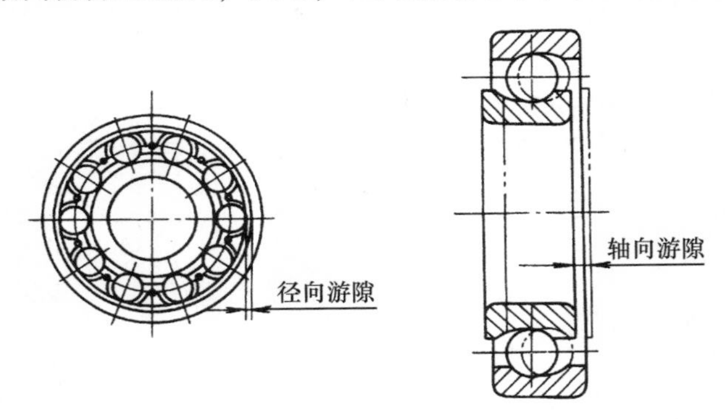

图4-3 轴承的游隙

(1) 轴承的径向游隙。轴承径向游隙的大小，通常作为轴承旋转精度高低的一项指标。

由于轴承所处的状态不同，径向游隙分为原始游隙、配合游隙和工作游隙。

原始游隙——轴承在未安装前自由状态下的游隙。

配合游隙——轴承装配到轴上和轴承座内的游隙。其游隙大小由过盈量决定。配合游隙一般小于原始游隙。

工作游隙——轴承在工作时，因内外圈的温度差使配合游隙减小，又因工作负荷的作用，使滚动体与套圈产生弹性变形而使游隙增大，但工作游隙一般大于配合游隙。

(2) 轴承的轴向游隙。由于有些轴承结构上的特点或为了提高轴承的旋转精度，减小或消除其径向游隙。所以有些轴承的游隙必须在装配或使用过程中，通过调整轴承内、外圈的相对位置而确定。例如，角接触球轴承和圆锥滚子轴承等，在调整游隙时，通常是将轴向游隙值作为调整和控制游隙大小的依据。

2. 滚动轴承的预紧

滚动轴承的游隙是通过轴承预紧过程来实现的。预紧的原理如图4-4所示，即在装配角接触球轴承或深沟球轴承时，如给轴承内圈或外圈以一定的轴向预负荷 F，这时内、外圈将发生相对位移，位移量可用百分表测出。结果消除了内、外圈与滚动体的游隙，并产生了初始接触的弹性变形，这种方法称为预紧。预紧后的轴承便于控制正确的游隙，从而提高轴的旋转精度。

(1) 轴承预紧的方法

① 用轴承内、外垫圈的厚度差实现预紧。如图4-5所示的角接触球轴承，用不同厚度的垫圈能得到不同的预紧力。

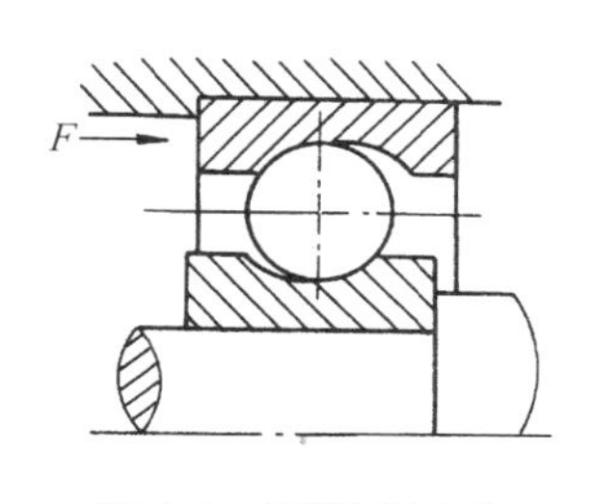

图 4-4　预紧的原理

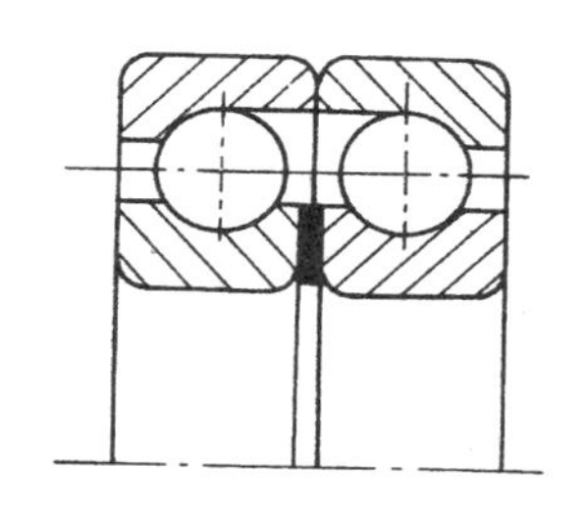

图 4-5　用垫圈的预紧方法

② 磨窄两轴承的内圈或外圈。如图 4-6(a)、(b) 所示，当夹紧内圈或外圈时即可实现预紧；图 4-6(c) 所示是外圈宽、窄端相对安装实现预紧。

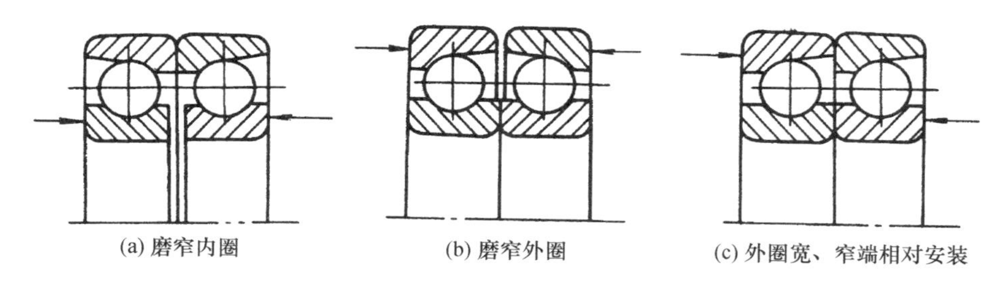

图 4-6　角接触球轴承的预紧方法

③ 调节轴承锥形孔内圈的轴向位置实现预紧。如图 4-7 所示，拧紧螺母可以使锥形孔内圈往轴颈大端移动，结果内圈直径增加，形成预加负荷。

(2) 轴承预紧的测量和调整

利用衬垫或隔套的预紧方法，必须先测出轴承在给定的预紧力下，轴承内外圈的位移量，以确定衬垫或内外隔套的厚度。在装配前，可用百分表、量块等量具，按图 4-7 所示的方法，测出位移量。

在图 4-7(a) 中，先把轴承内圈套入圆柱体的轴肩，再将加了重锤的套筒放在轴承的外圈上，然后用百分表测出轴承内外圈端面位移量 a 值，a 值的大小即反映了重物作用下的预加负荷量大小。

在图 4-7(b) 中，A 为定值，用量块测量 B。

在图 4-7(c) 中，B 为定值，用量块测量 A。

在图 4-7(d) 中，H_2、H_3 为定值，H_1、H_4 为量块测得的值，可计算出 K_1、K_2。

$$K_1 = H_2 - H_1 \quad K_2 = H_3 - H_4$$

测量应在互成 120°的三个相位上进行，取其平均值。

对于精密轴承部件的装配，可采用图 4-8 所示的弹簧测量装置，进行轴承预紧的测量。此法比较方便和精确，适用于成批生产。

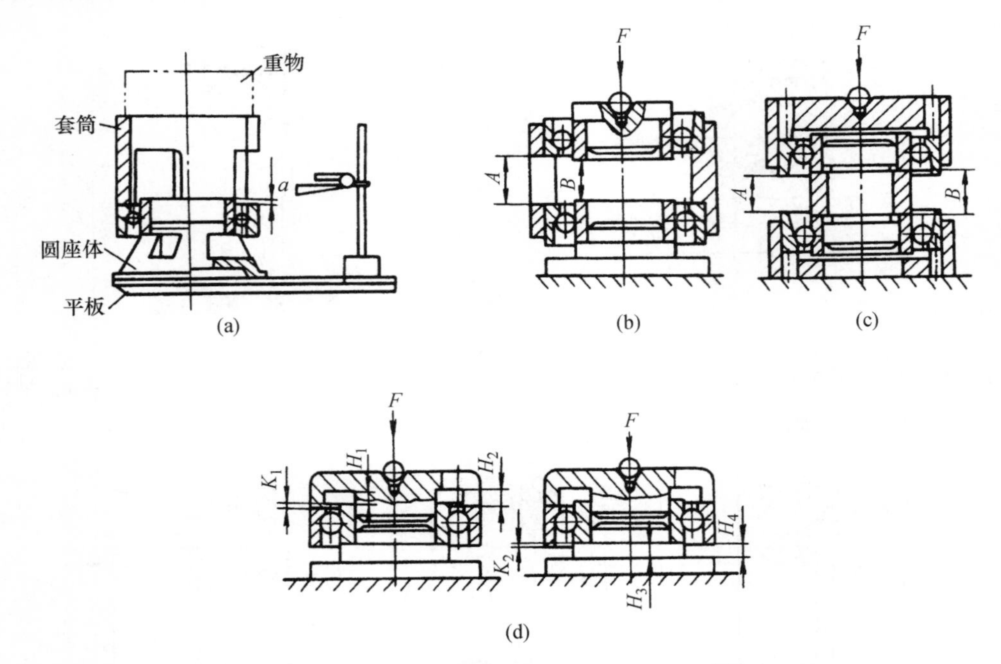

图 4-7　测量轴承预紧后内外圈的位移量

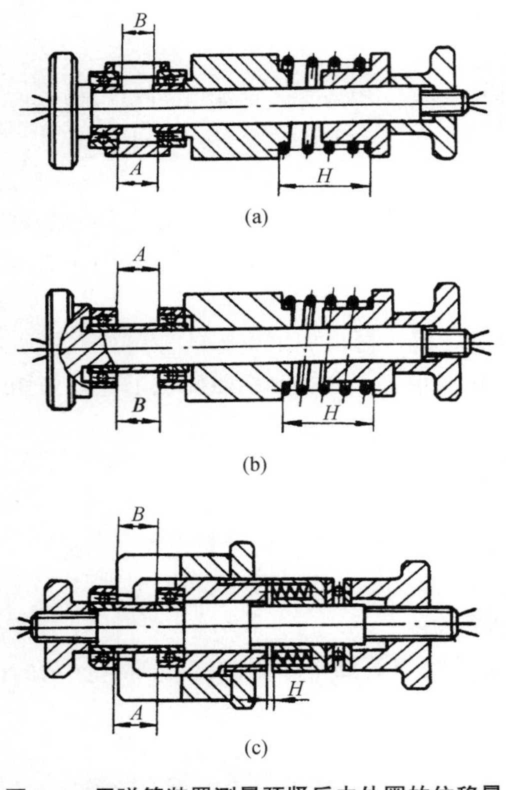

图 4-8　用弹簧装置测量预紧后内外圈的位移量

如图 4-8(a)、(b) 所示，转动螺母，压缩弹簧至尺寸 H 时，轴承即受到了规定的预紧力。A 为定值，用量块测量 B。图 4-8(c) 所示是先转动左端螺母给轴承以少量预紧，调节中间螺母，使两轴承受力相等，再转动右端螺母，压缩弹簧施加预紧力，当达到规定预紧力时，A 是定值，用量块测量 B 即可。

3. 滚动轴承游隙的调整

轴承游隙过大，将使同时承受负荷的滚动体减少，轴承寿命降低。同时，还将降低轴承的旋转精度，引起振动和噪声，负荷有冲击时，这种影响尤为显著；轴承游隙过小，则易发热和磨损，这也会降低轴承的寿命。因此，按工作状态选择适当的游隙，是保证轴承正常工作、延长使用寿命的重要措施之一。

轴承在装配过程中，控制和调整游隙的方法，可先使轴承实现预紧，游隙为零。然后，再将轴承的内圈或外圈作适当的、相对的轴向位移，其位移量即为轴向游隙值。

4.1.5　滚动轴承的装配工艺

1. 装配前的准备工作

滚动轴承是一种精密部件，其内外圈和滚动体都具有较高的精度和较细的表面粗糙度，认真做好装配前的准备工作，是保证装配质量的重要环节。

（1）按所装的轴承，准备好所需的工具和量具。

（2）按图样的要求检查与轴承相配的零件，如轴、轴承座、端盖等表面是否有凹陷、毛刺、锈蚀和固体的微粒。

（3）用汽油或煤油清洗与轴承配合的零件，并用干净的布仔细擦净，然后涂上一层薄油。

（4）检查轴承型号、数量与图样要求是否一致。

（5）清洗轴承时，如轴承用防锈油封存的可用汽油或煤油清洗；如用厚油和防锈油脂防锈的轴承，可用轻质矿物油加热溶解清洗（油温不超过 100℃），把轴承浸入油内，待防锈油脂溶化后即从油中取出，冷却后再用汽油或煤油清洗。经过清洗的轴承不能直接放在工作台上，应垫以干净的布或纸。

对于两面带防尘盖、密封圈或涂有防锈润滑油脂的轴承不需进行清洗。

2. 滚动轴承的装配方法

滚动轴承的装配方法应根据轴承的结构、尺寸大小和轴承部件的配合性质而定。装配时的压力应直接加在待配合的套圈端面上，不能通过滚动体传递压力。

（1）圆柱孔滚动轴承的装配

① 当轴承内圈与轴颈为较紧配合、外圈与轴承座孔为较松的配合时，可先将轴承装在轴上。压装时在轴承端面垫上铜或软钢的装配套筒，如图 4-9(a) 所示。然后把轴承与轴一起装入座孔中，调整游隙。

② 当轴承外圈与轴承座孔为较紧配合、内圈与轴颈为较松配合时，应将轴承先压入座孔中，装配时采用的“装配套筒”的外径应略小于座孔直径，如图 4-9(b) 所示。用装配套筒以压力法安装圆柱孔滚动轴承。

③ 当轴承内圈与轴颈、外圈与座孔都是较紧配合时，装配套筒的端面应做成能同时压紧轴承内外圈端面的圆环（如图 4-9(c) 所示），使压力同时传到内外圈上，把轴承压入轴上和座孔中，再调整游隙。

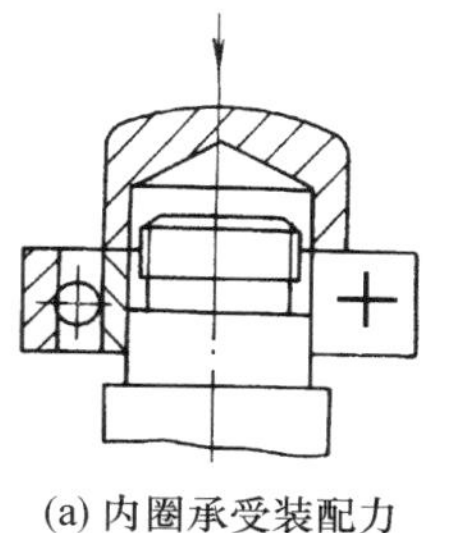
(a) 内圈承受装配力

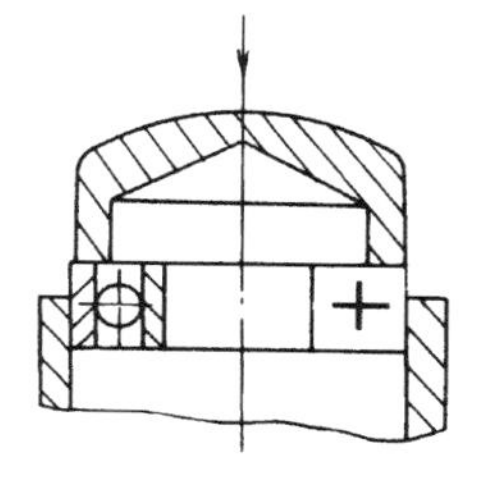
(b) 外圈承受装配力

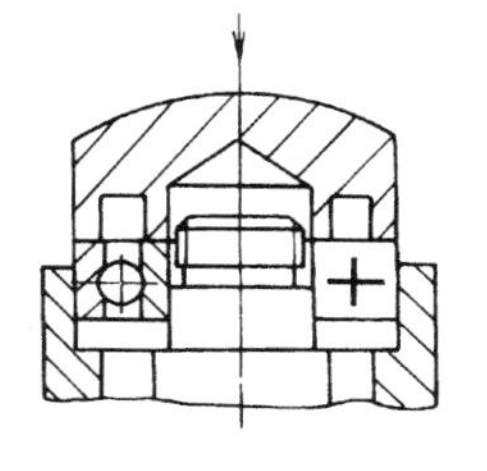
(c) 内外圈承受装配力

图 4-9　安装滚动轴承套筒

④ 对于圆锥滚子轴承，因其内外圈可分离，可以分别把内圈装入轴上，外圈装在座孔中，然后再调整游隙，如图 4-10 所示。

调整游隙可采用以下两种方法。

a. 用垫圈调整游隙（如图 4-10(a) 所示），垫圈厚度按下式确定：

$$a = x + \Delta \tag{4-3}$$

式中 Δ——规定的轴向游隙（mm）；

x——消除游隙（即预紧）后，用塞尺测得端盖与轴承座孔端面的缝隙（mm）。

b. 用锁紧螺钉和螺母调整游隙（图 4-10(b)），此法实质是以锁紧螺母代替垫圈。先旋紧螺钉使游隙为零，然后将螺钉扭松一定角度 α，再用螺母锁紧，使轴承得到规定的游隙 Δ，其值可用百分表测量，也可用下式计算应扭松的角度值：

$$\alpha = (\Delta/P)360° \tag{4-4}$$

式中 P——锁紧螺钉的螺距。

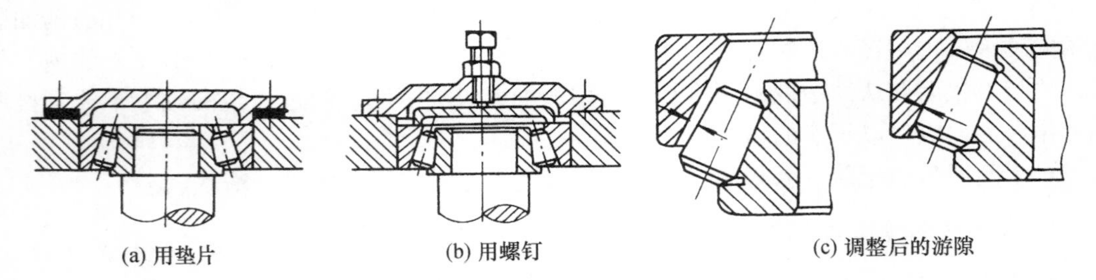

(a) 用垫片　(b) 用螺钉　(c) 调整后的游隙

图 4-10 圆锥滚子轴承游隙的调整

压入轴承时采用的方法和工具，可根据配合过盈量的大小确定。当配合过盈量较小时，可用手锤敲击。当配合过盈量较大时，可用压力机压入。用压入机压入时应放上套筒。

当过盈量过大时，可用温差法装配。将轴承放在简单的油浴中加热至 80～100℃，然后装配。轴承加热时搁在油槽内的网格上，网格与箱底应有一定的距离，以避免轴承接触油温高得多的箱底，而形成局部过热，并可避免轴承与箱底沉淀的脏物接触，如图 4-11(a)所示。对于小型轴承，可以挂在吊钩上在油中加热，如图 4-11(b) 所示。

注意：内部充满润滑带防尘盖或密封圈的轴承，不能采用温差法装配。

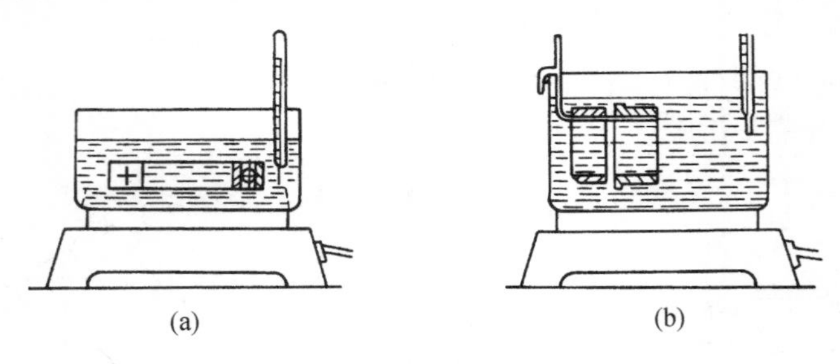

(a)　(b)

图 4-11 轴承在油箱中加热的方法

如采用轴冷缩法装配，温度不得低于 -80℃。

(2) 推力球轴承的装配

对于推力球轴承在装配时，应注意区分紧环和松环，松环的内孔比紧环的内孔大，故紧环应靠在与轴肩端面上（如图 4-12 所示），左端的紧环靠在圆螺母的端面上，若装反了将使滚动体丧失作用，同时会加速配合零件间的磨损。推力球轴承的游隙可用圆螺母来调整。推力球轴承只能承受单向力（如图 4-13 所示），承受双向力时需用两个推力球轴承（如图 4-14 所示）。

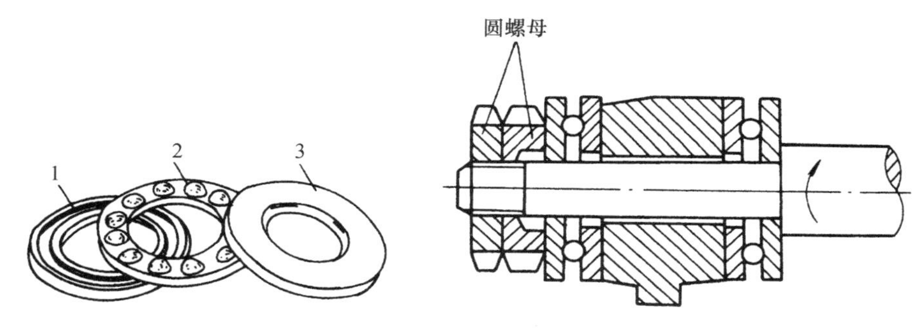

图 4-12　推力轴承的装配与调整

1—紧环；2—滚珠；3—松环

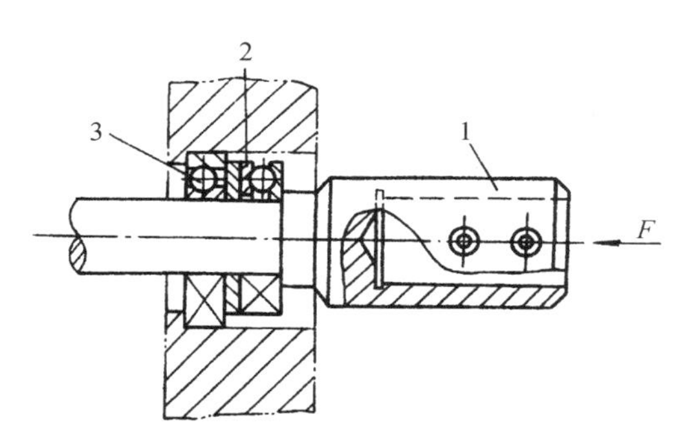

图 4-13　单向推力球轴承组件图

1—主轴；2—推力球轴承；3—深沟球轴承

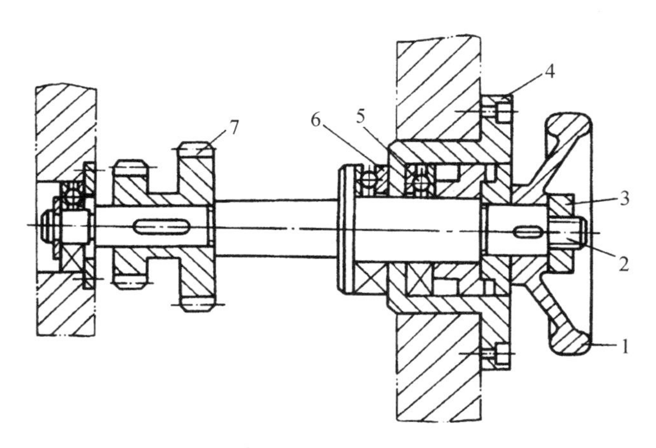

图 4-14　装有双向推力球轴承的组件

1—手轮；2—传动轴；3—螺母；4—支承套；5、6—推力球轴承；7—双联齿轮

3. 滚动轴承装拆注意事项

（1）滚动轴承上标有代号的端面应装在可见的部位，以便于修理更换。

（2）轴承装配在轴上和座孔中后，不能有歪斜和卡住现象。

（3）为了保证滚动轴承工作时有一定热胀余地，在同轴的两个轴承中，必须有一个轴承的外圈（或内圈）可以在热胀时产生轴向移动，以免轴或轴承产生附加应力，甚至在工作时使轴承咬住。

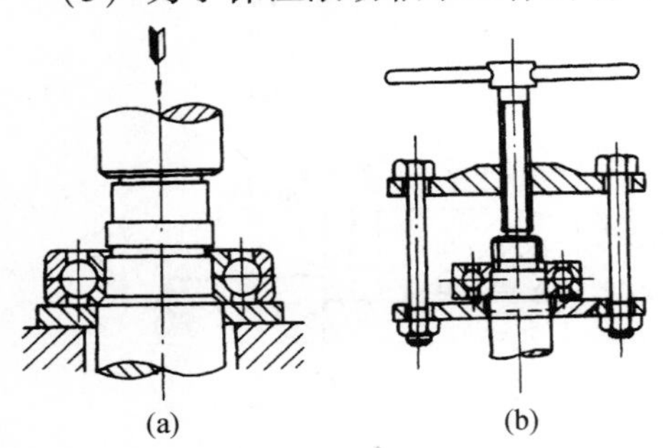

图 4-15 滚动轴承拆卸

（4）在装拆滚动轴承的过程中，应严格保持清洁度，防止杂物进入轴承和座孔内。

（5）装配后，轴承运转应灵活，无噪声，工作时温度不超过 50℃。

（6）拆下滚动轴承时，可用软金属棒和锤子，也可用压力机或用双爪或三爪顶拔器（如图 4-15 所示）。对于拆卸后需重新使用的轴承，不能损坏其配合表面和精度。拆卸时严禁将作用力加在滚动体上。

4.2 滑动轴承的装配

4.1.1 滑动轴承的特点和工作原理

滑动轴承是仅发生滑动摩擦的轴承，它又有动压滑动轴承和静压滑动轴承之分。这两种滑动轴承的主要共同点是：轴颈与轴瓦工作表面都被润滑油膜隔开，形成液体润滑轴承，它具有吸振能力，运转平稳、无噪声，故能承受较大的冲击载荷；它们的主要不同点在于动压滑动轴承的油膜形成必须在轴颈转动中才能形成，而静压滑动轴承是靠外部供给压力油强使两相对滑动面分开，以建立承压油膜，实现液体润滑的一种滑动轴承。下面只介绍动压滑动轴承。

轴颈在轴承中形成完全液体润滑的工作原理是这样的：轴在静止时，由于轴本身重力 F 的作用而处于最低位置，此时润滑油被轴颈挤出，在轴颈和轴承的侧面间形成楔形的间隙。当轴颈转动时，液体在流动摩擦力的作用下，被带入轴和孔所形成的楔形间隙处，如图 4-16 所示。

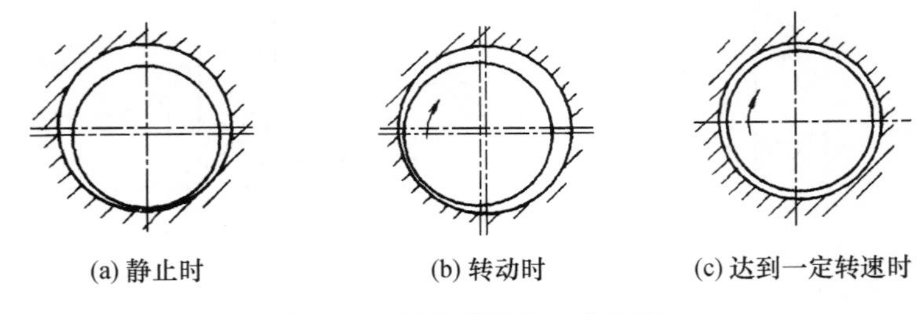

图 4-16 液体润滑的工作原理

机床主轴常用的液体动压滑动轴承通常有三个楔形油楔甚至有 5 个油楔的。油楔数的多少会影响轴承的稳定性。随着油楔数增多，一般会减小轴承的承载能力，增加轴承的稳定性，油膜的刚度也越均匀。但一般传动轴大都是单油楔轴承。

形成液体润滑必须具备如下条件。

（1）轴颈与轴承配合应有一定的间隙（0.001～0.003）d。

（2）轴颈应保持一定的线速度，以建立足够的油楔压力。

（3）轴颈、轴承应有精确的几何形状和较细的表面粗糙度。

（4）多支承的轴承，应保持较高的同轴度要求。

（5）应保持轴承内有充足的、具有适当黏度的润滑油。

4.2.2　滑动轴承的装配

对滑动轴承装配的要求，主要是轴承座孔（轴瓦或轴套）之间获得所需要的间隙和良好的接触，使轴在轴承中运转平稳。

滑动轴承按结构形式分为整体式和剖分式（如图 4-17 所示），滑动轴承的装配方法决定于轴承的结构形式。

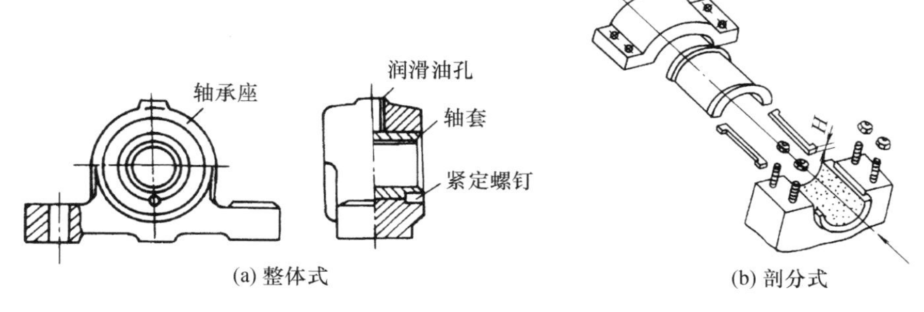

图 4-17　滑动轴承结构

1. 整体式滑动轴（或称轴套）的装配

（1）将符合要求的轴套和轴承孔除去毛刺，并经擦洗干净之后，在轴套外径或轴承座孔内涂抹机油。

（2）压入轴套。压入时可根据轴套的尺寸和配合的过盈大小选择压入方法，当尺寸和过盈量较小时，可用锤子敲入，但需要垫板保护（如图 4-18 所示）；在尺寸或过盈量较大时，则宜用压力机压入或在轴套位置对准后用拉紧夹具把轴套缓慢地压入机体中，如图 4-19所示。压入时，如果轴套上有油孔，应与机体上的油孔对准。

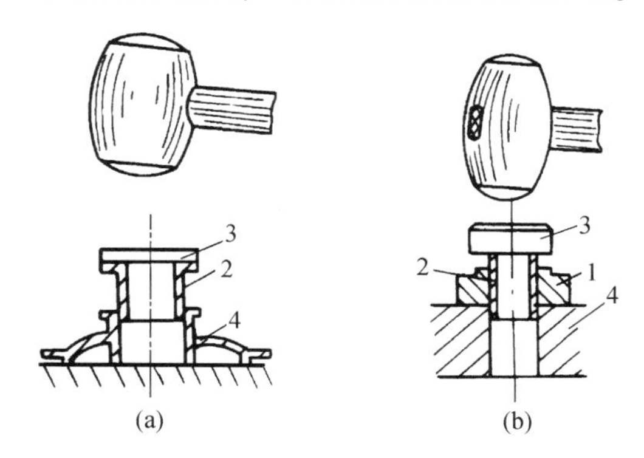

图 4-18　压入轴套

1—导向套；2—轴套；3—垫板；4—机体

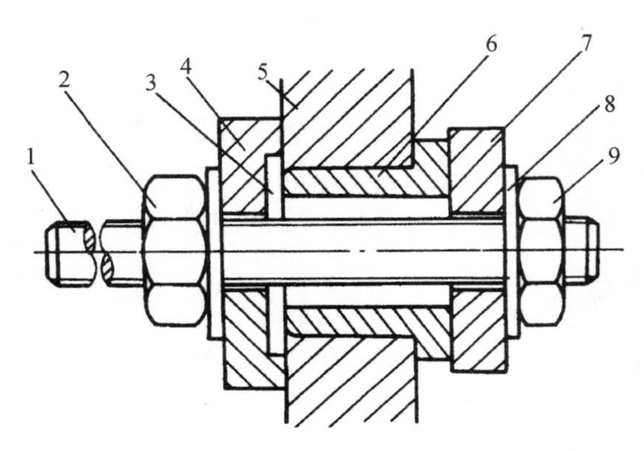

图4-19 压入轴套用夹具

1—螺杆；2、9—螺母；3、8—垫圈；4、7—挡圈；5—机体；6—轴套

（3）轴套定位。在压入轴套之后，对负荷较大的轴套，还要用紧定螺钉或定位销等固定，如图4-20所示。

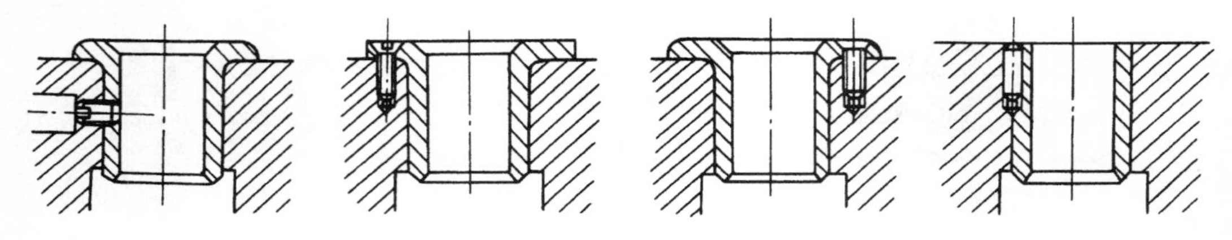
图4-20 轴套的定位方式

（4）轴套的修整。对于整体的薄壁轴套，在压装后，内孔易发生变形。如内孔缩小或成椭圆形，可用铰削和刮削等方法，修整轴套孔的形状误差与轴颈保持规定的间隙。

2. 剖分式滑动轴承的装配

剖分式滑动轴承的分解结构如图4-21所示，其装配工艺要点如下。

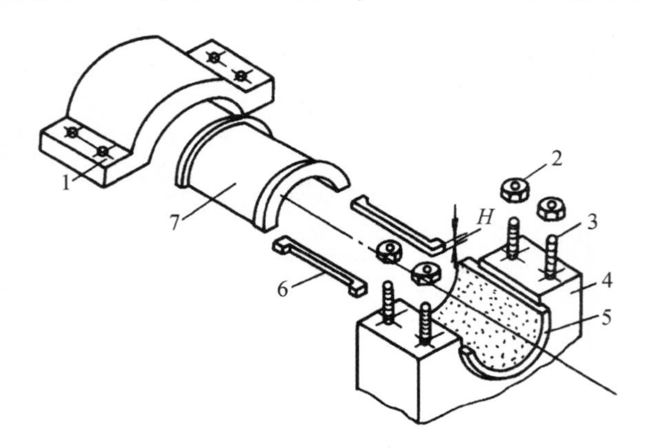

图4-21 剖分式滑动轴承的结构

1—轴承盖；2—螺母；3—双头螺柱；4—轴承座；5—下轴瓦；6—垫片；7—上轴瓦

（1）轴瓦与轴承座、盖的装配。上下轴瓦与轴承座、盖在装配时，应使轴瓦背与座孔接触良好，如不符合要求时，对厚壁轴瓦则以座孔为基准刮削轴瓦背部。同时应注意轴瓦

的台肩紧靠座孔的两端面，达到 H7/f6 配合，如太紧也须进行修刮。对于薄壁轴瓦则无须修刮，只要进行选配即可。为了达到配合的要求，轴瓦的剖分面应比轴承体的剖分面高出 Δh，其值一般 $\Delta h = 0.05 \sim 0.10\,\text{mm}$，如图 4-22 所示。图 4-23 所示的轴瓦装配是不正确的，轴瓦背与座孔接触不良。

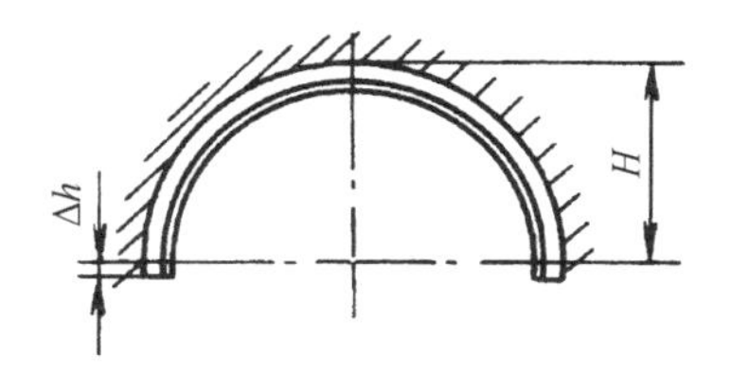

图 4-22　薄壁轴瓦的配合

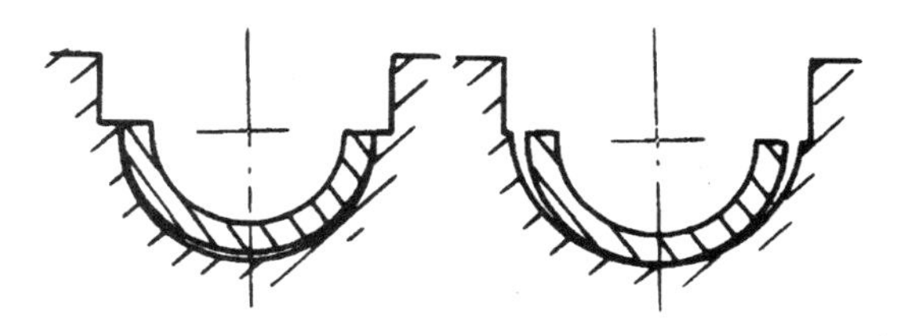

图 4-23　轴瓦的不正确装配

轴瓦装入时，在剖分面上应垫上木板，用锤子轻轻敲入，避免将剖分面敲毛，影响装配质量。

（2）轴瓦的定位。轴瓦安装在机体中，无论在圆周方向和轴向都不允许有位移，通常可用定位销和轴瓦上的凸台来止动，如图 4-24 所示。

（3）间隙的测量。轴承与轴的配合间隙必须合适，可用塞尺法和压铅法量出。

① 塞尺法。对于直径较大的轴承，间隙较大，可用较窄的塞尺直接塞入间隙里检测。对于直径较小的轴承，间隙较小，不便用塞尺测量，但轴承的侧间隙，必须用厚度适当的塞尺测量。图 4-25(a) 所示为用塞尺检测顶间隙，图 4-25(b) 所示为用塞尺检测侧间隙。

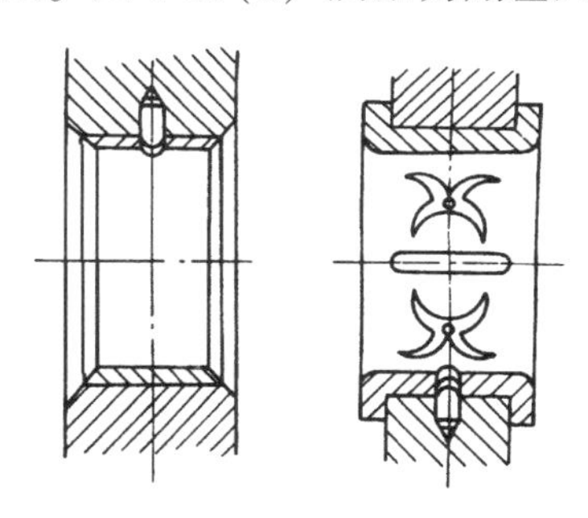

图 4-24　轴瓦的定位

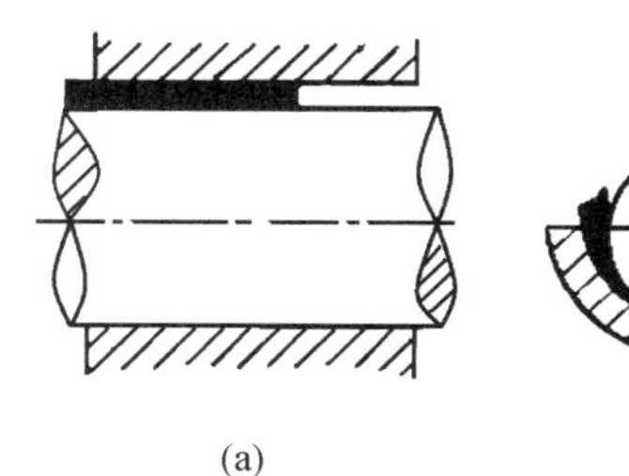

(a)

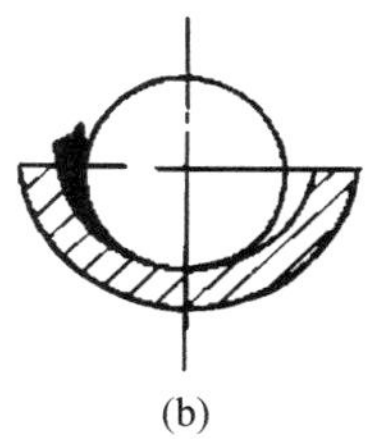

(b)

图 4-25　用塞尺检测滑动轴承间隙

② 压铅法。用压铅法检测轴承间隙较用塞尺检查准确，但较费事。检测所用铅丝直径最好为间隙的 1.5～3 倍，通常用电工用的保险丝进行检测。检测时，先将选用铅丝截成 15～40 mm 长的小段，安放在轴颈上及上下轴承分界面处，如图 4-26 所示，盖上轴承盖，拧紧螺丝，再打开轴承盖，用千分尺测量压扁铅丝厚度。其顶间隙的平均值按式 (4-5) 计算：

$$
\begin{aligned}
s_1 &= c_1 - (a_1 + a_2)/2 \\
s_2 &= c_2 - (b_1 + b_2)/2 \\
s_{平均} &= (s_1 + s_2)/2
\end{aligned}
\tag{4-5}
$$

式中　s_1——c_1 处顶间隙；

s_2——c_2 处顶间隙；

$s_{平均}$——平均间隙。

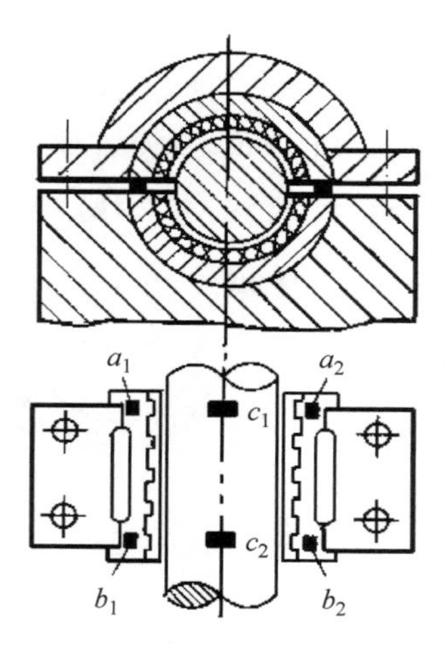

图 4-26　压铅法检测滑动轴承间隙

滑动轴承的轴向间隙是：固定端间隙值为 0.1～0.2 mm，自由端的间隙值应大于轴的热膨胀伸长量。轴向间隙的检测，是将轴移至一个极限位置，然后用塞尺或百分表测量轴从一个极限位置至另一个极限位置的窜动量，即轴向间隙。

（4）间隙的调整。如果实测出的顶间隙小于规定值，则应在上下瓦接合面间加入垫片，反之应减少垫片或刮削接合面。实测出的轴向间隙如与规定不符，应刮研轴瓦端面或调整止推螺钉。

（5）轴瓦孔的配刮。剖分式轴瓦一般多用与其相配的轴来研点，通常先配刮下轴瓦再配刮上轴瓦。为了提高配刮效率，在刮下轴瓦时暂不装轴瓦盖，当下轴瓦的接触点基本符合要求时，再将上轴瓦盖压紧，并拧上螺母，在配刮上轴瓦的同时进一步修正下轴瓦的接触点。配刮轴的松紧，可随着刮削的次数，调整垫片的尺寸。均匀紧固螺母后，当配刮轴能够轻松地转动、无明显间隙，且接触点符合要求即可。

（6）清洗轴瓦，然后重新装入。

3. 多支承轴承的装配

对于多支承的轴承，为了保证转轴的正常工作，各轴承孔必须在同一轴线上，否则将使轴与各轴承的间隙不均匀，在局部产生摩擦，而降低轴承的承载能力。

多支承轴承同轴度误差可用如下方法进行检验。

（1）用专用量规检验，如图 4-27 所示。用专用量规检验同轴度误差时须配合涂色法进行。

（2）用钢直尺或拉线法检验。当轴瓦孔径大于 200 mm，两端轴承间跨距较小时，可采用钢直尺法检验同轴度误差，如图 4-28 所示。

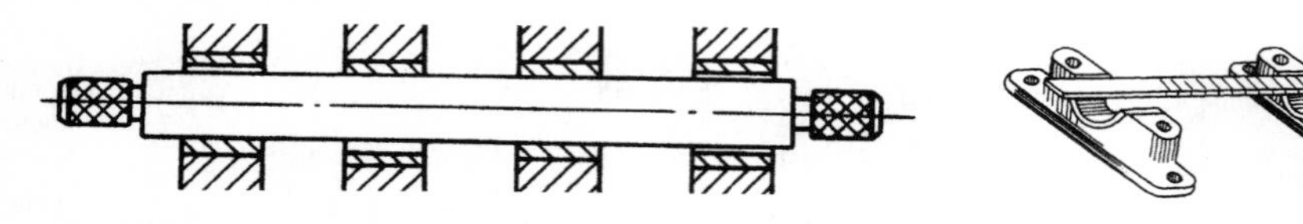

图 4-27　用专用量规检验同轴度误差　　图 4-28　用直尺检验同轴度误差

（3）用激光检验。在精度要求高的场合，可以用激光准直仪来校正同轴度误差。校正各轴承座时，将定心器（其上装有光电接受靶 3）分别放在各轴承座上，激光束对准光电接受靶3，据此来调整装配垫铁或移动轴承座，使轴线符合要求。这样可使各轴承座孔的同轴度误差小于0.02 mm，角度误差在±1″以内，如图4-29所示。

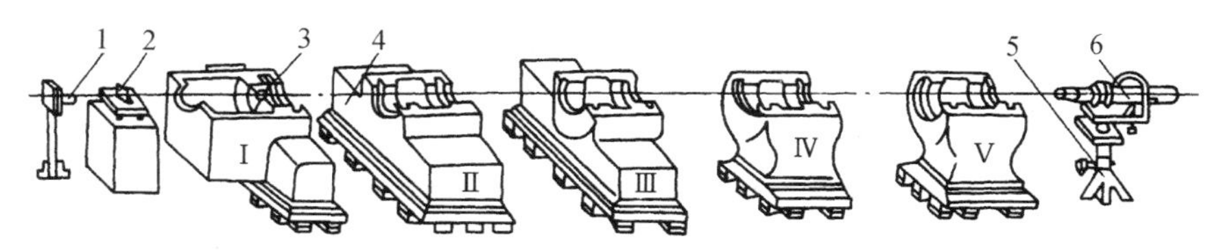

图4-29　用激光校正大型汽轮发电机组各轴承座轴线

1—光电监视靶；2—三角棱镜；3—光电接受靶；4—轴承座（Ⅰ～Ⅴ）；5—支架；6—激光发射器

4.3　密封装置的装配

为了防止润滑油或润滑脂从机器设备接合面的间隙中泄露出来，并阻止外界的脏物、尘土、水和有害气体侵入，机器设备必须进行密封。密封性能是评价机械设备的一个重要指标。密封泄漏，轻则造成浪费、污染环境，对人身、设备安全及机械本身造成损害，使机器设备失去正常的维护条件，影响其寿命；重则可能造成严重事故。因此，必须重视和认真搞好设备的密封工作。

机器设备的密封主要包括静密封（如箱体结合面密封、联接盘密封等）、动密封（如填料密封、密封圈密封和机械密封等）。

4.3.1　固定联接密封

1. 衬垫密封

承受较大工作负荷的螺纹联接零件，为了保证联接的紧密性，一般要在结合面之间加刚性较小的垫片，如纸垫、橡胶垫、石棉橡胶垫、紫铜垫等。垫片的材料根据密封介质和工作条件选择。衬垫装配时，要注意密封面的平整和清洁，装配位置要正确，应进行正确的预紧。维修时，拆开后如发现垫片失去了弹性或已破裂，应及时更换。

2. 密封胶密封

用机械防漏密封胶密封是一种静密封。机械防漏密封胶是一种新型高分子材料。它的初始状态是一种具有流动性的黏稠物，能容易地填满两个接合面间的空隙，因此有较好的密封性能。不仅用于密封，而且对各种平面接合和螺纹联接都可使用。密封胶按其作用机理和化学成分可分为液态密封胶和厌氧密封胶等类型。

（1）液态密封胶。液态密封胶又称为液态垫圈，是一种呈液态的密封材料。按最常用的分类方法，即按涂敷后成膜的性态分类，有以下4种。

① 干性附着型。涂敷前呈液态，涂敷后因溶剂挥发而牢固地附于结合面上，耐压耐热性较好但可拆性差，不耐冲击和振动。适用于非振动的较小间隙的密封。

② 干性可剥型。涂敷后形成柔软而有弹性的薄膜。附着严密，耐振动，有良好的剥离性，适用于较大和不够均匀间隙的密封。

③ 非干性黏型。涂敷后长期保持弹性，耐冲击和振动的性能好，有良好的可拆性，广泛应用于经常拆卸的低压密封中。

④ 半干性黏弹型。兼有干性和非干性密封胶的优点，能永久保持黏弹性。适用于振动条件下工作的密封。

液态密封胶的使用温度范围为60℃～250℃，耐压能力随工作温度、结合面形状和紧固压力不同而异。在一般平面接触的密封中和常温条件下，耐压能力不超过6 MPa。

（2）厌氧密封胶。厌氧密封胶的历史不长，但已经得到广泛应用。厌氧密封胶在空气中呈液态，在隔绝空气后是固化状。它的密封机理是由具有厌氧性的丙烯酸单体在隔绝空气的条件下，通过催化剂的引发作用，使单体形成自由基，进行聚合、交链固化，将两个接触表面胶结在一起，从而使被密封的介质不能外漏，起到密封作用。

密封胶使用时应严格按照如下工艺要求进行。

① 各密封面上的油污、水分、铁锈及其他污物应清理干净，并保证其应有的粗糙度，以便达到紧密结合的目的。

② 一般用毛刷涂敷密封胶。若黏度太大时，可用溶剂稀释，涂敷要均匀，不要过厚，以免挤入其他部位。

③ 涂敷后要进行一定时间的干燥，干燥时间可按照密封胶的说明进行，一般为3～7 min。干燥时间长短与环境温度和涂敷厚度有关。

④ 紧固时施力要均匀。由于胶膜越薄，凝附力越大，密封性能越好，所以紧固后间隙为0.06～0.1 mm比较适宜。当大于0.1 mm时，可根据间隙数值选用固体垫片结合使用。

4.3.2 动密封

动密封包括填料密封、油封密封、密封圈密封和机械密封。

1. 填料密封

填料密封（如图4-30所示）的装配工艺要点有以下几点。

（1）软填料可以是一圈圈分开的，各圈在轴上不要强行张开，以免产生局部扭曲或断裂。相邻两圈的切口应错开180°。软填料也可以做成整条的，在轴上缠绕成螺旋形。

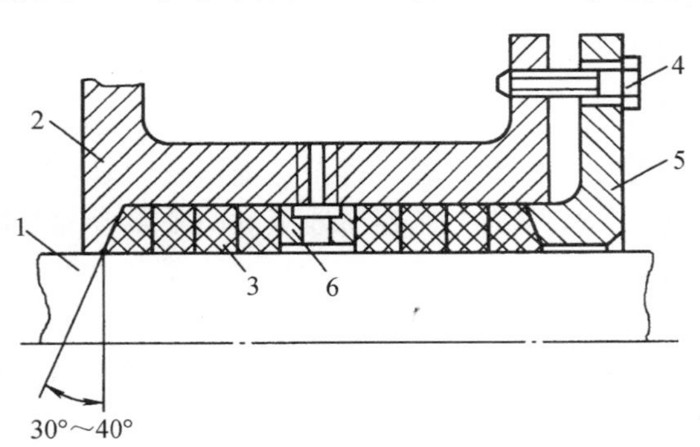

图4-30 填料密封

1—主轴；2—壳体；3—软填料；4—螺钉；5—压盖；6—孔环

（2）当壳体为整体圆筒时，可用专用工具把软填料推入孔内。

（3）软填料由压盖5压紧。为了使压力沿轴向分布尽可能均匀，以保证密封性能和均匀磨损，装配时，应由左到右逐步压紧。

（4）压盖螺钉 4 至少有两只，必须轮流逐步拧紧。以保证圆周力均匀。同时用手转动主轴，检查其接触的松紧程度，要避免压紧后再行松出。软填料密封在负荷运转时，允许有少量泄漏。运转后继续观察，如泄漏增加，应再缓慢均匀拧紧压盖螺钉（一般每次再拧进 1/6～1/2 圈）。但不应为了争取完全不漏而压得太紧，以免摩擦功率消耗太大或发热烧坏。

2. 密封圈密封

密封元件中最常用的就是密封圈，密封圈的断面形状有圆形和唇形，其中用得最早、最多、最普遍的是 O 形密封圈。

（1）O 形密封圈及装配

O 形密封圈既可用于静密封，又可用于动密封。O 形圈的安装质量，对 O 形圈的密封性能与寿命均有重要影响。在装配 O 形圈时应注意以下几点。

① O 形密封圈是压紧型密封，故在其装入密封沟槽时，必须保证 O 形密封圈有一定的预压缩量，一般截面直径压缩量为 8%～25%。

② O 形密封圈对被密封表面的粗糙度要求很高，一般规定静密封零件表面粗糙度 Ra 值为 1.6 μm 以下，动密封零件表面粗糙度 Ra 值为 0.4～0.2 μm。

③ 装配前须将 O 形密封圈涂润滑油，装配时轴端和孔端应有 15°～20° 的引入角。当 O 形圈需通过螺纹、键槽、锐边、尖角等时，应采用装配导向套。

④ 当工作压力超过一定（一般为 10 MPa）时，应安放挡圈（如图 4-31 所示），需特别注意挡圈的安装方向，单边受压，装于反侧。

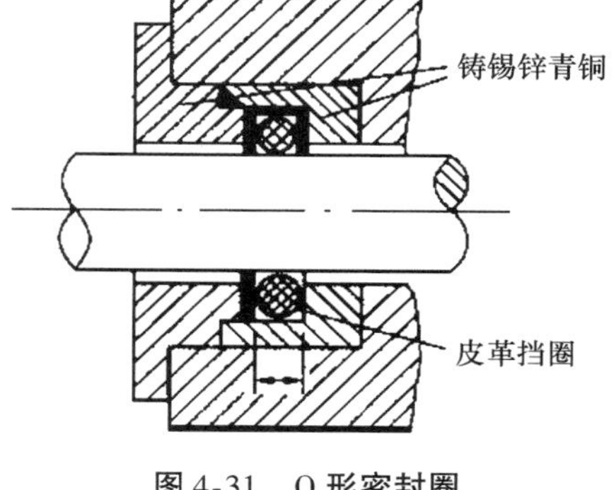

图 4-31　O 形密封圈

⑤ 在装配时，应预先把需装的 O 形圈如数领好，放入油中，装配完毕，如有剩余的 O 形圈，必须检查重装。

⑥ 为防止报废 O 形圈的误用，装配时换下来的或装配过程中弄废的 O 形圈，一定立即剪断收回。

⑦ 装配时不得过分拉伸 O 形圈，也不得使密封圈产生扭曲。

⑧ 密封装置固定螺孔深度要足够，否则两密封平面不能紧固封严，产生泄漏，或在高压下把 O 形圈挤坏。

（2）唇形密封圈及装配

唇形油封圈是广泛用于旋转轴上的一种密封装置，其结构比较简单，按结构可分为骨架式和无骨架式两类。装配要点如下。

① 检查油封孔、壳体孔和轴的尺寸，壳体孔和轴的表面粗糙度是否符合要求，密封唇部是否损伤，并在唇部和主轴上涂以润滑油脂。

② 压入油封要以壳体孔为准，不可偏斜，并应采用专门工具压入，绝对禁止棒打锤敲等做法。壳体孔应有较大倒角。油封外圈及壳体孔内涂以少量润滑油脂。

③ 油封装配方向，应该使介质工作压力把密封唇部紧压在主轴上，而不可装反（如图 4-32 所示）。图 4-32(b) 正确，油封在液体压力下与轴配合紧密；图 4-32(c) 则不正确。如

果用作防尘时，则应使唇部背向轴承。如需同时解决防漏和防尘，应采用双面油封。

④ 油封装入壳体孔后，应随即将其装入密封轴上。当轴端有键槽、螺钉孔、台阶等时，为防止油封刃口在装配中损伤，可采用导向套如图 4-33 所示。

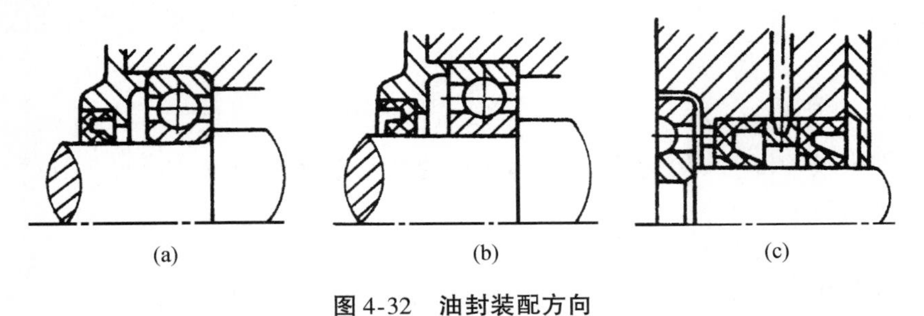

图 4-32 油封装配方向

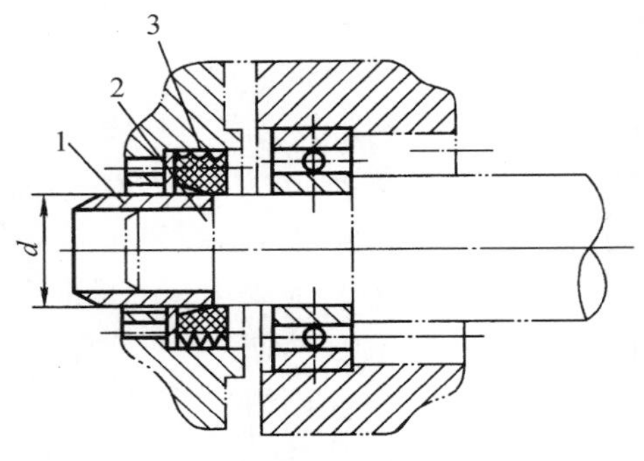

图 4-33 防止唇部受伤的装配导向套

1—导向套；2—轴；3—油封

装配时要在轴上与油封刃口处涂润滑油，防止油封在初运转时发生干摩擦而使刃口烧坏。另外，还应严防油封弹簧脱落。

3. 机械密封

机械密封装置是旋转轴用的动密封，它的主要特点是密封面垂直于旋转轴线，依靠动环和静环端面接触压力来阻止和减少泄漏，因此，又称为端面密封。

机械密封装置的密封原理如图 4-34 所示。轴带动动环旋转，静环固定不动，依靠动环和静环之间接触端面的滑动摩擦保持密封。在长期工作摩擦表面磨损过程中，弹簧不断地推动动环，以保证动环与静环接触而无间隙。为了防止介质通过动环与轴之间或静环与壳体之间的间隙泄漏，装有密封圈。

机械密封是很精密的装置，如果安装和使用不当，容易造成密封元件损坏而出现泄漏事故。对机械密封装置在装配时，必须注意事项如下。

（1）按照图样技术要求检查主要零件，如轴的表面粗糙度、动环及静环密封表面粗糙度和平面度等是否符合规定。

（2）找正静环端面，使其与轴线的垂直度误差小于 0.05 mm。

（3）必须使动、静环具有一定的浮动性，以便在运动过程中能适应影响动、静环端面接触的各种偏差，这是保证密封性能的重要条件。浮动性取决于密封圈的准确装配、与密封圈接触的主轴或轴套的粗糙度、动环与轴的径向间隙以及动、静环接触面上摩擦力的大小等，而且还要求有足够的弹簧力。

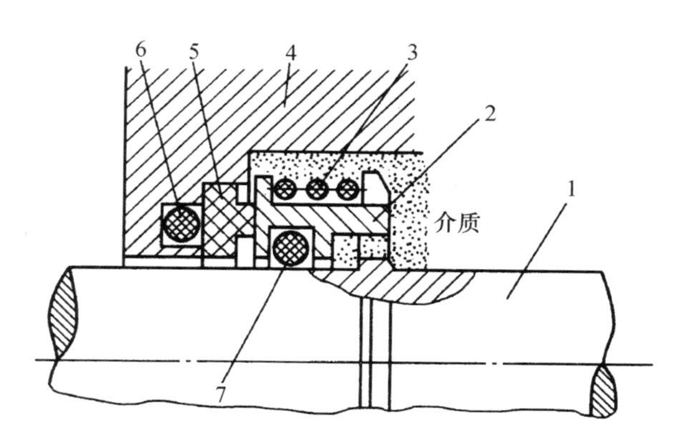

图 4-34　机械密封装置

1—轴；2—动环；3—弹簧；4—壳体；5—静环；6—静环密封圈；7—动环密封圈

（4）要使主轴的轴向窜动、径向跳动和压盖与轴的垂直度误差在规定范围内。否则将导致泄漏。

（5）在装配过程中应保持清洁，特别是主轴装置密封的部位不得有锈蚀，动、静环端面应无任何异物或灰尘。

（6）在装配过程中，不允许用工具直接敲击密封元件。

4.4　实　　训

4.4.1　实训名称

蜗轮减速器装配。

4.4.2　实训目的

（1）掌握蜗轮减速器装配的装配工艺过程。
（2）掌握蜗杆减速器的装配技术要求。
（3）掌握蜗杆减速器的调整。

4.4.3　实训设备

蜗轮减速器装配、百分表、卡规、塞规、百分表、磁性表座、压力机、深度游标卡尺、内径千分尺、塞尺、扳手（一套）、游标卡尺、千分尺。

4.4.4　蜗杆减速器的结构

蜗杆减速器是安装在原动机与工作机之间，用来降低原动机的转速和相应地改变工作机的转矩。图 4-35 所示为蜗杆与锥齿轮减速器，它的特点是在外廓尺寸不大的情况下，可以获得大的传动比，工作平稳，噪声较小。采用蜗杆结构，能使啮合部位的润滑和冷却均较好；同时蜗杆轴承的润滑也很方便。为了便于检视齿轮的啮合情况及向箱体注入润滑油，箱盖上设有窥视孔并装上盖板，以防止灰尘和杂物进入箱内。

减速器的运动由电动机通过联轴器传递，经蜗杆轴传至蜗轮。蜗轮安装在装有锥齿轮、调整垫圈的轴上。蜗轮的运动借助于轴上的平键传给锥齿轮副，最后由安装在锥齿轮轴上的圆柱齿轮传出与工作机相联接。

4.4.5 蜗杆减速器的装配技术要求

蜗杆减速器装配后应达到下列要求。

（1）固定联接部位必须保证联接牢固。

（2）旋转机构必须能灵活地转动，轴承间隙合适，润滑良好，润滑油不得有渗漏现象。

（3）锥齿轮副、蜗杆副的啮合侧隙和接触斑点必须达到规定的技术要求。

（4）各啮合副轴线之间应有正确的相对位置。

4.4.6 蜗杆减速器的装配工艺过程

装配的主要工作是：零件的清洗、整形和补充加工，零件预装、组装、调整等。下面将以图 4-35 的蜗杆减速器为例来说明部件装配的全过程。

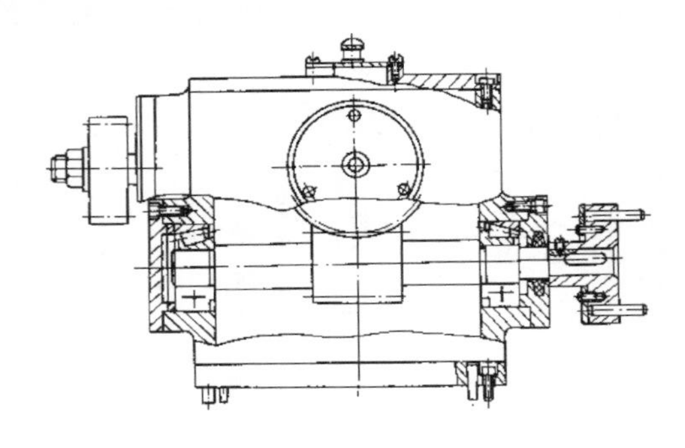

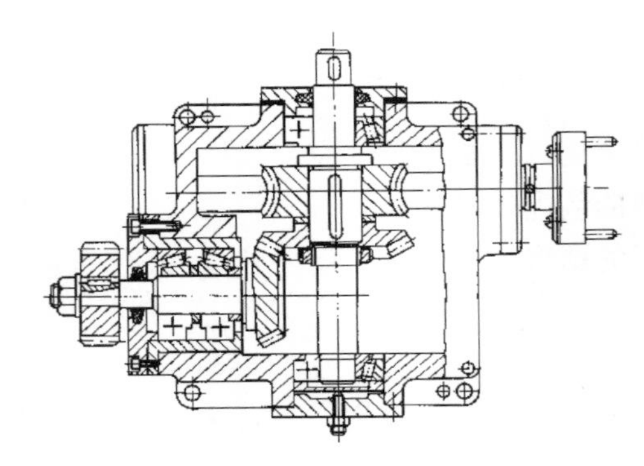

图 4-35 蜗杆减速器

1. 零件的清洗、整形和补充加工

（1）零件的清洗主要是清除零件表面的防锈油、灰尘、切屑等污物，达到规定的清洁度。

（2）零件的整形主要是修锉箱盖、轴承盖等铸件的不加工面，使其外形与箱体结合的部位外形一致，同时修锉零件上的锐角、毛刺和工序转运中可能因碰撞而产生的印痕。这项工作往往容易被忽视，从而影响装配的质量。

（3）零件上的某些部位需要在装配时进行补充加工，例如对箱体与箱盖、箱盖与盖板以及各轴承盖与箱体等的联接螺孔进行配钻销孔和攻螺纹等。

2. 零件的预装配

零件的预装配又称为试配。对某些相配零件应先预装配，待配合达到要求后再拆下。在试配过程中，有时还要进行刮削、锉配等工作。

3. 组件的装配分析

由减速器的装配图（如图 4-35 所示）可以看出，其中蜗杆轴、蜗轮轴和锥齿轮轴及其轴上的有关零件，虽然它们是独立的三个部分，然而从装配的角度看，除锥齿轮组件外，其余两根轴及其轴上所有的零件，都不能单独地进行装配。

按装配单元系统图的概念，该减速器可以划分为锥齿轮轴、蜗轮轴、蜗杆轴、联轴器、三个轴承盖及箱盖共 8 个组件。其中，只有锥齿轮轴可以进行单独装配（如图 4-36 所示），这是因为该件装入箱体部分的所有零件，其外形的直径尺寸都小于箱体孔。

图 4-37 所示是组件的装配顺序示意图，其中装配基准是锥齿轮轴。

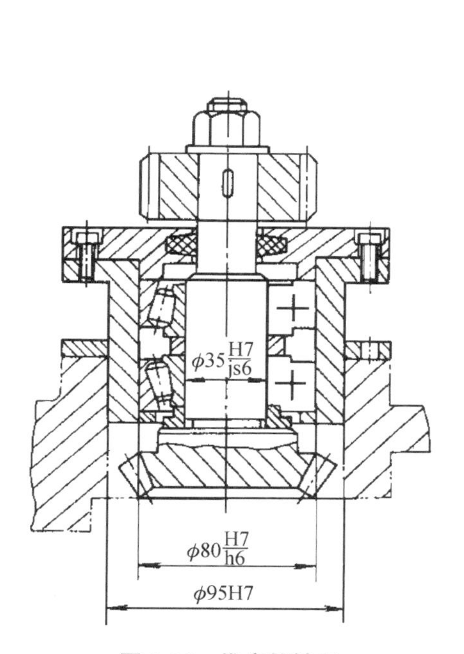

图 4-36　锥齿轮轴组

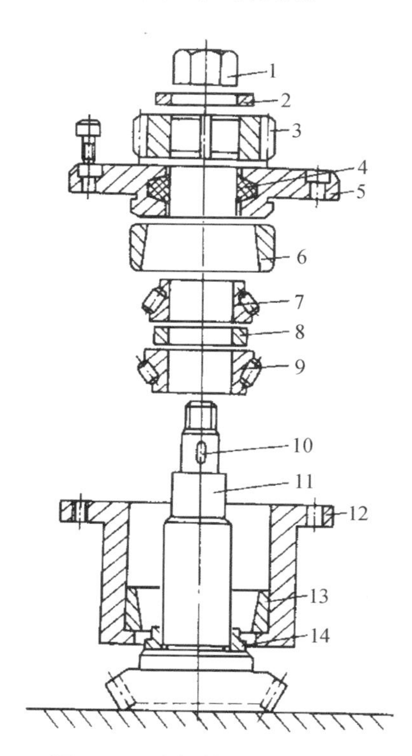

图 4-37　齿轮轴组件装配顺序

1—螺母；2—垫圈；3—齿轮；4—毛毡；5—轴承盖；6、13—轴承外圈；7、9—轴承内圈；8—隔圈；10—键；11—锥齿轮轴；12—轴承套；14—衬垫

表 4-3 为该组件的装配工艺卡。

表 4-3 锥齿轮轴组件装配工艺卡

锥齿轮轴组件装配图			装配技术要求				
			（1）组装时，各装入零件应符合图样要求 （2）组装后锥齿轮轴应转动灵活，无轴向窜动				
工厂		装配工艺卡	产品型号	部件名称		装配图号	
				轴承套			
车间名称		工段 / 班组	工序数量	部件数		净重	
装配车间			4	1			
工序号	工步号	装配内容	设备	工艺装备		工人技术等级	工序时间
				名称	编号		
Ⅰ	1	分组件装配：锥齿轮轴与衬垫的装配 以锥齿轮轴为基准，将衬垫套装在轴上					
Ⅱ	1	分组件装配：轴承套与轴承外圈的装配将已剪好的毛毡塞入轴承盖槽内					
Ⅲ	1	分组件装配：轴承套与轴承外圈的装配 用专用量具分别检查轴承套孔与轴承外圈尺寸					
	2	在配合面上涂上机油					
	3	以轴承套为基准，将轴承外圈压入孔内至底面					
Ⅳ	1	轴承套组件装配：以锥齿轮轴组件为基准，将轴承套分组件套装在轴上	压力机				
	2	在配合面上加油，将轴承内圈压装在轴上，并紧贴衬垫					
	3	套上隔圈，将另一轴承内圈压装在轴上，直至与隔套接触					
	4	将另一轴承外圈涂上油，轻压至轴承套内					
	5	装入轴承盖分组件，调整端面的高度，使轴承间隙符合要求后，旋紧三个螺钉					
	6	安装平键，套装齿轮，垫圈，旋紧螺母，注意配合面加油					
	7	检查锥齿轮轴转动的灵活性及轴向窜动					

编号	日期	签章	编号	日期	签章	编制	移交	批准	第张

4. 蜗杆减速器的总装与调整

在完成减速器各组件的装配后，即可进行总装工作。减速器的总装是从基准零件(箱体)开始的。根据该减速器的结构特点，采用先装蜗杆，后装蜗轮的装配顺序。

（1）将蜗杆组件（蜗杆与两轴承内圈的组合）首先装入箱体（如图 4-35 所示）后从箱体孔的两端装入两轴承外圈，再装上右端轴承盖组件，并用螺钉旋紧。这时可轻轻敲击蜗杆轴端，使右端轴承消除间隙并贴紧轴承盖；再装入左端调整垫圈和轴承盖，并测量间隙 Δ，以便确定垫圈的厚度；最后将上述零件装入，用螺钉旋紧，如图 4-38 所示。为了使蜗杆装配后保持 0.01～0.02 mm 的轴向间隙，可用百分表在轴的伸出端进行检查。

（2）将蜗轮轴组件及锥齿轮轴组件装入箱体。这项工作是该减速器装配的关键，装配后应满足两个基本要求：即蜗轮轮齿的中间平面应与蜗杆轴心线重合，以保证轮齿正确啮合；两锥齿轮的轴向位置要准确，以保证两锥齿轮的正确啮合。从装配图可知，蜗轮轴向位置由轴承盖的预留调整量来控制；锥齿轮的轴向位置由调整垫圈的尺寸控制。装配工作分为以下两步。

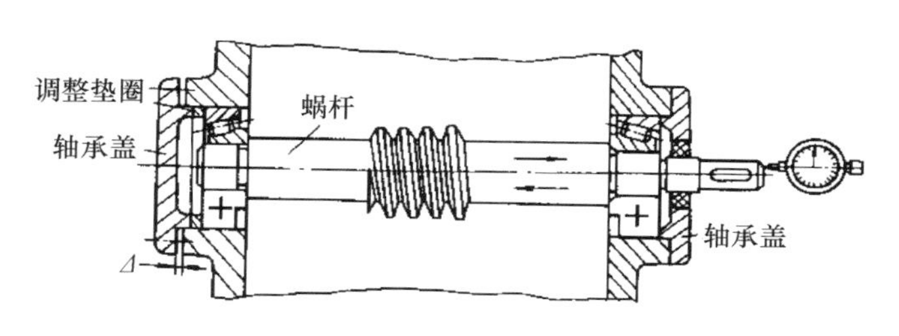

图 4-38　调整蜗杆轴的轴向间隙

① 预装配。先将轴承内圈装入轴 4 的大端，在通过箱体孔时，装上蜗轮 5 以及轴承外圈、轴承套 3（以便于拆卸），如图 4-39 所示。移动轴 4，使蜗轮与蜗杆达到正确的啮合位置，用深度游标卡尺 2 测量尺寸 H，并调整轴承盖的台肩尺寸（台肩尺寸 $=H^{\ 0}_{-0.02}$ mm）。

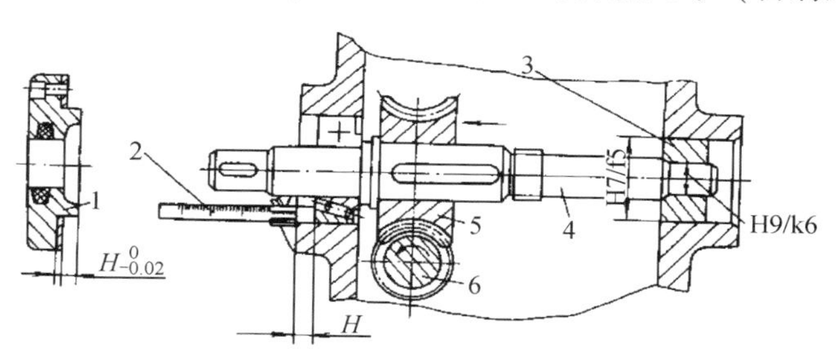

图 4-39　调整蜗轮示意

1—轴承盖；2—深度游标卡尺；3—轴承套（代替轴承）；4—轴；5—蜗轮；6—蜗杆

如图 4-40 所示，将各有关零部件装入（后装锥齿轮轴组件），调整两锥齿轮位置使其正常啮合，分别测量 H_1 和 H_2，并调整好垫圈尺寸，然后卸下各零件。

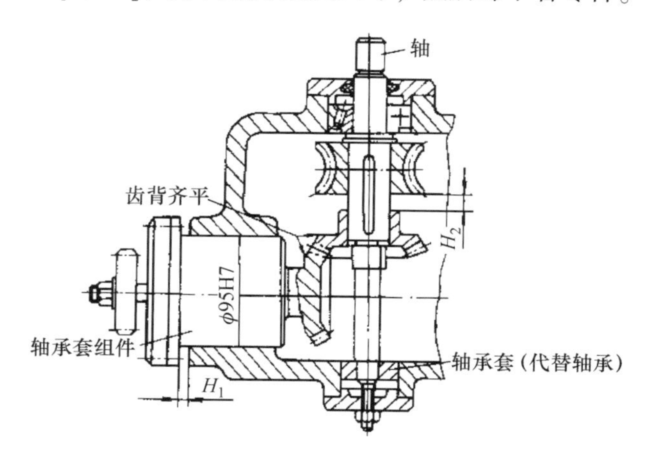

图 4-40　锥齿轮调整示意

② 最后装配。从大轴承孔方向将蜗轮轴装入，同时依次将键、蜗轮、垫圈（按 H_2）、锥齿轮、带翅垫圈和圆螺母装在轴上。从箱体轴承孔的两端分别装入滚动轴承及轴承盖，用螺钉旋紧并调好轴承游隙。将零件装好后，用手转动蜗杆轴时，应灵活无阻滞现象。

将锥齿轮轴组件（包括轴承套组件）与调整垫圈尺寸按 H_1 一起装入箱体，用螺钉紧固。复验齿轮啮合侧隙量，并作进一步调整。

（3）在锥齿轮轴端安装联轴器，用涂色法进行跑合，检验齿轮的接触斑点情况，并作必要的调整。

（4）清理减速器内腔，保持清洁度要求，安装箱盖组件，注入润滑油，最后装上箱盖，连上联轴器和电动机。

（5）空运转试车。用手拨动联轴器试转，一切符合要求后，接上电源，用电动机带动进行空运转试车。试车时，运转 30 min 左右后，观察运转情况。此时，轴承的温度不能超过规定要求，齿轮无显著噪声，减速器符合装配后的各项技术要求。

蜗杆减速器的总装工艺卡如表 4-4 所示。

表 4-4　蜗杆减速器的总装工艺卡

<table>
<tr><td colspan="4" rowspan="2">蜗杆减速器总装图</td><td colspan="5">装配技术要求</td></tr>
<tr><td colspan="5">1. 固定联接件必须保证将零件、组件紧固在一起
2. 旋转机构必须转动灵活，轴承间隙合适，润滑良好
3. 啮合零件的啮合必须符合图样要求
4. 各轴线之间应有正确的相对位置</td></tr>
<tr><td colspan="2">工厂</td><td colspan="2">装配工艺卡</td><td>产品型号</td><td colspan="2">部件名称</td><td colspan="2">装配图号</td></tr>
<tr><td colspan="2"></td><td colspan="2"></td><td></td><td colspan="2">减速器</td><td colspan="2"></td></tr>
<tr><td colspan="2">车间名称</td><td>工段</td><td>班组</td><td>工序数量</td><td colspan="2">部件数</td><td colspan="2">净重</td></tr>
<tr><td colspan="2">装配车间</td><td></td><td></td><td>5</td><td colspan="2">1</td><td colspan="2"></td></tr>
<tr><td rowspan="2">工序号</td><td rowspan="2">工步号</td><td colspan="2" rowspan="2">装配内容</td><td rowspan="2">设备</td><td colspan="2">工艺装备</td><td rowspan="2">工人技术等级</td><td rowspan="2">工序时间</td></tr>
<tr><td>名称</td><td>编号</td></tr>
<tr><td>I</td><td>1
2
3

4

5</td><td colspan="2">将蜗杆组件装入箱体，用专用量具分别检查箱体孔和轴承外圈尺寸
从箱体孔两端装入轴承外圈
装上右端轴承盖组件，并用螺钉旋紧，轻敲蜗杆轴端，使右端轴承消除间隙
装入调整垫圈和左端轴承盖，并用百分表测量间隙确定垫圈厚度，最后将上述零件装入，用螺钉旋紧
保证蜗杆轴向间隙为 0.01～0.02 mm</td><td>压力机</td><td>卡规、塞规、百分表、磁性表座</td><td></td><td></td><td></td></tr>
</table>

续表

Ⅱ		预装配：	压力机					
	1	用专用量具测量轴承、轴等相配零件的外圈及孔尺寸		卡规、塞规				
	2	将轴承装入蜗轮轴两端						
	3	将蜗轮轴通过箱体孔，装上蜗轮、锥齿轮轴、轴承外圈、轴承套、轴承盖组件						
	4	移动蜗轮轴，调整蜗杆与蜗轮正确啮合位置，测量轴承端面至孔端面距离 H，并调整轴承盖台肩尺寸（台肩尺寸 $= H_{-0.02}^{0}$ mm）		深度游标卡尺、内径千分尺、塞尺				
	5	装上蜗轮轴两端轴承盖，并用螺钉拧紧						
	6	装入轴承套组件，调整两锥齿轮正确的啮合位置（使齿背齐平）						
	7	分别测量轴承套组件肩面与孔端面的距离 H_1，以及锥齿轮端面与蜗轮端面的距离 H_2，并调好垫圈尺寸，然后卸下各零件						
Ⅲ		最后装配：	压力机					
	1	从大轴孔方向装入蜗轮轴，同时依次将键、蜗轮、垫圈、锥齿轮、带翅垫圈和圆螺母装在轴上。然后从箱体轴承孔两端分别装入滚动轴承及轴承盖，用螺钉旋紧并调好间隙，装好后，用手转动蜗杆时，应灵活无阻滞现象						
	2	将锥齿轮组件（包括轴承套组件）与调整垫圈一起装入箱体，并用螺钉紧固						
Ⅳ	1	安装联轴器，清理内腔，注入润滑油，及安装箱盖零件						
Ⅴ		运转实验：						
	1	联接电动机，接上电源，进行空车实验，运转 30 min 左右后，要求齿轮无明显噪声，轴承的温度不超过规定要求以及减速器符合装配后各项技术要求						

编　号	日　期	签　章	编　号	日　期	签　章	编　制	移　交	批　准	第　张

4.4.7　检查

按技术要求检验。

4.5 思考题

1. 简述滚动轴承游隙的调整方法。
2. 滚动轴承装配前的准备工作有哪些？
3. 简述滚动轴承的装配方法。
4. 简述圆锥滚子轴承游隙的调整方法。
5. 推力球轴承的装配注意事项有哪些？
6. 简述滚动轴承装拆注意要点。
7. 滑动轴承形成液体润滑必须具备哪些条件？
8. 剖分式滑动轴承间隙的测量方法是什么？间隙如何调整？
9. 简述密封的种类。
10. O 形密封圈及装配方法和注意要点是什么？
11. 唇形密封装配要点有哪些？
12. 机械密封装置在安装时，应注意哪些事项？

第 5 章　机电设备安装

教学目标

▶理解机电设备的安装重要作用
▶掌握机电设备的安装的内容
▶理解机电设备的基础的重要性
▶掌握设备就位、找正找平、二次灌浆的方法
▶掌握机电设备试运转的步骤

机电设备的安装就是按照一定的技术条件准确、牢固地把机电设备安装到预定的空间位置上，经过检测、调整和试运转，使各项技术指标达到规定的标准。

机电设备安装质量的好坏，不仅影响产品的产量和质量，而且会直接影响设备的精度和自身的使用寿命，所以整个安装过程必须对每个环节严格把关，以确保安装质量。

机械设备的安装工艺过程包括安装前的物质和技术准备、机械的开箱检查、基础的验收、设备的就位、找正、找高、找平、基础的二次灌浆及试运转等。

5.1　机械安装前的准备工作

机械设备安装之前，有许多准备工作要做。工程质量的好坏、施工速度的快慢都和施工的准备工作有关。机械设备安装工程的准备工作主要包括下列几个方面。

5.1.1　组织、技术准备

1. 组织准备

在进行一项大型设备的安装之前，应该根据当时的情况，结合具体条件成立适当的组织机构，并且分工明确、紧密协作，以使安装工作有步骤地进行。

2. 技术的准备

（1）准备好所用的技术资料，如施工图、设备图、说明书、工艺卡和操作规程等。

（2）熟悉技术资料，领会设计意图，若发现图样中的错误和不合理之处要及时提出并加以解决。

（3）了解设备的结构、特点和与其他设备之间的关系，确定安装步骤和操作方法。

（4）对安装工人进行必要的技术培训。

（5）编制安装工程施工作业计划。安装工程施工作业计划应包括安装工程技术要求、安装工程的施工程序、安装工程的施工方法、安装工程所需机具和材料及安装工程的试车步骤、方法和注意事项。

5.1.2　工具和材料的准备

（1）工具的准备。根据图样和设备的安装要求，便可知道需要哪些特殊工具及其精度

和规格；一般工具，如扳手、锉刀、手锤等的需要量、品种、规格；还需要哪些起重运输工具、检验和测量工具等。不但要准备好工具，而且要认真地进行检查，以免在安装过程中工具不能使用或发生安全事故。

(2) 材料的准备。安装时所用的材料要事先准备好，安装中所需材料主要包括各种型钢、管材、螺栓、螺母、垫圈、铜皮、铝丝等金属材料；石棉、橡胶、塑料、沥青、煤油、机油、润滑油、棉纱等非金属材料。

5.2 机械的开箱检查

设备安装前的主要工作是设备的开箱、清点和保管。

5.2.1 开箱检查

机械设备安装前，要和供货方一起进行设备的开箱检查，检查后应做好记录，并且要双方人员签字。设备的检查工作主要包括以下几项。

(1) 设备表面及包装情况。

(2) 设备装箱单、出厂检查单等技术文件。

(3) 根据装箱单清点全部零件及附件（若无装箱单，应按技术文件进行清点）。

(4) 各零件和部件有无损坏、变形或锈蚀等现象。

(5) 机件各部分尺寸是否与图样要求相符合（如地脚螺栓孔的大小和距离等）。

5.2.2 保管

设备清点后，交由安装部门保管，保管时不要乱放，以免损伤；装在箱内的易碎物品和易丢失的小机件、小零件，在开箱检查的同时要取出来编号并妥善保管，以免混淆或丢失；如果设备长时间不能安装，应把所有精加工面重新涂油，采取保护措施。

5.3 机电设备基础的验收

设备必须安装在基础上，基础的质量直接影响到安装的质量。以机床的基础为例，机床与被加工的工件都有一定的质量和动能，工作时还有一定的振动，若无一定大小的基础来承受这些负荷并减轻振动，不但会影响机器设备本身的精度、寿命和产品的质量，甚至使周围厂房和设备结构受到损害，因此正确合理地按设计要求制作设备基础是非常重要的。

设备基础的设计应根据当地的土壤条件和安装的技术条件进行。在制作基础时，必须使基础的位置、标高和尺寸等符合生产工艺布局的规定和技术安全条例的要求。

5.3.1 机电设备基础的类型

设备基础有块型基础和构架式基础两种类型，它们由混凝土和钢筋浇灌而成，有相当大的质量。块型基础的形状是块状，应用最广，适用于各种类型的机械设备；构架式基础的形状是与设备形状相似的框架，用于转动频率较高的设备，如功率不大的透平发电机组等。

5.3.2 机电设备基础的一般要求

（1）外形和尺寸与设备相匹配。任何一种设备基础的外形尺寸和基础螺钉的位置等必须同该设备的底座尺寸及底座螺孔位置相匹配。

（2）具有足够的强度和刚性。基础应有足够的强度和刚性，以避免设备产生强烈的振动，影响其本身的精度和寿命，防止对邻近的设备和建筑物造成不良的影响。

（3）具有稳定性、耐久性。稳定性和耐久性是指能防止地下水及有害液体的侵蚀，保证基础不产生变形或局部沉陷。若基础可能遭受化学液体、油液或侵蚀性液体的影响，基础应该覆加防酸、防油的水泥砂浆或涂玛蹄脂油的防护层，并应设置排液和集液沟槽。

玛蹄脂油是由45%～50%的煤沥青、25%～30%的煤焦油和25%～30%的细黄沙组成的。

（4）基础形心与设备重心重合。设备和基础的总重心与基础底面积的形心应尽可能在同一垂直线上。

（5）基础的标高。应根据产品的工艺和操作是否方便来决定基础的标高，还应保证废料和烟尘排出通畅。

（6）预压。大型机床的基础在安装前需要进行预压。预压物的质量为设备质量和工件最大质量总和的1.25倍。

预压物可用沙子、小石子、钢材和铁锭等。将预压物均匀地压在基础上，使基础均匀下沉，预压工作应进行到基础不再下沉为止。

（7）隔振装置。隔振装置的设计与计算可按《动力机械和易振机械设备隔振设计及计算规程》进行。

5.3.3 地脚螺栓的确定

1. 地脚螺栓的形式

设备通过地脚螺栓固定在基础上，地脚螺栓的形式有固定式和锚定式两种，固定式的地脚螺栓的根部弯曲成一定的形状再用砂浆浇注在基础里，如图5-1所示。采用这种地脚螺栓的优点是固定牢靠，不易产生松动现象。但螺栓位置偏差难以校正和不便更换，如图5-2所示。锚定式地脚螺栓从基础的管孔中穿出，分为锤头式和双头螺柱式，如图5-3所示。它的优点是固定方法简便，螺栓位置偏差易调整和便于更换；它的缺点是在使用中容易松动。

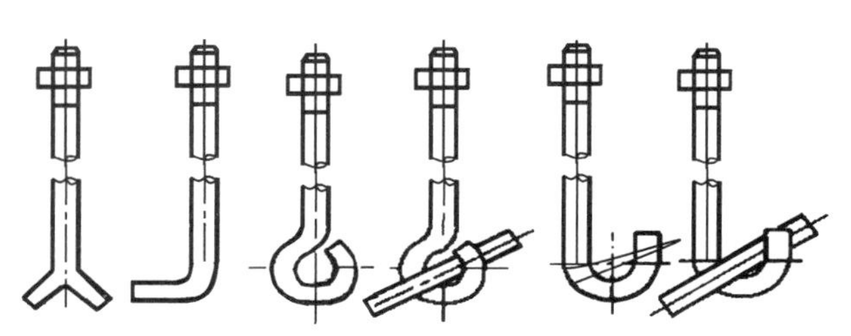

图5-1 固定式地脚螺栓

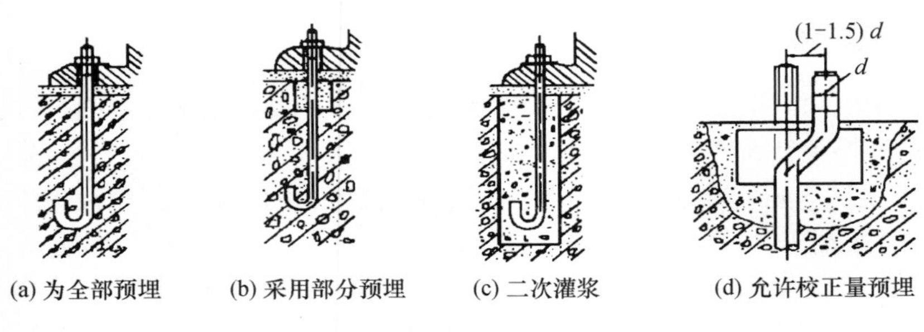

(a) 为全部预埋　(b) 采用部分预埋　(c) 二次灌浆　(d) 允许校正量预埋

图 5-2　固定式地脚螺栓在基础中的固定方式

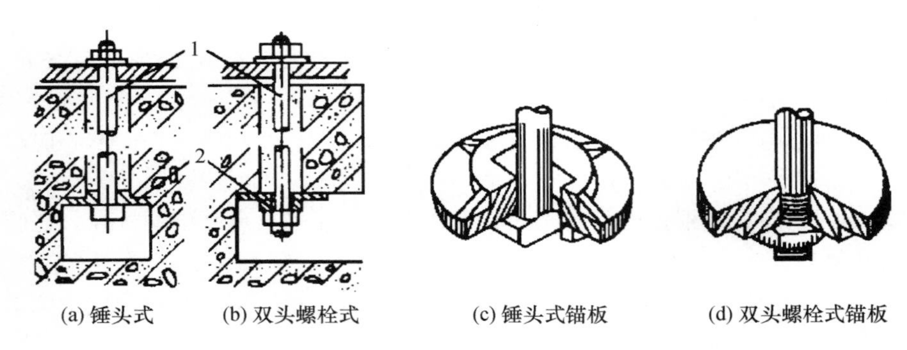

(a) 锤头式　(b) 双头螺栓式　(c) 锤头式锚板　(d) 双头螺栓式锚板

图 5-3　锚定式地脚螺栓

1—螺栓；2—锚板

2. 地脚螺栓的固定方法

地脚螺栓的固定方法有一次浇灌法和二次浇灌法两种。一次浇灌法的地脚螺栓用固定架固定后，连同基础一起注成，如图 5-2(a) 所示。其优点是螺栓能非常牢固地固定在基础上，但是施工时需要一个复杂而繁重的固定架来固定地脚螺栓，否则螺栓注偏以后不易调整。二次灌浆法是先浇注基础整体，在基础上留出浇注螺栓的孔，待机器安装在基础上并找正后再进行地脚螺柱的浇灌，如图 5-2(b)、(c) 所示，其中图 5-2(b) 所示为部分预埋式，图 5-2(c) 所示为预留地脚螺栓孔式，这种方法比较简便，技术条件容易实现，但螺栓固定的情况不如一次浇灌牢固。通常一般中小型的基础多采用二次浇灌法，而重型设备的基础多采用一次浇灌法。允许校正量预埋，如图 5-2(d) 这种方式的固定不如前一种牢固，而且对螺栓直径较大或受冲击载荷作用的设备，都不宜做调整孔，而且螺栓在弯折调整后产生内应力而影响其强度。

3. 地脚螺栓的固定新工艺

在采用全部预埋或部分预埋的地脚螺栓时，必须用金属架固定，故要消耗大量的钢材，施工复杂，劳动量大，工期长，而且在浇灌过程中地脚螺栓还可能移位。近年来出现的用环氧砂浆黏结地脚螺栓的新工艺就避免了上述缺点，其操作方法如下。

(1) 浇灌基础时不考虑地脚螺栓，只按图纸上的结构形式浇灌。

(2) 当基础强度达到 10 MPa 时，按基础图上地脚螺栓的位置，在基础上画线钻孔，孔要垂直。

钻孔孔径为：

$$D = d + \Delta l$$

钻孔深度为：

$$L = 10d$$

地脚螺栓的抗拔出力为：

$$P \leqslant \pi DL[\sigma_w] \tag{5-1}$$

式中　D——钻孔孔径（mm）；

Δl——取值范围为 10～16 mm；

d——地脚螺栓直径（mm）；

L——地脚螺栓埋入深度（mm）；

$[\sigma_w]$——环氧砂浆的黏结强度，一般取 4.5 MPa。

（3）黏结面的处理。混凝土孔壁与地脚螺栓上若有油、水、灰、泥时，需用水冲洗，干燥后再用丙酮擦洗干净。地脚螺栓若生锈，应在稀盐酸中浸泡除锈，再清洗干净。

（4）环氧砂浆调配比（质量比）：

6101 环氧树脂（E-44）	100
苯二甲酸二丁酯	17
乙二胺	8
砂（粒径为 0.25～0.5 mm，含水小于 0.2%）	250

环氧砂浆的调配方法是：将 6101 环氧树脂用砂浴法或水浴法加热到 80℃，加入增塑剂苯甲酸二丁酯，均匀搅拌并冷却到 30～35℃，将预热至 30～35℃的砂（用做填料）加入拌匀，再加入乙二胺。搅拌时要朝一个方向，以免带入空气。将搅拌好的砂浆注入孔内，再将螺栓插入，使螺栓垂直并位于孔的中间，并设法将螺栓的位置固定，防止歪斜。

固化时间夏天为 5 h，冬天为 10 h。固化后就可以进行安装操作。

配制及浇灌环氧砂浆时，应做好安全防护工作。

螺栓最小埋入深度可参考表 5-1。

表 5-1　在 100 号混凝土中地脚螺栓的最小埋入深度

地脚螺栓直径 d（mm）		10～20	24～30	30～42	42～48	56～64	68～80
埋入深度 $L_{埋}$（mm）	固定式地脚螺栓	200～400	500	600～700	700～800	—	—
	锚定式地脚螺栓	200～400	400	400～500	500	600	700～800

5.4　一般机器基础的设计计算

5.4.1　选定基础的尺寸

机器基础的尺寸主要是基础底面的平面尺寸和基础的最小高度，其他的尺寸根据机器结构的要求确定。为了初步选定机器基础的尺寸可以利用式（5-2）。

$$H = V/LB = aQ_{机器}/QLB \tag{5-2}$$

式中　$Q_{机器}$——机器的重量；

Q——1 m^3 基础的重量，对混凝土基础 $Q=20\,000\ kN/m^3$；

L——机器的基础长度，取机器底座长加 0.3～0.4 m；

B——机器的基础宽度，取机器底座长加 0.2～0.3 m；

V——基础的体积（m^3）；

a——载荷系数，如表 5-2 所示。

表 5-2 各类机器基础 a 值

机器的种类		a	机器的种类	a
卧式活塞机活塞速度	$v=1$ m/s	2.0	透平发动机	5
	$v=2$ m/s	2.5	电机（没有制动和逆转）	10
	$v=3$ m/s	3.5	电机（有制动、经常反转，载荷不稳定）	20
	$v=4$ m/s	4.5	水风和机泵	10

5.4.2 机器基础的混凝土标号

机器基础采用混凝土基础。混凝土是水泥、砂子、石子、水按一定比例混合搅拌凝固获得。混凝土按强度划分为 10 个标号：50、75、100、150、200、250、300、400、500、600。不同标号的混凝土使用不同的水泥标号和不同的砂灰比（水泥、砂子、石子、水之间的比例），混凝土标号越高，强度越高。机器基础若无特殊要求，一般采用 100 号混凝土，惯性力大的和大型设备的基础采用 150 号的钢筋混凝土。

水泥标号有 300 号、400 号、500 号、600 号等。水泥标号应为混凝土标号的 2～2.5 倍，一般选用 300～400 号水泥。水灰比可根据混凝土标号、水泥标号及粗集料石子的种类，按相应表确定。

5.4.3 机器基础的施工监督

基础的施工是由土建工程部门来完成的，但是生产和安装部门必须进行技术监督和基础验收工作。

1. 监督内容

（1）基础要挖基坑、基坑土壤要夯实。

（2）根据要求配置钢筋，按准确位置固定地脚螺栓和预留孔模板。

（3）测量检查标高、中心线及各部分尺寸。

（4）配置浇注混凝土。

（5）基础的混凝土初凝后，要洒水维护保养。

为使基础混凝土达到要求的强度，基础浇灌完毕后不允许立即进行机器的安装，应该至少保养 7～14 天，当机器在基础上面安装完毕后，应至少经 15～30 天之后才能进行机器的试车。

2. 混凝土的养生

混凝土的凝固和达到应有强度是由于水化作用，其养生方法和养生期如表 5-3 所示。

拆模板一般在达到设计强度的 50% 时进行，机器设备安装应在基础达到设计强度 70% 以上时进行。

在冬季施工和为缩短施工期，常采用蒸汽养生和电热养生的方法。

表 5-3　混凝土的养生方法和养生期

基础的结构种类	养生方法和养生期
用普通水泥制作梁或框架结构	浇灌 24 h 后，每天浇水 2 次，并需用草袋/草席等物覆盖 5～7 天
柱式机器下的水泥 (1) 凝结正常的水泥 (2) 凝结不正常的水泥（如高炉水泥）	浇水与覆盖同上 浇水不得少于 10～15 天，冷天还要做保湿措施，并对混凝土的温度进行检查
大块基础工程	在 7～10 天内应经常充分浇水，使模板湿润，并用草袋等物覆盖

5.4.4　基础的验收及处理

在验收基础中发现的不合格项目均应进行处理。在安装重型机械时，为防止安装后基础的下沉或倾斜而破坏机械设备的正常运转，要对基础进行预压。在安装机械设备之前要认真清理基础表面。在基础的表面，除放置垫板的位置外，凡需要二次灌浆的地方都应铲麻面，以保证基础和二次灌浆层能结合牢固。铲麻面要求每 100 cm^2 有 2～3 个深 10～20 mm 的小坑。

5.5　机械的安装

机械设备的安装，就是把设备定位到基础上，要求设备找正、找平。内容包括设置垫板、设备就位、找正找平、二次灌浆、试运行等几个环节。

5.5.1　设置垫板

一次浇灌出来的基础，其表面的标高和水平度很难满足设备安装精度的要求，因此常采用调整垫板的高度来找正设备的标高和水平。

1. 垫板的作用

这里的垫板是指在机器底座和基础表面间放置的垫板，其作用如下。

(1) 利用调整垫板的高度来找正设备的标高和水平。

(2) 通过垫板把机器的重量和工作载荷均匀地传给基础。

(3) 在特殊情况下，也可以通过垫板校正机器底座的变形。

2. 垫板的类型

垫板材料为普通钢板或铸铁。垫板的类型如图 5-4 所示，分为平垫板、斜垫板、开口垫板和可调垫板。

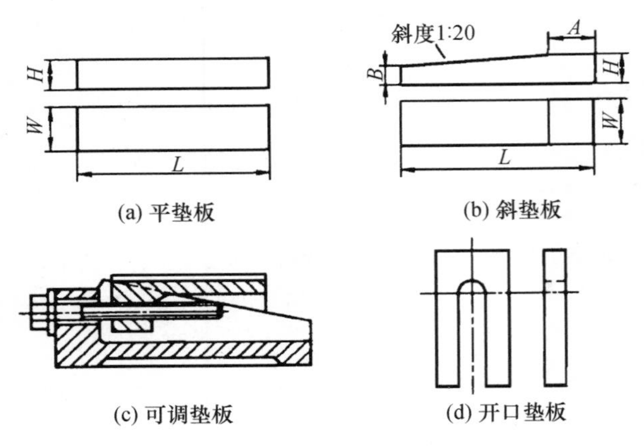

(a) 平垫板 (b) 斜垫板

(c) 可调垫板 (d) 开口垫板

图 5-4 垫板的类型

3. 垫板面积的确定依据

采用垫板安装，在安装完毕后要二次灌浆，但是一般的混凝土凝固以后都要收缩。设备底座只压在垫板上，二次灌浆后只起稳固垫板作用。所以设备的重量和地脚螺栓的预紧力都是通过垫板作用到基础上的，因此必须使垫板与基础接触的单位面积上的压力小于基础混凝土的抗压强度。

4. 垫板的放置方法

（1）标准垫法。如图 5-5(a) 所示，一般都采用这种垫法。它是将垫板放在地脚螺栓的两侧，这也是放置垫板的基本原则。

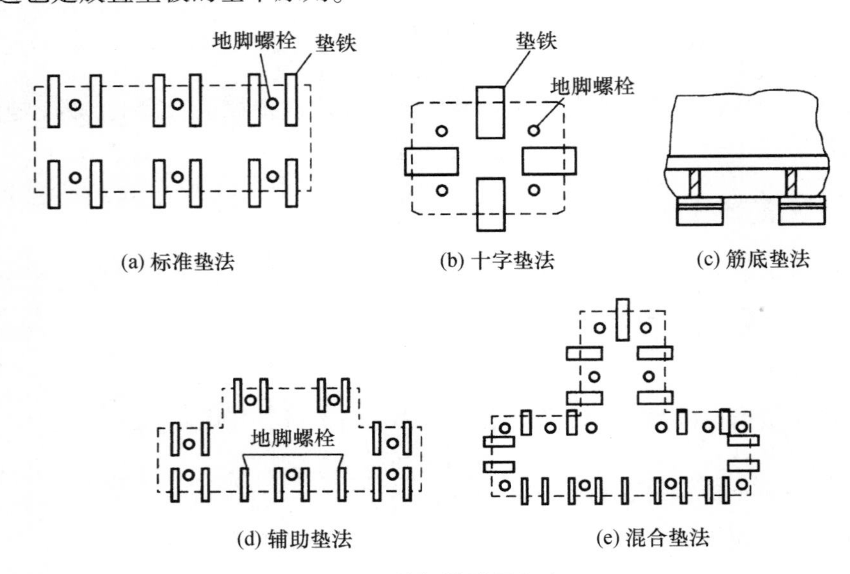

(a) 标准垫法 (b) 十字垫法 (c) 筋底垫法

(d) 辅助垫法 (e) 混合垫法

图 5-5 垫板的放置方法

（2）十字垫法。如图 5-5(b) 所示，当设备底座小、地脚螺栓间距近时用这种方法。

（3）筋底垫法。如图 5-5(c) 所示，设备底座下部有筋时，一定要把垫板垫在筋底下。

（4）辅助垫法。如图 5-5（d）所示，当地脚螺栓间距太大时，中间要加一辅助垫板。一般垫板间允许的最大距离为 500～1 000 mm。

（5）混合垫法。如图 5-5（e）所示，根据设备底座的形状和地脚螺栓间距的大小来放置。

5. 放置垫板的注意事项

（1）垫板的高度应在 30～100 mm 内，过高将影响设备的稳定性，过低则二次灌浆层不易牢固。

（2）为了更好地承受压力，垫板与基础面必须紧密贴合。

（3）设备机座下面有向内的凸缘时，垫板要安放在凸缘下面。

（4）设备找平后，平垫板应露出设备底座外缘 10～30 mm，斜垫板应露出 10～50 mm，以利于调整。而垫板与地脚螺栓边缘的距离应为 50～150 mm，以便于螺孔灌浆。

（5）每组垫板的块数以 3 块为宜，厚的放在下面，薄的放在上面，最薄的放在中间。在拧紧地脚螺栓后，每组垫板的压紧程度必须一致，不允许有松动现象。

（6）在设备找正后，如果是钢垫板，一定要把每组垫板都以点焊的方法焊接在一起。

（7）在放垫板时，还必须考虑基础混凝土的承压能力。一般情况下，通过垫板传到基础上的压力不得超过 1. 2～1. 5 MPa。有些机械设备，安装使用垫板的数量和形状在设备说明书或设计图上都有规定，而且垫板也随同设备一起带来。因此，安装时必须根据图样规定来做。如未作规定，在安装时可参照前面所述的各项要求和做法进行。

6. 放置垫板的施工方法

（1）研磨法。在基础上安放垫板的地方，应去掉表面浮浆层，先用砂轮粗磨后用磨石细研，使垫板与基础的接触面积达 70% 以上，水平精度为 0. 1～0. 5 mm/m。

（2）座浆法。显然研磨法的工效很低，费时费力。现在推广应用座浆法放置垫板，它是直接用高度微膨胀混凝土埋设垫板。其具体操作是：在混凝土基础上安置垫板的地方凿一个锅底形的坑，用拌好的微膨胀水泥砂浆做成一个馒头形的堆，在其上安放平垫板，一边测量一边用手锤把轻轻敲打，以达到设计要求的标高（要加斜垫板应扣除此高度）和规定的水平度。养护 1～3 天后，就可安装设备，并在此垫板上再装一组斜垫板来调整标高、水平度。这种方法代替了在原有基础上的研磨工作。座浆法是具有高工效、高质量、黏接牢、省钢材等优点的机械安装新工艺。

5. 5. 2　设备就位、找正、找平、找标高

1. 设备就位

设备就位就是将设备搬运或吊装到已经确定的基础（位置）上。常用的就位方法有以下几种。

（1）桥式起重机吊装就位。先安装好车间厂房的桥式起重机，然后利用桥式起重机来吊装其他设备，就位既快又安全，这是最好的一种就位方法。

（2）铲车吊装就位。

（3）汽车吊装就位。

（4）在起吊工具和施工现场受到限制的情况下，通常采用滑移的方法就位。这种方法就是利用滚杠和撬杠将设备连同底排一起滑移到基础旁摆正，对好基础（位置）。

无论采用哪种方法就位，在设备就位的同时，均应垫上垫铁，将设备底座孔套入预埋的地脚螺栓，或者将供二次灌浆用的地脚螺栓置入预留孔，并穿入底座孔，拧入螺母，以防螺栓落到预留孔底。

2. 找正、找平、找标高

(1) 找正

设备找正就是将设备不偏不倚地正好放在规定的位置上，使设备的纵横中心线和基础的中心线对正。设备找正包括三个方面：找正设备中心、找正设备标高和找正设备水平度。

如果设备就位位置不正确，可用以下方法将设备拨正。

① 一般小型机座可用锤子打，也可用撬杠撬，如图 5-6 所示。用锤子打时要轻，不要打坏设备。

② 较重的设备可在基础上放上垫铁，打入斜铁，使之移动，如图 5-7 所示。

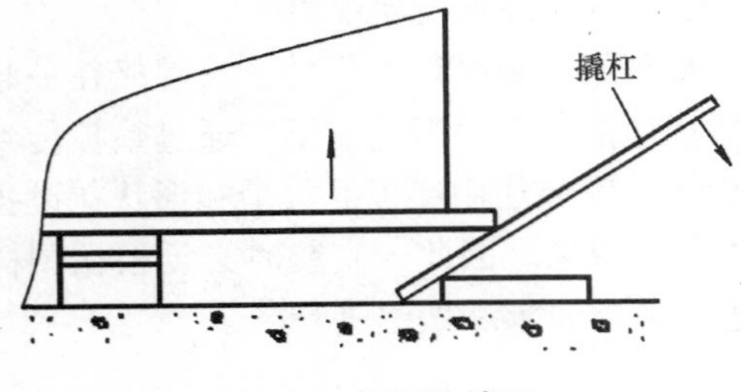

图 5-6　用撬杠拨正

图 5-7　打入斜铁拨正

③ 利用油压千斤顶拨正，如图 5-8 所示。在油压千斤顶的两端要加上垫铁或木块，以免碰伤设备表面或基面。

④ 有些设备可用拨正器来拨正，如图 5-9 所示。这样做既省力又省时，移动量可以很小，而且准确。同时，可代替油压千斤顶。

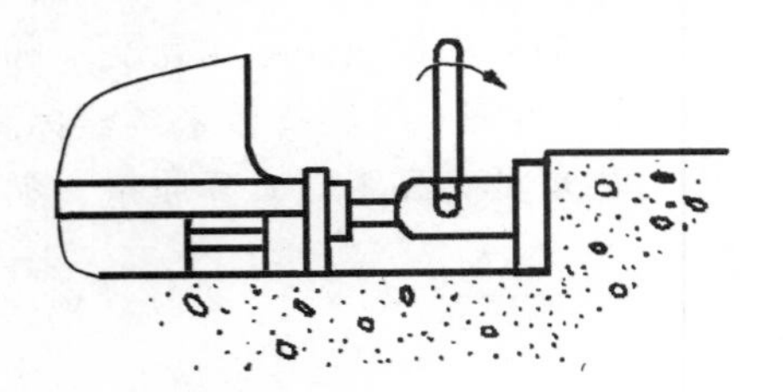

图 5-8　用油压千斤顶拨正

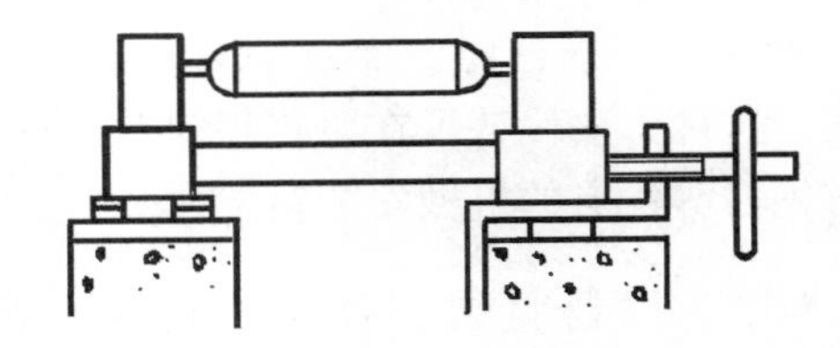

图 5-9　用拨正器拨正

(2) 找平

找正设备水平度就是将设备调整到水平状态。也就是说，把设备上主要的面调整到与水平面平行。设备找平是利用设备上可以作为水平测定面的平面，用平尺或方水平尺进行检测，检查中发现设备不水平时，用调节垫片调整。被检平面应选择精加工面，如箱体剖分面、机床导轨面等。

图 5-10 是以加工平面为基准面纵横方位找平减速器底座。

图 5-11 是以加工平面为基准面纵横方位找平卧式车床水平度。

找平的基准面也可以是加工的立面。

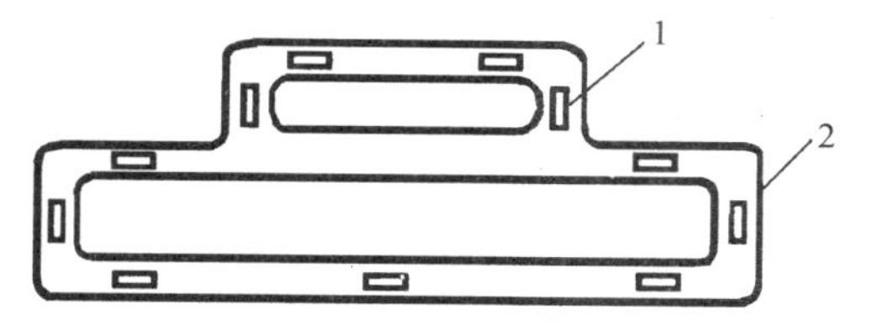

图 5-10　减速器底座水平度的找正
1—框式水平仪；2—底座

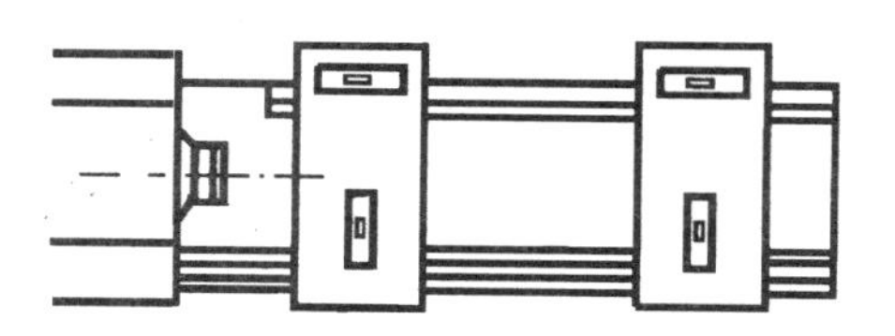

图 5-11　卧式车床水平度的找正

（3）找标高

机械设备坐落在厂房内，其相互间各自应有的高度就是设备的标高。

图 5-12 所示为减速器外壳找标高的方法，按加工面找标高。设备上的加工面可直接作为找标高用的平面，把水平仪、铸铁平尺放在加工面上，即可量出设备的标高。

图 5-13 是利用水准仪找标高。这是最简便的办法，但必须考虑在设备上能放标尺，并且设备与其附近的建筑物不妨碍测量视线和有足够放置测量仪器的地方。

按照设计要求，通过增减垫板调整机器的标高与水平。一般是先使高度高出设计标高 1 mm 左右，这样拧紧地脚螺栓后，高度将会接近要求。在调整设备标高的同时，应兼顾其水平度，二者必须同时进行调整。

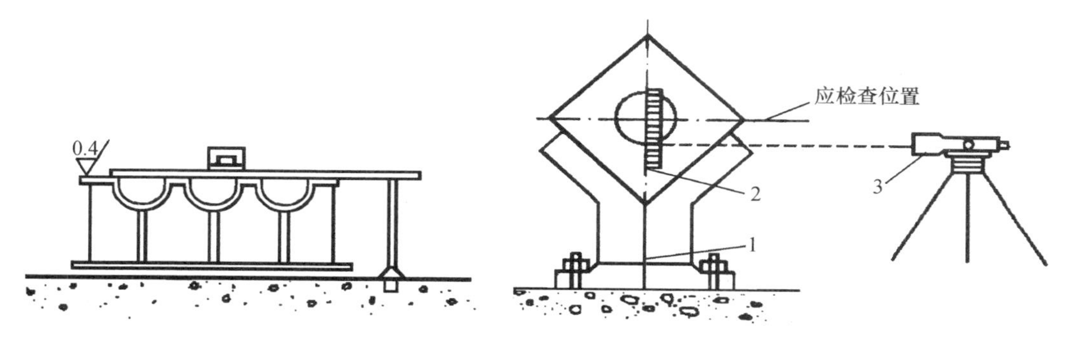

图 5-12　减速器外壳找标高

图 5-13　利用水准仪找标高
1—线坠；2—标尺；3—水准仪

设备找平、找正、找标高虽然是各不相同的作业，但对一台设备安装来说，它们又是互相关联的。如调整水平时可能使设备偏移而需重新找正，而调整标高时又可能影响了水平，调整水平时又可能变动了标高。所以要做综合分析，做到彼此兼顾。

调整设备标高和水平度的方法有以下三种。

① 用楔铁调整。使用楔铁将设备升起，以调整设备的标高和水平度。

② 用小螺栓千斤顶调整，如图 5-14 所示。重量较小的设备，采用小螺栓千斤顶调整设备的标高和水平度最准确、方便，且省力、省时。调整时，只需用扳手提升螺杆，即可使设备起落。

③ 用油压千斤顶调整。起落较重的设备时，可利用油压千斤顶调整。有时因基础妨碍，不能把千斤顶直接放在机座下时，可制作一块 Z 形弯板顶起，如图 5-15 所示。

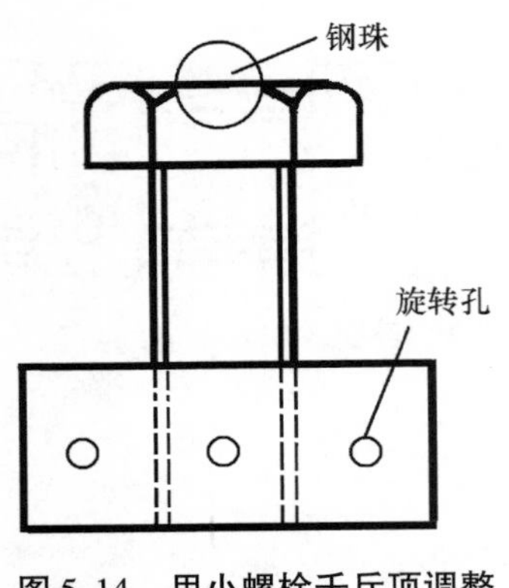

图 5-14　用小螺栓千斤顶调整

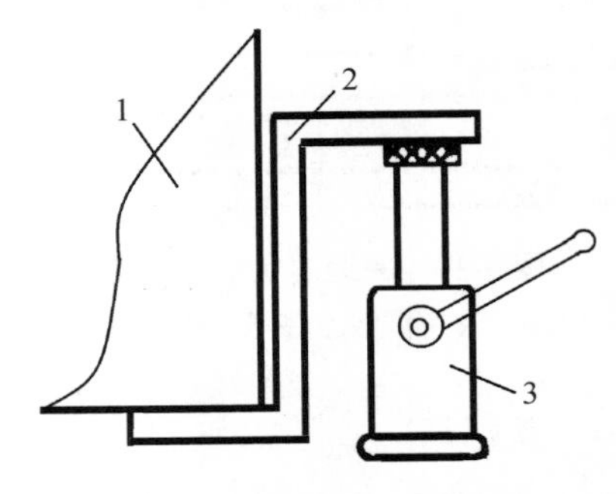

图 5-15　用油压千斤顶调整

1—设备；2—Z 形弯板；3—千斤顶

5.6　二次灌浆

5.6.1　二次灌浆的定义

基础浇灌时，预先留出安装地脚螺栓的孔（即预留孔），在设备安装时将地脚螺栓放入孔内，再灌入混凝土或水泥砂浆，使地脚螺栓固定，这种方法称为二次灌浆。

5.6.2　二次灌浆的作用

设备检测调整合格后，应尽快进行二次灌浆。二次灌浆层主要起防止垫板松动的作用。二次灌浆的混凝土与基础一样，只不过石子的大小应视二次灌浆层的厚度不同而适当选取。为了使二次灌浆层充满底座下面高度不大的空间，通常选用的石子都要比基础的小。

浇灌过程中应注意不要碰动垫板和设备。

1. 无垫铁安装法

无垫铁安装法是一种新的施工方法，由于它和有垫铁安装法相比具有许多优点，所以在机械设备安装中得到了推广。采用这种方法，不仅可以提高安装质量和效率，而且可以节约劳动力和大量钢材，以 1700 热连轧机为例，一台轧机的底座就用了 6.4t 经机械加工的垫板，粗略估计，在正常建设年份，全国一年用于垫板的钢材近 10000 t，无垫板安装技术的关键是采用了新开发的早强高标号微膨胀且能自流灌浆的浇筑料，将此浇筑料填充到二次灌浆层后，由于浇筑料的微膨胀，使二次灌浆层与设备底座下平面贴实，从而起到承载作用，因此垫板的承载作用便可被代替。特别是用于大型设备的安装时，效果更为显著。

根据拆除斜铁和垫铁的早晚，无垫铁安装法分为以下两种。

（1）混凝土早期强度承压法。它是当二次灌浆层混凝土凝固后，立即将斜铁和垫铁拆去，待混凝土达到一定强度时，才把地脚螺栓拧紧。这种方法可以得到比较满意的水平精度。但是，当拆垫铁时，往往容易产生水平误差。如果只是由于混凝土强度低、弹性模量小而出现水平误差，只需稍微调整地脚螺栓，即可得到理想的水平精度。

（2）混凝土后期强度承压法。它是当二次灌浆层养护期满后，才拆去斜铁和垫铁并拧紧地脚螺栓的。这种方法由于养护期较长，混凝土强度较高，其弹性模量较大，在压力作用下，其变形较小。采用这种方法，当拆去垫铁和斜铁时，不易产生水平误差，但是如果出现水平误差，则不易调整。因此，这种安装方法一般适用于对水平度要求不太严格的设备的安装。

2. 安装过程

无垫铁安装法的安装过程和有垫铁安装法大致一样。所不同的是无垫铁安装法的找正、找平、找标高的调整工作是利用斜铁和垫铁进行的。而当调整工作做完，地脚螺栓拧紧后，进行二次灌浆达到要求的强度后，便把垫铁和斜铁（即只做调整用的垫铁和斜铁）拆去。然后再将其所空出来的位置灌以水泥砂浆，并再次拧紧地脚螺栓，同时复查标高、水平度和中心线。

3. 安装注意事项

（1）无垫铁安装法必须根据安装人员的技术熟练程度和设备的具体情况（如振动力的大小等），认真地加以考虑后选用，并且还要得到土建部门的密切配合。特别应当指出，无垫铁安装法不适用于某些在生产过程中经常要调整精度的精密镗床和龙门刨床，这类机床一般出厂时都带有设计规定的可调垫铁。

（2）无垫铁安装法所用的找平工具为斜铁和平垫铁。斜铁的规格如图 5-16 所示。

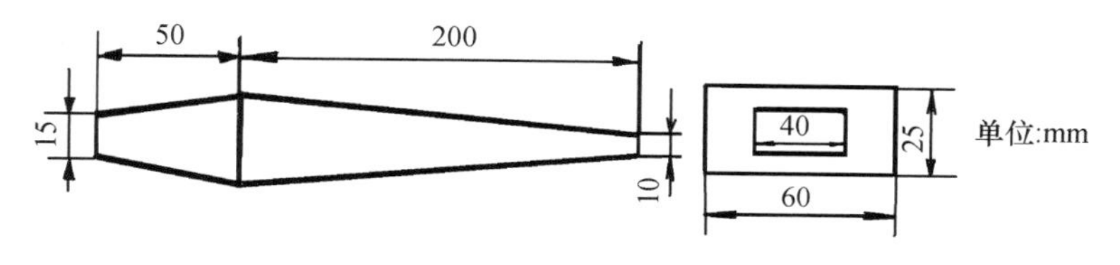

图 5-16　斜铁的规格

（3）安装前，设备的基础应经过验收，垫斜铁处应铲平，并在斜铁下垫平垫铁。平垫铁的宽度与斜铁相等，长度约等于斜铁的 1/2，厚度则根据标高而定。

（4）设备底座若是空心的，应设法在安装前灌满浆，或在二次灌浆时采用压力灌浆法。

（5）设备找平、找正后，用力拧紧地脚螺栓的螺母，将斜铁压紧。

（6）安装结束到二次灌浆的时间间隔，不应超过 24 h。如果超过，在灌浆前应重新检查。

（7）灌浆前在斜铁周围要支上木模箱，以便以后取出斜铁。

（8）灌浆时，应注意用力捣实水泥砂浆，水泥砂浆的标号为 170～200 号。二次灌浆层的高度，原则上应不低于 100 mm，一般机床则不低于 60 mm。

（9）等到二次灌浆层达到要求的强度后，才允许抽出斜铁。

5.7　试　运　转

试运转（俗称试车）是机械设备安装中最后的，也是最重要的阶段。经过试运转，机械设备就可按要求正常地投入生产。在试运转过程中，无论是设计、制造和安装上存在的问题，都会暴露出来。必须仔细分析，才能找出根源，提出解决的办法。

由于机械设备种类和型号繁多，试运转涉及的问题面较广，所以安装人员在试运转之前一定要认真熟悉有关技术资料，掌握设备的结构性能和安全操作规程，才能搞好试运转工作。

5.7.1 试运转前的检查

（1）机械设备周围应全部清扫干净。

（2）机械设备上不得放有任何工具、材料及其他妨碍机械运转的东西。

（3）机械设备各部分的装配零件必须完整无缺，各种仪表都要经过试验，所有螺钉、销钉之类的紧固件都要拧紧并固定好。

（4）所有减速器、齿轮箱、滑动面以及每个应当润滑的润滑点，都要按照产品说明书上的规定，保质保量地加上润滑油。

（5）检查水冷、液压、气动系统的管路、阀门等，该开的是否已经打开，该关的是否已经关闭。

（6）在设备运转前，应先开动液压泵将润滑油循环一次，以检查整个润滑系统是否畅通，各润滑点的润滑情况是否良好。

（7）检查各种安全设施（如安全罩、栏杆、围绳等）是否都已安设妥当。

（8）只有确认设备完好无疑，才允许进行试运转，并且在设备启动前还要做好紧急停车的准备，确保试运转时的安全。

5.7.2 试运转的步骤

试运转的步骤一般是：应符合先试辅助系统后试主机、先试单机后联动试车、先空载试车后带负荷试车的原则。其具体步骤如下。

（1）辅助系统试运转。辅助系统包括机组或单机的润滑系统、水冷风冷系统。只有在辅助系统试运转正常的条件下才允许对主机或机组进行试运转。辅助系统试运转时，也必须先空载试车后带负荷试车。

（2）单机及机组动力设备空载试运转。单机或机组的电动机必须首先单独进行空试。液压传动设备的液压系统的空载试车，必须先对管路系统试压合格后，才能进行空载试车。

（3）单机空载试车。在前述试车合格后，进行单机空载试车。单机空载试车的目的是为了初步考查每台设备的设计、制造及安装质量有无问题和隐患，以便及时处理。

单机空载试运转前，首先清理现场，检查地脚螺栓是否紧固，检查非压力循环润滑的润滑点、油池是否加足了规定牌号的润滑油或润滑脂，电气系统的仪表、过荷保护装置及其他保护装置是否灵敏可靠。接着进行人工盘车（即用人力扳动机械的回转部分转动一至数周），当确信没有机械卡阻和异常响声后，先瞬时启动一下（点动），如有问题立即停车检查，如果没有问题就可进行空载试车。

5.7.3 机床试运转检验

检验机床试运转情况时，可查看试运转的记录，亦可进行试车检查。

机床无负荷试运转时，最高速试运转时间不得少于2h，并且要达到以下要求。

（1）机床运转平稳，无异常声响和爬行现象。

（2）滚动轴承温度不超过 70℃，温升不超过 40℃；滑动轴承温度不超过 60℃，温升不超过 35℃，丝杠螺母温度不超过 45℃，温升不超过 35℃。

（3）液压和润滑系统的压力、流量符合规定，机床各部分润滑良好。

（4）自动控制的挡铁和限位开关等必须操作灵活，动作准确、可靠。

（5）联动、保险、制动和换向装置及自动夹紧机构、安全防护装置必须可靠快速，移动机构必须正常。

（6）有特殊要求的机床，应按照技术文件的规定进行试运转。

5.8　实　例

CKA6150 数控机床安装实例如下。

机床的位置应远离振源，避免阳光直接照射和热辐射的影响，避免潮湿和气流的影响。如机床附近有振源，则机床四周应设置防振沟，否则将直接影响机床的加工精度及稳定性，还将使电子元器件接触不良、发生故障，影响数控机床的可靠性。数控机床的环境温度应低于 30℃，相对湿度应不超过 80%。一般来说，数控电控箱内部设有排风扇或冷风机，以保持电子元件，特别是中央处理器的工作温度恒定或只有小的温差变化。过高的温度和湿度将使控制系统元件寿命降低，导致故障增多，还会使灰尘增多，在集成电路板产生黏结，导致短路。安装机床首先应选择一块平整的地方，然后根据规定的环境要求和地基图（如图 5-17 所示）决定安装空间并做好地基。地基深度根据当地土壤性质决定，地基建造不得渗水。占地面积除机床操作所需的空间外，还要考虑维修所需的空间，如图 5-18 所示。

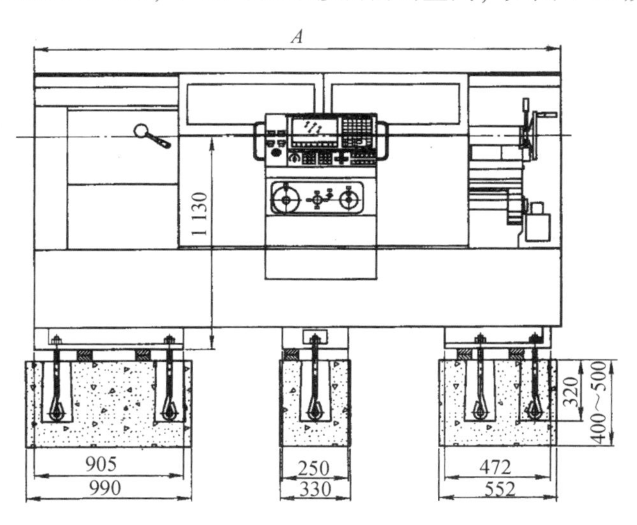

图 5-17　地基图

具体的安装程序如下。

（1）首先按照地基图用钢筋混凝土浇筑地基，并预留地脚螺栓方孔和二次灌浆孔，用于安装机床时使用。地基表面应与地面平齐光滑，并用水平仪校正，使各孔表面水平误差不得超过 2 mm，待地基干透稳固后，开始安装机床。

（2）机床用与地脚螺栓相同数量的多组楔铁支承，每组两块放在地脚螺栓附近，钢板垫块的厚度为 10 mm。

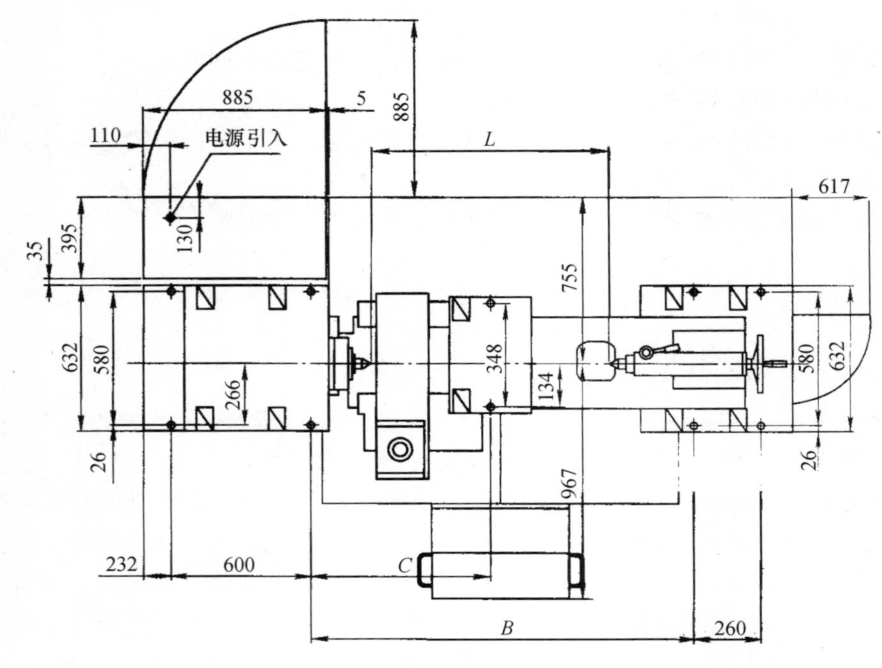

括号内尺寸为带液压站时用

最大工件长度 L	A	B	C
750	2 577（3 187）	1 130	无中床腿
1 000	2 827（3 437）	1 380	
1 500	3 327（3 937）	1 880	
2 000	3 827（4 437）	2 380	1 050

图 5-18　CKA6150 数控机床占地平面图

（3）粗调机床安装精度。用水平仪在导轨两端检查安装精度，纵向及横向水平仪均不得超过 0.02 mm/1 000 mm。如安装达不到要求，则应当调整每组两块楔铁的相对位置。每组楔铁都应充分可靠地支承在床身的各个支承点上。

（4）机床粗调完毕，地脚螺栓孔内进行二次灌浆，待混凝土干透稳固后，按照合格证明书的要求再进行精调。

（5）精调机床安装精度。一方面调整机床的楔铁，另一方面也要调整地脚螺栓螺母，控制调整螺母来紧固床身的先后顺序，直至机床精度达到要求为止。

（6）所有地脚螺栓应均匀拧紧，但不得影响安装精度。

（7）精度合格后，用混凝土修复楔铁附近地基表面，床脚周围必须抹平，以免润滑油渗入。

（8）1 周后重新用精密水平仪将机床调平，即可投入正式使用。

（9）机床使用 3 个月后，应对机床的精度进行一次复检，并重新调整好精度。

5.9　思考题

1. 机电设备的基础的作用是什么？
2. 机电设备基础的类型是什么？
3. 机电设备基础的一般要求？
4. 地脚螺栓的形式有几种？
5. 什么是设备就位？就位的方法有哪几种？
6. 机电设备找正的目的是什么？
7. 什么是设备找正？设备找正包括哪几个方面？
8. 机电设备位置不正时怎样拨正？
9. 简述设备无垫铁安装法。
10. 什么是灌浆？灌浆的作用是什么？
11. 为什么设备安装后要进行检验和调整？设备检验的目的是什么？
12. 机电设备试运转的目的是什么？
13. 试述设备试运转的步骤。

第6章　机电设备管理

教学目标

- 了解设备管理发展概况、管理的范围与主要内容
- 熟悉设备维护保养的内容与方法，掌握设备润滑管理基本知识
- 掌握设备检修管理的基本知识与设备配件管理的主要内容
- 了解设备的故障与事故管理的主要内容与方法
- 了解设备更新改造的主要内容与方法

设备管理是企业生产经营管理的重要组成部分，搞好设备管理工作是实现企业生产经营目标的重要保障，是实现企业可持续发展的基本要求。

6.1　设备管理概述

6.1.1　设备与设备管理

设备通常是泛指生产、生活领域的物资技术装备、设施、装置和仪器等可长期使用，且基本保持原有实物形态的物质资料。设备是企业的主要生产工具，在现代企业的生产经营活动中居于极其重要的地位，是企业现代化水平的重要标志。

设备管理是指以设备为研究对象，追求设备综合效率与寿命周期费用经济性，运用现代科学技术、管理理论与方法对设备寿命周期的全过程（从规划决策、设计制造、选型采购、安装调试、使用维修、改造更新直至报废处理为止）从技术、经济等方面进行科学管理。设备管理是企业生产经营管理的重要组成部分，搞好设备管理工作是实现企业生产经营目标的重要保障，是实现企业可持续发展的基本要求。

1. 设备管理的范围

设备是固定资产的重要组成部分。广义而言，它包括一切列入固定资产的劳动资料。但在我国企业管理工作中所指的设备，必须符合以下两个条件。

（1）直接或间接参与改变劳动对象的形态和性质的物质资料，且在使用中基本保持原有的实物形态。例如，机械加工企业的车床、铣床、数控加工中心等。

（2）符合固定资产应具备的条件。财政部颁发的、于2002年1月1日起施行的《企业会计准则——固定资产》中，是这样对固定资产下定义的：“固定资产是指同时具有下列特征的有形资产：① 为生产商品提供劳务、出租或经营管理而持有的；② 使用寿命超过一个会计年度。”

也就是说，我们所讨论的“设备”是指符合固定资产条件的，直接将投入的劳动对象加以处理，使之转化为预期产品的机器和设施以及维持这些机器和设施正常运行的附属装置，即生产工艺设备和辅助设备。大型综合性企业，拥有成千上万种设备，设备管

理工作范围也很广，包括工艺设备，如精馏塔、合成塔、加热炉、裂解炉、压缩机、泵等；机加工设备，如车床、铣床、磨床等；动力设备，如锅炉、给排水装置、变压器等；运输设备，如车辆、桥式起重机等；传导设备，如管网、电缆等；以及化验、科研用的设备等。

2. 设备管理的内容

设备管理主要包括两个方面内容，即设备的实物形态管理和价值形态管理。设备有两种形态：实物形态和价值形态。实物形态是价值形态的物质载体，价值形态是实物形态的货币表现。在整个设备寿命周期内，设备都处于这两种形态的运动之中。

（1）实物形态管理。设备从规划设置直至报废的全过程即为设备实物形态运动过程。设备的实物形态管理就是从设备实物形态运动过程出发，研究如何管理设备实物的可靠性、维修性、工艺性、安全性、环保性及使用中发生的磨损、性能劣化、检查、修复、改造等技术业务，其目的是使设备的性能和精度处于良好的技术状态，确保设备的输出效能最佳。实物形态管理称为设备的技术管理，主要由企业设备主管部门负责。

（2）价值形态管理。在整个设备寿命周期内包含的最初投资、使用费用、维修费用的支出，折旧、改造、更新资金的筹措与支出等，构成了设备价值形态运动过程。设备的价值形态管理就是从经济效益角度研究设备价值的运动，即新设备的研制、投资及设备运行中的投资回收，运行中的损耗补偿，维修、技术改造的经济性评价等经济业务，其目的就是使设备的寿命周期费用最经济。价值形态管理一般称为设备的经济管理，主要工作由财务部门承担。

现代设备管理强调综合管理，其实质就是设备实物形态管理和价值形态管理相结合，追求在输出效能最大的条件下使设备的综合效率最高。只有把两种形态管理统一起来，并注意不同的侧重点，才可实现这个目标。

3. 设备管理的基本任务

设备管理的基本任务是根据国家及各部委、总公司颁布的设备管理相关法规、制度，通过技术、经济和管理措施，对生产设备进行综合管理。做到全面规划、合理配置、择优选型、正确使用、精心维护、科学检修、适时改造和更新，使设备经常处于良好技术状态。以实现设备寿命周期费用最经济、综合效能高和适应生产发展需要的目的。

6.1.2 我国设备管理的发展概况

新中国成立以来，我国工业交通企业的设备管理工作，大体上经历了从事后维修、计划预修到综合管理，即从经验管理、科学管理到现代管理三个发展阶段。

（1）经验管理阶段（1949—1952）。从1949年到第一个五年计划开始之前的三年经济恢复时期，我国工业交通企业一般沿袭旧中国的设备管理模式，采用设备坏了再修的做法，处于事后维修的阶段。

（2）科学管理阶段（1953—1978）。从1953年开始，全面引进了苏联的设备管理制度，把我国的设备管理从事后维修推进到定期计划预防修理阶段。由于实行预防维修，设备的故障停机大大减少，有力地保证了我国工业骨干建设项目的顺利投产和正常运行。其后，在以预防为主，维护保养和计划检修并重方针的指导下，创造了“专群结合，专管成线，群管成网”“三好四会”“润滑五定”“定人定机”“分级保养”等一系列具有中国特色的好经验、好办法，使我国的设备管理与维修工作在计划预修制的基础上有了重大的改进和发展。

（3）现代管理阶段。从1979年开始，国家有关部委以多种形式介绍英国设备综合工程学、日本全员生产维修等现代设备管理理论和方法，组织一批企业试点推行，逐渐形成了一套有中国特色的设备综合管理思想。

现代设备管理强调以设备一生为研究对象，追求设备寿命周期费用最经济和设备效能最高为目标，动员全员参加，应用现代科学知识和管理技能，通过计划、组织、指挥、协调、控制等行动，进行设备综合管理。

6.1.3 我国设备管理的发展趋势

现代设备正朝着大型化、高速化、精密化、电子化、自动化等方向发展，而我国社会经济正逐步实现市场化、国际化。我们必须适应这一大趋势，运用现代管理的思想、理论和方法，遵循市场规律，充分利用社会资源，做好设备管理工作。

1. 设备管理的社会化

设备管理社会化是指适应社会化大生产的客观规律，按市场经济发展的客观要求，组织设备运行各环节的专业化服务，形成全社会的设备管理服务网络，使企业设备运行过程中所需要的各种服务由自给转变为由社会提供。其主要内容为：完善设备制造企业的售后服务体系，建立健全设备维修与改造专业化服务中心、备品配件服务中心、设备润滑技术服务中心。设备交易中心、设备诊断技术中心、设备技术信息中心以及设备管理教育培训中心。

2. 设备管理的市场化

设备管理市场化是指通过建立完善的设备要素市场，为全社会设备管理提供规范化、标准化的交易场所，以最经济合理的方式为全社会设备资源的优化配置和有效利用提供保障，促使设备管理由企业自我服务向市场提供服务转化。

培育和规范设备要素市场，充分发挥市场机制在优化资源配置中的作用，是实现设备管理市场化的前提。设备要素市场由五部分组成，即设备维修市场、备品配件市场、设备租赁市场、设备调剂市场和设备技术信息市场。

培育和规范设备要素市场，主要应做好下述5个方面的工作。

（1）制定设备要素市场进入规则。

（2）制定设备要素市场的监督管理办法。

（3）加强设备要素市场的价格管理。

（4）加强设备要素市场的合同管理。

（5）建立和健全设备要素市场监督或仲裁机构。

3. 设备管理的现代化

设备管理现代化是为了适应现代科学技术和生产力发展水平，遵循社会主义市场经济发展的客观规律，把现代科学技术的理论、方法、手段系统地、综合地应用于设备管理，充分发挥设备的综合效能，适应生产现代化的需要，创造最佳的设备投资效益。设备管理的现代化是指设备管理的综合发展过程和趋势，是一个不断发展的动态过程，它的内容体系随科学技术的进步将不断更新和发展。

设备现代化管理的基本内容主要有以下几个方面。

（1）管理思想现代化。这是设备管理现代化的灵魂。树立系统管理观念，建立对设备一生的全系统、全过程、全员综合管理的思想；树立管理是生产力的思想；树立市场、经营、竞争、效益观念；树立以人为本观念，充分调动员工的积极性和创造性。

（2）管理目标现代化。以追求设备寿命周期费用最经济、综合效率最高为目标，努力使设备一生各阶段的投入最低，产出最高。

（3）管理方针现代化。坚持“安全第一方针”，消灭人身事故，做到以人为本。努力做到安全性、可靠性、维修性与经济性相统一。

（4）管理组织现代化。努力做到设备管理的组织机构、管理体制、劳动组织以及管理机制现代化。要以管理有效为原则，实现管理层次减少，管理职能下放、管理重心下移，实现组织结构扁平化。

（5）管理制度现代化。推行设备一生的全过程管理，推动设备制造与使用的结合。实行设备使用全过程的全员管理与社会化维修管理相结合的全过程管理。

（6）管理标准现代化。实行企业管理标准化作业，建立完善的技术、管理和安全保证标准体系等。

（7）管理方法现代化。主要运用系统工程、可靠性分析、维修工程、价值工程、目标管理、全员维修、网络技术、决策技术、ABC管理法和技术经济分析等方法实施综合管理。

（8）管理手段现代化。采用计算机与信息管理技术，设备状态监测与故障诊断技术，对设备进行全方位动态管理。

（9）管理人才现代化。培养一批掌握现代化管理理论、方法、手段和技能，勇于探索，敢于创新的现代化人才队伍。这是实施现代化管理的根本所在。

6.2　设备的使用

设备的正确使用，是设备日常管理工作的重要环节。正确合理使用设备，可以防止发生非正常磨损和避免突发性故障，能使设备保持良好的工作性能和应有的精度，保证设备的安全运行，延长使用寿命，提高生产效率。

6.2.1　设备使用前的准备工作

新设备投入使用前，应做好以下几项准备工作。

（1）技术资料的编制。应准备技术资料包括设备操作规程、维护规程、设备润滑卡片与图表、设备日常检查和定期检查卡片等，此项工作主要由设备管理（工艺）技术人员完成。

（2）操作人员的技术培训。对操作者的培训主要包括技术教育、安全教育和业务管理教育三方面内容。操作工人经教育、培训后要经过理论和实际操作的考试，合格后方能独立操作使用设备。

（3）配备必需的仪器工具。设备交给操作者前，应配备好检查及维护用的各种仪器和工具等。

（4）设备检查移交。全面检查设备的安装质量、工作性能及安全装置，向操作者移交设备及其附件等。

6.2.2 设备使用制度

1. 定人、定机和凭证操作制度

（1）定人、定机的规定。严格实行定人、定机和凭证使用设备，不允许无证人员单独使用设备。主要生产设备的操作工作由车间提出定人、定机名单，经考试合格，设备管理部门同意后执行。精、大、稀设备的操作者经考试合格后，设备管理部门同意并经企业有关部门共同审查后，报主管技术副厂长批准后执行。定人、定机名单应保持相对稳定，有变动时，应按规定呈报审批，批准后方能变更。

（2）操作证的签发。学徒工（或实习生）必须经过技术理论学习，在师傅现场指导下进行操作实习。当师傅认为该学徒工（或实习生）已懂得正确使用设备和维护保养设备时，可进行理论及操作考试，合格后由设备管理部门签发操作证，准许其单独操作设备。

对于工龄长且长期操作设备，并会调整、维护保养的工人，如果其文化水平低，可免笔试而只进行口试及实际操作考试，合格后签发操作证。

公用设备的使用者，应熟悉设备结构、性能，车间必须明确使用小组或指定专人保管，并将名单报送设备管理部门备案。

2. 交接班制度

交接班制度是指生产车间的操作工人在进行设备交接班时应遵守的制度。主要生产设备为多班制生产时，必须执行交接班制。

连续生产的设备或不允许中途停机者，可在运行中交班，交班人须把设备运行中发现的问题，详细记录在“交接班记录簿”上，并主动向接班人介绍设备运行情况，双方当面检查，交接完毕在记录簿上签字。如不能当面交接班，交班人可做好日常维护工作，使设备处于安全状态，填好交班记录交有关负责人签字代接，接班人如发现设备异常现象，记录不清、情况不明和设备未按规定维护时可拒绝接班。设备在接班后发生问题，由接班人负责。

使用中需交接班的每台设备，均须有“交接班记录簿”，不准撕毁、涂改。区域维修站应及时收集“交接班记录簿”，从中分析设备现状，采取措施改进维修工作。设备管理部门和车间负责人应注意抽查交接班制度的执行情况。

3. “三好”“四会”和“五项纪律”

（1）“三好”要求

① 管好设备。操作者应负责管好自己使用的设备，自觉遵守定人、定机和凭证使用设备制度，管好工具、附件，不损坏、不丢失、放置整齐。

② 用好设备。遵守操作规程和维护保养规程，细心爱护设备，防止事故发生。

③ 修好设备。按计划检修时间停机修理，参加设备的二级保养和大修完工后的验收试车工作。

（2）“四会”要求

① 会使用。熟悉设备结构、技术性能和操作方法，能正确合理地使用设备。

② 会保养。会按润滑图表的规定加油、换油，保持油路畅通无阻。会按规定进行一级保养，保持设备内外清洁，做到无油垢、无脏物，漆见本色铁见光。

③ 会检查。会检查与加工工艺有关的精度检验项目，并能进行适当调整。会检查安全防护和保险装置等。

④ 会排除故障。能发现与判定设备的异常状态，能分析常见故障的部位和原因，会排除设备的简单故障。

（3）使用设备的“五项纪律”

① 凭证使用设备，遵守安全使用规程。

② 保持设备清洁，按规定加注润滑材料，保证设备合理润滑。

③ 遵守设备的交接班制度。

④ 管好工具、附件，不得遗失。

⑤ 发现异常，立即停车，及时汇报。

6.2.3 设备操作规程和使用规程

1. 设备操作规程

设备操作规程是操作人员正确掌握操作技能的技术性规范，是指导工人正确使用和操作设备的基本文件之一。一般包括下述内容。

（1）操作设备前对现场进行清理和设备状态检查的内容和要求。

（2）操作设备必须使用的工作器具。

（3）设备运行的主要工艺参数。

（4）常见故障的原因及排除方法。

（5）开车的操作程序和注意事项。

（6）润滑的方式和要求。

（7）点检、维护的具体要求。

（8）停车的程序和注意事项。

（9）安全防护装置的使用和调整要求。

（10）交接班的具体工作和记录内容。

设备操作规程应力求内容简明实用，对于各类设备操作应共同遵守的项目可统一成标准的项目。

2. 设备使用规程

设备使用规程是根据设备特性和结构特点，对使用设备作出的规定。其内容一般包括以下几点。

（1）设备使用的工作范围和工艺要求。

（2）使用者应具备的基本素质和技能。

（3）使用者的岗位责任。

（4）使用者必须遵守的各种制度，如定人定机、凭证操作、交接班等制度。

（5）使用者必备的规程，如操作规程、维护规程等。

（6）使用者必须掌握的技术标准，如润滑卡、点检和定检卡等。

（7）操作或检查必备的工具、仪器等。

（8）使用者应遵守的纪律和安全注意事项。

（9）对使用者检查、考核的内容和标准。

6.3 设备的维护

设备的维护是保持设备的正常技术状态，延长设备使用寿命所必须进行的日常工作，也是操作工人的主要责任之一。正确合理地进行设备维护，可减少设备故障发生，提高使用效率，降低设备检修的费用，提高企业经济效益。

6.3.1 设备的维护保养

1. 设备维护保养

通过擦拭、清扫、润滑、调整等一般方法对设备进行护理，以保持设备的性能和技术状况，称为设备维护保养。设备维护保养的要求主要有以下四项。

（1）清洁。设备内外整洁，各滑动面、丝杠、齿条、齿轮箱、油孔等处无油污，各部位不漏油、不漏气，设备周围的切屑、杂物、脏物要清扫干净。

（2）整齐。工具、附件、工件要放置整齐，管道、线路要有条理。

（3）润滑良好。按时加油或换油，油压正常，油标明亮，油路畅通，油质符合要求。

（4）安全。遵守安全操作规程，设备的安全防护装置齐全可靠，及时消除不安全因素。

设备的维护保养内容一般包括日常维护、定期维护、定期检查等。日常维护保养是设备维护的基础工作，必须做到制度化和规范化；设备的定期维护保养应编制计划、制定工时定额和物资消耗定额，并按定额进行考核；设备定期检查是一种有计划的预防性检查，旨在掌握设备技术状态，需按定期检查卡规定的项目进行。此外，还应定期对重要机械设备进行精度检查，以确定设备实际精度的优劣程度。

2. 设备维护规程

设备维护应按维护规程进行。设备维护规程是指导设备维护保养工作的技术性规范，其主要内容应包括以下几个方面。

（1）设备要达到整齐、清洁、坚固、润滑、防腐、安全等的作业内容、作业方法、使用的工器具及材料、达到的标准及注意事项。

（2）日常检查维护及定期检查的部位、方法和标准。

（3）检查和评定操作工人维护设备程度的内容和方法等。

6.3.2 设备的三级保养制度

三级保养制度是我国20世纪60年代中期开始，在总结苏联计划预修制在我国实践的基础上，逐步完善和发展起来的一种保养修理制度。三级保养制度主要内容包括设备的日常维护保养、一级保养和二级保养。三级保养制度是以操作者为主对设备进行以保为主、保修并重的强制性维修保养制度。

1. 设备的日常维护保养

设备的日常维护保养，一般有日保养和周保养，又称为日例保和周例保。

日例保由设备操作工人当班进行，要求认真做到：班前对设备各部分进行检查，并按规定加油润滑，确认设备正常才能进行生产作业。设备运行中要严格执行操作规程，正确使用设备，并注意观察其运行情况，发现异常要及时停机处理，不能自行排除的故障应通知维修部门，并做好相应的记录。下班前约15分钟停机认真擦拭设备，清扫工作场地，整理附件、工具；填写交接班记录，办理交接班手续。

周例保由设备操作者在周末进行，保养时间一般设备为1～2 h，精、大、稀设备为4 h左右，主要完成下述工作内容。

（1）外观。彻底擦净设备各部分，清扫工作场地，达到内洁外净无死角。

（2）操纵传动。检查设备各部位的技术状况，紧固松动部件，调整配合间隙；检查互锁、保险装置；达到工作正常、安全可靠。

（3）液压润滑。清洁检查润滑装置，油箱加油或换油。检查液压系统，达到油质清洁，油路畅通，无渗漏。

（4）电气系统。擦拭电动机，检查各电器绝缘、接地，达到完整、清洁、可靠。

2. 一级保养

一级保养是以操作工人为主，维修工人协助，按计划对设备局部拆卸和检查，清洗规定的部位，疏通油路、管道，更换或清洗油线、毛毡、滤油器，调整设备各部位的配合间隙，紧固设备的各个部位。一级保养所用时间为4～8h，一级保养完成后应做好记录并注明尚未清除的缺陷，由车间机械员组织验收。一级保养的范围应是企业全部在用设备，对重点设备应严格执行。一级保养的主要目的是减少设备磨损，消除隐患、延长设备使用寿命。

3. 二级保养

二级保养是以维修工人为主，操作工人协助完成。二级保养列入设备的检修计划，对设备进行部分解体检查和修理，更换或修复磨损件，清洗、换油、检查修理电气部分，使设备的技术状况达到设备完好标准的要求。二级保养所用时间为7天左右。二级保养完成后，维修工人应详细填写检修记录，由车间机械员和操作者验收，验收单交设备管理部门存档。二级保养的主要目的是使设备达到完好标准，提高和巩固设备完好率，延长大修周期。

6.3.3 精、大、稀设备的使用维护要求

1. 四定工作

（1）定使用人员。精、大、稀设备操作工人应选择本工种中责任心强、技术水平高和实践经验丰富者，并尽可能保持较长时间的相对稳定。

（2）定检修人员。精、大、稀设备较多的企业，根据本企业条件，可组织精、大、稀设备专业维修组，专门负责对精、大、稀设备的检查、精度调整、维护、修理。

（3）定操作规程。精、大、稀设备应分机型逐台编制操作规程，并严格执行。

（4）定备品配件。根据各种精、大、稀设备在企业生产中的作用及备件来源情况，确定备件储备定额，并优先解决。

2. 精密设备使用维护要求

（1）必须严格按说明书规定安装设备。

（2）对环境有特殊要求的设备（恒温、恒湿、防震、防尘），企业应采取相应措施，确保设备精度性能。

（3）设备在日常维护保养中，不许拆卸零部件，发现异常立即停车，不允许带病运转。

（4）严格执行设备说明书规定的切削规范，只允许按直接用途进行零件精加工。加工余量应尽可能小。加工铸件时，毛坯面应预先喷砂或涂漆。

（5）非工作时间应加防护罩，长时间停歇，应定期进行擦拭，润滑、空运转。

（6）附件和专用工具应有专用框架搁置，保持清洁，防止研伤，不得外借。

6.3.4 设备的区域维护

设备的区域维护又称为维修工包机制。维修工人承担一定生产区域内的设备维修工作，与生产操作者共同做好日常维护、巡回检查、定期维护、计划修理及故障排除等工作，并负责完成管区内的设备完好率、故障停机率等考核指标。

设备专业维护主要组织形式是区域维护组。区域维护组全面负责生产区域的设备维护保养和应急修理工作，其工作任务如下。

（1）负责本区域内设备的维护修理工作，确保完成设备完好率、故障停机率等指标。

（2）认真执行设备定期点检和区域巡回检查制，指导和督促操作工人做好日常维护和定期维护工作。

（3）在车间机械员指导下参加设备状况普查、精度检查、调整、治漏，开展故障分析和状态监测等工作。

设备区域维护组织形式的优点是：在完成应急修理时有高度机动性，从而可使设备修理停歇时间最短，而且值班钳工在无人召请时，可以完成各项预防作业和参与计划修理。

设备维护区域划分应考虑生产设备分布、设备状况、技术复杂程度、生产需要和修理钳工的技术水平等因素。可以根据上述因素将车间设备划分成若干区域，也可以按设备类型划分区域维护组，流水生产线的设备则应按线划分维护区域。

区域维护组要编制定期检查和精度检查计划，并规定出每班对设备进行常规检查时间。为了使这些工作不影响生产，设备的计划检查要安排在工厂的非工作日进行，而每班的常规检查要安排在生产工人的午休时间进行。

6.3.5 提高设备维护水平的措施

为提高设备维护水平应使维护工作基本做到三化，即规范化、工艺化、制度化。

规范化就是使维护内容统一，哪些部位该清洗、哪些零件该调整、哪些装置该检查，要根据各企业情况按客观规律加以统一考虑和规定。

工艺化是指根据不同设备制定相应的维护工艺规程，按规程进行维护。

制度化是根据不同设备、不同工作条件，规定不同维护周期和维护时间，并严格执行。

设备维护工作应结合企业生产经营目标进行考核。同时，企业还应发动群众开展专群结合的设备维护工作，进行自检、互检，开展设备大检查。

6.4 设备润滑

机械设备的使用过程，既是其生产产品、创造利润的过程，也是其自身磨损消耗的过程。无数事实证明，磨损是机械设备失效最主要的原因之一。现代机械设备向着高度自动化、高精度、高生产率方向发展，保持其良好的润滑状态是其正常运转的基本条件。

将具有润滑性能的物质加入机器中作相对运动的零件的接触表面上，以减少接触表面间的摩擦，从而降低磨损的技术措施，称为润滑。加入摩擦副中的润滑剂，能够在摩擦表面形成一种润滑膜，这种膜与零件的摩擦表面结合强度较高，因而两个摩擦表面能够被润滑剂有效地隔开，从而起到减小摩擦、减少磨损的作用。

润滑的作用一般可归结为：控制摩擦、减少磨损、降温冷却、防止锈蚀、清洗、密封、减振等。润滑的这些作用是互相依存、互相影响的。如果不能有效地减少摩擦与磨损，就会产生大量的摩擦热，迅速破坏润滑介质及摩擦表面本身。因此，摩擦副短时缺油也可能会出现严重后果。

6.4.1 润滑材料

凡是能够在做相对运动的、相互作用的对偶表面间起到减少摩擦、降低磨损的物质，均可称为润滑材料（又称为润滑剂）。润滑材料大致可划分为以下四大类。

（1）液体润滑材料，包括矿物油、植物油、合成润滑油、乳化液、水和液体金属等。

（2）半固体润滑材料，介于流体和固体之间的塑性状态或高脂状态的半固体，包括各种矿物润滑脂、合成润滑脂、动植物油脂等。

（3）固体润滑材料，常见的有石墨、二硫化钼、二硫化钨、氮化硼及塑料基或金属基自润滑复合材料等。固体润滑材料可工作在恶劣的环境下，突破了油脂润滑的有效极限。

（4）气体润滑材料，采用空气、蒸汽、氮气等气体作润滑剂，可使摩擦表面被高压气体分隔开，形成气体摩擦。

1. 润滑油

润滑油为液态润滑剂，从矿物原油中在350℃以上馏分得润滑油原料，再减压蒸馏精制得馏分润滑油。

（1）润滑油的代号及其意义

润滑油代号的书写形式为：

类别–品种 数字

类别即石油产品的分类，润滑材料类用L。

品种，即分组，工业润滑油和有关产品分为18个组别，分别用A、C、D、E、F、G、T、Z等表示其应用场合，代表全损耗系统、齿轮、压缩机、内燃机、主轴、导轨、汽轮机、蒸汽缸等；根据用途，每组又分为若干种类。例如，齿轮油分为工业闭式齿轮油、工业开式齿轮油和车辆齿轮油。每种润滑油又按质量、使用条件和用途分为几个等级。如工业闭式齿轮油又分为普通工业齿轮油、中载荷工业齿轮油、重载荷工业齿轮油、蜗轮蜗杆油等6个等级。每个等级润滑油有几种牌号。

数字代表黏度等级，相当于40℃时的中间点运动黏度值（mm^2/s），按GB/T 3141—1994规定，有2、3、5、7、10、15、22、32、46、68、100、150、220、320、460、680、1 000、1 500、2 200及3 200共20个等级。如代号L-AN32代表全损耗系统用精制矿物油，40℃时其中间点运动黏度值为32 mm^2/s。

（2）质量指标

润滑油主要有以下几项质量指标。

① 黏度。通常将黏度分为动力黏度、运动黏度及相对黏度（即条件黏度）三种。黏度是各种润滑油分类、分级、质量评定与选用及代用的主要指标。

动力黏度是液体在一定切应力下流动时，内摩擦力的量度。量的符号为η，法定计量单位符号为Pa·s或mPa·s。

运动黏度是液体在重力作用下流动时，内摩擦力的量度，也即是动力黏度与其密度之比。量的符号为 ν，法定计量单位符号为 m^2/s，一般常用 mm^2/s。

相对黏度也称为条件黏度，各国采用的测定相对黏度的黏度计不相同，因而有恩氏黏度、赛氏黏度、雷氏黏度等几种表示方法。我国常用的是恩氏黏度。在规定温度 t℃下，从恩氏黏度计流出200 ml 油品所需要的时间，与同量蒸馏水在20℃时从恩氏黏度计流出时间的比值，即为恩氏黏度，以 Et 表示。按油的规格标准，温度 t 有40℃、50℃、100℃等，表示为 E40、E50、E100 等。

黏温性能是指润滑油黏度随温度变化的程度。变化程度小表示黏温性能好；反之，则黏温性能差。黏温性能一般采用黏度指数、黏温系数及黏度比来表示。在润滑部位工作温度变化较大的条件下，要求在高、低温时都能保持良好的润滑，就应选用黏温性能好的润滑油。

② 倾点。在规定的试验条件下，将盛试验油的试管倾斜45°角，经过 1 分钟，试验油尚未流动的最高温度称为凝点，在新标准中称为倾点。它决定其低温条件下工作的适应性，润滑油工作的最低温度应高于其倾点 5～10℃；同时，还应注意环境温度，因机械停机时，有可能与室温一致，若室温低于倾点，就要先加温再启动机械。

③ 闪点。在规定条件下加热润滑油，当油蒸汽与空气的混合气体与火焰接触时发生闪火现象的最低温度称为闪点。它反映油料在高温下的安全性，因此是润滑油储运与使用的重要指标之一。若不考虑黏度，则最高工作温度应比闪点低 20～30℃。

④ 其他指标。诸如抗氧化性、氧化安定性、腐蚀性、残炭、灰分、机械杂质和水分等，均是润滑油的重要质量指标，不同的机械设备有不同的具体要求，当相应指标超过一定数值时，就说明油的质量不符合要求，应予更换。

(3) 润滑油的添加剂

为了改善润滑油的性能和质量，以适应各种不同的工作条件，在油中掺入少量的化学物质，从而显著地改善其物理、化学性能，如降凝、抗泡沫、增黏度、抗氧化、极压抗磨、防锈、抗腐蚀等。这些掺入料统称为添加剂，约占润滑油质量的 0.01%～5%。目前添加剂的水平已成为衡量一个国家润滑油质量的主要标志。

2. 润滑脂

润滑脂俗称黄油，是介于液体与固体之间的膏状润滑材料，由基础油和稠化剂按一定比例稠化而成，实际上是稠化了的润滑油。

与润滑油相比，润滑脂具有黏附性好、不流失、不滴落、抗压性好、密封防尘好、抗腐蚀性好等优点。但由于润滑脂无法循环流动，难过滤，不起清洁作用，冷却作用较差，摩擦阻力较大，消耗功率较多。因此，应使用润滑油的部位就不应随意改用润滑脂。

(1) 润滑脂的标准、代号

润滑脂代号有 1990 年的新标准 GB/T 7631.8—1990，也有 20 世纪 80 年代以前的旧标准，且目前很多商品仍以旧标准供应。

① 润滑脂代号 GB/T 7631.8—1990 标准。按此新标准规定，润滑脂代号的书写形式为：

类别-组别与性能　数字

其中类别与润滑油同类，用字母 L 表示；组别与性能由 5 个字母组成，代号中各部分含义如表 6-1 所示。数字表示稠度等级，俗称牌号，按锥入度大小分为 9 个稠度等级，如表 6-2所示。

表6-1　润滑脂代号含义

L	X（字母1）	字母2	字母3	字母4	字母5	数字
润滑剂类	润滑脂组别	最低温度	最高温度	水污染（抗水性、防锈性）	极压性	稠度等级

表6-2　润滑脂稠度等级（牌号）

稠度号	000	00	0	1	2	3	4	5	6
锥入度（1/10 mm）	445～475	400～430	355～385	310～340	265～295	220～250	175～205	130～160	85～115

例如，代号L-XBEGB 00表示下述的一种润滑脂：最低工作温度——－20℃；最高工作温度——160℃；环境条件——经受水洗；防锈性——不需要防锈；负荷条件——高负荷；稠度等级——00；锥入度为400～430（1/10 mm）。

② 旧标准润滑脂代号。主要有CB 491—1987、GB 492—1988、GB 7324—1987及ZBE 3 6001～3—1988等，其代号的书写形式为：

组别与稠化剂　数字

其中，组别用字母Z，表示润滑脂；稠化剂用1～2个字母表示；数字即是牌号，是以锥入度的大小来划分，如表6-3所示。

表6-3　润滑脂牌号（旧标准）

牌号	0	1	2	3	4	5	6	7	8	9
锥入度（1/10 mm）	355～385	310～340	265～295	220～250	175～205	130～160	85～115	60～80	35～55	10～30

例如，ZFG-3表示锥入度为220～250（1/10 mm）的复合钙基脂，滴点应不低于220℃。

（2）润滑脂的组成

润滑脂是由基础油、稠化剂、稳定剂和添加剂等组成的。

① 基础油。它是润滑脂中含量最多的成分，占70%～90%，是起润滑作用的主要物质，一般多以润滑油作为基础油。

② 稠化剂。润滑脂中稠化剂含量占10%～30%，分为金属皂、固体烃、有机和无机稠化剂四类，其中以金属皂基稠化剂使用最广。

③ 稳定剂。它是用来改善润滑脂的胶体结构，起稳定油、皂结构的作用，常用的稳定剂有水、甘油、醇、胺、有机酸等。

④ 添加剂。类似于润滑油的添加剂，也有抗氧化、极压抗磨、防锈、防腐蚀等添加剂；此外，有时还加入二硫化钼、石墨等固体添加剂，以提高其性能。

（3）润滑脂的质量指标

① 滴点。在规定的加热条件下，润滑脂开始熔化滴下第一滴油时的温度称为滴点。它表示润滑脂的耐热或抗温的能力，实际使用时，要求滴点比工作温度高20～30℃。滴点的高低主要取决于稠化剂的数量与种类，稠化剂含量越大，滴点越高。烃基脂的滴点为40～70℃，钙基脂的滴点为75～100℃，钠基脂的滴点为140～160℃，锂基脂的滴点为170～180℃。

② 锥入度。它是表示润滑脂软硬程度的指标，单位为1/10 mm。锥入度大，表示稠度小，适用于高速；反之，锥入度小，表示稠度大，适用于低速。一般锥入度大则滴点低。

锥入度是选用润滑脂的重要质量指标之一。

③ 其他指标。还有抗水性、胶体安定性、化学安定性、游离有机酸和碱、机械杂质和水分等，都是润滑脂相当重要的质量指标，在一些特殊工作环境下使用时，应给予特殊考虑。

3. 固体润滑材料

固体润滑是指相互滑动的表面间采用粉末状或薄膜状固体材料作为润滑剂，以减少摩擦和磨损。固体润滑材料已发展成润滑剂的一大分类，适用于润滑油、脂难以胜任的场合，如空间技术的高温、高压、高真空等工作条件下的润滑。

常用的固体润滑材料有以下几种。

（1）石墨。石墨是一种较好的固体润滑材料，呈黑色鳞片状晶体物质。在常压、高温（达400℃）下可长期使用，摩擦系数0.05～0.19。石墨粉剂有F-1～F-4共4个品种。

（2）二硫化钼。二硫化钼是从辉钼矿经化学提纯并多级粉碎得到的黑灰色粉剂，具有良好的黏附性、抗压性和减磨性能。摩擦系数0.03～0.15，能在高温（350℃）和低温（-180℃）下使用，在酸、碱、石油、水等中不溶解，与金属表面不发生化学反应，也不侵蚀橡胶材料。二硫化钼粉剂有MF-0、MF-1、MF-2三个品种。

（3）二硫化钨。二硫化钨是一种良好的固体润滑材料，具有抗压、抗氧化、耐高温性能，摩擦系数0.11～0.13。目前只有一个品种供货。

（4）塑料抗磨材料，如酚醛、尼龙、聚四氟乙烯等，多制成自润滑零件。

6.4.2 润滑材料的选用

在工矿企业的设备事故中，润滑事故占很大的比例，润滑材料的不当使用是引起事故的一个重要因素。正确选用润滑材料是设备润滑工作的重要环节。

1. 润滑材料种类的选择

在各种润滑材料中，润滑油的内摩擦力较小，油膜形成均匀，对摩擦副具有冷却和冲洗作用，清洗换油和补充加油比较方便，废油可再生利用，所以大多数摩擦副应优先选用润滑油。

对长期工作而又不易经常换油、加油的部位或不易密封的部位，应尽可能选用润滑脂，摩擦面处于垂直或非水平方向要选用高黏度润滑油或润滑脂，摩擦面粗糙的特别是冶金和矿山的开式齿轮传动应优先选用润滑脂。

对不适于采用润滑油、脂的地方，如负荷过重或有剧烈的冲击、振动、工作温度范围较宽或极高、极低，相对运动速度低而又需要减少爬行现象，真空或有强烈辐射等极端或苛刻的条件下，最适合采用固体润滑材料。近年来的经验证明，在许多设备上采用固体润滑材料代替润滑油、脂都能取得更好的润滑效果。

2. 润滑材料的选用原则

（1）负荷大小。负荷小的采用黏度小的油或锥入度大的脂；负荷大的则采用黏度大的油或锥入度小的脂。重负荷应考虑油或脂的极压性能，用极压性能好的油仍不易形成油膜时，应考虑选用锥入度小的脂。

（2）运动速度与运动状态。速度高的选用黏度较小的油或锥入度较大的脂，速度低的选用黏度较大的油或锥入度较小的脂。当承受冲击、交变负荷，或摆动、往复与间歇运动时，不利于油膜的形成，应选用较大黏度的润滑油或者用润滑脂与固体润滑材料。

（3）工作温度。工作温度高，应选用黏度较大、闪点较高、油性与氧化安定较好的油或滴点较高的脂；工作温度低，应选用黏度较小和倾点低的油或锥入度较大的脂；工作温度变化较大时，应选用黏温性能较好的油或温度适应性较好的脂与固体润滑材料。

（4）摩擦副的结构与润滑方式。摩擦副间隙小，要求润滑油的黏度小和润滑脂的锥入度大，以利于进入间隙小的摩擦副；摩擦表面越粗糙，就要求油膜越厚，选用的润滑油的黏度就越高，润滑脂的锥入度也越小；对于稀油循环润滑系统，要求采用精制的、杂质少和抗氧化安定性好的润滑油；对飞溅和油雾润滑件，油接触空气的机会多，要求油的抗氧化性能要好。对于集中供脂的润滑系统，则要求润滑脂具有良好的可输送性。

（5）周围环境。在有水或潮湿的环境条件下，应考虑润滑油的抗乳化度和选用抗水性好的润滑脂。有腐蚀介质存在的环境还要求润滑油、脂具有良好的防腐性能。

表 6-4 与表 6-5 给出了常用润滑油、脂的质量指标与主要用途，可供选用时参考。

表 6-4　常用的润滑油的主要性质和用途

名　称	代　号	运动黏度 /(mm^2/s)40℃	倾点 /℃	闪点 /℃	主要用途
全损耗系统用油（GB 443—1989）	L-AN15	13.5～16.5	-5	150	用于小型机床齿轮箱、传动装置轴承，中小型电机，风动工具等
	1-AN22	19.8～24.2			
	L-AN32	28.8～35.2			用于一般机床齿轮变速箱、中小型机床导轨及 100 kW 以上电机轴承
	L-AN46	41.4～50.6		160	主要用在大型机床、大型刨床上
	L-AN68	61.2～74.8			主要用在低速重载的纺织机械及重型机床、锻压、铸造设备上
	L-AN100	90.0～110		180	
	L-AN150	135～165			
工业闭式齿轮油（GB 5903—1995）	L-CKC68	61.2～74.8	-8	180	适用于煤炭、水泥、冶金工业部门大型封闭式齿轮传动装置的润滑
	L-CDC100	90.　0～110			
	L-CKC150	135～165		200	
	L-CKC220	198～242			
	L-CKC320	288～352			
	L-CKC460	414～506			
	L-CKC680	612～748	-5	220	
液压油（GB 11118.1—1994）	L-HL15	13.5～16.5	-12	140	适用于机床和其他设备的低压齿轮泵，也可以用于使用其他抗氧防锈型润滑油的机械设备（如轴承和齿轮等）
	L-HL22	19.8～24.2	-9		
	L-HL32	28.8～35.2	-6	160	
	L-HL46	41.4～50.6		180	
	L-HL68	61.2～74.8			
	L-HL100	90.0～110			

续表

名　　称	代　　号	运动黏度 /(mm^2/s)40℃	倾点 /℃	闪点 /℃	主要用途
汽轮机油 (GB 11120—1989)	L-TSA32	28.8～35.2	-7	180	适用于电力、工业、船舶及其他工业汽轮机组、水轮机组的润滑和密封
	L-TSA46	41.4～50.6			
	L-TSA68	61.2～74.8		195	
	L-TSA100	90.0～110			
L-CPE/P 蜗轮蜗杆油 (SH 0094—1991)	220	198～242	-12		用于铜-钢配对的圆柱形、承受重负荷、传动中有振动和冲击的蜗轮蜗杆副
	320	288～352			
	460	414～506			
	680	612～748			

表 6-5　常用润滑脂的主要性质和用途

名　　称	代　　号	滴点 (/℃) 不低于	工作锥入度 (25℃，150 g) /(1/10 mm)	主要用途
钙基润滑脂 (GB 491—1987)	L-XAAMHA1	80	310～340	有耐水性能。用于工作温度低于 55～60℃的各种工农业、交通运输机械设备的轴承润滑，特别是有水或潮湿处
	L-XAAMHA2	85	265～295	
	L-XAAMHA3	90	220～250	
	L-XAAMHA4	95	175～205	
钠基润滑脂 (GB 492—1989)	L-XACMGA2	160	265～295	不耐水（或潮湿）。用于工作温度在 -10～110℃的一般中负荷机械设备轴承润滑
	L-XACMGA3		220～250	
通用锂基润滑脂 (GB 7324—1987)	ZL-1	170	310～340	有良好的耐水性和耐热性。适用于温度在 -20～120℃范围内各种机械的滚动轴承、滑动轴承及其他摩擦部位的润滑
	ZL-2	175	265～295	
	ZL-3	180	220～250	
钙钠基润滑脂 (ZBE 36001—1988)	ZGN-1	120	250～290	用于工作温度在 80～100℃、有水分或较潮湿环境中工作的机械润滑，多用于铁路机车、列车、小电动机、发电机滚动轴承（温度较高者）的润滑。不适于低温工作
	ZGN-2	135	200～240	
石墨钙基润滑脂 (ZBE 36002—1988)	ZG-S	80		人字齿轮，起重机、挖掘机的底盘齿轮，矿山机械、绞车钢丝绳等高负荷、高压力、低速度的粗糙机械润滑及一般开式齿轮润滑，能耐潮湿
滚动轴承润滑脂 (SY 1514—1982)	ZGN69-2	120	250～290 (-40℃时为 30)	用于机车、汽车、电机及其他机械的滚动轴承润滑
7407 号齿轮润滑脂（SY 4036—1984）		160	75～90	适用于各种低速，中、重载荷齿轮、链和联轴器等的润滑，使用温度≤120℃，可承受冲击载荷
高温润滑脂 (GB 11124—1989)	7014-1 号	280	62～75	适用于高温下各种滚动轴承的润滑，也可用于一般滑动轴承和齿轮的润滑。使用温度为 -40～200℃

6.4.3　润滑方式与装置

将润滑剂按规定要求送往各润滑点的方法称为润滑方式。为实现润滑剂按规定润滑方式供给而采用的各种零部件及设备统称为润滑装置。

在选定润滑材料后，就需要用适当的方法和装置将润滑材料送到润滑部位，其设计要求是：保证润滑的质量及可靠性，力求减少耗油量及提高经济性，注意系统冷却作用，注重装置的标准化、通用化，尽量减少润滑系统维护工作量等。

1. 油润滑方式及装置

（1）手工给油润滑。手工给油润滑装置简单，使用方便，在需润滑的部位开个加油孔即可用油壶、油枪进行加油。一般用于低速、轻负荷的简易小型机械，如小型电动机、台式钻床和缝纫机等。

（2）滴油润滑。使用各种油杯自动供油。构造简单，使用方便，但给油量不易控制，机械的振动、温度的变化和液面的高低都会改变滴油量。

① 针阀式油杯（如图 6-1(a) 所示）。供油时，将手柄 1 竖起，提起针阀 4，油通过针阀与阀座间的缝隙、油孔自动流出。供油量用螺母 2 控制针阀的开启高度来调节。停止供油时，可将手柄扳倒，针阀在弹簧 3 的压力下堵住油孔。这种方法供油可靠，但滴油量直接受油杯中油位高低的影响

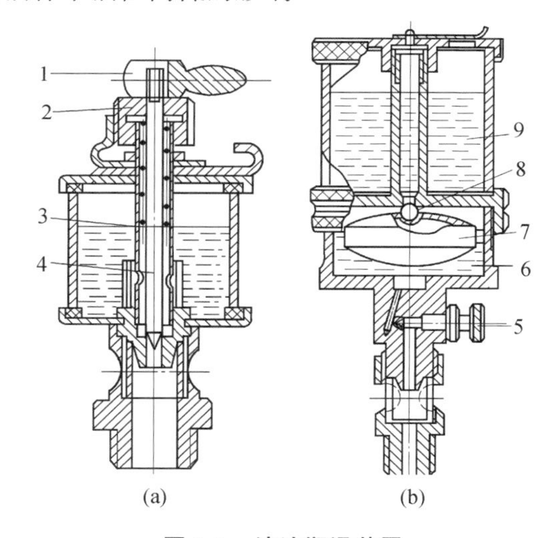

图 6-1　滴油润滑装置

1—手柄；2—旋转螺母；3—弹簧；4、5—针阀；6—下油室；7—浮子阀；8—钢球；9—上油室

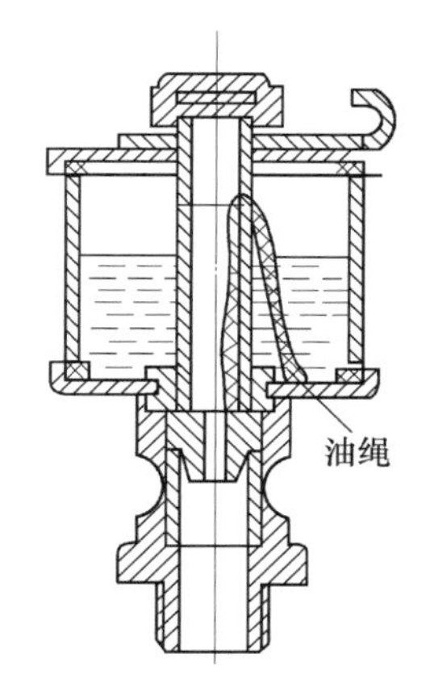

图 6-2　油绳润滑装置

② 均匀滴油油杯（如图 6-1(b) 所示）。油杯有上下两个油室 9 和 6，下油室中有浮子阀 7。当下油室的油面降低时，浮子阀下降，将中间油孔打开，油从上油室补充到下油室，待油面达到一定高度后，浮子阀浮起，钢球 8 堵住油孔，这样使下油室油面高度保持不变，均匀滴油。油量靠针阀 5 调节。

（3）油池润滑。油池润滑是将需润滑的部件设置在密封的箱体中，使需要润滑的零件的一部分浸在油池的油中。油池润滑的优点是自动可靠，给油充足；缺点是油的内摩擦损失较大，且引起发热，油池中可能积聚冷凝水。

（4）飞溅润滑。利用高速旋转的零件或依靠附加的零件将油池中的油溅散成飞沫向摩擦部件供油。

（5）用油绳、毡垫或泡沫塑料等浸在油中，利用毛细管的虹吸作用进行供油。油绳和油垫本身可起到过滤的作用，能使油保持清洁，供油连续均匀，但油量不易调节，如图6-2所示。适用于低、中速机械。

（6）油环、油链润滑。只用于水平轴，如风扇、电机、机床主轴的润滑，依靠套在轴上的环或链把油从油池中带到轴上流向润滑部位，如图6-3所示。油环润滑适用于转速为50～3 000 r/min的水平轴。油链润滑适于低速机械，不适于高速机械。

（7）强制送油润滑。强制送油润滑有三种形式：不循环润滑、循环润滑和集中润滑。强制送油润滑是用泵将油压送到润滑部位，润滑充分可靠，冷却和冲洗效果好，易控制供油量大小。广泛应用于大型、重载、高速、精密、自动化的各种机械设备中。

（8）喷雾润滑。利用压缩空气将油雾化，再经喷嘴喷射到所润滑表面，如图6-4所示。由于压缩空气和油雾一起被送到润滑部位，因此有较好的冷却效果。喷雾润滑用于高速滚动轴承及封闭的齿轮、链条等。

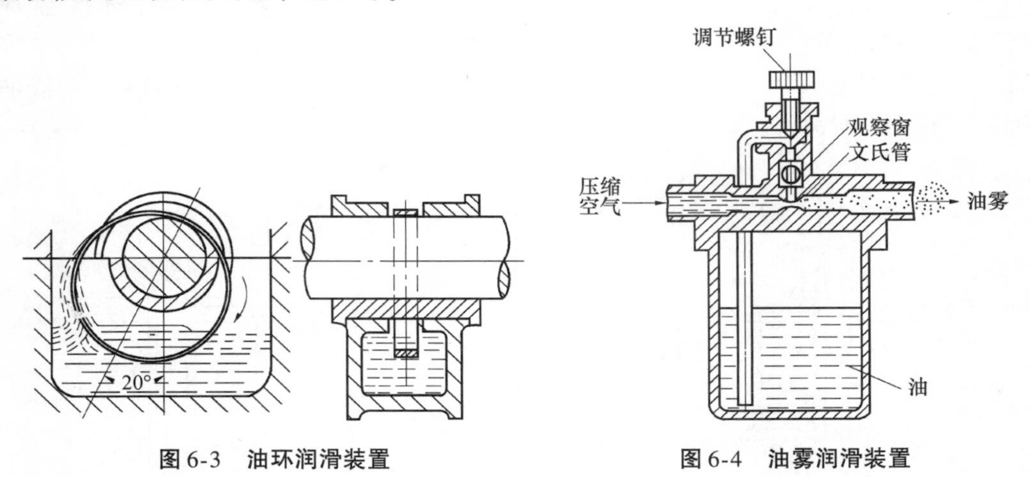

图6-3　油环润滑装置　　图6-4　油雾润滑装置

油润滑方式的优点是油的流动性较好，冷却效果佳，易于过滤除去杂质，可用于所有速度范围的润滑，使用寿命较长，容易更换，油可以循环使用，缺点是密封比较困难。

2. 脂润滑方式及装置

（1）手工润滑。利用脂枪把润滑脂从注油孔注入或者直接用手工填入润滑部位，用于高速运转而又不需要经常补充润滑脂的部位。

（2）脂杯式润滑。将润滑脂装在脂杯里向润滑部位自动注入润滑脂进行润滑。

（3）集中供脂润滑。由供脂泵将润滑脂罐里的润滑脂输送到各管道，再经分配阀将润滑脂定时定量地分送到各润滑点去。用于润滑点很多的车间或工厂。

与润滑油相比，润滑脂的流动性、冷却效果都较差，杂质也不易除去，因此润滑脂多用于低、中速机械。

3. 固体润滑装置

固体润滑剂通常有4种类型，即整体润滑剂、覆盖膜润滑剂、粉末润滑剂和组合、复合材料润滑剂。如果固体润滑剂以粉末形式混在油或脂中，则润滑装置可采用相应的油、脂润滑装置；如果采用覆盖膜润滑剂、整体润滑剂或组合、复合材料润滑剂，则不需要借助任何润滑装置来实现润滑作用。

在润滑工作中，对润滑方式及其装置的选择，必须从机械设备的实际情况出发，即设备的结构、摩擦副的运动形式、速度、载荷、精密程度和工作环境等条件来综合考虑。

6.4.4　设备润滑管理的主要内容

设备润滑管理是指对企业设备的润滑工作，进行全面合理的组织和监督，按技术规范的要求，实现设备的合理润滑和节约用油，使设备正常安全的运行。它包括建立和健全润滑管理的组织、制定并贯彻各项润滑管理工作制度、实施润滑“五定”、开展润滑工作的计划与定额管理、强化润滑状态的技术检查以及认真做好废油的回收与再生利用等。

1. 润滑管理机构与职责

(1) 设置管理机构

设备润滑一般由设备管理部门统一进行管理，其他各部门协同合作，按分级管理方法组成管理体系，如图 6-5 所示。润滑管理机构的设置可根据企业的规模大小、生产特点及维修方式来确定。

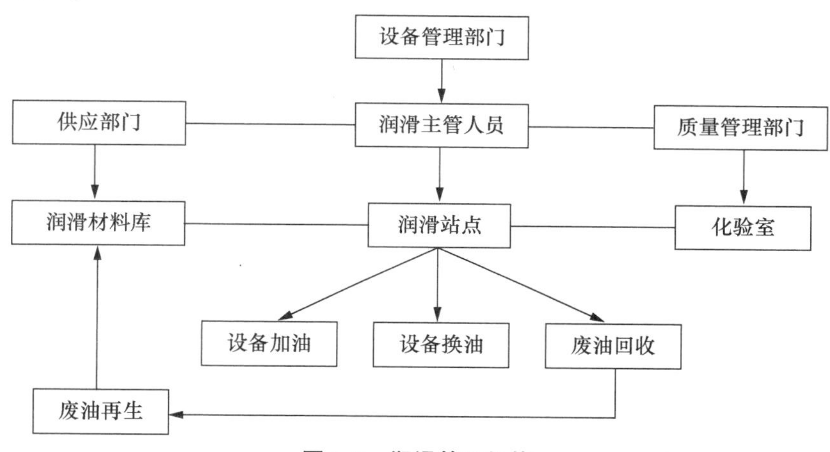

图 6-5　润滑管理机构

(2) 各管理部门的职责

① 设备管理部门的职责。组织制定润滑油管理制度；审定润滑油品的消耗定额，制定年度用油计划；确定设备的润滑油品种及代用油品；监督润滑油品的选购、保管、发放和使用，检查润滑油站及润滑工作制度的执行情况等。

② 供应部门的职责。按年度计划的润滑油品种、规格数量采购润滑油品；负责油品与器具的保管和发放；按规定时间对库存油品提出质量检验委托；负责废油回收、再生和报废处理工作。

③ 车间工段的职责。执行润滑规程制度；提出年、季和月度润滑油品计划；检查操作、维修及专职人员润滑工作；废油回收。

④ 操作、维修及专职人员的职责。严格按润滑管理制度进行设备润滑工作；定时检查设备润滑状况；做好润滑记录。

2. 润滑工作的实施

(1) 润滑卡片的制定。润滑卡片是润滑科学管理的重要措施，各企业生产特点不同，卡片的内容不尽相同，但“润滑五定”则是较好的操作形式。

(2) 设备“润滑五定”工作的要求。

① 定点。确定设备的润滑部位，按润滑五定图或卡片对设备润滑部位加入润滑剂。

② 定质。根据润滑卡片规定的油品牌号、规格加入润滑剂。

③ 定时。按规定时间给设备加油、换油，大型设备的油箱定期取样化验。

④ 定量。按规定数量给设备加油和补充油。

⑤ 定人。明确负责设备各润滑点的专职人员、操作人员、维修人员及各自责任。

对于重要、关键设备，应尽可能绘制润滑五定图。这是一种指示出润滑部位的简图，并附有润滑五定表，如表 6-6 所示。

表 6-6 设备润滑图表

××××厂	设备名称	铣床	润滑图表	设备编号
机加工车间	设备型号			

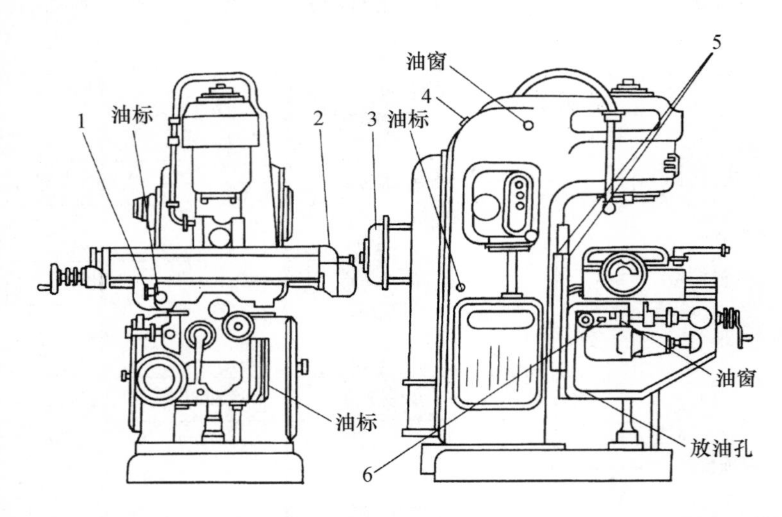

序号	润滑部位	润滑方式	润滑材料	油量（kg）	润滑周期	润滑负责人
1	手拉泵	油壶	L-AN46 全损耗系统用油	0. 2	每班二次	操作者
2	工作台丝杠轴承	油枪	L-AN46 全损耗系统用油	数滴	每班一次	操作者
3	电动机轴承	填入	2 号锂基脂	2/3 空间	半年换一次	电工
4	主轴变速箱	油壶	L-AN46 全损耗系统用油	24	半年换一次	润滑工
5	升降台导轨	油枪	L-AN46 全损耗系统用油	数滴	每班一次	操作工
6	进给变速箱	油壶	L-AN46 全损耗系统用油	5	半年换一次	润滑工

(3) 润滑油的“三级过滤”工作。“三级过滤”是指入库过滤、发放过滤、加油过滤。

(4) 润滑油的储存与保管。

① 储存环境。润滑油库房应清洁干燥，器具完好，通风良好，安全防火。

② 油品保存。容器清洁完好，油品分类存放，标明牌号、入库时间及质量检验结果。

③ 质量指标。库存油品一般 3 个月检验一次，如不合格，不得自行处理。

④ 保管资料。包括润滑管理制度、质量标准、用油的统一规定、消耗定额管理、油品合格证及检验分析报告。

（5）润滑油的使用和发放。按规定使用，按计划与仓库有关制度发放，油品变更必须经专业人员审定。

（6）润滑油站和器具的管理。

① 润滑油站规格及要求。选定地点集中管理，室内干燥通风，地面墙面便于清洁，备有灭火设施，润滑设备标牌明显。

② 润滑油器具配备。包括润滑油桶、油壶、过滤斗、白色搪瓷接油盘、润滑脂桶、小铲或注油器等。

③ 润滑站点管理。安排专人负责管理，要求内部清洁有序；润滑油容器标示正确、清楚，防止混装；在墙上公布各项润滑制度。

6.5　设备检修管理

设备检修是设备技术状态劣化到某一临界状态时，为恢复其功能而进行的技术活动。设备的检修，必须贯彻预防为主的方针，根据企业的生产性质、设备特点及设备在生产中所起的作用，选择适当的方式。目前，我国大多数企业采用计划检修方式。

6.5.1　设备计划检修的类别

1. 设备计划检修分类

根据检修的性质，对设备检修的部位、修理内容及工作量的大小，把设备计划检修分为不同种类，以实行不同的组织管理。一般分为设备的小修、中修、项修、大修和系统停车大检修等。

（1）小修。小修主要是清洗、更换和修复少量容易磨损和腐蚀的零部件，并调整机构，以保持设备良好技术状态。

（2）中修。中修包括小修项目，此外还对机器设备的主要零部件进行局部修理，并更换那些经过鉴定不能继续使用到下次中修时的主要零部件。

（3）项修。项目修理（简称项修）是对设备精度、性能的劣化缺陷进行针对性的局部修理。项修时，一般要进行局部拆卸、检查，更换或修复失效的零件，必要时对基准件进行局部修理和修正坐标，从而恢复所修部分的性能和精度。

（4）大修。大修是一种复杂、工作量大的修理。大修时要对机器设备进行全部拆卸分解，更换和修复已经磨损及腐蚀的零件，以求恢复机器设备的原有性能。为了提高装置的技术水平和综合功能，在大修时有时也对设备进行技术改造。

（5）系统停车大检修。这种检修是整个系统或几个系统直至全厂性的停车大检修，修理面很广，通常将系统中的主要设备和那些不停车不能检修的设备及一些主要公用工程（如管道、阀门等），都安排在系统停车大检修中进行。

（6）定期精度调整。定期精度调整是对精、大、稀机床的几何精度进行定期调整，使其达到（或接近）规定标准。精度调整的周期一般为 1～2 年，调整时间适宜安排在气温变化较小的季节。实行定期精度调整，有利于保持机床精度的稳定性，以保证产品质量。

2. 检修周期和检修周期结构

设备检修周期与检修周期结构是建立在设备磨损与摩擦理论基础上的，是指导计划修理的基础。

(1) 检修周期。对已在使用的设备来说，是指两次相邻大修理之间的间隔时间；对新设备来说，是指开始使用到第一次大修理之间的间隔时间（单位：月或年）。

(2) 检修间隔期。检修间隔期是指两次相邻计划修理之间的工作时间（单位：月）。确定检修间隔期须遵循使设备计划外停机时间达到最低限度的原则。

(3) 检修周期结构。检修周期结构是指在一个检修周期内应采取的各种修理方式的次数和排列顺序。各企业在实行计划修理中，应根据自己的生产、设备特点，确定各种修理形式的排列顺序，既要符合设备的实际需要，又要研究其修理的经济性。

6.5.2 检修计划的编制

设备检修计划是建立在设备运行理论和工作实践的基础之上，计划的编制要准确、真实地反映生产与设备相互关联的运动规律。

设备检修计划必须同生产计划同时下达、同时考核。设备检修计划包括各类检修和技术改造，是企业维持简单再生产和扩大再生产的基本手段之一。

1. 检修计划的类别及内容

(1) 年度检修计划包括大修、项修、技术改造、实行定期维修的小修和定期维护，以及更新设备的安装等项目。

(2) 季度检修计划包括按年度计划分解的大修、项修、技术改造、小修、定期维护及安装和按设备技术状态劣化程度，经使用单位或部门提出的必须小修的项目。

(3) 月份检修计划的内容包括以下几个方面。

① 按年度分解的大修、项修、技术改造、小修、定期维护及安装。

② 精度调整。

③ 根据上月设备故障检修遗留的问题及定期检查发现的问题，必须且有可能安排在本月的小修项目。

年度、季度、月份检修计划是考核企业及车间设备检修工作的依据。表 6-7 为年度设备检修计划样例，季度、月份检修计划格式与内容相近，只是计划时间不一样。

表 6-7 年度设备检修计划表

制表时间： 年 月 日

序号	使用单位	设备编号	设备名称	型号规格	设备类型	修理复杂系数			修理类别	主要修理内容	修理工时定额					停歇天数	计划进度（季度）				修理费用	承修单位	备注
						机	电	热			合计	钳工	电工	机加	其他		一	二	三	四			

总工程师： 设备科长： 计划员：

（4）年度设备大修理计划和年度设备定期维护计划（包括预防性试验）。设备大修计划主要供企业财务管理部门准备大修理资金和控制大修理费用，并上报管理部门备案。

2. 检修计划的编制依据

（1）设备的技术状态。由车间设备工程师（或设备员）根据日常点检、定期检查、状态监测和故障检修记录所积累的设备状态信息，结合年度设备普查鉴定（企业的设备普查一般安排在每年的第三季度，由设备管理部门组织实施）的结果，综合分析后向设备管理部门填报设备技术状态普查表。对技术状态劣化须检修的设备，应列入年度检修计划的申请项目。

（2）生产工艺及产品质量对设备的要求。由企业工艺部门根据产品工艺要求提出，如设备的实际技术状态不能满足工艺要求，应安排计划检修。

（3）安全与环境保护的要求。根据国家和有关主管部门的规定，设备的安全防护装置不符合规定，排放的气体、液体、粉尘等污染环境时，应安排改善修理。

（4）设备的检修周期与检修间隔期。设备的检修周期和检修间隔期是根据设备磨损规律和零部件使用的寿命，在考虑到各种客观条件影响程度的基础上确定的。这也是编制检修计划的依据之一。

编制季度、月份计划时，应根据年度检修计划，并考虑到各种因素的变化（修前生产技术准备工作的变化、设备事故造成的损坏、生产工艺要求变化对设备的要求、生产任务的变化对停修时间的改变及要求等），进行适当调整和补充。

3. 检修计划的编制

（1）年度检修计划。年度设备检修计划是企业全年设备检修工作的指导性文件。对年度设备检修计划的要求是：力求达到既准确可行又有利于生产。

编制年度检修计划应注意以下 5 个环节。

① 切实掌握需修设备的实际技术状态，分析其检修的难易程度。

② 与生产管理部门协商重点设备可能交付检修的时间和停歇天数。

③ 预测修前技术、生产准备工作可能需要的时间。

④ 平衡维修劳动力。

⑤ 对以上 4 个环节出现的矛盾提出解决措施。

一般在每年 9 月份编制下一年度设备检修计划，编制过程可按以下四步进行。

① 搜集资料。计划编制前，要做好资料搜集和分析工作。主要包括两个方面：一是设备技术状态方面的资料，如定期检查记录、故障检修记录、设备普查技术状态表以及有关产品工艺要求、质量信息等，以确定检修类别；二是年度生产大纲、设备修理定额、有关设备的技术资料以及备件库存情况。

② 编制草案。在正式提出年度检修计划草案前，设备管理部门应在主管厂长（或总工程师）的主持下，组织工艺、技术、使用、生产等部门进行综合的技术经济分析论证。

③ 平衡审定。计划草案编制完毕后，分发生产、计划、工艺、技术、财务以及使用等部门讨论，提出项目的增减、检修停歇时间长短、停机交付检修日期等各类修改意见，经过综合平衡，正式编制出检修计划，由设备管理部门负责人审定，报主管厂长批准。

④ 下达执行。每年 12 月份以前，由企业生产计划部门下达下一年度设备检修计划，作为企业生产、经营计划的重要组成部分进行考核。

（2）季度检修计划。它是年度检修计划的实施计划，必须在落实停修时间、修理技术、生产准备工作及劳动组织的基础上编制。按设备的实际技术状态和生产的变化情况，它可能使年度计划有变动。季度检修计划在前一季度第二个月开始编制。可按编制计划草案、平衡审定、下达执行三个基本程序进行，一般在上季度最后一个月10日前由计划部门下达到车间，作为其季度生产计划的组成部分加以考核。

（3）月份检修计划。它是季度计划的分解，是执行检修计划的作业计划，是检查和考核企业检修工作好坏的最基本的依据。在月份检修计划中，应列出应修项目的具体开工、竣工日期，对跨月份项目可分阶段考核。应注意与生产任务的平衡，要合理利用维修资源。一般每月中旬编制下一个月份的检修计划，经有关部门会签、主管领导批准后，由生产计划部门下达，与生产计划同时检查考核。

6.5.3 设备检修计划的实施

1. 设备检修前准备

修前准备工作完善与否，将直接影响到设备的修理质量、停机时间和经济效益。设备管理部门应认真做好修前准备工作的计划、组织、指挥、协调和控制工作，定期检查有关人员所负责的准备工作完成情况，发现问题应及时研究并采取措施解决，保证满足修理计划的要求。

设备修前准备工作主要包括两个方面：修前技术准备和修前生产准备。

（1）修前技术准备

修前技术准备工作内容主要有修前预检、修前资料准备和修前工艺准备。

① 修前预检。修前预检是对设备进行全面的检查，它是修前准备工作的关键。其目的是要掌握待修理设备的技术状态（如精度、性能、缺损件等），查出有毛病的部位，以便制订经济合理的修理作业计划，并做好各项修前准备工作。通常根据设备的复杂程度来确定预检的时间。一般设备宜在修前三个月左右进行。对精、大、稀以及需结合改造的设备宜在修前六个月左右进行。通过预检，必须准确而全面地提出更换件和修复件明细表，准确而齐全地测绘更换件和修复件，以保证提供可靠的配件制造图样。

② 修前资料准备。预检结束后，主修技术员须准备更换零部件图样，结构装配图，传动系统图，液压、电器、润滑系统图，外购件和标准件明细表以及其他技术文件等。

③ 修前工艺准备。资料准备工作完成后，就需着手编制零件制造和设备修理的工艺规程，并设计必要的工艺装备等。

（2）修前生产准备

修前生产准备包括：材料及备件准备，专用工、检具的准备，设备停修前的准备，修理作业计划的编制。

① 材料及备件的准备。根据年度检修计划，企业设备管理部门编制年度材料计划，提交企业材料供应部门采购。

备件管理人员按更换件明细表核对库存后，不足部分组织临时采购和安排配件加工。铸、锻件毛坯是配件生产的关键，因其生产周期长，故必须重点抓好，列入生产计划，保证按期完成。

② 专用工、检具的准备。专用工、检具的生产必须列入生产计划，根据修理日期分别组织生产，验收合格入库编号后进行管理。通用工、检具应以外购为主。

③ 设备停修前的准备。以上生产准备工作基本就绪后，要具体落实停修日期。修前对设备主要精度项目进行必要的检查和记录，以确定主要基础件（如导轨、立柱、主轴等）的修理方案。最后，切断电源及其他动力管线，放出切削液和润滑油，清理作业现场，办理交接手续。

④ 修理作业计划的编制。修理作业计划由修理单位的计划员负责编制，并组织主修机械和电气的技术人员、修理工（组）长讨论审定。对一般中、小型设备的大修，可采用“横道图”作业计划加上必要的文字说明；对于结构复杂的高精度、大型、关键设备的大修，应采用网络计划。

修理作业计划的主要内容是：作业程序；分阶段、分部作业所需的工人数、工时数及作业天数；对分部作业之间相互衔接的要求；需要委托外单位劳务协作的事项及时间要求；对用户配合协作的要求等。

2. 检修过程管理

（1）设备交付修理。设备使用单位应按修理计划规定的日期，在修前认真做好生产任务的安排。对由企业机修车间和企业外修单位承修的设备，应按期移交给修理单位。如果设备在安装现场进行修理，使用单位应在移交设备前，彻底擦洗设备和把设备所在的场地扫干净，移走产成品或半成品，并为修理作业提供必要的场地。

（2）修理施工。在修理施工过程中，通常应抓好以下几个环节。

① 解体检查。设备解体后，由主修技术人员与修理工人密切配合，及时检查零部件的磨损、失效情况，特别要注意有无在修前未发现或未预测到的问题，并尽快完成以下工作：按检查结果补充修换件明细表；修改、补充材料明细表；修改完善修理技术任务书；尽快发出临时制造的配件图样。计划调度人员应会同修理工（组）长，根据解体检查的实际结果及修改补充后的修理技术文件，及时修改和调整修理作业计划，并将作业计划张贴在作业施工的现场，以便于参加修理的人员随时了解施工进度要求。

② 生产调度。计划调度人员及修理工（组）长应每日检查作业计划的完成情况，特别要注意关键线路上的作业进度。发现施工作业中的问题，及时协调解决，努力做到不发生待工、待料和延误进度的现象。

③ 工序质量检查。修理工人在每道工序完毕经自检合格后，须经质量检验员检验，确认合格后方可转入下道工序。

④ 临时配件制造进度。修复件和临时配件的修理进度，往往是影响修理工作不能按计划进度完成的主要因素。应按修理装配先后顺序的要求，对关键件逐件安排加工工序作业计划，找出薄弱环节，采取措施，保证满足修理进度的要求。

（3）竣工验收。设备大修理完毕经修理单位试运转并自检合格后，进行竣工验收。验收由企业设备管理部门的代表主持，要认真检查修理质量和查阅各项修理记录是否齐全、完整。经设备管理部门、质量检验部门和使用单位的代表一致确认，通过修理已完成修理任务书规定的修理内容并达到规定的质量标准及技术条件后，各方代表在设备修理竣工报告单上签字验收。如验收中交接双方意见不一，应报请企业总机械师（或设备管理部门负责人）裁决。

设备大修竣工验收后，修理单位将修理技术任务书、修换件明细表、材料明细表、试车及精度检验记录等作为附件随同设备修理竣工报告单报送修理计划部门，作为考核计划完成的依据。

3. 设备的委托修理

当本企业在维修技术和能力上不具备自己修理需修设备的条件，必须委托外企业承修。一般由企业的设备管理部门负责委托设备专业修理厂、制造厂或其他有能力的企业承修，并签订设备修理经济合同。目前，在我国一些大型企业内部，生产分厂和修造分厂之间也实行了设备委托修理办法，利用经济杠杆的作用来促进设备维修和管理水平的提高。

办理设备委托修理的工作程序一般分以下三步。

(1) 分析确定委托修理项目。

(2) 选择承修企业。

(3) 与承修企业协商签订合同。

6.6 备件管理

在维修工作中，为保证检修计划正常实施与缩短修理停歇时间而事先准备的各种零部件称为备件。根据供应来源，备件可分为自制件和外购件两大类。

备件管理是指备件的计划、生产、订货、供应、储备的组织与管理，它是设备维修资源管理的主要内容。备件管理是维修活动的重要组成部分，只有科学合理地储备与供应备件，才能使设备的维修任务完成得既经济又能保证进度。

6.6.1 备件的库存控制

备件库存控制是通过分析掌握备件的需求，预测备件的消耗量，确定比较合理的备件储备定额，以期通过尽可能少的资金占用最大限度地满足生产检修的需要。

1. 备件储备定额的构成

备件的储备量随时间的变化规律，可用图6-5描述。当时间为0时，储备量为Q_0，随着时间的推移，备件陆续被领用，储备量逐渐递减；当储备量递减至订货点Q_d时，采购人员以Q_p批量去订购备件，并要求在T时间段内到货；当储备量降至Q_{min}时，新订购的备件入库，备件储备量增至Q_{max}，至此完成一个变化周期。

备件储备定额包括最大储备量Q_{max}、最小储备量Q_{min}、每次订货的经济批量Q_p和订货点Q_d。

备件储备量的实际变化情况不会像图6-6那样有规律，如图6-7所示，所以必须有一个最小储备量，以供不测之需。最小储备量定得越高，发生缺货的可能性越小；反之，发生缺货的可能性越大。因此，最小储备量实际上是保险储备。

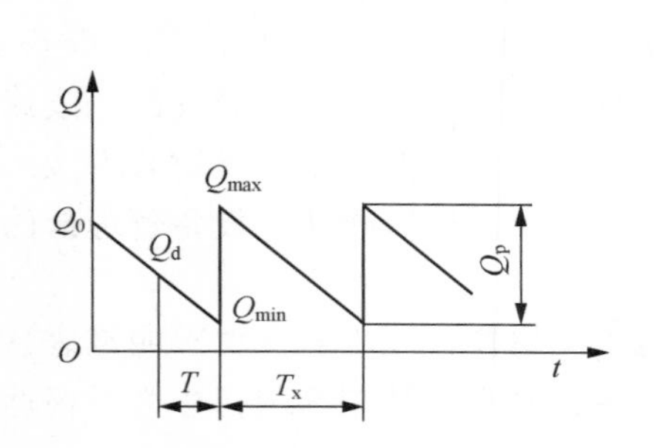

图6-6 理想情况下备件储备量变化规律

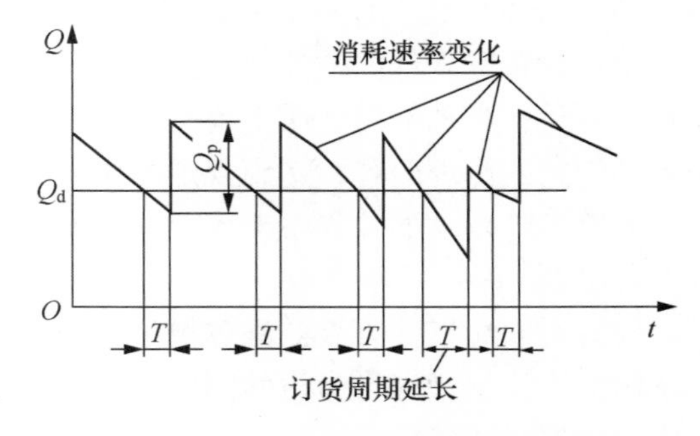

图6-7 实际备件储备量变化情况

最小储备量在正常情况下是闲置的，企业还要为它付出储备流动资金及持有费用。但又不能盲目降低最小储备量，否则可能发生备件缺货。怎样才能降低最小储备量？这取决于对未来备件消耗量作出准确的预测。

对备件过去的消耗量进行统计分析，可以预测备件将来的消耗趋势。目前，还没有一个有效且通用的预测方法，企业可根据实际情况灵活制定自己的预测方法。

2. 备件储备定额的确定

确定备件订货点应以订货周期内备件消耗量预测值（N_h）为依据，要求订货点储备量必须足够用到新备件进库，即订货点 Q_d 大于订货周期内备件消耗量。

备件订货点：

$$Q_d = kN_h \tag{6-1}$$

式中　k——保险系数，一般取 $k=1.5\sim2$；

N_h——订货周期内备件消耗量预测值。

备件的最小储备量：

$$Q_{min} = (k-1)N_h \tag{6-2}$$

备件订货的经济批量：

$$Q_p = \sqrt{2NR/ID} \tag{6-3}$$

式中　N——备件的年度消耗量；

R——每次订货的订购费用；

I——年度的持有费率（以库存备件金额的百分率来表示）；

D——备件的单价。

备件的最大储备量：

$$Q_{max} = Q_{min} + Q_p \tag{6-4}$$

例 6-1　某公司进行汽车维护保养，需更换发动机机油滤清器。机油滤清器的单价为 15 元，年持有费率为 20%，年消耗量为 600 件（统计分析预测），订货周期为 30 天，订货周期内消耗量预测值为 60 件，每次订购费为 50 元。试计算机油滤清器的储备定额。

解：根据题意：已知 $N_h=60$ 件，$N=600$ 件，$R=50$ 元，$I=20\%$，$D=15$ 元/件。为保证备件供应，取保险系数 $k=1.8$。

备件的订货点 Q_d：

$$Q_d = kN_h = 1.8\times60 = 108 \text{（件）}$$

备件的最小储备量 Q_{min}：

$$Q_{min} = (k-1)N_h = (1.8-1)\times60 = 48 \text{（件）}$$

备件订货的经济批量 Q_p：

$$Q_p = \sqrt{2NR/ID} = \sqrt{2\times600\times50/0.2\times15} \approx 142 \text{（件）}$$

备件的最大储备量 Q_{max}：

$$Q_{max} = Q_{min} + Q_p = 48 + 142 = 190 \text{（件）}$$

3. 备件库存控制 ABC 管理法

备件的 ABC 管理法是物资管理中 ABC 分类控制法在备件管理中的应用。它是根据备件的品种规格、占用资金和各类备件库存时间、价格差异等因素，采用必要的分类原则而实行的库存管理办法。

（1）A类备件。其在企业的全部备件中品种少，占全部品种的10%～15%，但占用的资金数额大，一般占用备件全部资金的80%左右。对于A类备件必须严加控制，利用储备理论确定适当的储备量，尽量缩短订货周期，增加采购次数，以加速备件储备资金的周转。

（2）B类备件。其品种比A类备件多，占全部品种的20%～30%，占用的资金比A类少，一般占用备件全部资金的15%左右。对B类备件的储备可适当控制，根据维修的需要，可适当延长订货周期、减少采购次数，做到两者兼顾。

（3）C类备件。其品种很多，占全部品种的60%～65%，但占用的资金很少，一般仅占备件全部资金的5%左右。对C类备件，根据维修的需要，储备量可大一些，订货周期可长一些。

究竟什么备件储备多少，科学的方法是按储备理论进行定量计算。ABC分类法仅作为一种备件的分类方法，以确定备件管理重点。在通常情况下，应把主要工作放到A类和B类备件的管理上。

6.6.2 备件的计划

备件计划是备件的加工或订货、申请采购和平衡资金来源的依据，是备件管理的重要内容。年度备件计划编制主要考虑以下几方面内容。

（1）年度设备修理需要的零件。以年度设备检修计划和修前编制的更换件明细表为依据，由承修部门提前3～6个月提出申请计划。

（2）各类零件统计汇总表。包括：备件库存量表；库存备件领用、入库动态表；备件最低储备量的补缺件表。由备件库根据现有的储备量及储备定额，按规定时间及时申报。

（3）定期维护和日常维护用备件。由车间设备员根据设备运转和备件状况，提前三个月提出计划。

（4）企业年度生产计划及机修车间、备件生产车间的生产能力、材料供应等情况分析。

（5）本企业备件历史消耗记录和设备开动率。

（6）本地区备件生产、协作供应情况。

（7）备件资金储备定额。

年度备件计划完成后，还应在相应时间段分解编制季度计划与月份计划。

6.7 设备的故障与事故管理

6.7.1 设备故障及故障管理

1. 故障及故障管理

设备或系统在使用过程中，因某种原因丧失了规定功能或降低了效能时的状态，称为设备故障。在企业生产活动中，设备是保证生产的重要因素，而设备故障却直接影响产量、质量和企业的经济效益。设备故障的产生，受多种因素的影响，如设计制造的质量，安装调试水平，使用的环境条件，维护保养，操作人员的素质，以及设备的老化、腐蚀和磨损等。为了减少甚至消灭故障，必须了解、研究故障发生的宏观规律，分析故障形成的微观机理，采取有效的措施和方法。

故障管理是设备状态管理的重要组成部分，是维修管理的基础。开展故障管理的目的在于及早发现故障征兆，及时进行预防维修，控制故障的发生。开展故障管理的基础是及时准确地掌握与设备故障有关的各种信息。因此，需要从各种典型故障中积累资料和数据，分析研究故障规律和故障机理，加强日常维护、检查和预修，才有可能避免突发故障和控制偶发故障的产生。

2. 故障管理的主要内容

（1）做好宣传教育工作，调动全员参加故障管理工作。

（2）紧密结合企业生产实际和设备状况，确定故障管理的重点。

（3）做好设备的故障记录，填好原始凭证，保证信息的及时性和准确性。

（4）开展故障统计、整理与分析工作。通过对故障数据的统计、整理、分析，计算出各类设备的故障频率、平均故障间隔期，分析单台设备的故障动态和重点故障的原因，找出故障的发生规律，以便安排预防修理和提出改善措施。

（5）采用监测仪器和诊断技术，对重点设备的重点部位进行有计划的监测活动，以发现故障的征兆和劣化信息。

（6）建立故障查找逻辑程序。它涉及不同的知识领域和丰富的经验，需掌握设备的构造原理、电器知识、液压技术等。通常把常见的故障、分析步骤、产生原因、消除办法等汇编起来，制成故障查找逻辑分析程序图表，以便迅速正确地找出故障原因和部位。

（7）针对故障原因、类型、不同设备的特点，建立适合本厂的设备故障管理制度。

6.7.2　设备事故

企业的生产设备因非正常损坏造成停产或效能降低，停机时间和经济损失超过规定限额者为设备事故。发生设备事故必然会给企业的生产经营带来损失，甚至会危及职工的人身安全。因此，政府主管部门、行业协会、企业都要重视设备安全运行的管理。

1. 设备事故的类别

（1）按设备事故造成的修理费用或停产时间分类

① 一般事故。一般设备修复费用在0.05～1万元；精、大、稀及机械工业关键设备修复费用在0.1～3万元；或因设备事故造成全厂供电中断10～30 min者。

② 重大事故。一般设备修复费用达1万元以上；精、大、稀及机械工业关键设备修复费用达3万元以上；或因设备事故使全厂电力供应中断30 min以上者。

③ 特大事故。修复费用达50万元以上者；或因设备事故造成全厂停电2天以上、车间停产1周以上者。

（2）按设备事故发生的性质分类

① 责任事故。因人为原因造成的设备事故，如违反操作规程、擅离工作岗位、超负荷运行、忽视安全措施等导致设备损坏停产或效能降低。

② 质量事故。因设备的设计、制造、安装不当等原因造成设备损坏停产或效能降低。

③ 自然事故。因遭受自然灾害而造成的设备事故，如洪水、地震、台风、雷击等导

致设备损坏停产或效能降低。

不同性质的事故应采取不同的处理方法。自然事故比较容易判断，责任事故与质量事故直接决定着事故责任者承担事故损失的经济责任，一定要进行认真分析，必要时邀请制造厂家一起对事故设备进行技术鉴定，以作出准确的判断。

2. 设备事故的分析

设备事故发生后，应立即切断电源，保持现场，逐级上报，及时进行调查、分析和处理。一般事故发生后，由发生事故单位的负责人，立即组织机械员、工段长、操作人员在设备管理部门有关人员参与下进行调查、分析。重大事故发生后，应由企业主管领导组织有关科室（如技安科、设备动力科、保卫科等）和发生事故单位的负责人，共同调查分析，找出事故原因，制定措施，组织力量，进行抢修。

调查是分析事故原因和处理事故的基础，必须注意以下几点。

(1) 事故发生后，任何人不得改变现场状况。保持原状便于查找分析事故原因的线索。

(2) 迅速进行调查。包括仔细查看现场、事故部位、周围环境，向有关人员及现场目睹者询问事故发生前后的情况和过程等。

(3) 分析事故切忌主观，要根据事故现场实际调查，实验数据，定量计算与定性分析，判断事故原因。

3. 设备事故的处理

事故处理要遵循“三不放过”原则，即事故原因分析不清，不放过；事故责任者与群众未受到教育，不放过；没有防范、整改措施，不放过。企业生产中发生事故总是一件坏事，必须认真查出原因，妥善处理，使责任者及群众受到教育，制定有效措施防止类似事故重演。

在查清事故原因、分清责任后，对事故责任者视其情节轻重、责任大小和认错态度，分别给予批评教育、行政处分或经济处罚，触犯法律者要移交司法机关依法制裁。对设备事故隐瞒不报的单位和个人，应加重处罚，追究领导责任。

4. 设备事故损失的计算

(1) 停产和修理时间的计算。停产时间从设备损坏停工时起，到修复后投入使用时为止。修理时间从动工修理起到全部修完交付生产使用时为止。

(2) 修理费用的计算：

$$\text{修理费} = \text{修理材料费} + \text{备件费} + \text{工具辅材费} + \text{工时费} \tag{6-5}$$

(3) 停产损失费用的计算：

$$\text{停产损失费} = \text{停机小时} \times \text{每小时生产成本费用} \tag{6-6}$$

(4) 事故损失费用的计算：

$$\text{事故损失费} = \text{停产损失费} + \text{修理费} \tag{6-7}$$

5. 设备事故的报告

发生事故的部门，一般应在事故后三日内认真填写事故报告单，报送设备管理部门。一般事故报告单由设备管理部门签署处理意见，重大事故及特大事故由厂主管领导批示意见。特大事故需报上级主管部门。

设备事故经过分析、处理并修复后，应按规定填写维修记录，由车间机械员负责计算实际损失，载入设备事故报告损失栏，报送设备管理部门。

企业发生的各种设备事故，设备管理部门每季应统计上报，并记入历年设备事故登记册内。重大、特大事故应在季报表内附上事故概况与处理结果。

设备事故的一切原始记录和有关资料，均应存入设备档案。凡属设备设计制造质量问题所引发的事故，应将出现的问题反馈到原设计、制造单位。

6.8 设备的更新和改造

设备是企业实现生产经营目标的物质技术基础，设备的技术性能和技术状况直接影响企业产品质量、能源与材料消耗和经济效益。随着我国经济体制改革的深入和社会主义市场经济的发展，企业将面对国际、国内市场的激烈竞争，越来越迫切地需要提高技术装备的素质，采用新技术、新工艺、新设备，加速企业设备的改造和更新，提高企业的市场竞争能力。

6.8.1 设备的磨损及其补偿

设备在使用或闲置过程中均会发生磨损，磨损分为有形磨损和无形磨损两种形式。

1. 设备的有形磨损

机器设备在使用（或闲置）过程中发生的实体磨损或损失，称为有形磨损或物质磨损。

（1）有形磨损的产生。引起有形磨损的主要原因是生产过程中的使用。运转中机器设备的零部件发生摩擦、振动和疲劳等现象，导致机器设备的实体产生磨损，称为第一种有形磨损。以金属切削机床为例，在第一种有形磨损的作用下，其加工精度、劳动生产率都会劣化。磨损到一定程度就会使整个机器出毛病、功能下降，并使设备的使用费剧增。有形磨损达到比较严重的程度时，设备便不能继续正常工作甚至发生事故。

自然力的作用是造成有形磨损的另一个原因，由此而产生的是第二种有形磨损，它与生产过程的作用无关。设备闲置或封存也同样产生有形磨损，这是由于机器生锈、橡胶和塑料老化等原因造成的。

（2）有形磨损的技术经济后果。有形磨损的技术后果是机器设备的价值降低，磨损达到一定程度可使机器完全丧失使用价值。有形磨损的经济后果是机器设备原始价值的部分降低，甚至完全贬值。为了补偿有形磨损，需支出修理费或更换费用。

（3）有形磨损的不均匀性。机器设备使用过程中，由于各组成要素的磨损程度不同，故替换的情况也不同。有些组成要素在使用过程中不能局部替换，只好到平均使用寿命完结后进行全部替换，如灯泡的灯丝一断，即使其他部分未坏也不能继续使用。但对于多数机器设备，由于各组成部分材料和使用条件不同，故其耐用时间也不同，这构成了设备修理的技术可能性。

2. 设备的无形磨损

（1）无形磨损的产生。机器设备在使用或闲置过程中，除有形磨损外还遭受无形磨损，后者亦称经济磨损或精神磨损。这是由非使用和非自然力作用引起的机器设备价值的损失，在实物形态上看不出来。造成无形磨损的原因，一是由于劳动生产率提高，生产同样机器设备所需的社会必要劳动消耗减少，因而原机器设备相应贬值（称为第一种无形磨损）；二是由于新技术的发明和应用，出现了性能更加完善、生产效率更高的机器设备，使原机器设备的价值相对降低（称为第二种无形磨损），此时其价值不取决于其最初的生产耗费，而取决于其再生产的耗费。

（2）无形磨损的技术经济后果。在第一种无形磨损的情况下，虽然有机器设备部分贬值的经济后果，但设备本身的技术特性和功能不受影响，即使用价值并未因此而变化，故不会产生提前更换设备的问题。

在第二种无形磨损的情况下，不仅产生原机器设备价值贬值的经济后果，而且也会造成原设备使用价值局部或全部丧失的技术后果。这是因为应用新技术后，虽然原来机器设备还未达到物质寿命，但它的生产率已大大低于社会平均水平，如果继续使用，产品的个别成本会大大高于社会平均成本。在这种情况下，旧设备虽可使用而且还很“年轻”，但用新设备代替过时的旧设备在经济上才是合算的。

3. 设备磨损的补偿

为了保证企业生产经营活动的顺利开展，应使设备经常处于良好的技术状态，故必须对设备的磨损及时予以补偿。补偿的方式视设备的磨损情况、技术状况等因素而定，基本形式是修理、改造和更新，但必须根据设备的具体情况采用不同方式。

对可消除的有形磨损，补偿方式主要是修理，但有些设备为满足工艺要求，需要改善性能或增加某些功能并提高可靠性时，可结合修理进行局部改造。

对不可消除的有形磨损，补偿方式主要是改造；对改造不经济或不宜改造的设备，可予以更新。

无形磨损，尤其是第二种无形磨损的补偿方式，主要是更新，但有些大型设备价格昂贵，若其基本结构仍能使用，可采用新技术加以改造。

6.8.2 设备的更新

1. 设备更新的含义

从广义上讲，设备更新应包括设备大修理、设备更换和设备现代化改装。在一般情况下，设备大修理能够利用被保留下来的零部件，可以节约原材料、工时和费用。因此，目前许多企业仍采用大修理的方法。

设备更新大多数时候是指设备更换，用那些结构更合理、技术更先进、生产效率更高、原材料和能源耗费更少的新型设备去替换已陈旧的设备。

设备更换往往受到企业资金预算、设备市场供应和制造部门生产能力等因素的限制，使陈旧的需要更新的设备得不到及时更换，被迫在已经遭受严重无形磨损的情况下继续使用。解决这个问题的有效途径是设备现代化改装。设备现代化改装是克服现有设备的技术陈旧落后、补偿无形磨损、更新设备的方法之一。

2. 设备役龄和新度系数

设备役龄、设备新度系数是反映一个国家（行业或企业）装备更新换代水平的重要标志。

目前，许多国家认为一般设备的役龄以10～14年较为合理，而以10年最为先进。美国为了加速更新，规定了各类设备的服役年限，如机床工具行业和电子机械工业的设备平均服役年限为 12 年，上限为 14.5 年，下限为 9.5 年。

设备的新旧也可用“新度”来表示，所谓设备新度系数就是设备固定资产净值与原值之比。设备新度系数可分别按设备台数、类别、企业或行业的主要设备总数进行统计计算，其平均值可反映企业装备的新旧程度。从设备更新的意义上看，平均新度系数可在一定程度上反映装备的更新速度。

3. 设备更新的原则

设备的更新，一般应当遵循以下原则。

（1）设备更新应当紧密围绕企业的产品开发和技术发展规划，有计划、有重点进行。

（2）设备更新应着重采用技术更新的方式，来改善和提高企业技术装备达到优质高产、高效低耗、安全环保的综合效果。

（3）更新设备应当认真进行技术经济论证，采用科学的决策方法，选择最优可行方案，以确保获得良好的设备投资效益。

4. 更新对象的选择

企业应当从生产经营的实际需要出发，对下列设备优先安排更新。

（1）役龄过长、老化严重，技术性能落后、生产效率低、经济效益差的设备。

（2）原设计欠佳，制造质量不良，技术性能不能满足生产要求，而且难以通过修理、改造得到改善的设备。

（3）经过预测，继续进行大修理不经济，且技术性能仍不能满足生产工艺要求、保证产品质量的设备。

（4）严重浪费能源、污染环境、危害人身安全的设备。

（5）按国家有关部门规定，应当淘汰的设备。

5. 更新时机的选择

究竟在什么时候进行更新比较适宜，这里存在一个更新时机的选择，也就是如何确定设备寿命的问题。设备寿命通常分为：物质寿命、技术寿命与经济寿命三种。

（1）设备的物质寿命，也称为自然寿命或物理寿命。它是指设备实体存在的时期，即设备从制造完成投入使用直至报废为止所经历的时间。设备的物质寿命长短与维护保养的好坏有关，而且还可以通过恢复性修理来延长它的物质寿命。

（2）设备的技术寿命是指设备在技术上有存在价值的时期，即设备从开始使用直到因技术落后而被淘汰所经历的时间。技术寿命的长短取决于设备无形磨损的速度。由于现代科学技术的发展速度大大加快，往往会出现一些设备的物质寿命尚未结束，就被新型设备所淘汰的情况。进行技术改造可能延长设备的技术寿命。

（3）设备的经济寿命，也称为设备的价值寿命。它是依据设备的使用费用（即使用成本）最经济来确定的使用期限，通常是指设备平均使用成本最低的年数。经济寿命用来分析设备的最佳折旧年限和经济上最佳的使用年限，即从经济角度来选择设备的最佳更新时机。

过去，我国企业主要是根据设备的物质寿命来考虑设备更新，或者简单按照国家规定的折旧年限（过去年折旧率一般为 4%～5%，即折旧年限为 20～25 年）来安排设备更新，没有考虑设备的技术寿命和经济寿命，影响了企业经济效益的提高。

企业是一个自主经营、自负盈亏、独立核算的商品生产和经营单位，必须讲求经济效益。设备的经济寿命应该成为确定设备使用年限，即选择设备最佳更新时机的主要依据。

6.8.3 设备的技术改造

1. 设备技术改造的含义

设备的技术改造也称为设备的现代化改装，是指应用现代科学技术成就和先进经验，改变现有设备的结构，装上或更换新部件、新装置、新附件，以补偿设备的无形磨损和有形磨损。通过技术改造，可以改善原有设备的技术性能，增加设备的功能，使之达到或局部达到新设备的技术水平。

2. 设备技术改造的特点

（1）针对性强。企业的设备技术改造，一般是由设备使用单位与设备管理部门协同配合，确定技术方案，进行设计、制造的。这种做法有利于充分发挥他们熟悉生产要求和设备实际情况的长处，使设备技术改造密切结合企业生产的实际需要，所获得技术性能往往比选用同类新设备具有更强的针对性和适用性。

（2）经济性好。设备技术改造可以充分利用原有设备的基础部件，比采用设备更新的方案节省时间和费用。此外，进行设备技术改造常常可以替代设备进口，节约外汇，取得良好的经济效益。

应用先进的科学技术成果对原有设备进行技术改造，并非是一种权宜之计，而是与设备更新同等重要的补偿设备无形磨损并提高装备技术水平的途径。

3. 设备改造的技术方向

设备技术改造应充分利用企业现有的设备结构、性能上的长处，发挥企业自力更生的力量，提高企业设备的现代化水平。设备改造的技术方向主要有以下几个方面。

（1）充分利用现代切削工具，提高切削速度，缩短机械加工时间。

（2）采用计算机技术、数控加工技术和机械手传送装置，形成柔性加工系统。

（3）旧机床数控化、自动化改造。

（4）通用机床专业化改造。

（5）提高机床的加工精度和工作可靠性。

（6）改善劳动条件和保证劳动安全。

（7）节能降耗。

6.9 实　　训

6.9.1 实训目的

（1）掌握设备管理档案内容。

（2）掌握制定设备保养维修卡。

6.9.2 实训设备

实训基地的普车、普铣、数控车、数控铣等机床及其设备使用说明书等各种档案资料。

6.9.3 实训内容

（1）了解设备管理的各项规章制度。
（2）建立实训基地的设备的台账、卡片、档案。
（3）编制某一设备的“日常维护保养”“一级保养”“二级保养”计划。

6.9.4 实训步骤

（1）阅读理解《设备管理制度汇编》。
（2）建立实训基地设备台账。设备管理台账的格式如表 6-8 所示。

设备台账是掌握企业设备资产状况，反映企业各种类型设备的拥有量、设备分布及其变动情况的主要依据。它一般有两种编排形势：一种是设备分类编号台账，它是以《设备统一分类及编号目录》为依据，按类组代号分页，按资产编号顺序排列，便于新增设备的资产编号和分类分型号统计；另一种是按照车间、班组顺序使用单位的设备台账，这种形势便于生产维修计划管理及年终设备资产清点。以上两种设备台账汇总，构成企业设备总台账。

设备台账内容有设备编号、设备名称、规格型号、购置时间、折旧年限等，以表格的形式做出来，每年都需要更新和盘点。

表 6-8 设备管理台账

管理部门： NO：

序号	设备编号	设备名称	规格型号	生产厂商	出厂编号	出厂时间	购置时间	设备原值	折旧年限	备注
1										
2										
3										
4										
5										
6										
7										
8										
9										

（3）建立设备卡片。建立实训基地 1～5 种设备管理卡片。设备管理卡片的格式如表 6-9 所示。

表6-9　设备卡片

<table>
<tr><td colspan="2">设备名称</td><td colspan="2"></td><td>档案编号</td><td colspan="2"></td></tr>
<tr><td colspan="2">规格型号</td><td colspan="2"></td><td>制造厂家</td><td colspan="2"></td></tr>
<tr><td colspan="2">设备图号</td><td colspan="2"></td><td>主体材质</td><td colspan="2"></td></tr>
<tr><td colspan="2">安装位置</td><td colspan="2"></td><td>出厂编号</td><td colspan="2"></td></tr>
<tr><td colspan="2">外形尺寸</td><td colspan="2"></td><td>设备重量</td><td colspan="2"></td></tr>
<tr><td colspan="2">制造日期</td><td colspan="2"></td><td>使用年限</td><td colspan="2"></td></tr>
<tr><td colspan="2">总功率</td><td colspan="2"></td><td>启用时间</td><td colspan="2"></td></tr>
<tr><td colspan="2">图纸及技术资料情况</td><td colspan="5"></td></tr>
<tr><td colspan="7">主要附属设备</td></tr>
<tr><td>序号</td><td>设备位号</td><td>设备名称</td><td>规格型号</td><td>生产厂家</td><td>维修周期</td><td>功率</td></tr>
<tr><td>1</td><td></td><td></td><td></td><td></td><td></td><td></td></tr>
<tr><td>2</td><td></td><td></td><td></td><td></td><td></td><td></td></tr>
<tr><td>3</td><td></td><td></td><td></td><td></td><td></td><td></td></tr>
<tr><td>4</td><td></td><td></td><td></td><td></td><td></td><td></td></tr>
<tr><td>5</td><td></td><td></td><td></td><td></td><td></td><td></td></tr>
<tr><td>6</td><td></td><td></td><td></td><td></td><td></td><td></td></tr>
<tr><td rowspan="2">变更情况</td><td>去向</td><td colspan="5"></td></tr>
<tr><td>日期</td><td colspan="5"></td></tr>
<tr><td rowspan="5">设备技术状况</td><td>年度
季度</td><td></td><td></td><td></td><td></td><td></td></tr>
<tr><td></td><td></td><td></td><td></td><td></td><td></td></tr>
<tr><td></td><td></td><td></td><td></td><td></td><td></td></tr>
<tr><td></td><td></td><td></td><td></td><td></td><td></td></tr>
<tr><td></td><td></td><td></td><td></td><td></td><td></td></tr>
</table>

（4）建立设备档案。建立设备档案包括存档资料记录卡、仪器设备相关手册存放记录、附属设备及计量仪表、设备易损件清单、设备开箱检查验收单、设备安装情况记录、调试验收单、设备保养维修记录、设备事故报告、设备事故记录、设备维修记录表、修理更换的零部件记录、设备技术改造记录、机械设备周巡检原始记录等。

（5）编制某一设备的“日常维护保养”“一级保养”“二级保养”计划。

注意：（4）和（5）可以通过查阅资料来完成，途径包括图书馆查阅等。也可以参照企业现有管理文件。

6.10 思考题

1. 什么是设备？什么是设备管理，设备管理的主要内容是什么？
2. 设备维护保养的目的是什么？主要完成哪些工作？
3. 设备润滑管理有什么重要意义？
4. 润滑油脂有哪些主要质量指标？如何进行选择？
5. 设备润滑管理中的“五定”和“三过滤”的具体内容是什么？
6. 设备检修管理的主要内容有哪些？
7. 年度、季度和月份检修计划之间有何关系？
8. 备件的储备定额有哪些？一般情况下如何确定？
9. 设备发生事故后应如何分析处理？
10. 什么是设备更新？设备更新有何意义？

第7章　维修基本知识

教学目标

- ▶ 理解机械零件失效的形式
- ▶ 理解机械故障诊断的基本原理、基本方法
- ▶ 掌握机电设备的拆卸、清洗
- ▶ 学会机械零件的修复技术

机器在使用过程中，其性能总是要不断劣化的，只有通过系统的维修，才能实现保护及恢复其原始性能、保护投资、避免不可预见的停机及生产损失、节约资源、节约能源、改进安全、保护环境、提高产品质量和创造效益的目的。维修是判定和评价机器的实际状态以及保护和恢复其原始状态而采取的全部必要步骤的总称。维修包括保养、检查和修理三方面的工作，本章主要阐述设备的检查和修理的相关内容。

设备在使用过程中，其零部件会逐渐产生磨损、变形、断裂、蚀损等现象（统称为有形磨损）。随着零部件磨损程度的逐渐增大，设备的技术状态将逐渐劣化。由于一些零件因磨损而失去原有的功能和精度，设备会出现故障，使整机丧失使用价值。设备技术状态劣化或发生故障后，为了恢复其功能和精度而采取的更换或修复磨损、失效零件（包括基准件），并对整机或局部进行拆装、调整的技术活动，称为设备修理。所以，设备修理是使设备在一定时间内保持其规定功能和精度的重要措施。

7.1　机械零件失效的形式

在设备使用过程中，机械零件由于设计、材料、工艺及装配等各种原因，丧失规定的功能，无法继续工作的现象称为失效。当机械设备的关键零部件失效时，就意味着设备处于故障状态。机械设备越复杂，引起故障的原因便越多样化，一般认为有机械设备自身的缺陷（基因）和各种环境因素的影响。机械设备自身的缺陷是由材料存在缺陷和应力、人为差错（设计、制造、检验、维修、使用、操作不当）等原因造成的。环境因素主要指灰尘、温度、有害介质等。

机械设备类型很多，其运行工况和环境条件差异很大，机械零件失效形式也很多，主要表现为磨损、变形、断裂等，这里只介绍几种常见的、有代表性的失效形式。

7.1.1　机械零件的磨损

机械设备在工作过程中，相互接触的零件在相对运动时，表层材料不断发生损耗的过程或者产生残余变形的现象称为磨损。据估计，世界上的能源消耗中有1/3～1/2是由于摩擦和磨损造成的。一般机械设备中约有80%的零件因磨损而失效报废。

通常将磨损分为黏着磨损、磨料磨损、疲劳磨损、腐蚀磨损和微动磨损五种形式。

1. 黏着磨损

两摩擦表面接触时，由于表面不平，发生的是点接触，在相对滑动和一定载荷作用下，在接触点发生塑性变形或剪切，使其表面膜破裂，摩擦表面温度升高，严重时表面金属会软化或熔化，此时，接触点产生黏着，然后出现“黏着—剪断—再黏着—再剪断”的循环过程，这就形成黏着磨损。

根据黏着程度的不同，黏着磨损的类型也不同。若剪切发生在黏着结合面上，表面转移的材料极轻微，则称“轻微磨损”，如缸套—活塞环的正常磨损；当剪切发生在软金属浅层里面，转移到硬金属表面上，称为“涂抹”；如重载蜗轮副的蜗杆的磨损。若剪切发生在软金属接近表面的地方，硬表面可能被划伤，称为“擦伤”；如滑动轴承的轴瓦与轴摩擦的“拉伤”；当剪切发生在摩擦副一方或两方金属较深的地方，称为“撕脱”，如滑动轴承的轴瓦与轴的焊合层在较深部位剪断时就是撕脱；若摩擦副之间咬死，不能相对运动，则称为“咬死”，如滑动轴承在油膜严重破坏的条件下，过热、表面流动、刮伤和撕脱不断发生时，又存在尺寸较大的异物硬粒部分嵌入在合金层中，则此异物与轴摩擦生热。

上述两种作用叠加在一起，使接触面黏附力急剧增加，造成轴与滑动轴承抱合在一起，不能转动，相互咬死。

2. 磨料磨损

由于一个表面硬的凸起部分和另一表面接触，或者在两个摩擦面之间存在着硬的颗粒，或者这个颗粒嵌入两个摩擦面的一个面里，在发生相对运动后，使两个表面中某一个面的材料发生位移而造成的磨损称为磨料磨损。在农业、冶金、矿山、建筑、工程和运输等机械中许多零件与泥沙、矿物、铁屑、灰渣等直接摩擦，都会发生不同形式的磨料磨损。据统计，因磨料磨损而造成的损失，占整个工业范围内磨损损失的 50% 左右。

3. 疲劳磨损

摩擦表面材料微观体积受循环接触应力作用产生重复变形，导致产生裂纹和分离出微片或颗粒的磨损称为疲劳磨损。如滚动轴承的滚动体表面、齿轮轮齿节圆附近、钢轨与轮箍接触表面等，常常出现小麻点或痘斑状凹坑，就是疲劳磨损所形成。

机件出现疲劳斑点之后，虽然设备可以运行，但是机械的振动和噪声会急剧增加，精度大幅度下降，设备失去原有的工作性能。因此，产品的质量下降，机件的寿命也要迅速缩短。

出现疲劳磨损的主要原因是：在滚动摩擦面上，两摩擦面接触的地方产生了接触应力，表层发生弹性变形。接触应力是导致疲劳磨损的主要原因。降低接触应力，就能增加抵抗疲劳磨损的强度。当然改变材质也可以提高疲劳强度。此外，润滑剂对降低接触应力有重要作用，高黏度的油不易从摩擦面挤掉，有助于接触区域压力的均匀分布，从而降低了最高接触应力值。当摩擦面有充分的油量时，油膜可以吸收一部分冲击能量，从而降低了冲击载荷产生的接触应力值。

4. 腐蚀磨损

在摩擦过程中，金属同时与周围介质发生化学反应或电化学反应，使腐蚀和磨损共同作用而导致零件表面物质的损失，这种现象称为腐蚀磨损。

腐蚀磨损可分为氧化磨损和腐蚀介质磨损。大多数金属表面都有一层极薄的氧化膜，若氧化膜是脆性的或氧化速度小于磨损速度，则在摩擦过程中极易被磨掉，然后又产生新的氧化膜又被磨掉，在氧化膜不断产生和磨掉的过程中，使零件表面产生物质损失，此即为氧化磨损，但氧化磨损速度一般较小。当周围介质中存在着腐蚀物质时，例如润滑油中的酸度过高等，零件的腐蚀速度就会很快。和氧化磨损一样，腐蚀产物在零件表面生成，又在磨损表面磨去，如此反复交替进行而带来比氧化磨损高得多的物质损失，由此称为腐蚀介质磨损。这种化学—机械的复合形式的磨损过程，对一般耐磨材料同样有着很大的破坏作用。

5. 微动磨损

两个接触表面由于受相对低振幅振荡运动而产生的磨损称为微动磨损。它产生于相对静止的接合零件上，因而往往易被忽视。微动磨损的最大特点是：在外界变动载荷作用下，产生振幅很小（小于 100 μm，一般为 2～20 μm）的相对运动，由此发生摩擦磨损。例如在键联接处、过盈配合处、螺栓联接处、铆钉联接接头处等结合上产生的磨损。微动磨损使配合精度下降，紧配合部件紧度下降甚至松动，联接件松动乃至分离，严重者引起事故。此外，也易引起应力集中，导致联接件疲劳断裂。

7.1.2 机械零件的断裂

断裂是零件在机械、热、磁、腐蚀等单独作用或者联合作用下，其本身连续性遭到破坏，发生局部开裂或分裂成几部分的现象。零件断裂后不仅完全丧失工作能力，而且还可造成重大的经济损失或伤亡事故。因此，尽管与磨损、变形相比，断裂所占的比例很小，但它仍是一种最危险的失效形式。尤其是现代机械设备日益向着大功率、高转速的趋势发展，断裂失效的概率有所提高。因此，研究断裂成为日益紧迫的课题。

断裂的分类方法很多，这里介绍其中的延性断裂、脆性断裂、疲劳断裂和环境断裂4种。

1. 延性断裂

零件在外力作用下首先产生塑性变形，当外力引起的应力超过弹性极限时即发生塑性变形。外力继续增加，应力超过抗拉强度时发生塑性变形而后造成断裂就称为延性断裂。延性断裂的宏观特点是断裂前有明显的塑性变形，常出现缩颈，而从断口形貌微观特征上看，断面有大量微坑（也称韧窝）覆盖。延性断裂实际上是显微空洞形成、长大、连接以致最终导致断裂的一种破坏方式。

2. 脆性断裂

金属零件或构件在断裂之前无明显的塑性变形，发展速度极快的一类断裂称为脆性断裂。

它通常在没有预示信号的情况下突然发生，是一种极危险的断裂。

3. 疲劳断裂

机械设备中的轴、齿轮、凸轮等许多零件，都是在交变应力作用下工作的。它们工作时所承受的应力一般都低于材料的屈服强度或抗拉强度，按静强度设计的标准应该是安全的，但实际中，在重复及交变载荷的长期作用下，机件或零件仍然会发生断裂，这种现象称为疲劳断裂，它是一种普通而严重的失效形式。在实际失效件中，疲劳断裂占了较大的比重，约为 80%～90%。

4. 环境断裂

实际上机械零部件的断裂，除了与材料的特性、应力状态和应变速率有关外，还与周围的环境密切相关。尤其是在腐蚀环境中，材料表面或裂纹边沿由于氧化、腐蚀或其他过程使材料强度下降，促使材料发生断裂。可以看出，环境断裂是指材料与某种特殊环境相互作用而引起的具有一定环境特征的断裂方式。环境断裂主要有应力腐蚀断裂、氢脆断裂、高温蠕变断裂、腐蚀疲劳断裂及冷脆断裂等。

（1）应力腐蚀断裂。金属材料在拉应力和特定的腐蚀介质联合作用下引起的低应力脆性断裂称为应力腐蚀断裂。它的发生极为隐蔽，往往是事先无明显征兆，造成灾难性的事故。

研究表明，应力腐蚀断裂通常是在一定条件下才产生的。

① 要在一定的拉应力作用下。一般情况下，产生应力腐蚀的拉应力都很低，普遍认为对于每一种材料与环境的组合，均存在一个拉应力临界值，低于这个应力临界值将不出现断裂。如果没有腐蚀介质的联合作用，机件可以在该应力下长期工作而不产生断裂。

② 腐蚀环境是特定的（包括介质种类、浓度、温度等）。对一种金属或合金材料，只有特定的腐蚀环境才会使其产生应力腐蚀断裂。

③ 金属材料本身对应力腐蚀断裂的敏感性，它取决于金属材料的化学成分和组织结构。

防止金属材料应力腐蚀的主要措施是：合理选用材料，尽量使用对工作环境条件不敏感的材料；在金属结构设计上要合理，尽可能减少应力集中，消减残余应力；采取改善腐蚀环境的措施。

（2）氢脆断裂。由于氢渗入钢件内部而在应力作用下导致的脆性断裂称为氢脆断裂。氢气的主要作用是其所产生的压力，它往往有助于某种断裂机制如解理断裂、晶界断裂等的进行。由于氢脆断裂也是裂纹萌生和扩展的过程，而裂纹的扩展速率和钢中的含氢量、氢在钢中的扩散速度有很大影响。

（3）高温蠕变断裂。金属材料在长时间恒温、恒应力作用下，即使应力小于屈服强度，也会缓慢地产生塑性变形的现象称为蠕变。由于蠕变变形而导致断裂的现象称为蠕变断裂。蠕变在低温下也会产生，但只有当温度高于 $0.3T_m$（T_m为热力学温度表示的熔点）时才较显著，故这种断裂又称为高温蠕变断裂。如高温高压工况下的螺栓紧固件，常因蠕变导致断裂破坏。

蠕变断裂宏观断口有明显氧化色或黑色，有时还能见到蠕变孔洞。蠕变微观断口多为沿晶断裂，无疲劳条痕。

由于致使金属零件蠕变断裂失效的主要原因是应力、温度、时间和材料的耐热性等，因此，必须从设计、制造及使用维修中采取措施以提高蠕变断裂的抗力。例如，设计上避免应力集中和早期微裂纹产生；采用隔热涂层，避免局部工作温度过高，降低零件实际温度；制造中严格控制热加工工艺；制造和修理中采用表面强化或预防措施消除表面的缺陷。

（4）腐蚀疲劳断裂。金属材料在腐蚀介质环境中，在低于抗拉强度的交变应力的反复作用下所产生的断裂称为腐蚀疲劳断裂。这种断裂破坏在化工、石油和冶金工业中尤为常见。

腐蚀疲劳断裂和纯机械疲劳断裂都是在交变应力作用下引起的疲劳断裂，但纯机械疲劳裂纹的萌生（生核）时间在整个的疲劳寿命中占很大的比例，而且交变应力小于或等于某一数值时，疲劳裂纹不能萌生，此时疲劳寿命无限长。而腐蚀疲劳断裂可以在很低的循环

（或脉冲）应力下发生断裂破坏，并且往往没有明显的疲劳极限值，因而具有更大的危害性。

腐蚀疲劳断裂和应力腐蚀断裂都是应力与腐蚀介质共同作用下引起的断裂。但由于腐蚀疲劳的应力是交变的，其产生的滑移具有累积作用，金属表面的保护膜也更容易遭到破坏。因此，绝大多数金属都会发生腐蚀疲劳，对介质也没有选择性，即只要在具有腐蚀性的介质中就能引起腐蚀疲劳直至断裂，而且在容易产生孔蚀的介质下更容易发生，介质的腐蚀性越强，腐蚀疲劳也越容易发生。

防止腐蚀疲劳断裂的主要方法是：首先要防止腐蚀介质的作用。若必须在腐蚀介质下工作，则采用耐腐蚀材料，或根据不同的介质条件分别采用阴极保护或阳极保护。也可采取表面防腐涂层等表面处理方法。

（5）冷脆断裂。当金属材料所处的温度低于某一温度 T_k时，材料将转变为脆性状态，其冲击韧度明显下降，这种现象称为冷脆。由于材料的冷脆而造成的断裂现象称为冷脆断裂。温度 T_k为材料屈服点 σ_s 和断裂强度 σ_f相等时的温度，即由延性断裂向脆性断裂转变的温度，称为冷脆温度。

7.1.3 机械零件的腐蚀

1. 腐蚀的概念

腐蚀是金属受周围介质的作用而引起损坏的现象。金属的腐蚀损坏总是从金属表面开始，然后或快或慢地往里深入，同时常常发生金属表面的外形变化。首先，在金属表面上出现不规则形状的凹洞、斑点、溃疡等破坏区域。其次，破坏的金属变为化合物（是氧化物和氢氧化物），形成腐蚀产物并部分地附着在金属表面上，如铁生锈。

2. 腐蚀的分类

金属的腐蚀按其机理可分为化学腐蚀和电化学腐蚀两种。

（1）化学腐蚀。金属与介质直接发生化学作用而引起的损坏称为化学腐蚀。腐蚀的产物在金属表面形成表面膜，如金属在高温干燥气体中的腐蚀，金属在非电解质溶液（如润滑油）中的腐蚀。

（2）电化学腐蚀。金属表面与周围介质发生电化学作用的腐蚀称为电化学腐蚀，属于这类腐蚀的有：金属在酸、碱、盐溶液及海水、潮湿空气中的腐蚀，地下金属管线的腐蚀、埋在地下的机器底座被腐蚀等。引起电化学腐蚀的原因是宏观电池作用（如金属与电解质接触或不同金属相接触），微观电池作用（如同种金属中存在杂质），氧浓差电池作用（如铁经过水插入砂中）和电解作用。电化学腐蚀的特点是腐蚀过程中有电流产生。

以上两种腐蚀，电化学腐蚀比化学腐蚀强烈得多，金属的蚀损大多数是电化学腐蚀所造成的。

3. 防止腐蚀的方法

防腐蚀的方法包括两个方面：首先是合理选材和设计，其次是选择合理的操作工艺规程，这两方面都不可忽视。目前生产中具体采用如下防腐措施。

（1）合理选材。根据环境介质和使用条件，选择合适的耐腐蚀材料，如选用含有镍、铬、铝、硅、钛等元素的合金钢；或在条件许可的情况下，尽量选用尼龙、塑料、陶瓷等材料。

（2）合理设计。通用的设计规范是避免不均匀和多相性，即力求避免形成腐蚀电池的作用。不同的金属、不同的气相空间、热和应力分布不均以及体系中各部位间的其他差别都会引起腐蚀破坏。因此，设计时应努力使整个体系的所有条件尽可能地均匀一致，做到结构合理、外形简化、表面粗糙度合适。

（3）覆盖保护层。这种方法是在金属表面覆盖一层不同材料，改变零件表面结构，使金属与介质隔离开来，以防止腐蚀。具体方法有金属保护层和非金属保护层。

① 金属保护层采用电镀、喷镀、熔镀、气相镀和化学镀等方法，在金属表面覆盖一层如镍、铬、锡、锌等金属或合金作为保护层。

② 非金属保护层是设备防腐蚀的发展方向，常用的办法有如下几种。

a. 涂料。将油基漆（成膜物质如干性油类）或树脂基漆（成膜物质如合成脂）通过一定的方法将其涂覆在物体表面，经过固化而形成薄涂层，从而保护设备免受高温气体及酸碱等介质的腐蚀作用。采用涂料防腐的特点是：涂料品种多，适应性强，不受机械设备或金属结构的形状及大小的限制，使用方便，在现场也可施工。常用的涂料品种有防腐漆、底漆、生漆、沥青漆、环氧树脂涂料、聚乙烯涂料、聚氯乙烯涂料以及工业凡士林等。

b. 砖、板衬里。常用的是水玻璃胶泥衬辉绿岩板。辉绿岩板是由辉绿岩石熔铸而成的，它的主要成分是二氧化硅，胶泥即是黏合剂。它的耐酸碱性及耐腐蚀性较好，但性脆不能受冲击，在有色冶炼厂用来做储酸槽壁，槽底则衬瓷砖。

c. 硬（软）聚氯乙烯。它具有良好的耐腐蚀性和一定的机械强度，加工成型方便，焊接性能良好，可做成储槽、电除尘器、文氏管、尾气烟囱、管道阀门和离心风机、离心泵的壳体及叶轮。它已逐步取代了不锈钢、铅等贵重金属材料。

d. 玻璃钢。它是采用合成树脂为黏结材料，以玻璃纤维及其制品（如玻璃布、玻璃带、玻璃丝等）为增强材料，按照各种成型方法（如手糊法、模压法、缠绕法等）制成。它具有优良的耐腐蚀性，比强度（强度与质量之比）高，但耐磨性差，有老化现象。实践证明，玻璃钢在中等浓度以下的硫酸、盐酸和温度在 90℃以内作防腐衬里，使用情况是较理想的。

e. 耐酸酚醛塑料。它是以热固性酚醛树脂作黏结剂，以耐酸材料（玻璃纤维、石棉等）作填料的一种热固性塑料，易于成型和机械加工，但成本较高，目前主要用做各种管道和管件。

（4）添加缓蚀剂。在腐蚀介质中加入少量缓蚀剂，能使金属的腐蚀速度大大降低。例如，在设备的冷却水系统采用磷酸盐、偏磷酸钠处理，可以防止系统腐蚀和锈垢存积。

（5）电化学保护。电化学保护就是对被保护的金属设备通以直流电流进行极化，以消除电位差，使之达到某一电位时，被保护金属可以达到腐蚀很小甚至无腐蚀状态。它是一项较新的防腐蚀方法，但要求介质必须是导电的、连续的。电化学保护又可分为阴极保护和阳极保护。

① 阴极保护主要是在被保护金属表面通以阴极直流电流，可以消除或减少被保护金属表面的腐蚀电池作用。

② 阳极保护主要是在被保护金属表面通以阳极直流电流，使其金属表面生成钝化膜，从而增大了腐蚀过程的阻力。

（6）改变环境条件。这种方法是将环境中的腐蚀介质去掉，减轻其腐蚀作用，如采用通风、除湿及去掉二氧化硫气体等方法。对常用金属材料来说，把相对湿度控制在临界湿度（50%～70%）以下，可以显著减缓大气腐蚀。在酸洗车间和电解车间里要合理设计地面坡度和排水沟，做好地面防腐蚀隔离层，以防酸液渗透地面后，地面起凸而损坏储槽及机器基础。

7.1.4 机械零件的变形

机械零件或构件在外力的作用，产生形状或尺寸变化的现象称为变形。过量的变形是机械失效的重要类型，也是判断韧性断裂的明显征兆。例如，起重机主梁在变形下挠曲或扭曲，汽车大梁的扭曲变形，内燃机曲轴的弯曲和扭曲等。变形量随着时间的不断增加，逐渐改变了产品的初始参数，当超过允许极限时，将丧失规定的功能。有的机械零件因变形引起结合零件出现附加载荷、相互关系失常或加速磨损，甚至造成断裂等灾难性后果。因此，对于因变形引起的失效应给予足够重视。

根据外力去除后变形能否恢复，机械零件或构件可分弹性变形和塑性变形。

1. 弹性变形

金属零件在作用力小于材料屈服强度时产生的变形称为弹性变形。

金属零件在使用过程中，若产生超过设计允许的弹性变形（称为超量弹性变形），则会影响零件正常工作。例如，内燃机曲轴超量弹性弯曲将引起连杆、活塞与汽缸相互配合位置关系变化，导致正常工况破坏，加剧磨损损坏。因此，在机械设备运行中，防止超量弹性变形是十分必要的。

2. 塑性变形

机械零件在外载荷去除后留下来的一部分不可恢复的变形称为塑性变形或永久变形。

塑性变形导致机械零件各部分尺寸和外形的变化，将引起一系列不良后果。例如，像内燃机汽缸体这样复杂的箱体零件，由于永久变形，致使箱体上各配合孔轴线位置发生变化，不能保证装在它上面的各零部件的装配精度，甚至不能顺利装配。

金属零件的塑性变形从宏观形貌特征上看主要有翘曲变形、体积变形和时效变形等。

（1）翘曲变形。当金属零件本身受到某种应力（如机械应力、热应力等）的作用，其实际应力值超过了金属在该状态下的抗拉强度或抗压强度后，就会产生呈翘曲、椭圆和歪扭的塑性变形。因此，金属零件产生翘曲变形是它自身受复杂应力综合作用的结果。此种变形常见于细长轴类、薄板状零件以及薄壁的环形和套类零件。

（2）体积变形。金属零件在受热与冷却过程中，由于金相组织转变引起质量体积变化，导致金属零件体积胀缩的现象称为体积变形。例如，钢件淬火相变时，奥氏体转变为马氏体或下贝氏体时质量体积增大，体积膨胀，淬火相变后残留奥氏体的质量体积减小，体积收缩。马氏体形成时的体积变化程度，与淬火相变时马氏体中的含碳量有关。钢件中含碳量越多，形成马氏体时的质量体积变化越大，膨胀量也越大。此外，钢中碳化物不均匀分布往往能够增大变形程度。

必须指出，由于金相组织转变引起质量体积变化而出现的体积变形，如果发生在金属零件的局部范围内，则往往是在该区域产生微裂纹的原因。

（3）时效变形。钢件热处理后产生不稳定组织，由此引起的内应力是不稳定的应力状态，在常温或零下温度较长时间的放置或使用，不稳定状态的应力会逐渐发生转变，并趋于稳定，由此伴随产生的变形称为时效变形。

3. 减少变形的措施

变形是不可避免的，只能根据它的规律，针对变形产生的原因，采取相应的对策来减少变形。特别是在机械设备大修时，不能只检查配合的磨损情况，对于相互位置精度必须认真检查。

（1）设计。设计时不仅要考虑零件的强度，还要重视零件的刚度和制造、装配、使用、拆卸、修理等问题。在设计中注意应用新技术、新工艺和新材料，减少制造时的内应力和变形。

（2）加工。在加工中要采取一系列工艺措施来防止和减少变形。如对毛坯要进行时效处理以消除其残余内应力；高精度零件在精加工过程中必须安排人工时效。

在制定零件机械加工工艺规程中，均要在工序、工步安排上、工艺装备和操作上采取减小变形的工艺措施。

在加工和修理中要减少基准的转换，保留加工基准留给维修时使用，减少维修加工中因基准不一而造成的误差。注意预留加工余量、调整加工尺寸和预加变形，这对于经过热处理的零件来说非常必要。也可预加应力或控制应力的产生和变化，使最终变形量符合要求，达到减少变形的目的。

（3）修理。在修理中，应制定出与变形有关的标准和修理规范；设计简单可靠、好用的专用量具和工夹具；推广三新技术，特别是新的修复技术，如刷镀、黏接等，用来代替传统的焊接，尽量减少零件在修理中产生的应力和变形。

（4）使用。加强设备管理，制定并严格执行操作规程，不超负荷运行，避免局部超载或过热，加强机械设备的检查和维护。

7.2　机械设备状态监测和故障诊断

机械设备的状态监测与故障诊断是指利用现代科学技术和仪器，根据机械设备（系统、结构）外部信息参数的变化来判断机器内部的工作状态或机械结构的损伤状况，确定故障的性质、程度、类别和部位，预报其发展趋势，并研究故障产生的机理。状态监测与故障诊断技术是近年来国内外发展较快的一门新兴学科，它所包含的内容比较广泛，诸如机械状态量（力、位移、振动、噪声、温度、压力和流量等）的监测，状态特征参数变化的辨识，机械产生振动和损伤时的原因分析、振源判断、故障预防，机械零部件使用期间的可靠性分析和剩余寿命估计等。机械设备状态监测与故障诊断技术是保障设备安全运行的基本措施之一。

7.2.1　机械故障及其分类

1. 机械故障

所谓机械故障，是指机械丧失了它所被要求的性能和状态。机械发生故障后，其技术指标就会显著改变而达不到规定的要求，如原动机功率降低、传动系统失去平衡噪声增大、工作机构能力下降、润滑油的消耗增加等。

机械故障表现在它的结构上主要是零部件损坏和部件之间相互关系的破坏，如零件的断裂、变形，配合件的间隙增大或过盈丧失，固定和紧固装置松动和失效等。

2. 机械故障的类型

机械故障分类方法很多，主要有以下 3 种。

（1）按故障发生的时间性分类，可分为渐发性故障、突发性故障和复合型故障。

① 渐发性故障是由于机械产品参数的劣化过程（磨损、腐蚀、疲劳、老化）逐渐发展而形成的。它的主要特点是故障发生可能性的大小与机械产品使用时间有关，使用的时间越长，发生故障的可能性就越大。大部分机器的故障都属于这类故障。这类故障只是在机械设备的有效寿命的后期才明显地表现出来，这种故障一经发生，就标志着机械设备寿命的终结，需要进行大修。由于这种故障的渐发性，它是可以预测的。

② 突发性故障是由于各种不利因素和偶然的外界影响对机械设备共同作用的结果。这种故障发生的特点是具有偶然性，一般与使用的时间无关，因而这种故障是难以预测的，但它一般容易排除。这类故障的例子有：因润滑油中断而零件产生热变形裂纹；因机械使用不当或出现超负荷现象而引起零件折断；因各参数达到极限值而引起零件变形和断裂等。

③ 复合型故障包括了上述两种故障的特征。其故障发生的时间是不定的，并与设备的状态无关，而设备工作能力耗损过程的速度则与设备工作能力耗损的性能有关，如由于零件内部存在着应力集中，当受到外界对机器作用的最大冲击后，随着机器的继续使用，就可能逐渐发生裂纹。

（2）按故障出现的情况分类，可分为实际（已发生）故障和潜在（可能发生）故障。

① 实际故障是指机械设备丧失了它应有的功能或参数（特性），超出规定的指标或根本不能工作，也可能使机械加工精度破坏、传动效率降低、速度达不到标准值等。

② 潜在故障和渐发性故障相联系，当故障是在逐渐发展中，但尚未在功能和特性上表现出来，而同时又接近萌芽的阶段时（当这种情况能够鉴别出来时），即认为也是一种故障现象，并称为潜在故障。例如，零件在疲劳破坏过程中，其裂纹的深度是逐渐扩展的，同时其深度又是可以探测的，当探测到扩展的深度已接近于允许的临界值时，便认为是存在潜在故障。潜在故障必须按实际故障一样来处理。探明了机械的潜在故障，就有可能在机械达到功能故障之前排除，这将有利于保持机械完好状态，避免由于发生功能性故障而可能带来的不利后果，在机械使用和维修中有着重要的意义。

（3）根据故障发生的原因或性质分类，可分为人为故障和自然故障。

① 人为故障。由于维护和调整不当，违反操作规程或使用了质量不合格的零件材料等，使各部件加速磨损或改变其机械工作性能而引起的故障称为人为故障，这种故障是可以避免的。

② 自然故障。机械在使用过程中，因各部机件的自然磨损或物理化学变化致使零件变形、断裂、蚀损等使机件失效所引起的故障，称为自然故障。这种故障虽不可避免，但随着零件设计、制造、使用和修理水平的提高，可使机械有效工作时间大大延长，而使故障较迟发生。

故障和事故是有差别的，故障是指设备丧失了规定的性能；事故是指失去了安全性状态，包括设备损坏和人身伤亡。换言之，故障是强调设备的可靠性，事故是强调设备和人身的安全性，在多数情况下要求安全性和可靠性兼顾，但有时，宁可放弃可靠性确保安全性，即安全第一。

3. 一般机械的故障规律

机械在运行中发生的故障可能随时间而变化的规律称为一般机械的故障规律，如图

7-1 所示。此曲线称为“浴盆曲线”，图中横坐标为使用时间，纵坐标为失效率。这一变化过程，主要分为以下三个阶段。第一阶段为早期故障期，即由于设计、制造、保管、运输等原因造成的故障，因此故障率一般较高，经过运转、跑合、调整，故障率将逐渐下降并趋于稳定。第二阶段为随机故障期，也称正常运转期，此时设备的零件均未达到使用寿命，不易发生故障，在严格操作、加强维护保养的情况下，故障率很小，这一阶段，为机械的有效使用寿命。第三阶段为耗损故障期，由于零部件的磨损、腐蚀以及疲劳等原因造成故障率上升，这时，如加强维护保养，及时更换即将到达寿命周期的零部件，则可使正常运行期延长，但如维修费过高，则应考虑设备更新。

从机械使用者的角度出发，对于曲线所表示的初期故障率，由于机械在出厂前已经过充分调整，可以认为已基本得到消除，因而可以不必考虑；随机故障通常容易排除，且一般不决定机器的寿命；唯有耗损故障才是影响机械有效寿命的决定因素，因而是主要研究对象。

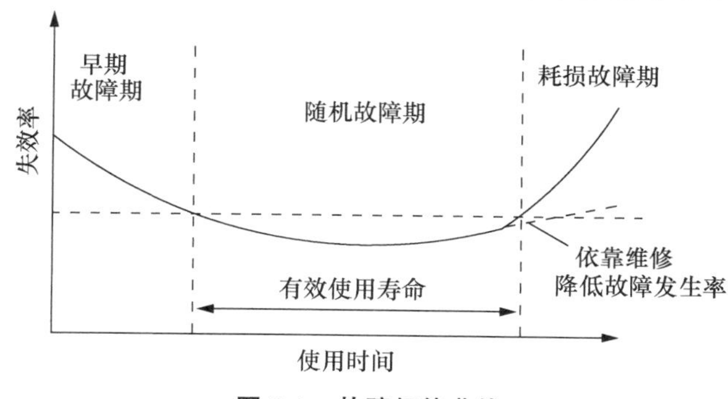

图 7-1　故障规律曲线

7.2.2　机械故障诊断技术

1. 机械故障诊断的基本原理、基本方法和环节

(1) 基本原理

机械故障诊断就是在动态情况下，利用机械设备劣化进程中产生的信息（即振动、噪声、压力、温度、流量、润滑状态及其指标等）来进行状态分析和故障诊断，故障诊断的基本过程和原理如图 7-2 所示。

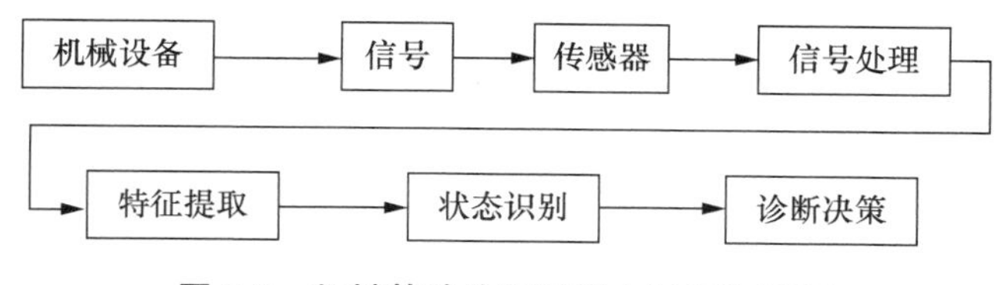

图 7-2　机械故障诊断的基本过程和原理

(2) 基本方法

机械故障诊断目前流行的分类方法有两种：一是按诊断方法的难易程度分类，可分为简易诊断法和精密诊断法；二是按诊断的测试手段来分类，主要分为直接观察法、振动噪声测定法、无损检验法、磨损残余物测定法和机器性能参数测定法等。

① 简易诊断法。简易诊断法是指主要采用便携式的简易诊断仪器，如测振仪、声级计、工业内窥镜、红外点温仪对设备进行人工巡回监测，根据设定的标准或人的经验分析，了解设备是否处于正常状态。简易诊断法主要解决的是状态监测和一般的趋势预报问题。

② 精密诊断法。精密诊断法是指对已产生异常状态的原因采用精密诊断仪器和各种分析手段（包括计算机辅助分析方法、诊断专家系统等）进行综合分析，以期了解故障的类型、程度、部位和产生的原因以及故障发展的趋势等问题。精密诊断法主要解决的问题是分析故障原因和较准确地确定发展趋势。

③ 直接观察法。传统的直接观察法如“听、摸、看、闻”在一些情况下仍然十分有效。但因其主要依靠人的感觉和经验，有较大的局限性。目前出现的光纤内窥镜、电子听诊仪、红外热像仪、激光全息摄影等现代手段，大大延长了人的感官器官，使这种传统方法又恢复了青春活力，成为一种有效的诊断方法。

④ 振动噪声测定法。机械设备动态下的振动和噪声的强弱及其包含的主要频率成分与故障的类型、程度、部位和原因等有着密切的联系。因此利用这种信息进行故障诊断是比较有效的方法。其中特别是振动法，信号处理比较容易，因此应用更加普遍。

⑤ 无损检验法。无损检验法是一种从材料和产品的无损检验技术中发展起来的方法，它是在不破坏材料表面及其内部结构的情况下，检验机械零部件缺陷的方法。它使用的手段包括超声波、红外线、X 射线、γ 射线、声发射、渗透染色等。这一套方法目前已发展成一个独立的分支，在检验裂纹、砂眼、缩孔等缺陷造成的设备故障时比较有效。其局限性主要是它的某些方法如超声波、射线检验等有时不便于在动态下进行。

⑥ 磨损残余物测定法。机器的润滑系统或液压系统的循环油路中携带着大量的磨损残余物（磨粒），它们的数量、大小、几何形状及成分反映了机器的磨损部位、程度和性质，根据这些信息可以有效地诊断设备的磨损状态。目前磨损残余物测定方法在工程机械及汽车、飞机发动机监测方面已取得良好的效果。

⑦ 机器性能参数测定法。显示机器主要功能的机器性能参数，一般可以直接从机器的仪表上读出，由这些数据可判定机器的运行状态是否离开正常范围。机器性能参数测定方法主要用于状态监测或作为故障诊断的辅助手段。

（3）诊断技术的环节

① 信号采集。

a. 直接观察。这是根据决策人的知识和经验对机械设备的运行状态作出判断的方法，它是现场经常使用的方法。例如，通过声音高低、音色变化、振动强弱等来判断故障。破损、磨损、变形、松动、泄漏、污秽、腐蚀、变色、异物和动作不正常等，也是直接观察的内容。

b. 性能测定。通过对功能进行测定取得信息，主要有振动、声音、光、温度、压力、电参数、表面形貌、污染物和润滑情况等。

② 特征提取。特征提取是故障诊断过程的关键环节之一，直接关系到后续诊断的识别。主要有以下几种。

a. 幅域分析。信号的早期分析只在波形的幅值上进行，如计算波形的最大值、最小值、平均值、有效值等，而后又进而研究波形的幅值的概率分布。在幅值上的各种处理通常称为幅域分析。

b. 时域分析。信号波形是某种物理量随时间变化的关系，研究信号在时间域内的变化或分布称为时域分析。

c. 频域分析。频域分析是确定信号的频域结构，即信号中包含哪些频率成分，分析的结果是以频率为自变量的各种物理量的普线或曲线。

不同的分析方法是从不同的角度观察、分析信号，使信号处理的结果更加丰富。

③ 状态识别及趋势分析。在有效的状态特征提取后进行状态识别。它以模式识别为理论基础，有统计模式识别和结构模式识别两种方法。它们都有各自的判别准则。此外，还有基于模糊数学的模糊诊断、基于灰色理论的灰色诊断等。

随着计算机技术的发展，建立了诊断的集成形式，即诊断的专家系统。它是集信号的采集、特征提取、状态识别与趋势分析于一体，是一个集成系统。专家系统采用模块结构，能方便地增加其功能。它的知识库是开放式的，便于修改和增删。专家系统还具有解释功能及良好的使用界面，综合利用各种信息与诊断方法，以灵活的诊断策略来解决实际问题。

随着科学技术的进一步发展，从故障诊断的全过程来看，今后将在下述几方面得到新的进展。

① 不断研制和开发先进的多功能高效测试仪，有效地测取信号。

② 开发以人工神经网络为基础的神经网络信号处理技术和相应的软硬件。

③ 研制开发以人工神经网络为支持系统，集信号测试、处理及识别诊断于一体的综合集成诊断专家系统。

④ 进一步开发以人工智能为基础的智能型识别诊断技术。

2. 诊断技术方法

（1）凭五官进行外观检查。利用人体的感官，听其音、嗅其味、看其动、感其温，从而直接观察到故障信号，并以丰富的经验和维修技术判定故障可能出现的部位与原因，达到预测预报的目的。这些经验与技术对于小厂和普通机械设备是非常重要的，即使将来科学技术高度发展，也不可能完全由仪器设备监测诊断技术取代。

（2）振动测量。振动是一切做回转或往复运动的机械设备最普通的现象，状态特征凝结在振动信号中。

振动的增强无一不是由故障引起的。振动测量就是利用机械设备运动时产生的信号，根据测得的幅值（位移、速度、加速度）、频率和相位等振动参数，对其进行分析处理，做出诊断。

产生振动的根本原因是机械设备本身及其周围环境介质受振源的激振。激振来源于两类因素，一是回转件或往复件的失衡，主要包括：回转件相对于回转轴线的质量分布不均，在运转时产生惯性力；制造质量不高，特别是零件或构件的形状位置精度不高造成质量失衡；另外回转体上的零件松动增加了质量分布不均、轴与孔的间隙因磨损加大也增加了失衡；转子弯曲变形和零件失落，造成质量分布不均等。二是机械设备的结构因素，主要包括：往复件的冲击，如以平面连杆机构原理做运动的机械设备，连杆往复运动产生的惯性力，其方向作周期性改变，形成了冲击作用，这在结构上很难避免；齿轮由于制造误差大，导致齿轮啮合不好，齿轮间的作用力在大小、方向上发生周期性变化，随着齿轮在运转中的磨损和点蚀等现象日益严重，这种周期性的激振也日趋恶化；联轴节和离合器的结构不合理带来失衡和冲击；滑动轴承的油膜涡动和振荡；滚动轴承中滚动体不平衡及径向间隙；基座扭曲；电源激励；压力脉动等。

此外，机械设备的拖动对象不稳定，使负载不平稳，若是周期性的也能成为振源。

振动测量与分析系统由 4 个基本部分组成，即传感器、测量仪器、分析仪器和记录仪器。典型的振动测量系统，如图 7-3 所示。该系统实际由传感器和测量仪器两部分组成。传感器的种类，常用的有三种：位移传感器、速度传感器、加速度传感器。目前应用最广的是压电式加速度传感器，其作用是将机械能信号（位移、速度、加速度、动力等）转换成电信号。信号调节器是一个前置放大器，有两个作用：放大加速度传感器的微弱输出信号；降低加速度传感器的输出阻抗。数据储存器是指磁带记录仪，它能将现场的振动信号快速而完整地记录下来、储存下来，然后在实验室内以电信号的形式，再把测量数据复制，重放出来。信号处理机由窄带或宽带滤波器、均方根检波器、峰值计或概率密度分析仪等组成。测量系统的最后一部分是显示或读数装置，它可以是表头、示波器或图像记录仪等。

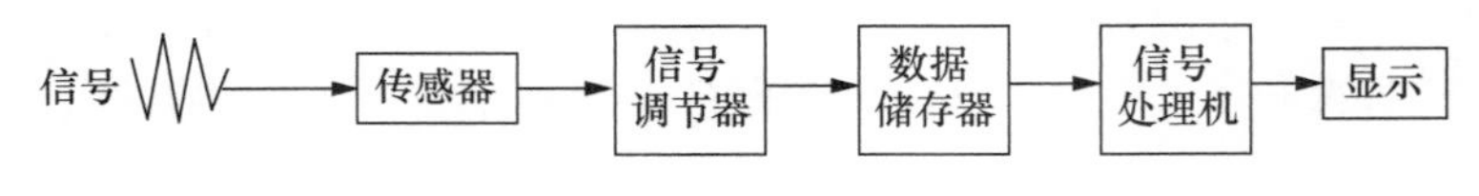

图 7-3 典型的振动测量系统

工厂现场推行振动监测诊断技术的注意事项如下。

① 选择诊断对象。在工厂里，如果将全部设备都列为诊断对象，那显然是不切实际的。此外，技术上也不可能这样做。为此，必须经过充分研究来选定作为诊断对象的设备。

一般来说，列为诊断对象的重点应具有以下条件。

a. 流程生产设备：其中任意环节发生问题都会影响全局，如石油、化工、钢铁、有色、电力工业等中的设备。

b. 六大设备：直接生产中的重点设备（包括设有备用台套的大型机组）、虽是附属设备但对全局影响大停机后可能产生很大损失的关键设备、发生故障后会带来二次公害的要害设备、维修困难且维修费用高的复杂设备、固定资产价值高（包括设有备品备件或备品备件价值昂贵）的贵重设备和不能接近或不能解体检查的特殊设备。

② 测点选择。对于一般旋转机械，其振动测点的位置选择主要有两种方式，即测轴承振动或测轴振动。所谓测轴承振动，是指测量机组轴承座上典型测点的绝对振动。所谓测轴振动，是指测量轴颈相对于轴承座的相对振动。前者能监测整机状态，后者重点监测转子状态。在选择测点时，还应考虑人员能否够得着、测量时是否发生人身安全等问题。

③ 测量参数选择。一般来说，振动参数有量标（振动位移，振动速度、振动加速度）和量值（幅值、频率、相位）两种。振动参数的意义在于，它们被用来检测和描述机器的有害运动，每个参数都告诉用户有关振动的某些重要信息，因此，这些参数可以认为是用于诊断机器低效运行或将要发生故障的症状。

量标选择的原则是：在对变形、精度、位置进行评定时宜选用振动位移作为评价指标；在对强度、疲劳、可靠性进行评定时宜选用振动速度作为评价指标；在对冲击、力、随机振动、舒适性进行评定时宜选用振动加速度作为评价指标。

量值的选择原则如下。

振动幅值是评价设备运行工况好坏的重要指标。它既可用有效值也可以用峰值的形式来加以表示。有效值反映振动能量的大小，并兼顾了振动时间历程的全过程，故最适宜作为机器振动量级（劣度）的评价。峰值只反映了振动某瞬时的变化范围，故只反映了振动某瞬时的变化范围，故只能用于振动的极限评定。

振动频率是识别机器哪个部件出了故障，以及是什么性质的故障的依据。

振动相位是区分同频振动，确定故障部位的重要手段。

通常在简易诊断中以监测振动幅值为主，而在精密诊断中则主张利用振动的幅值、频率、相位等全部信息。

④ 测量方向选择。对于确定性为主的振动，因其是一矢量，不同方向的振动包含着不同的故障信息。例如，不平衡在水平方向上、不同轴在轴向上、基座松动在垂直方向上容易发生振动，所以振动应尽量在三个方向上都进行测量。只有随机振动，因其是一标量，才允许只在某方向上进行监测。

⑤ 作好测点标记。机组上不同测点，在同一时刻的振动量值也是不相同的，所以测点一经确定之后，必须作上标记，以后的监测应该在同一点上进行。

⑥ 选定测量工况。定期点检时，测得的总体振动值或频谱的任何变化，都指示出机器状态的改变。这就要求每次测量都在可重现的统一工况下进行。

⑦ 进行测量系统校准标定。测量系统的特性会随时间而改变，为了保证测试结果能反映机器的真实状态，首先必须保证测量系统能保持精确的量值传递。这就要求定期或在每次重要测试之前对测量系统进行校准或标定。

⑧ 传感器附着方式的选择。常用的传感器附着方式有三种，附着方式不同时，可检测的上限频率也不一样。因此必须根据检测要求确定适当的附着方式。以压电振动加速度测量为例，其传感器附着方式对可测频带的影响如下。

手持探针式：可测频率 $<1\,000$ Hz；

磁座吸附式：可测频率 $<3\,000$ Hz；

螺栓紧固式：可测频率 $<10\,000$ Hz。

必须强调，诊断是一种相对比较，而在振动测量中要使比较结果具有意义，必须做到测点、参数、方向、工况、基准（指标定）和频带（指传感器附着方式）6 个相同。

⑨ 测量周期的确定。在确定测量周期时，最重要一点是对劣化速度进行充分的研究。希望做到既不会漏掉一个可能发生的故障，又不会带来过多的工作量。

⑩ 测量标准的确定。常用的判别设备正常、异常的标准有三种，即绝对标准，相对标准和类比标准。一般情况下，在现场最便于使用的是绝对标准，因它是以典型通用机械为对象制定的。如有的设备不适用这种标准，就必须利用相对标准或类比标准。

a. 绝对标准。绝对判别标准是在规定了正确的测定方法之后制定的标准。所以，必须掌握标准的适用频率范围和测定方法等，才能加以选用。它们常以国际标准、国家标准、部颁标准，企业标准等形式出现，如 ISO2372 和 JB 4057—1985 等。

b. 相对标准。相对判别标准是对同一部位定期进行测定，并按时间先后进行纵向比较，以正常情况下的值为原始值，根据实测值与该值的倍数比来进行判断的方法。实用于某种设备在该企业中只有一台时的情况。

通常多将标准定为对于低频振动，实测值达到原始值的 1.5～2 倍时为注意区，约 4 倍时为异常区；对于高频振动，将原始值的 3 倍定为注意区，6 倍定为异常区。

c. 类比标准。所谓类比判别标准，是指数台同样规格的设备在相同条件下运行时通过对各台设备的同一部位进行测定和横向相互比较，来掌握异常程度的方法。适用于企业具有多台同类设备的场合。

一般规定：以测得的最低值为正常值，当某值超过正常值1倍时为注意区，超过2倍时进入异常区。

记录参数的设置：记录参数包括通道分配、通道增益、采样频率、记录长度（或段效）等，为保证测量有效，这些参数必须根据分析处理的目的事先进行设置。

测量顺序和路线的拟定：测量顺序和路线最好结合机器简图明确地标示出来。

数据库的建立：为了在作机器评价和诊断时方便地存取每台机器各次测量所得的数据，必须按某一格式和顺序将其存入数据库中。

（3）噪声测量。噪声也是机械设备故障的主要信息来源之一，还是减少和控制环境污染的重要内容。

测声法是利用机械设备运转时发出的声音进行诊断。

机械设备噪声的声源主要有两类：一类是运动的零部件，如电动机、油泵、齿轮、轴、轴承等，其噪声频率与它们的运动频率或固有频率有关；另一类是不动的零部件，如箱体、盖板、机架等，其噪声是由于受其他声源或振源的诱发而产生共鸣引起的。

噪声测量主要是测量声压级。声级计是噪声测量中最常用、最简单的测试仪器，声级计由传感器、放大器、衰减器、计权网络、检波器（均方根检波电路）和电表组成。图7-4为声级计工作原理方框图。

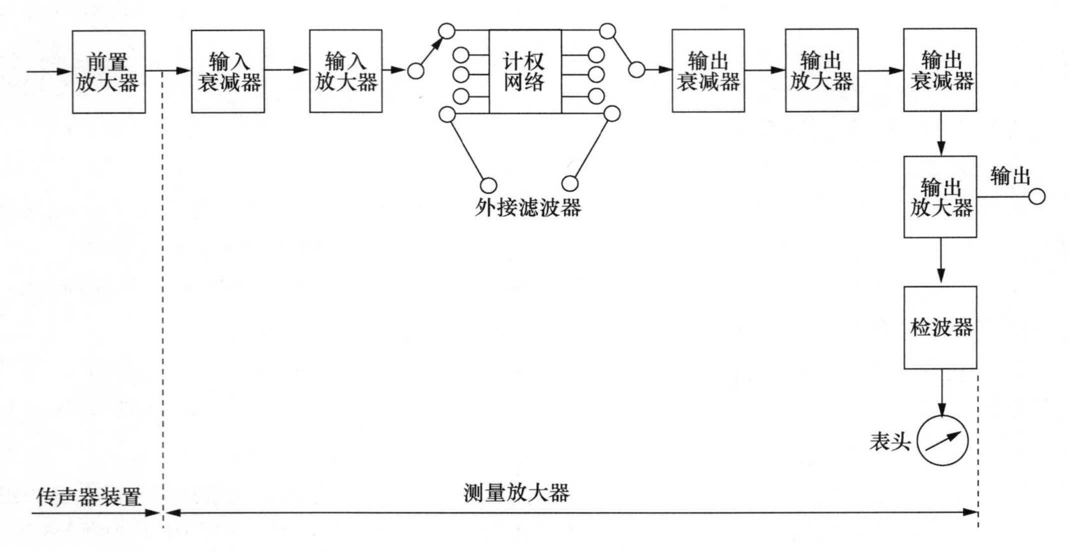

图7-4 声级计工作原理

声压信号输入传声器后，被转换为电信号。当信号微小时，经过放大器放大，若信号较大时，则对信号加以衰减。输出衰减器和输出放大器的作用与输入衰减器和输入放大器相同，都是将信号衰减或放大。为提高信噪比，保持小的失真度和大的动态范围，将衰减器和放大器分成两组：输入（出）衰减器和输入（出）放大器，并将输出衰减器再分成两部分，以便匹配。为使所接受的声音按不同频率分别有不同程度的衰减，在声级计中相应设置了三个计权网络。通过计权网络可直接读出声级数值。经最后的输出放大器放大的信号输入到检波器中检波，并由表头以“分贝”指示出有效值。

（4）温度测量。温度是一种表象，它的升降状态反映了机械设备的热力过程，异常的温升或温降说明产生了热故障。例如，内燃机、加热炉燃烧不正常，温度分布不均匀；轴承损坏，发热量增加；冷却系统发生故障，零件表面温度上升等。凡利用热能或用热能与机械能之间的转换进行工作的机械设备，进行温度测量十分重要。

测量温度的方法很多，可利用直接接触或非接触式的传感器，以及一些物质材料在不同温度下的不同反应来进行温度测量。

① 接触式传感器。通过与被测对象的接触，由传感器感温元件的温度反映出测温对象的温度。如液体膨胀式传感器利用水银或酒精在不同温度下胀缩的现象来显示温度；双金属传感器和热电偶传感器依靠不同金属在受热时表现出不同的膨胀率和热电势，利用这种差别来测量温度；电阻传感器则是根据不同温度下电阻元件的电阻值发生变化的原理来工作。

② 非接触式传感器。这类仪器是利用热辐射与绝对温度的关系来显示温度。如光学高温计、辐射高温计、红外测量仪、红外热像仪等。用红外热像仪测温是20世纪60年代兴起的技术，它具有快速、灵敏直观、定量无损等特点，特别适用于高温、高压、带电、高速运转的目标测试，对故障诊断和预测维修非常有效。由红外热像仪形成的一幅简单的热图像提供的热信息相当于3万个热电偶同时测定的结果。这种仪器的测量范围一般为几十摄氏度到上千摄氏度，分辨率为0.1℃，测试任何大小目标只需几秒钟，除在现场可实时观察外，还能用磁带录像机将热图像记录下来，由计算机标准软件进行热信息的分析和处理。整套仪器做成便携式，现场使用非常方便。

温度指示漆、粉笔、带和片。它们的工作原理是从漆、粉笔、带和片的颜色变化来反映温度变化。当然这种测温方法精度不高（因为颜色变化的程度还附加人的感官判别问题），但相当方便。

（5）油样分析。在机械设备的运转过程中，润滑油必不可少。由于在油中带有大量的零部件磨损状况的信息，因此通过对油样的分析可间接监测磨损的类型和程度，判断磨损的部位，找出磨损的原因，进而预测寿命，为维修提供依据。例如，在活塞式发动机中，当油液中锡的含量增高时，可能表明轴承处于磨损的早期阶段；铝的含量增高则表明活塞磨损。油样分析所能起到的作用，如同医学上的验血。

油样分析包括采样、检测、诊断、预测和处理等步骤。

常用的油样分析方法主要有以下三种。

① 磁塞分析法。磁塞分析法是最早的油样分析法，将磁塞插入被检测油路中，收集分离出的铁磁性磨粒，然后将磁塞芯子取下洗去油液，置于读数显微镜下进行观察，若发现小颗粒且数量较少，说明机器处于正常磨损阶段。一旦发现大颗粒，便要引起重视，首先要缩短监督周期，并严密注视机器运转情况。若多次连续发现大颗粒，便是即将出现故障的前兆，要立即采取维护措施。

磁塞分析具有设备简单、成本低廉、分析技术简便，一般维修人员都能很快掌握，能比较准确获得零件严重磨损和即将发生故障的信息等优点，因此它是一种简便而行之有效的方法。但是它只适用于对带磁性的材料进行分析，其残渣尺寸大于50 μm。

② 铁谱分析法。这种方法是近年来发展起来的一种磨损分析法。它从润滑油试样中分离和分析磨损微粒或碎片，借助于各种光学或电子显微镜等检测和分析，方便地确定磨损微粒或碎片的形状、尺寸、数量以及材料成分，从而判别磨损类型和程度。

铁谱分析法的程序如下。

a. 分离磨损微粒制成铁谱片。采用铁谱仪分离磨损微粒制成铁谱片。它由三部分组成：抽取样油的泵，使磨损微粒磁化沉积的强磁铁，形成铁谱的透明底片。其装置如图 7-5 所示。

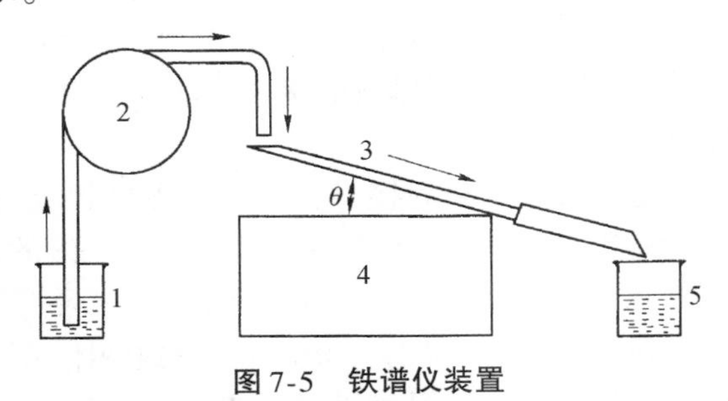

图 7-5 铁谱仪装置

1—样油容器；2—泵；3—底片；4—强磁铁；5—废油容器

样油由泵 2 抽出送到透明显微镜底片 3 上，底片下装有强磁铁 4，底片安装成与水平面有一倾斜角度，使出口端的磁场比入口端强。样油沿倾斜底片向下流动时，受磁场力作用，磨损微粒被磁化，最后使微粒按照其大小，全部均匀地沉积在底片上，用清洗液冲洗底片上残余油液，用固定液使微粒牢固贴附在底片上，从而制成铁谱片。

b. 检测和分析铁谱片。检测和分析铁谱片的方法很多，有各种光学或电子显微镜、有化学或物理方法。目前一般使用的有：用铁谱光密度计（或称铁谱片读数仪）来测量铁谱片上不同位置上微粒沉积物的光密度，从而求得磨损微粒的尺寸、大小分布及总量；用铁谱显微镜（又称双色显微镜）研究微粒、鉴别材料成分、确定磨粒来源、判断磨损部位、研究磨损机理；用扫描电镜观察磨损微粒形态和构造特征，确定磨损类型；对铁谱片进行加热处理，根据其回火颜色，鉴别各种磨粒的材料和成分。

铁谱技术的缺点在于：对润滑油中非铁系颗粒的检测能力较低，例如在对含有多种材质摩擦副的机器（如发动机）进行监测诊断时，往往感到不力；分析结果较多依赖操作人员的经验；不能理想地适应大规模设备群的故障诊断。

③ 光谱分析法。光谱分析法是测定物质化学成分的基本方法，它能检测出铅、铁、铬、银、铜、锡、镁、铝和镍等金属元素，定量地判断磨损程度。在实际运用中分原子发射光谱分析和原子吸收光谱分析两种方法。

a. 原子发射光谱分析法。油样在高温状态下用带电粒子撞击（一般用电火花），使之发射出代表各元素特征的各种波长的辐射线，并用一个适当的分光仪分离出所要求的辐射线，通过把所测的辐射线与事先准备的校准器相比较来确定磨损碎屑的材料种类和含量。

b. 原子吸收光谱分析法。它是利用处于基态的原子可以吸收相同原子发射的相同波长的光子能量的原理。采用具有波长连续分布的光透过油中的磨损磨粒，某些波长的光被磨粒吸收而形成吸收光谱。在通常情况下，物质吸收光谱的波长与该物质发射光谱波长相等，同样可确定金属的种类和含量。发射光谱一般必须在高温下获得，而高温下的分子或晶体往往易于分解，因此原子吸收光谱还适宜于研究金属的结构。

目前，油样光谱分析技术已广泛而有效地被应用于监测设备零部件磨损趋势、机械设备的故障诊断，以及大型重要设备的随机监测方面。

（6）声发射检测。各种材料由于外加应力作用，在内部结构发生变化时都会以弹性应力波的方式释放应变能量，这种现象称为声发射，如木材的断裂、金属材料内部晶格错位、晶界滑移或微观裂纹的出现和扩展等都会产生声发射。弹性波有的能被人耳感知，但多数金属，尤其是钢铁，其弹性应力波的释放是人耳不能感知的，属于超声范围。通过接受弹性应力波，用仪器检测、分析声发射信号和利用信号推断声发射源的技术称为声发射技术。

声发射检测具有下述特点。

① 需对构件外加应力。

② 它提供的是加载状态下缺陷活动的信息，是一种动态监测，而常规的无损检测是静态监测。声发射检测可客观地评价运行中机械设备的安全性和可靠性。

③ 灵敏度高、检查覆盖面积大、不会漏检，可远距离检测。

声发射检测现在已广泛用来监测机械设备和机件的裂纹和锈蚀情况。

声发射的测量仪器主要有单通道声发射仪和多通道声发射仪。

① 单通道声发射仪只有一个通道，包括信号接收、信号处理、测量和显示，一般用于实验室。

② 多通道声发射有两个以上通道，常需配置计算机，一般应用在现场评价大型构件。

（7）无损检测。零件无损检测是利用声、光、电、热、磁、射线等与被测零件的相互作用，在不损伤内外部结构和实用性能的情况下，探测、确定零件内部缺陷的位置、大小、形状和种类的方法。

零件无损探伤以经济、安全、可靠而被越来越多地应用到生产实际中。无损检测的常用方法有超声波检测、射线检测、涡流探伤、磁粉探伤、渗透探伤等几种。

① 超声波检测。频率大于 20 kHz 的声波称为超声波。用于无损检测的超声波频率多为 1～5 MHz。高频超声波的波长短，不易产生绕射，碰到杂质或分界面就会产生明显的反射，而且方向性好，在液体和固体中衰减小，穿透本领大，因此超声波探伤成为无损检测的重要手段。

超声波探伤方法多种多样，最常用的是脉冲反射法。而脉冲反射法根据波形不同又可分为纵波探伤法、横波探伤法及表面波探伤法。

a. 纵波探伤法。测试前，先将探头插入探伤仪的连接插座上。探伤仪面板上有一个荧光屏，通过荧光屏可知工件中是否存在缺陷，以及缺陷的大小和位置。检测时探头放于被测工件上，并在工件上来回移动。探头发出的超声波脉冲，射入被检工件内，如工件中没有缺陷，则超声波传到工件底部时产生反射，在荧光屏上只出现始脉冲和底脉冲。如工件某部位存在缺陷，一部分声脉冲碰到缺陷后立即产生反射，另一部分继续传播到工件底面产生反射，在荧光屏上除出现始脉冲和底脉冲外，还出现缺陷脉冲。通过缺陷脉冲在荧光屏上的位置可确定缺陷在工件中的位置。也可通过缺陷脉冲幅度的高低来判别缺陷当量的大小，如缺陷面积大，则缺陷脉冲的幅度就高，通过移动探头还可确定缺陷大致长度。

b. 横波探伤法。用斜探头进行探伤的方法称为横波探伤法。超声波的一个显著特点是：超声波波束中心线与缺陷截面积垂直时，探测灵敏度最高，但如遇到斜向缺陷时，用直探头探测虽然可探测出缺陷存在，但并不能真实反映缺陷大小。如用斜探头探测，则探伤效果更好。因此在实际应用中，应根据不同的缺陷性质、取向，采用不同的探头进行探伤。有些工件的缺陷性质、取向事先不能确定，为了保证探伤质量，应采用几种不同探头进行多次探测。

c. 表面波探伤法。表面波探伤主要是检测工件表面附近是否存在缺陷。当超声波的入射角超过一定值后，折射角几乎达到90°，这时固体表面受到超声波能量引起的交替变化的表面张力作用，质点在介质表面的平衡位置附近做椭圆轨迹振动，这种振动称为表面波。当工件表面存在缺陷时，表面波被反射回探头，可以在荧光屏上显示出来。

超声波探伤主要用于检测板材、管材、锻件、铸件和焊缝等材料中的缺陷（如裂缝、气孔、夹渣、热裂纹、冷裂纹、缩孔、未焊透、未熔合等）、测定材料的厚度、检测材料的晶粒、对材料使用寿命评价提供相关技术数据等。超声波探伤因具有检测灵敏度高、速度快、成本低等优点，因而得到普遍的重视，并在生产实践中得到广泛的应用。

超声波探伤不适用于探测奥氏体钢等粗晶材料及形状复杂或表面粗糙的工件。

② 射线检测。射线检测是利用射线对各种物质的穿透能力来检测物质内部缺陷的一种方法。其实质是根据被检零件与内部缺陷介质对射线能量衰减程度的不同，而引起射线透过工件后的强度差异，在感光材料上获得缺陷投影所产生的潜影，经过处理后获得缺陷的图像，从而对照标准来评定零件的内部质量。

射线检测适用于探测体积型缺陷，如气孔、夹渣、缩孔、疏松等。一般能确定缺陷平面投影的位置、大小和种类。如发现焊缝中的未焊透、气孔、夹渣等缺陷；发现铸件中的缩孔、夹渣、气孔、疏松、热裂纹等缺陷。

射线检测不适用于检测锻件和型材中的缺陷。

③ 涡流探伤。导体的涡流与被测对象材料的导电、导磁性能有关，如电导率、磁导率，也就是和被测对象的温度、硬度、材质、裂纹或其他缺陷等有关。因此可以根据检测到的涡流，得到工件有无缺陷和缺陷尺寸的信息，从而反映出工件的缺陷情况。

涡流探伤适用于探测导电材料，能发现裂纹、折叠、凹坑、夹杂物、疏松等表面和近表面缺陷。通常能确定缺陷的位置和相对尺寸，但难以判断缺陷的种类。

涡流探伤不适用于探测非导电材料的缺陷。

④ 磁粉探伤。把铁磁性材料磁化后，利用缺陷部位产生的漏磁场吸附磁粉的现象进行探伤。磁粉探伤是一种较为原始的无损检测方法，适用于探测铁磁性材料的缺陷，包括锻件、焊缝、型材、铸件等，能发现表面和近表面的裂纹、折叠、夹层、夹杂物、气孔等缺陷。一般能确定缺陷的位置、大小和形状，但难以确定缺陷的深度。

磁粉探伤不适用于探测非铁磁性材料，如奥氏体钢、铜、铝等的缺陷。

⑤ 渗透探伤。渗透探伤是利用液体对材料表面的渗透特性，用黄绿色的荧光渗透液或红色的着色渗透液，对材料表面的缺陷进行良好的渗透。当显像液涂洒在工件表面上时，残留在缺陷内的渗透液又会被吸出来，形成放大的缺陷图像痕迹，从而用肉眼检查出工件表面的开口缺陷。渗透探伤与其他无损检测方法相比，具有设备和探伤材料简单的优点。在机械修理中，用这种方法检测零件表面裂纹由来已久，至今仍不失为一种通用的方法。

渗透探伤适用于探测金属材料和致密性非金属材料的缺陷。能发现表面开口的裂纹、折叠、疏松、针孔等。通常能确定缺陷的位置、大小和形状，但难以确定缺陷的深度。

渗透探伤不适用于探测疏松的多孔性材料的缺陷。

无损检测的应用比较广泛，可用于测定表面层的厚度、进行质量评定和寿命评定、材料和机器的定量检测、组合件内部结构和组成情况的检查等多个方面。

7.3 机电设备的拆卸和清洗

7.3.1 机电设备的拆卸

拆卸的目的是为便于检查和维修。由于机械设备的构造各有其特点，零部件在质量、结构、精度等各方面存在差异，因此若拆卸不当，将使零部件受损，造成不必要的浪费，甚至无法修复。为保证维修质量，在解体之前必须周密计划，对可能遇到的问题有所估计，做到有步骤地进行拆卸。

1. 拆卸前的准备

（1）研究设备和部件的装配图、传动系统图，了解零部件的连接和固定方法。

（2）熟悉零部件的构造，了解每个零部件的用途和相互之间的关系，并记住典型零件的位置。

（3）了解被拆零部件的装配间隙，测量出它与有关零部件的相对位置，并做出标记和记录。

（4）研究正确的拆卸方法。

（5）准备好必要的工具和设备。

2. 拆卸方法

（1）击卸法。击卸是用锤击的力量，使配合零件移动。击卸常用的工具有铁锤、铜锤、木槌、冲子以及铜、铝、木质垫块等。击卸滚动轴承时，要左右对称交换地去敲击，切不可只在一面敲击，以免座圈破裂。

（2）压卸和拉卸。压卸和拉卸比击卸好，用力比较均匀，方向也可以控制，因此零件偏斜和损坏的可能性较小。这种方法适用于拆卸尺寸较大或过盈量较大的零件。它常用的工具有压床和拉模。

（3）温差法拆卸。温差法拆卸是利用金属热胀的特性来拆卸零件的，这样在拆卸时，就不会像击卸或压卸那样产生零件卡住或损伤的现象。这种方法常常在过盈量大（超过0.1 mm）、尺寸大、无法压卸时采用。

在实际应用中，零件的加热温度不宜超过100～120℃，否则，零件容易变形，失去它原有的精度。加热拆卸轴承，除了用拉模向外拉以外，同时还要用加热到90～100℃的热机油浇到轴承的内圈上。为了不使热油浇到轴上，在靠近轴承内圈的轴端包上石棉或硬纸板。

（4）破坏法。若必须拆卸焊接、铆接等固定联接件，或轴与套互相咬死时，可采用车、锯、錾、钻、割等方法进行破坏性拆卸。

总之，要根据零部件的配合情况，选择合理的拆卸方法。如果是过渡配合，可采用击卸；如果是过盈配合，则可采用压卸或加热拆卸的方法。拆下的零件要放在木板上或箱子中妥善保管，以防受潮生锈。零件不要一个个地堆积起来，以免互相碰撞、划伤和变形。

零件多时要进行编号，以免装配时搞错。较大零件如床身、箱体等可放在地板上或低的平台上；较小的零件如螺钉、螺母、垫圈、销子等可放在专用箱子内；细长的零件如长轴、丝杠等可垂直悬挂起来，以免弯曲变形。

3. 螺纹联接的拆卸

（1）一般拆卸方法。首先要认清螺纹旋向，然后选用合适的工具，尽量使用呆扳手或螺钉旋具、双头螺栓专用扳手等。拆卸时用力要均匀，只有受力大的特殊螺纹才允许用加长杆。

对于日久生锈的螺纹联接，可采用以下措施拧松。

① 用煤油浸润，即把连接件放到煤油中，或者用布头浸上煤油包在螺钉头或螺母上，使煤油渗入连接处。一方面可以浸润铁锈，使它松软；另一方面可以起到润滑作用，便于拆卸。

② 用锤子敲击螺钉头或螺母，使连接受到震动而自动松开，以便于拧卸。

③ 试着把螺扣拧松一下。

（2）断头螺钉的拆卸。以上几种措施应依次采用，如果仍然拆不下来，那就只好用力旋转，准备损坏螺钉或螺母了。

从螺纹孔中拆卸螺钉头已经被扭断的螺钉时，可采用下列方法。

断头螺钉在机体表面以下时，可在断头端的中心钻孔，攻反向螺纹，拧入反向螺钉旋出，如图 7-6(a) 所示；断头螺钉在机体表面以上时，可在螺钉上钻孔，打入多角淬火钢杆，再把螺钉拧出，如图 7-6(b) 所示；也可在断头上锯出沟槽，用一字形螺钉旋具拧出；或用工具在断头上加工出扁头或方头，用扳手拧出；或在断头上加焊弯杆拧出；也可在断头上加焊螺母拧出，如图 7-6(c) 所示；当螺钉较粗时，可用扁錾沿圆周剔出。

（3）打滑内六角螺钉的拆卸。当内六角磨圆后出现打滑现象时，可用一个孔径比螺钉头外径稍小一点的六方螺母，放在内六角螺钉头上，将螺母和螺钉焊接成一体，用扳手拧螺母即可把螺钉拧出，如图 7-7 所示。

（4）实在无法拆出的螺钉，可以选用直径比螺纹直径小 0.5～1 mm 的钻头，把螺钉钻除，再用丝锥旋去。除了普通螺纹以外，还有一些螺纹连接属于过盈配合。拆卸时，可将带内螺纹的零件加热，使其直径增大，然后再旋出来。

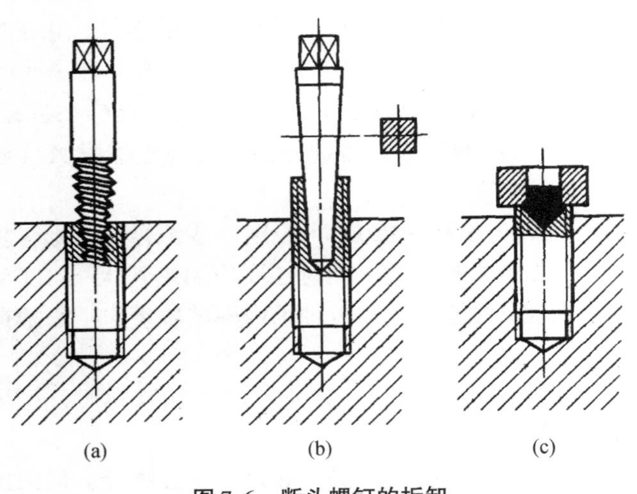

图 7-6 断头螺钉的拆卸

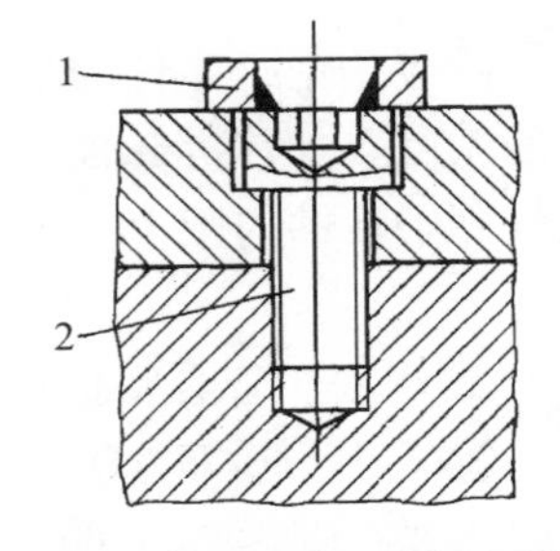

图 7-7 打滑内六角螺钉的拆卸

1—螺母；2—螺钉

4. 拆卸注意事项

（1）拆卸前必须了解设备及其部件的结构，以便拆卸和修理后再装配时能有把握地进行。

（2）一般拆卸应按与装配相反的顺序进行。

（3）拆卸时，零部件回松的方向、厚薄端、大小头，必须辨别清楚。

（4）拆下的零部件必须有次序、有规则地安放，避免杂乱和堆积。

（5）拆下的零部件（如螺钉、螺母、垫圈、销子等）要尽可能按原来结构连接在一起。必要时，有些零部件需标上记号（打上钢印字母），以免装配时发生错误而影响其原有的配合性质。

（6）可以不拆卸或拆卸后可能降低连接质量的零部件，应尽量不拆卸，如密封连接、铆接等；有些设备或零部件标明不准拆卸时，应严禁拆卸。

7.3.2　机电设备的清洗

1. 概述

清洗就是清除和洗净设备各零部件加工表面上的油脂、污垢和其他杂质的过程。

对设备上原已铅封的、有过盈配合要求的，或设备技术文件中规定不得拆卸的机件，都不要随便拆开清洗。

清洗工作必须认真细致地进行。各机件间配合不适当，制造上的缺陷，运输存放过程中所造成的变形和损坏，都必须在清洗过程中及时发现和处理。

清洗时，要使用合理的方法，保护机件不受损伤，并使清洗后的机件十分清洁，以保证机械设备的正常运转，达到规范要求的精度。

2. 清洗前的准备

（1）熟悉设备图样和说明书，弄清楚设备的性能和所需润滑油的种类、数量及加油位置。

（2）设备清洗的场地必须清洁，不要在多尘土地方或露天进行。清洗前，场地应做适当清理和布置。

（3）准备好所需的清洗材料、用具和放置机件用的木箱、木架及需用的压缩空气、水、电、照明等设施。

（4）仔细检查设备外部是否完整，有无碰伤；对于设备内部的损伤，也要做出记录，并及时进行处理。

（5）准备好防火用具，时刻注意安全。

3. 清洗材料

清洗时常用的材料（参见第 1 章）。

4. 清洗方法

为了去除机件表面的旧油、锈层和漆皮，清洗工作常按以下步骤进行。

（1）初步清洗。初步清洗包括去除机件表面的旧油、铁锈和刮漆皮等工作。

① 去旧油。一般用竹片或软质金属片从机件上刮下旧油或使用脱脂剂去除。

脱脂方法：小零件浸在脱脂剂内 5～15 min；较大的金属表面用清洁的棉布或棉纱浸

蘸脱脂剂进行擦洗；一般容器或管子的内表面用灌洗法脱脂（每处灌洗时间不少于15 min）；大容器的内表面用喷头喷淋脱脂剂冲洗。

② 除锈。除锈时，轻微的锈斑要彻底除净，直至呈现出原来的金属光泽；对于中锈应除至表面平滑为止。应尽量保持接合面和滑动面的表面粗糙度和配合精度。除锈后，应用煤油或汽油清洗干净，并涂以适量的润滑油脂或防锈油脂。各种表面的除锈方法如表7-1所示。

表 7-1　各种表面的除锈方法

项　次	表面粗糙度 *R*a(μm)	除锈方法
1	$\checkmark$	用砂轮、钢丝刷、刮具、砂布、喷砂或酸洗除锈
2	50～6. 3	用非金属刮具油石或粒度为 150 号的砂布蘸机械油擦除或酸洗除锈
3	3. 2～1. 6	用细油石或粒度为 150 号（或 180 号）的砂布蘸机械油擦除或酸洗除锈
4	0. 8～0. 2	先用粒度为 180 号或 240 号的砂布蘸机械油擦拭，然后再用干净的棉布（或布轮）蘸机械油和研磨膏的混合剂进行磨光
5	<0. 1	先用粒度为 280 号的砂布蘸机械油擦拭，然后再用干净的绒布蘸机械油和细研磨膏的混合剂进行磨光

注：1. $\checkmark$表示不加工表面；

2. 有色金属加工面上的锈蚀应用粒度号不低于 150 号的砂布蘸机械油擦拭。轴承的滑动面除锈时，不用砂布；

3. 表面粗糙度 *R*a > 12. 5 μm，形状较简单（没有小孔、狭槽、铆接等）的零部件，可用 6% 硫酸或 10% 盐酸溶液进行酸洗；

4. 表面粗糙度 *R*a 为 6. 3～ 1. 6 μm 的零部件，应用铬酸酐–磷酸溶液酸洗或用棉布蘸工业醋酸进行擦拭；铬酸酐磷酸水溶液配比和使用方法：

铬酸酐 CrO_3　　150 g/L

磷酸 H_3PO_4　　80 g/L

酸洗温度　　80 ～90℃

酸洗时间　　30～60 min

5. 酸洗除锈后，必须立即用水进行冲洗，再用含氢氧化钠 1 g/L 和亚硝酸钠 2 g/L 的水溶液进行中和，防止腐蚀；

6. 酸洗除锈、冲洗、中和、再冲洗、干燥和涂油等操作应连续进行。

③ 去油漆。常用的去油漆方法有：一般粗加工面都采用铲刮的方法；细加工面可采用布头蘸汽油或香蕉水用力摩擦来去除；加工面高低不平（如齿轮加工面）时，可采用钢丝刷或用钢丝绳头刷。

（2）用清洗剂或热油冲洗。机件经过除锈、去漆之后，应用清洗剂将加工表面上的渣子冲洗干净。原有干油的机件，经初步清洗后，如仍有大量的干油存在，可用热油烫洗，但油温不得超过120℃。

（3）净洗。机件表面的旧油、锈层、漆皮洗去之后，先用压缩空气吹（以节省汽油)，再用煤油或汽油彻底冲洗干净。

5. 三种零部件的清洗

（1）油孔的清洗。油孔是机械设备润滑的孔道。清洗时，先用铁丝绑上沾有煤油的布条塞到油孔中往复通几次，把里面的铁屑污油擦干净，再用清洁布条捅一下，然后用压缩空气吹一遍。清洗干净后，用油枪打进干油，外面用沾有干油的木塞堵住，以免灰尘侵入。

（2）滚动轴承的清洗。滚动轴承是精密机件，清洗时要特别仔细。在未清洗到一定程度之前，最好不要转动，以防杂质划伤滚道或滚动体。清洗时，要用汽油，严禁用棉纱擦洗。在轴上清洗时，用喷枪打入热油，冲去旧干油。然后再喷一次汽油，将内部余油完全除净。清洗前要检查轴承是否有锈蚀、斑痕，如有，可用研磨粉擦掉。擦时要从多方向交叉进行，以免产生擦痕。滚动轴承清洗完毕后，如不立即装配，应涂油包装。

（3）齿轮箱（如主轴箱、变速箱等）的清洗。清洗前，应先将箱内的存油放出（若是干油也应想法去掉），再注入煤油，借手动使齿轮回转，并用毛刷、棉布清洗，然后放出脏油。待清洗洁净后再用棉布擦干，但应注意箱内不得有铁屑和灰砂等杂物。

如箱内齿轮所涂的防锈干油过厚、不易清洗时，可用机油加热至 70～80℃或用煤油加热至 30～40℃，倒入箱中清洗。

7.4　机械零件的修复技术

机械设备中的零件经过一定时间的运转，难免会因磨损、腐蚀、氧化、刮伤、变形等原因而失效，为节约资金减少材料消耗，采用合理的、先进的工艺对零件进行修复是十分必要的。许多情况下，修复后的零件质量和性能可以达到新零件的水平，有的甚至可以超过新零件，如采用埋弧堆焊修复的轧辊寿命可以超过新辊，采用堆焊修复的发动机阀门，寿命可达新品的两倍。目前比较常用的修复方法很多，可分为钳工修复法、机械修复法、焊修法、电镀法、喷涂法、粘修法、熔敷法、其他修复法。在实际修复中可在经济允许、条件具备、尽可能满足零件尺寸及性能的情况下，合理选用修复方法及工艺。

7.4.1　钳工修复与机械修复

钳工和机械修复是零件修复过程中最主要、最基本、最广泛应用的工艺方法。它既可以作为一种单独的手段直接修复零件，也可以是其他修复方法如焊、镀、涂等工艺的准备最后加工必不可少的工序。

1. 钳工修复

钳工修复包括绞孔、研磨、刮研、钳工修补（如修补键槽、螺纹孔、铸件裂纹等)。

（1）绞孔。绞孔是利用绞刀进行精密孔加工和修整性加工的过程，它能提高零件的尺寸精度和减小表面粗糙度值，主要用来修复各种配合的孔，修复后其公差等级可达 IT7～IT9，表面粗糙度值可达 0.8～3.2 μm。

（2）研磨。用研磨工具和研磨剂，在工件上研掉一层极薄表面层的精加工方法称为研磨。研磨可使工件表面得到较小的表面粗糙度值、较高的尺寸精度和形位精度。

研磨加工可用于各种硬度的钢材、硬质合金、铸铁及有色金属，还可以用来研磨水晶、天然宝石及玻璃等非金属材料。

经研磨加工的表面尺寸误差可控制在0.001～0.005 mm范围内。一般情况下表面粗糙度可达0.8～0.5 μm，最高可达0.006 μm，而形位误差可小于0.005 mm。

（3）刮研。用刮刀从工件表面刮去较高点，再用标准检具（或与之相配的件）涂色检验的反复加工过程称为刮研。刮研用来提高工件表面的形位精度、尺寸精度、接触精度、传动精度和减小表面粗糙度值，使工件表面组织致密，并能形成比较均匀的微浅凹坑，创造良好的存油条件。

刮研是一种间断切削的手工操作，它不仅具有切削量小、切削力小、产生热量小、夹装变形小的特点，而且由于不存在机械加工中不可避免的振动、热变形等因素，所以能获得很高的精度和很小的表面粗糙度值。可以根据实际要求把工件表面刮成中凹或中凸等特殊形状，这是机械加工不容易解决的问题；刮研是手工操作，不受工件位置和工件大小的限制。

（4）钳工修补。

① 键槽。当轴或轮毂上的键槽只磨损或损坏其一时，可把磨损或损坏的键槽加宽，然后配置阶梯键。当轴或轮毂上的键槽全部损坏时，允许将键槽扩大10%～15%，然后配制大尺寸键。

当键槽磨损大于15%时，可按原键槽位置将轴在圆周上旋转60°或90°，按标准重新加工键槽。加工前需把旧键槽用气、电焊填满并修整。

② 螺纹孔。当螺纹孔产生滑牙或螺纹剥落时，可先把螺孔钻去，然后攻出新螺纹。

2. 机械修复

利用机械连接，如螺纹连接、键、铆接、过盈连接等使磨损、断裂、缺损的零件得以修复的方法称为机械修复法。包括局部更换法、换位法、镶补法、金属扣合法、修理尺寸法、塑性变形法等，这些方法可利用现有的简单设备与技术，进行多种损坏形式的修复。其优点是不会产生热变形；缺点是受零件结构、强度、刚度的限制，难以加工硬度高的材料，难以保证较高精度。

（1）局部更换法。若零件的某个部位局部损坏严重，而其他部位仍完好，一般不宜将整个零件报废。可把损坏的部分除去，重新制作一个新的部分，并以一定的方法使新换上的部分与原有零件的基本部分连接在一起成为整体，从而恢复零件的工作能力，这种维修方法称局部更换法。如结构复杂的重型机械的齿圈损坏时，可将损坏的齿圈卸掉，再压入新齿圈。新齿圈可事先加工好，也可压入后再行加工。连接方式用键或过盈连接，还可用紧固螺钉、铆钉或焊接等方法固定。局部更换法适用于多联齿轮局部损坏或结构复杂的齿圈损坏的情况。它可简化修复工艺，扩大修复范围。

（2）换位法。有些零件由于使用的特点，通常产生单边磨损，或磨损有明显的方向性，对称的另一边磨损较小。如果结构允许，在不具备彻底对零件进行修复的条件下，可以利用零件未磨损的一边，将它换一个方向安装即可继续使用，这种方法称为换位法。例如，两端结构相同，且只起传递动力作用，没有精度要求的长丝杠局部磨损可调头使用。大型履带行走机构，其轨链销大部分是单边磨损，维修时应将它转动180°便可恢复履带的功能，并使轨链销得到充分利用。

（3）镶补法。镶补法就是在零件磨损或断裂处补以加强板或镶装套等，使其恢复功能。一般中小型零件断裂后，可在其裂纹处镶加补强板，用螺钉或铆钉等将补强板与零件连接起来；对于脆性材料，应在裂纹端头钻止裂孔。此法操作简单，适用面广，如图 7-8 所示。

对齿类零件，尤其对精度不高的大中型齿轮，若出现一个或几个齿轮损坏或断裂，可先将坏齿切割掉，然后在原处用机加工或钳工方法加工出燕尾槽并镶配新的齿轮，端面用紧定螺钉或点焊固定，如图 7-9 所示。

对损坏的圆孔、圆锥孔，可采取扩孔镶套的方法，即将损坏的孔镗大后镶套，套与孔可采用过盈配合。所镗孔的尺寸应保证套有足够的刚度。套内径可预先按配合要求加工好，也可镶入后再加工至配合精度。

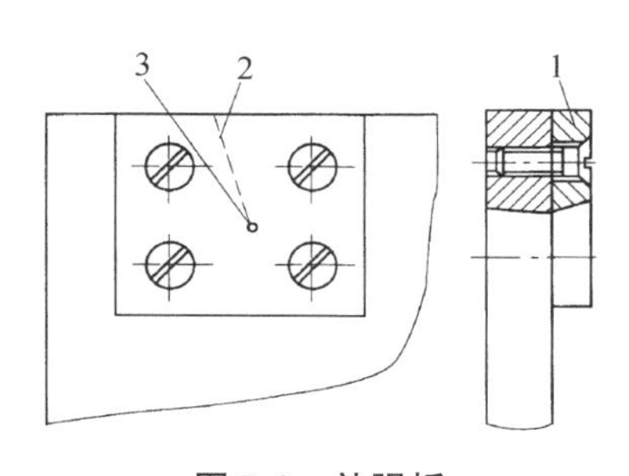

图 7-8　补强板

1—补强板；2—裂纹；3—止裂孔

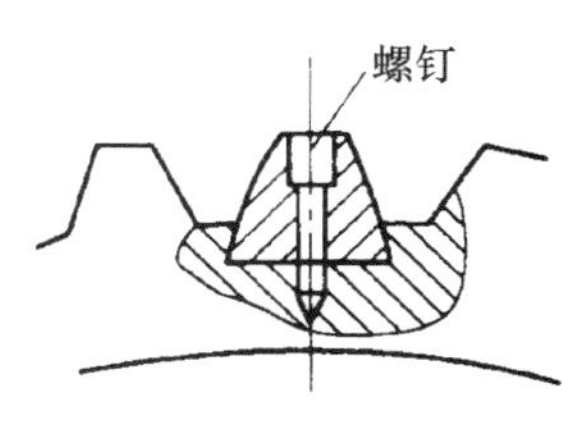

图 7-9　镶齿

如损坏的螺孔不允许加大时，也可采用此法修复。即将损坏的螺孔扩孔后，镶入螺塞，然后在螺塞上加工出螺孔（螺孔也可在螺塞上预先加工）。

（4）金属扣合法。金属扣合法修复技术是借助高强度合金材料制成的扣合连接件（波形键），在槽内产生塑性变形来完成扣合作用，以使裂纹或断裂部位重新连接成一个整体。该法适于不易焊补的钢件和不允许有较大变形的铸件，以及有色金属件，尤其对大型铸件的裂纹或折断面的修复效果更为突出。

金属扣合法的特点是：修复后的零件具有足够的强度和良好的密封性；修复的整个过程在常温下进行，不会产生热变形；波形槽分散排列，波形键分层装入，逐片锤击，不产生应力集中，操作简便，使用的设备和工具简单，便于就地修理。该方法的局限性是不适于修复厚度 8 mm 以下的铸件及振动剧烈的工件，此外，修复效率低。

按扣合的性质及特点，金属扣合法可分为强固扣合法、强密扣合法、优级扣合法和热扣合法四种。

① 强固扣合法。该方法是先在垂直于裂纹方向或折断面的方向上，按要求加工出具有一定形状和尺寸的波形槽，然后将用高强度合金材料制成的其形状、尺寸与波形槽相吻合的波形键嵌入槽中，并在常温下锤击使之产生塑性变形而充满整个槽腔，这样，由于波形键的凸缘与槽的凹洼相互紧密的扣合，将开裂的两部分牢固地连接成一体，如图 7-10 所示。此法适用于修复壁厚 8～40 mm 的一般强度要求的机件。

波形键的形状如图 7-11 所示。

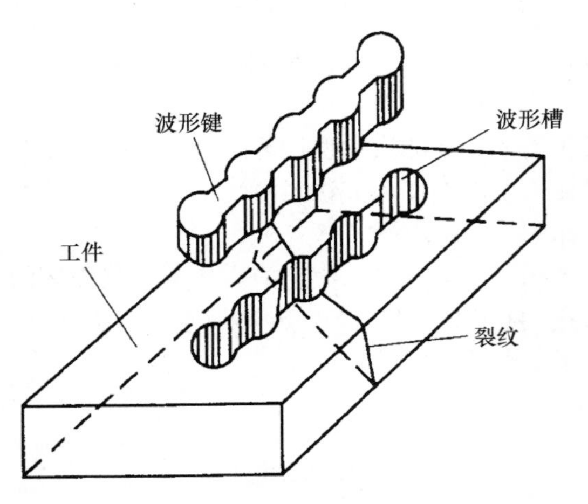

图 7-10　强固扣合法

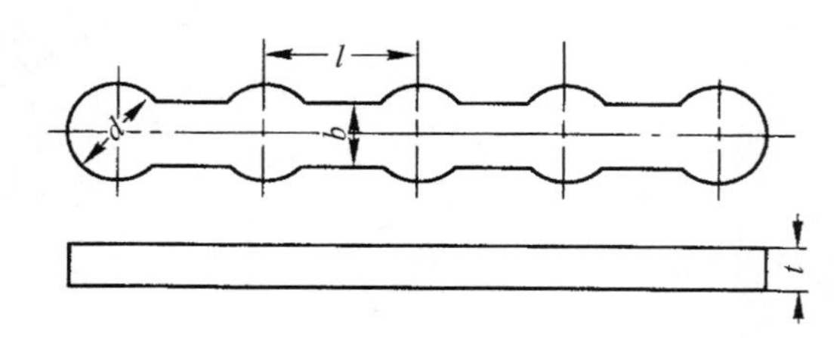

图 7-11　波形键

d—凸缘的直径；b—颈宽；t—厚度；l—间距

其中颈宽一般取 $b=3\sim6$ mm，其他尺寸可按经验公式求得

$$d=(1.2\sim1.6)b$$
$$l=(2\sim2.2)b$$
$$t<b \tag{7-1}$$

波形键凸缘个数常取 5、7、9。如果条件允许，尽量选取较多的凸缘个数，以使最大应力远离开裂处。但凸缘过多会增加波形键修整及嵌配工作难度。

波形键的材料应具有足够的强度和良好的韧性，经热处理后质软，适于锤击；加工硬化性好，且不发脆，使锤击后抗拉强度有较大提高；用于高温工作条件下的波形键。还应考虑选用的材料是否与机件热膨胀系数一致，否则工作时出现脱落或胀裂机体现象。波形键料有 1Cr18Ni9Ti、1Cr18Ni9。与铸铁膨胀系数相近的有 Ni36 等高镍合金。

为使最大应力分布在较大范围内，以改善工件受力情况，各波形槽可布置成一前一后或一长一短的方式如图 7-12(a)、(b) 所示，波形槽应尽可能垂直于裂纹，并在裂纹两端各打一个止裂孔，以防止裂纹发展。通常将波形槽设计成单面布置的方式如图 7-12(c) 所示。对厚壁工件，若结构允许，可将波形槽开成两面分布的形式如图 7-12(d) 所示。对承受弯曲载荷的工件，因工件外层受有最大拉应力，故可将波形槽设计成阶梯形式如图 7-12(e) 所示。

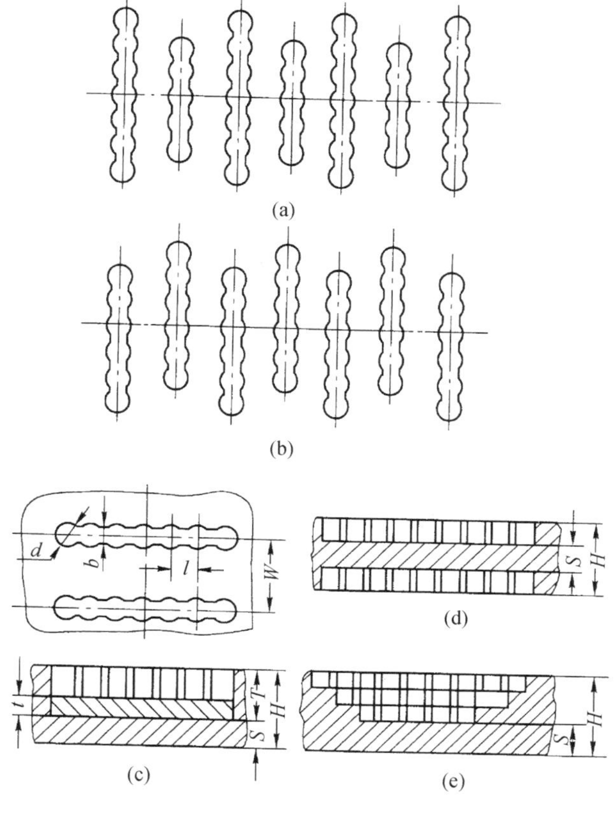

图 7-12　波形槽布置形式

波形键的锤击。首先清理波形槽，之后用手锤或小型锤钉枪对波形键进行锤击。其顺序为先锤波形键两端的凸缘，然后对称交错向中间锤击，最后锤击裂纹上的凸缘。锤击力量按顺序由强到弱。凸缘部分锤紧后锤颈部，并要在第一层锤紧后再锤第二层、第三层……

为了使波形键得到充分的冷加工硬化，提高抗拉强度，每个部位开始先用凸圆冲头锤击其中心，然后用平底冲头锤击边缘，直至锤紧。但要注意不可锤得过紧，以免将裂纹再撑开，一般以每层波形键锤低 0.5 mm 为宜。

② 强密扣合法。对有密封要求的修复件，如高压汽缸和高压容器等防泄漏零件，应采用强密扣合法进行修复。这种方法是先用强固扣合法将产生裂纹或折断面的零件连接成一个牢固的整体，然后按一定的顺序在断裂线的全长上加工出缀缝栓孔。注意应使相邻的两缀缝件相割，即后一个缀缝栓孔应略切入上一个已装好的波形键或缀缝栓。以保证裂纹全部由缀缝栓填充，以形成一条密封的金属隔离带，起到防泄漏作用，如图 7-13 所示。

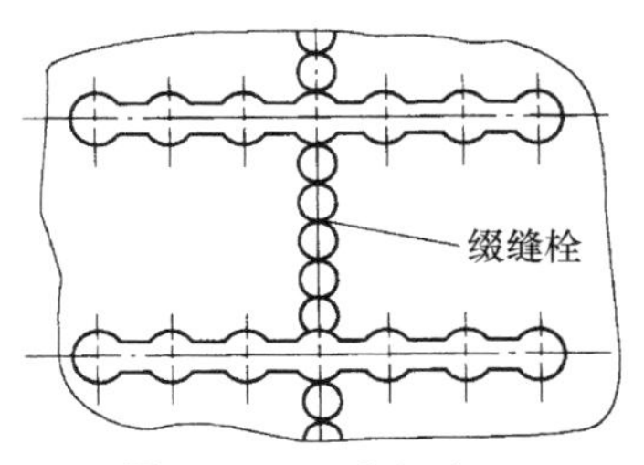

图 7-13　强密扣合法

对于承受较低压力的断裂件，采用螺栓形缀缝栓，其直径可参照波形键凸缘尺寸 d 选取为 3～8 mm，旋入深度为波形槽深度。旋入前将螺栓涂以环氧树脂或无机胶黏剂，逐渐旋入并拧紧，之后将凸出部分铲掉打平。

对于承受较高压力，密封性要求较高的机件，采用圆柱形缀缝栓，其直径参照凸缘尺寸 d 选取为 3～8 mm，其厚度为波形键厚度。与机件的连接和波形键相同，分片装入，逐片锤紧。

缀缝栓直径和个数选取时要考虑两波形键之间的距离，以保证缀缝栓能密布于裂纹全长上，且各缀缝栓之间要彼此重叠 0. 5～1. 5 mm。

缀缝栓的材料与波形键相同。对要求不高的工件可用标准螺钉、低碳钢、纯铜等代替。

③ 优级扣合法。优级扣合法，也称为加强扣合法。对承受高载荷的机件，只采用波形键扣合而其修复质量得不到保证时，需采用加强扣合法。其方法是：在垂直于裂纹或折断面的修复区上加工出一定形状的空穴，然后将形状尺寸与之相同的加强件嵌入其中。在机件与加强件的结合线上拧入缀缝栓使加强件与机件得以牢固连接，以使载荷分布到更大的面积上。此方法使用于承受高载荷且壁厚大于 40 mm 的机件。缀缝栓中心布置在结合线上，使缀缝栓一半嵌入加强件，另一半嵌入机件，相邻两缀缝栓彼此重叠 0. 5～1. 5 mm，如图 7-14 所示。

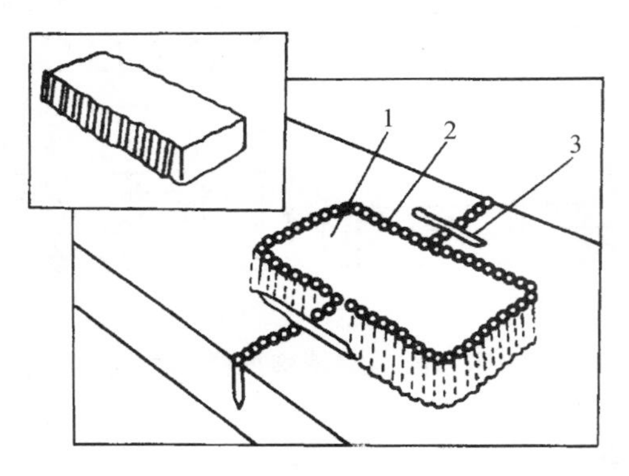

图 7-14　优级扣合法

1—加强件；2—缀缝栓；3—波形键

加强件形状可根据载荷性质、大小、方向设计成不同形式，如图 7-15 所示。图 7-15(a) 所示为修复钢件便于张紧的加强件；图 7-15(b) 所示为用于承受冲击载荷的加强件，紧靠裂纹处不加缀缝栓固定，以保持一定的弹性；图 7-15(c) 所示为 X 形加强件，它有利于扣合时拉紧裂纹；图 7-15(d) 所示为十字形加强件，它用于承受多方面载荷。

④ 热扣合法。利用金属热胀冷缩的原理，将一定形状的扣合件经过加热后扣入已在裂纹处加工好的形状尺寸与扣合件相同的凹槽中，扣合件冷却后收缩将裂纹箍紧，从而达到修复的目的，如图 7-16 所示。

(5) 修理尺寸法。修理时不考虑原来的设计尺寸，采用切削加工或其他加工方法恢复失效零件的形状精度、位置精度、表面粗糙度和其他技术条件，从而获得一个新的尺寸，这个尺寸即称为修理尺寸。而与此相配合的零件则按这个修理尺寸制作新件或修复，这种方法称为修理尺寸法。如当丝杠、螺母传动机构磨损后，将造成丝杠螺母配合间隙增大，影响传动精度。为恢复其精度，可采取修丝杠、换螺母的方法修复。修理丝杠时，可车深丝杠螺纹，减小外径，使螺纹深度达到标准值。此时丝杠的尺寸为修理尺寸，螺母应按丝杠的修理尺寸重新制作。

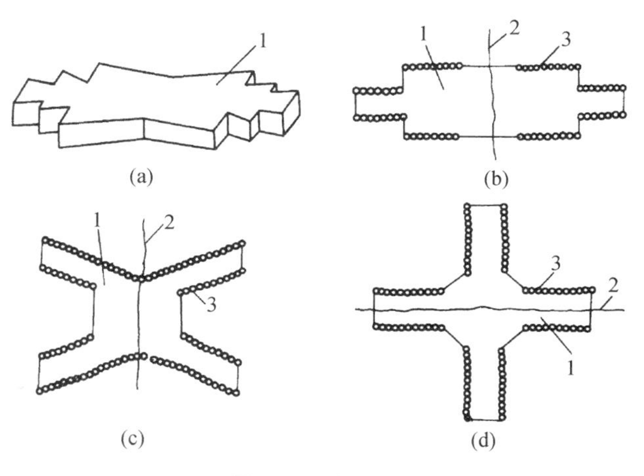

图 7-15　加强件

1—加强件；2—裂纹；3—缀缝栓

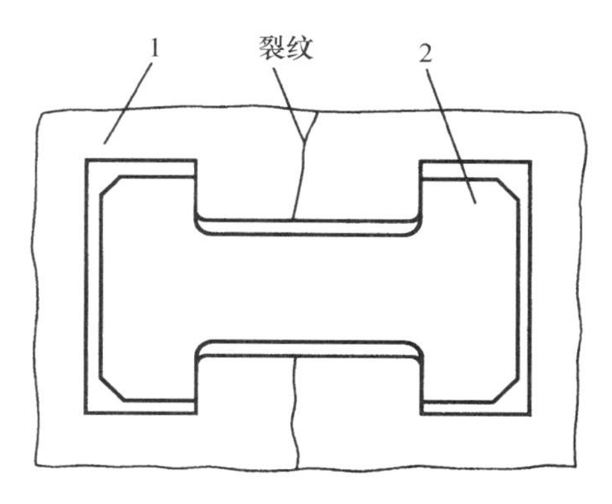

图 7-16　热扣合法

1—零件；2—扣合法

确定修理尺寸时，首先应考虑零件结构上的可能性和修理后零件的强度、刚度是否满足需要。如轴的尺寸减小量一般不超过原设计尺寸的 10%，轴上键槽可扩大一级；对于淬硬的轴颈，应考虑修理后能满足硬度要求等。

（6）塑性变形法。塑性变形法是利用外力的作用使金属产生塑性变形，恢复零件的几何形状，或使零件非工作部分的金属向磨损部分移动，以补偿磨损掉的金属，恢复零件工作表面原来的尺寸精度和形状精度。塑性变形法可分为冷塑性变形法和热塑性变形法两种，常用的方法有镦粗、扩径、压挤、延伸、滚压、校正等。

塑性变形法主要用于修复对内外部尺寸无严格要求的零件或整修零件的形状等。

7.4.2　焊接修复

对失效的零件应用焊接的方法进行修复称为焊接修复，它是金属压力加工机械设备修理中常见和不可缺少的工艺手段之一。焊接工艺具有较广的适应性，能用以修复多种材料和多种缺陷的零件，如常用金属材料制成的大部分零件的磨损、破损、断裂、裂纹、凹坑等，且不受工件尺寸、形状和工作场地的限制。同时，修复的产品具有很高的结合强度，并有设备简单，生产率高和成本低等优点。它的主要缺点是由于焊接温度很高而引起金属组织的变化和产生热应力以及容易出现焊接裂纹和气孔等。

根据提供的热源不同焊接分为电弧焊、气焊等；根据焊接工艺的不同分为焊补、堆焊、钎焊等。

1. 焊补

（1）铸铁件的焊补。铸铁零件多数为重要的基础件。由于铸铁件大多体积大、结构复杂、制造周期长，有较高精度要求，一般无备件，一旦损坏很难更换，所以焊接是铸件修复的主要方法之一。由于铸铁焊接性较差，在焊接过程中可能产生热裂纹、气孔、白口组织及变形等缺陷。对铸铁件进行焊补时，应采取一些必要的技术措施保证焊接质量，如选择性能好的铸铁焊条、做好焊前准备工作（如清洗、预热等）、焊后要缓冷等。

铸铁件的焊补主要应用于裂纹、破断、磨损、气孔、熔渣杂质等缺陷的修复。焊补的铸件要使用灰铸铁，白口铸铁则很少应用。

（2）有色金属件的焊补。金属压力加工机械设备中常用的有色金属有铜及铜合金、铝及铝合金等。因为它们的导热性好、线胀系数大、熔点低、高温状态下脆性较大及强度低，很容易氧化，所以可焊性差，焊补比较复杂和困难。

① 铜及铜合金件的焊补。在焊补过程中，铜易氧化，生成氧化亚铜，使焊缝的塑性降低，促使产生裂纹；其导热性，比钢大5～8倍，焊补时必须用高而集中的热源；热胀冷缩量大，焊件易变形，内应力增大，合金元素的氧化、蒸发和烧损可改变合金成分，引起焊缝力学性能降低，产生热裂纹、气孔、夹渣；铜在液态时能溶解大量氢气，冷却时过剩的氢气来不及析出，而在焊缝熔合区形成气孔，这是铜及铜合金焊补后常见的缺陷之一。

焊补时必须要做好焊前准备，对焊丝和焊件进行表面清理，开60°～90°的V形坡口。施焊时要注意预热，一般温度为300～700℃，注意焊补速度，遵守焊补规范并锤击焊缝；气焊时选择合适的火焰，一般为中性焰；电弧焊则要考虑焊法，焊后要进行热处理。

② 铝及铝合金件的焊补。铝的氧化比铜容易，它生成致密难熔的氧化铝薄膜，熔点很高，焊补时很难熔化，阻碍基体金属熔合，易造成焊缝金属夹渣，降低力学性能及耐蚀性；铝的吸气性大，液态铝能溶解大量氢气，快速冷却及凝固时，氢气来不及析出，易产生气孔；铝的导热性好，需要高而集中的热源；热胀冷缩严重，易产生变形；由于铝在固液态转变时，无明显的颜色变化，焊补时不易根据颜色变化来判断熔池的温度；铝合金在高温下强度很低，焊补时易引起塌落和焊穿。

（3）钢件的焊补。对钢件进行焊补主要是为修复裂纹和补偿磨损尺寸。由于钢的种类繁多，所含各种元素在焊补时都会产生一定的影响，因此可焊性差别很大，其中以碳含量的变化最为显著。低碳钢和低碳合金钢在焊补时发生淬硬的倾向较小，有良好的焊接性；随着碳含量的增加，焊接性降低；高碳钢和高碳合金钢在焊补后因温度降低，易发生淬硬倾向，并由于焊区氢气的渗入，使马氏体脆化，易形成裂纹。焊补前的热处理状态对焊补质量也有影响，含碳或合金元素很高的材料都需经热处理后才能使用，损坏后如不经退火就直接焊补比较困难，易产生裂纹。

2. 堆焊

堆焊是焊接工艺方法的一种特殊应用。它的目的不是为了连接机件，而是借用焊接手段改变金属材料厚度和表面的材质，即在零件上堆敷一层或几层所希望性能的材料。这些材料可以是合金，也可以是金属陶瓷。如普通碳钢零件，通过堆焊一层合金，可使其性能得到明显改善或提高。在修复零件的过程中，许多表面缺陷都可以通过堆焊消除。

（1）堆焊的主要工艺特点。堆焊层金属与基体金属有很好的结合强度，堆焊层金属具有很好的耐磨性和耐腐蚀性；堆焊形状复杂的零件时，对基体金属的热影响较小，可防止焊件变形和产生其他缺陷，可以快速得到大厚度的堆焊层，生产率高。

（2）堆焊方法。堆焊可分为手工堆焊和自动堆焊，自动堆焊又可分为埋弧自动堆焊、振动电弧堆焊、气体保护堆焊、电渣堆焊等多种形式，其中埋弧自动堆焊应用最广。

（3）堆焊工艺。一般堆焊工艺是：工件的准备—工件预热—堆焊—冷却与消除内应力—表面加工。

3. 钎焊

钎焊就是采用比基体金属熔点低的金属材料作钎料，将焊件和钎料加热到高于钎料熔点、低于基体金属熔化温度，利用液态钎料润湿基体金属，填充接头间隙并与基体金属相互扩散实现连接的一种焊接方法。

钎焊根据钎料熔化温度的不同分为两类：软钎焊是用熔点低于 450°C 的钎料进行的钎焊，也称为低温钎焊，常用的钎料是锡铅焊料；硬钎焊是用熔点高于 450°C 的钎料进行的钎焊，也称为高温钎焊，常用的钎料有铜锌、铜磷、银基焊料、铝基焊料等。

钎焊具有温度低，对焊接件组织和力学性能影响小，接头光滑平整，工艺简单，操作方便等优点；但是又有接头强度低、熔剂有腐蚀作用等缺点。

钎焊适用于对强度要求不高的零件产生裂纹或断裂的修复，尤其适用于低速运动零件的研伤、划伤等局部缺陷的修复。

7.4.3　热喷涂（熔）修复法

1. 热喷涂（熔）修复法概述

热喷涂是利用热源将喷涂材料加热至熔融状态，通过气流吹动使其雾化并高速喷射到零件表面，以形成喷涂层的表面加工技术。喷涂层与基体之间，以及喷涂层中颗粒之间主要是通过镶嵌、咬合、填塞等机械形式连接，其次是微区冶金结合以及化学键结合。在自熔性合金粉末，尤其是放热性自黏结复合粉末问世以后，出现了喷涂层与基体之间以及喷涂层颗粒之间的微区冶金结合的组织，使结合强度明显提高。

喷涂材料需要热源加热，喷涂层与零件基材之间主要是机械结合，这是热喷涂技术最基本的特征。常用的热喷涂方法有火焰粉末喷涂、等离子粉末喷涂、爆炸喷涂、电弧喷涂、高频喷涂等。

热喷涂技术取材范围广，几乎所有的金属、合金、陶瓷都可以作为喷涂材料，塑料、尼龙等有机材料也可以作为喷涂材料；可用于各种基体，金属、陶瓷器具、玻璃、石膏、木材、布、纸等几乎所有固体材料都可以进行喷涂；可使基体保持较低温度，一般温度可控制在 30～200°C 之间，从而保证基体不变形、不弱化；工效高，同样厚度的膜层，时间要比电镀短得多；被喷涂工件的大小一般不受限制；涂层厚度较易控制，薄者可为几十微米，厚者可为几毫米。

2. 热喷涂工艺

热喷涂的基本工艺流程包括表面净化、表面预加工、表面粗化、喷涂结合底层、喷涂工作层、喷后机械加工、喷后质量检查等。

7.4.4 电镀修复法

电镀修复法是用电化学方法在镀件表面上沉积所需形态的金属覆盖层，从而修复零件的尺寸精度或改善零件表面性能。目前常用的电镀方法有镀铬、低温镀铁和电刷镀技术等，电刷镀技术在设备维修中得到广泛应用。

1. 镀铬

镀铬是用电解法修复零件的最有效方法之一。它不仅可修复磨损表面的尺寸，而且能改善零件的表面性能，特别是提高表面耐磨性。其特点是：镀铬层的化学稳定性好，摩擦系数小，硬度高，有较好的耐磨性；镀层与基体金属结合强度高，甚至高于它自身晶格间的结合强度；镀铬层有较好的耐热性，能在较高温度下工作；抗腐蚀能力强，铬层与有机酸、硫、硫化物、稀硫酸、硝酸、碳酸盐或碱等均不起作用。但镀铬层性脆，不宜承受分布不均匀的载荷，不能抗冲击，当镀层厚度超过 0.5 mm 时，结合强度和疲劳强度降低，不宜修复磨损量较大的零件；沉积效率低，润滑性能不好，工艺较复杂，成本高，一般不重要的零件不宜采用。

一般镀铬工艺是：镀前准备—电镀—镀后加工及处理。

（1）镀前准备。进行机械加工；绝缘处理，采用护屏；脱脂和除去氧化皮；进行刻蚀处理。

（2）电镀。装挂具吊入镀槽进行电镀，根据镀铬层要求选定镀铬规范，按时间控制镀层厚度。

（3）镀后加工及处理。镀后首先检查镀层质量，测量镀后尺寸。不合格时，用酸洗或反极退镀，重新电镀。通常镀后要进行磨削加工。镀层薄时，可直接镀到尺寸要求。对镀层厚度超过 0.1 mm 的重要零件应进行热处理，以提高镀层韧性和结合强度。

镀铬的一般工艺虽得到了广泛应用，但因电流效率低、沉积速度慢、工作稳定性差、生产周期长、经常分析和校正电解液等缺点，所以产生了许多新的镀铬工艺，如快速镀铬、无槽镀铬、喷流镀铬、三价铬镀铬、快速自调镀铬等。

2. 镀铁

镀铁又称为镀钢，按电解液的温度不同分为高温镀铁和低温镀铁。当电解液的温度在 90～100°C，所采用的电源为直流电源时，称为高温镀铁。这种方法获得的镀层硬度不高，且与基体结合不可靠。当电解液的温度在 40～50°C，所采用的电源为不对称交流-直流电源时，称为低温镀铁。这种方法获得的镀层力学性能较好，工艺简单，操作方便，在修复和强化机械零件方面可取代高温镀铁，并已得到广泛应用。

镀铁工艺是：镀前预处理—侵蚀—电镀—镀后处理。

（1）镀前预处理。镀前首先对工件进行脱脂除锈，之后再进行阳极刻蚀。阳极刻蚀是将工件放入 25～30℃的 H_2SO_4 电解液中，以工件为阳极、铅板为阴极，通以直流电，使工件表面的氧化膜层去除，粗化表面以提高镀层的结合力。

（2）侵蚀。把经过预处理的工件放入镀铁液中，先不通电，静放 0.5～5 min 使工件预热，溶解掉钝化膜。

（3）电镀。按镀铁工艺规范立刻进行起镀和过渡镀，然后直流镀。

（4）镀后处理。包括清水冲洗、在碱液里中和、除氢处理、冲洗、拆挂具、清除绝缘涂料和机械加工等。

3. 电刷镀

电刷镀技术是电镀技术的新发展，它的显著特点是设备轻便、工艺灵活、沉积速度快、镀层种类多、镀层结合强度高、适应范围广、对环境污染小、省水省电等，是机械零件修复和强化的有力手段，尤其适用于大型机械零件的不解体现场修理或野外抢修。

电刷镀的基本原理如图 7-17 所示，电刷镀技术采用一专用的直流电源设备，电源的正极接镀笔，作为电刷镀时的阳极，电源的负极接工件，作为电刷镀时的阴极。镀笔通常采用高纯细石墨块作阳极材料，石墨块外面包裹上棉花和耐磨的涤棉套。

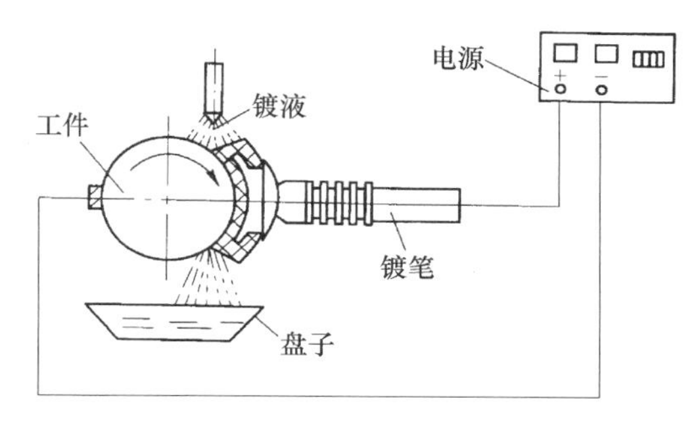

图 7-17　电刷镀的基本原理

电刷镀时使蘸满镀液的镀笔以一定的相对运动速度在工件表面上移动，并保持适当的压力。在镀笔与工件接触的部位，镀液中的金属离子在电场力的作用下扩散到工件表面，在工件表面的金属离子获得电子被还原成金属原子，这些金属原子在工件表面沉积结晶，形成镀层。随着电刷镀时间的增长，镀层逐渐增厚。

电刷镀技术的整个工艺过程包括镀前表面预加工、脱脂除锈、电净处理、活化处理、镀底层、镀工作层和镀后防锈处理等。

（1）表面预加工。去除表面上的毛刺、疲劳层，修整平面、圆柱面、圆锥面达到精度要求，表面粗糙度值 $Ra<2.5\ \mu m$。对深的划伤和腐蚀斑坑要用锉刀、磨条、油石等修整露出基体金属。

（2）脱脂防锈。锈蚀严重的可用喷砂、砂布打磨，油污用汽油、丙酮或水基清洗剂清洗。

（3）电净处理。大多数金属都需用电净液对工件表面进行电净处理，以进一步除去微观上的油污。被镀表面的相邻部位也要认真清洗。

（4）活化处理。活化处理用来除去工件表面的氧化膜、钝化膜或析出的碳元素微粒黑膜。

（5）镀底层。为了提高工作镀层与基体金属的结合强度，工件表面经仔细电净处理、活化处理后，需先用特殊镍、碱铜或低氢脆性镉镀液预镀一薄层底层，其中特殊镍作底层，适用于不锈钢，铬、镍材料和高熔点金属；碱铜作底层，适用于难镀的金属如铝、锌或铸铁等；低氢脆性镉作底层，适用于对氢特别敏感的超高强度钢。

（6）镀工作层。根据工件的使用要求，选择合适的金属镀液刷镀工作层。为了保证镀层质量，合理地进行镀层设计很有必要。由于每种镀液的安全厚度不大，当镀层较厚时，往往选用两种或两种以上镀液，分层交替刷镀，得到复合镀层。这样既可迅速增补尺寸，又可减少镀层内应力，也保证了镀层的质量。

（7）镀后防锈处理。用自来水彻底清洗冲刷已镀表面和邻近部位，用压缩空气吹干或用理发吹风机吹干，并涂上防锈油或防锈液。

7.4.5 胶接修复法

1. 胶接修复法概述

胶接就是通过胶黏剂将两个或两个以上同质或不同质的物体连接在一起。胶接是通过胶黏剂与被胶接物体表面之间物理的或化学的作用而实现的。由于实用、可靠，已经逐步取代传统的机械连接方法。

（1）胶接工艺的特点。

① 胶接工艺的优点。胶接力较强，可胶接各种金属或非金属材料，目前钢铁的最高胶接强度可达 75 MPa；胶接中无须高温，不会有变形、退火和氧化的问题；工艺简便，成本低，修理迅速，适于现场施工；黏缝有良好的化学稳定性和绝缘性，不产生腐蚀。

② 胶接工艺的缺点。不耐高温，有机胶黏剂一般只能在 150℃以下长期工作，无机胶黏剂可在 700℃以下工作；抗冲击性能差；长期与空气、水和光接触，胶层容易老化变质。

（2）胶黏剂的分类及常用胶黏剂。胶黏剂的分类方法很多，按基本成分可分为有机类胶黏剂和无机类胶黏剂。有机类胶黏剂为天然胶和合成胶。天然胶有动物胶、植物胶；合成胶有树脂型、橡胶型和混合型。

修复中常用的合成胶是环氧树脂、酚醛树脂、丙烯酸树脂、聚氨酯、有机硅树脂和橡胶胶黏剂。无机胶有硅酸盐、硼酸盐、磷酸盐等，修复中使用的无机胶黏剂主要是磷酸-氧化铜胶黏剂。

2. 胶接

（1）胶接工艺。为了保证胶接质量，胶接时必须严格按照胶接工艺规范进行。一般的胶接工艺流程是：零件的清洗检查—机械处理—除油—化学处理—胶黏剂调制—胶接—固化—检查。

① 零件的清洗检查。将待修复的零件用柴油、汽油或煤油洗净并检查破损部位，做好标记。

② 机械处理。用钢丝刷或砂纸清除铁锈，直至露出金属光泽。

③ 除油。当胶接表面有油时，一方面影响胶黏剂对胶接件的浸润，另一方面油层内聚强度极低，零件受力时，整个胶接接头就会遭受破坏。一般常用丙酮、酒精、乙醚等除油。

④ 化学处理。对于要求结合强度较高的金属零件应进行化学处理，使之能显露出纯净的金属表面或在表面形成极性化合物，如酸蚀处理或表面氧化处理。由酸蚀处理得到的纯净表面可以直接与胶黏剂接触。各种胶接作用力都可能提高，而由表面氧化处理形成的高极性氧化物，则可能增强化学键力和静电引力，从而达到提高胶接强合的目的。

⑤ 胶黏剂调制。市场上买来的胶黏剂，应按技术条件或产品说明书使用。自行配制的胶黏剂，应按规定的比例和顺序要求加入。特别是使用快速固化剂时，固化剂应在最后加入。各种成分加入后必须搅拌均匀。

调制胶黏剂的容器及搅拌工具要有很高的化学稳定性，常用容器为陶瓷制品，搅拌工具常用玻璃棒或竹片。应在临用前调配，一次调配量不宜过多，操作要迅速，涂胶要快，以防过早固化。

⑥ 胶接。首先对相互胶接的表面涂抹胶黏剂，涂层要完满、均匀，厚度以 0.1～0.2 mm 宜。为了提高胶黏剂与表面的结合强度，可将工件进行适当加热。

涂好胶黏剂后，胶合时间根据胶黏剂的种类不同而有所不同。对于快干的胶黏剂，应尽快进行胶合和固定；对含有较多溶剂和稀释剂的，宜放置一段时间，使溶剂基本挥发完再进行胶合。

⑦ 固化。在胶接工艺中固化是决定胶接质量的重要环节。固化在一定压力、温度、时间等条件下进行。各种胶黏剂都有不同要求。固化时，应根据产品使用说明或经验确定。固化后需要机械加工时，吃刀量不宜太大，速度不可太高。此外，不要冲击和敲打刚胶接好的零件。

⑧ 检查。查看胶层表面有无翘起和剥离的现象，有无气孔和夹空，若有就不合格。用苯、丙酮等溶剂溶在胶层表面上，检查固化情况，浸泡 1～2 min，无溶解黏手现象，则表明完全固化，不允许作破坏性（如锤击、摔打、刮削和剥皮等）试验。

（2）胶接接头的形式。胶接接头设计的基本出发点是要确保接头的强度，接头的基本形式和改进形式如图 7-18 所示，显然，改进后胶接强度大大提高。

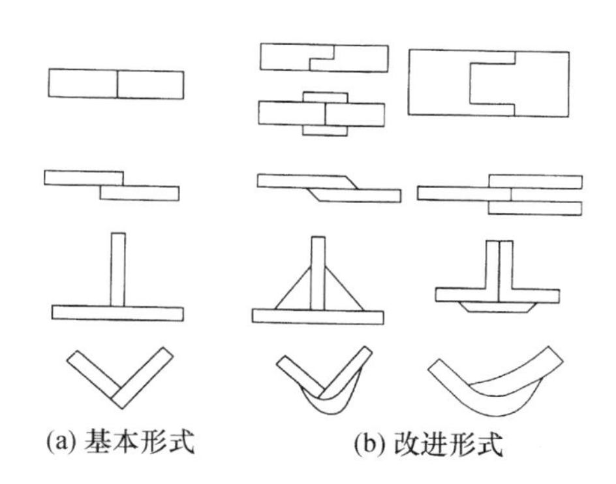

图 7-18　胶接接头的基本形式和改进形式

（3）裂纹胶接修复实例。裂纹常见于铸铁件中。用胶接方法进行修复时，先钻止裂孔和开坡口，再用丙酮或香蕉水等进行去脂处理，必要时还要进行活化处理，胶黏剂一般根据工件的工作温度选用，在常温下工作的工件可采用有机胶黏剂，在高温下工作的工件宜采用无机胶黏剂。胶接时尽可能将工件加热到 100°C 左右，然后灌注调好的胶黏剂，使胶黏剂填满坡口并略高出工件表面，如图 7-19(a) 所示。为了提高裂纹的胶接强度，可在裂纹表面加黏一层或数层玻璃布，如图 7-19(b) 所示。

当裂纹处需承受较大载荷时，可采用加强措施。在裂纹两侧各钻一螺丝孔，随后在两孔之间开一沟槽，在两螺孔内拧入螺丝，并用气焊加热至红热状态，再用手锤将螺丝打埋在槽内，用气焊将螺丝相接处焊合，形成一个完整的螺丝码，起到加强作用。

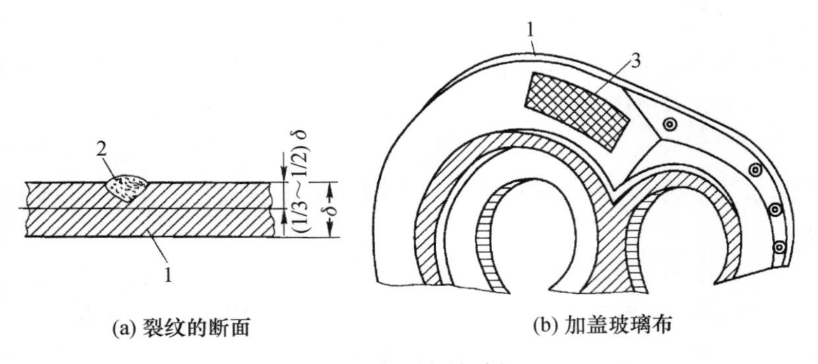

(a) 裂纹的断面　　(b) 加盖玻璃布

图 7-19　裂纹的胶接

1—机体；2—填满胶黏剂的坡口；3—加盖玻璃布

7.4.6　其他修复方法简介

1. 电接触焊

用电接触焊可修复各种轴类零件的轴颈。其工作原理如图 7-20 所示。

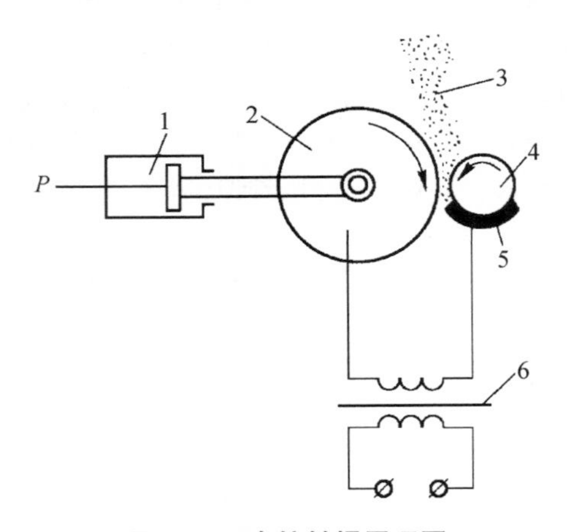

图 7-20　电接触焊原理图

1—加力缸；2—滚子；3—金属粉末；4—零件；5—焊层；6—变压器

在旋转零件 4 和铜质滚子 2 电极之间，供给金属粉末 3。并且滚子又可通过加力缸 1 向零件施加一定作用力，滚子和零件的挤压过程中，由于局部接触部位有很大的电阻，使粉末加热至 1 000～1 300℃，粉末粒子之间以及粉末与零件表面可烧结成一体。

焊层质量与零件和滚子的尺寸、滚子的压力、粉末化学成分以及零件圆周速度有关。当修复直径为 30～100 mm 的零件时，修复层厚度可达 0. 3～1. 5 mm。

这种修复方法生产率高，对基体的热影响深度小，焊层耐磨性好，缺点是焊层厚度有限，设备复杂。

2. 电脉冲接触焊

电脉冲接触焊与电接触焊不同的是向零件与滚子之间供送钢带，并用短脉冲电流使之焊在磨损的零件表面。电脉冲瞬间电流达 15～18 kA，时间为 0. 01～0. 001 s，钢带以点焊在零件表面。

为了提高焊接钢带的硬度和耐磨性，焊后用水冷却。用这种方法焊接的高碳钢带硬度达 60～65 HRC。用硬质合金钢带可以成倍地提高零件的耐磨性。该方法可以修复各种轴的轴颈，壳体的轴承座孔。只是钢带厚度有一定限制，设备比较复杂。

3. 铝热焊

铝热焊是利用铝和氧化铁的氧化还原反应所放出的热来熔化金属，使金属间连接或堆焊具有耐磨性。

目前普遍用于铁轨的连接，也可用于断轴和各种支架的连接等。

4. 复合电镀

在电镀溶液中加入适量的金属或非金属化合物的细颗粒，并使之与镀层一起均匀地沉积，称为复合电镀。

复合电镀层具有优良的耐磨性，因此应用很广泛。加有减摩性微粒的复合层具有良好的减摩性，摩擦系数低，已用于修复和强化设备零件上。例如，修复发动机气门、活塞等零件的磨损表面。

5. 爆炸法粉末涂层

爆炸法粉末涂层是利用可燃气体爆炸燃烧产生的高温和高能量冲击波，将喷涂粉末加热至熔融或半熔融状态并高速（800～900 m/s）轰击到工作表面冷却形成涂层。用氮气流将粉末送入专用容器，并在其内形成可燃气体与粉末的混合而引起爆炸，使粉末颗粒与母材以微型焊接方式牢固结合在一起。

在爆炸时待涂零件作直线或旋转运动。粉末材料有碳化钨、碳化钛、氧化铝、氧化铬；金属粉有铬、钴、钛、钨。每次爆炸时间持续约 0. 23 s，可形成 0. 007 mm 厚的涂层。多次重覆涂层具有很高的硬度和耐磨性。

这种方法最大的优点是被涂零件表面加热温度不高于 250℃，适用于直径达 1 000 mm 的外圆柱表面和直径大于 15 mm 的内圆柱表面以及形状复杂的平面，特别适用于在高压、高温、磨损及腐蚀介质中工作的零件涂层。

6. 强化加工

为了提高被修复零件表面的寿命可进行强化加工。强化加工的方法很多，如激光强化加工、电火花表面强化、喷丸处理、爆炸波强化等。

（1）激光强化

激光强化过程，首先在需要修复的表面预先涂覆合金涂层（通常采用自熔性合金，其熔点远低于基体），激光使其在极短时间内熔融涂层并与基体金属扩散互熔，冷凝后在修复表面形成具有耐磨、耐腐蚀、耐高温的合金涂层。若是在零件表面焊接某种金属或合金，只用激光将其“烧熔”，使它们黏合在一起即可，所用的激光能量密度可适当小些。激光熔化后化的强化层较密，厚度 0. 5～1. 5 mm，硬度高。

激光强化加工对于那些因耐磨性及疲劳强度而限制其使用寿命的零件，特别是外形复杂的零件或因瓢曲严重而不能使用其他方法强化的零件是很有发展前途的。

激光表面强化具有的特点：能对被加工表面的磨损处进行局部强化（在深度及面积上）；可对难以接触到而光线可达到的零件空腔或深处部位进行强化；在零件足够大的面积上得到“斑点状”强化表面；能在强化表面上得到需要的粗糙度；被加工零件不会因局部热处理产生变形，可完全不必再进行磨削；由于激光加热是非接触性的，因而易于实现加热自动化。

（2）电火花表面强化

电火花表面强化是通过电火花放电的作用把一种导电材料涂敷熔渗到另一种导电材料的表面，从而改变后者表面物理和化学等性能的工艺方法。在机械修理中，电火花加工主要用在硬质合金堆焊后粗加工、强化和修复磨损的零件表面。

电火花加工修复层的厚度可达0.5 mm。修复铸铁壳体上的轴承座孔时，阳极用铜质材料。强化磨损轴颈时，阳极为切削工具，用铬铁合金、石墨和T15K6硬质合金等材料制作。

（3）喷丸处理

这种方法对在交变载荷作用下工作的特型零件有效。疲劳强度可提高至原来的1.5倍以上。表层显微硬度略有提高（30%左右），但表面粗糙度基本不变。

（4）爆炸波强化

爆炸波强化是利用烈性炸药爆炸时释放的巨大能量来完成的。强化时，爆炸速度高达7 000 m/s，作用在表面上的压力达1.5×10^4 MPa，这种加工可显著提高零件寿命。

爆炸波强化法用于磨损严重的零件。其强化效果是一般强化方法达不到的。

除了以上介绍的零件修复、强化方法，还有很多有前途的零件修复、强化工艺，这里就不一一介绍了。

7.5 思考题

1. 磨损形式主要有哪几种？每一种磨损的产生条件和发展过程各有什么特点？
2. 机械零件常见的断裂形式可分为哪几类？实际工作中常采用哪些方法来减少断裂的发生？
3. 金属零件腐蚀损伤的形式有哪几种？如何防止和减轻机械设备中零件的腐蚀？
4. 对于机械设备中零件的变形，应从哪些方面进行控制？
5. 故障诊断的方法有哪些？应用在什么场合？
6. 说明超声波探伤的原理与方法。
7. 说明磁粉探伤的原理与方法。
8. 说明渗透探伤的原理与方法。
9. 无损探伤的方法有哪几种？各有何特点？适用什么场合？
10. 简述金属扣合法的分类及其应用的范围。
11. 焊接技术在机械设备修理中有何用途？它们的特点是什么？
12. 简述电刷镀技术的工艺特点、工艺过程及应用范围。

第 8 章　典型零部件的修理

教学目标

- ▶ 掌握轴类零件、箱体轴承孔、轴承的修理方法
- ▶ 掌握丝杠螺母机构、齿轮的修理方法
- ▶ 掌握导轨的修复方法

零件是组成各类机械设备的基本单元，当某些重要零件失效，引起设备不能正常工作，需要更换或修理时，在保证修复零件能达到原有的技术要求和性能的前提下可以确定旧件修复。

8.1　轴类零件的修理

轴类零件是组成各类机械设备的重要零件，它承受载荷和传递转矩，影响设备的精度。尤其是机床类设备，主轴部件担负着机床的主要切削运动，对被加工工件的精度和表面粗糙度以及生产率都有直接影响。

8.1.1　轴类精度的检测

将轴的前后轴颈未磨损部位置于 V 形架上，按轴颈找正打中心孔，在中心孔内放一钢球，顶住角铁控制主轴的轴向移动。回转主轴，用百分表检测装配齿轮轴颈、主轴锥孔、台肩面等相对于主轴前后轴颈的径向圆跳动和端面圆跳动误差值，如图 8-1 所示；然后在主轴锥孔内插入标准锥度检验棒，用百分表触及其圆柱表面，回转主轴，在近主轴端和距主轴端 300 mm 处分别检测主轴锥孔的径向圆跳动。可根据主轴检测的精度结果，确定主轴的修理方法。

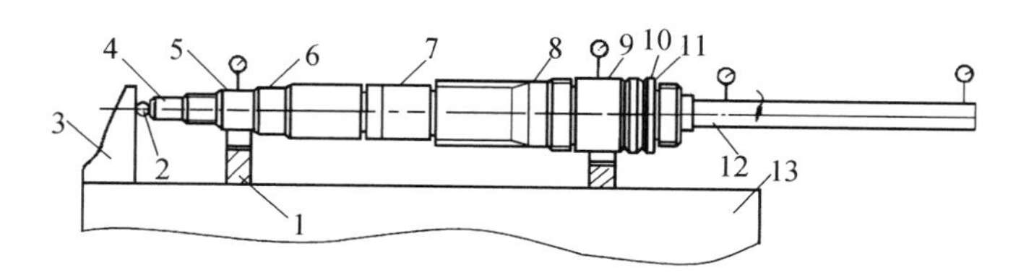

图 8-1　在 V 形架上检测主轴精度

1—V 形架；2—钢球；3—挡铁；4—堵头；5—后轴颈；6—安装轴承的轴颈；7、8—安装齿轮的轴；9—前轴颈；10—卡盘定位轴颈；11—卡盘定位止推面；12—检验棒；13—底座

8.1.2　轴类零件的修理

轴是最容易磨损或损坏的零件，常见的失效形式有三种：磨损、断裂、变形。

轴的具体修复内容主要有以下几个方面。

1. 轴颈磨损的修复

轴颈因磨损而失去原有的尺寸和形状精度，变成椭圆形或圆锥形等，此时常用以下方法修复。

（1）镶套法修复。当轴颈磨损量小于0.5 mm时，可用机械加工方法使轴颈恢复正确的几何形状，然后按轴颈的实际尺寸选配新轴衬。这种用镶套进行修复的方法可避免轴颈的变形，在实践中经常使用。

（2）堆焊法修复。几乎所有的堆焊工艺都能用于轴颈的修复。堆焊后不进行机械加工的，堆焊层厚度应保持在1.5～2.0 mm；若堆焊后仍需进行机械加工的，堆焊层的厚度应使轴颈比其名义尺寸大2～3 mm。堆焊后应进行退火处理。

（3）电镀或喷涂修复。当轴颈磨损量在0.4 mm以下时，可镀铬修复，但成本较高，只适于重要的轴。为降低成本，对于不重要的轴应采用低温镀铁修复，此方法效果很好，原材料便宜，成本低，污染小，镀层厚度可达1.5 mm，有较高的硬度。磨损量不大的也可采用喷涂修复。

（4）黏接修复。把磨损的轴颈车小1 mm，然后用玻璃纤维蘸上环氧树脂胶，逐层地缠在轴颈上，待固化后加工到规定的尺寸。

2. 中心孔损坏的修复

修复前，首先除去孔内的油污和铁锈，检查损坏情况，如果损坏不严重，用三角刮刀或油石等进行修整；当损坏严重时，应将轴装在车床上用中心钻加工修复，直至完全符合规定的技术要求。

3. 圆角的修复

圆角对轴的使用性能影响很大，特别是在交变载荷作用下，常因轴颈直径突变部位的圆角被破坏或圆角半径减小导致轴折断。因此，圆角的修复不可忽视。

圆角的磨伤可用细锉或车削、磨削加工修复。当圆角磨损很大时，需要进行堆焊，退火后车削至原尺寸。圆角修复后，不可有划痕、擦伤或刀迹，圆角半径也不能减小，否则会减弱轴的性能并导致轴的损坏。

4. 螺纹的修复

当轴表面上的螺纹碰伤、螺母不能拧入时，可用圆板牙或车削加工修整。若螺纹滑牙或掉牙，可先把螺纹全部车削掉，然后进行堆焊，再车削加工修复。

5. 键槽的修复

当键槽只有小凹痕、毛刺或轻微磨损时，可用细锉、油石或刮刀等进行修整。若键槽磨损较大，可扩大键槽或重新开槽，并配大尺寸的键或阶梯键，也可在原槽位置上旋转90°或180°重新按标准开槽。开槽前需先把旧键槽用气焊或电焊填满。

6. 花键轴的修复

（1）当键齿磨损不大时，先将花键部分退火，进行局部加热，然后用钝錾子对准键齿中间，手锤敲击，并沿键长移动，使键宽增加0.5～1.0 mm。花键被挤压后，劈成的槽可用电焊焊补，最后进行机械加工和热处理。

（2）采用纵向或横向施焊的自动堆焊方法。纵向堆焊时，把清洗好的花键轴装到堆焊机床上，机床不转动，将振动堆焊机头旋转 90°，并将焊嘴调整到与轴中心线成 45°角的键齿侧面。焊丝伸出端与工件表面的接触点应在键齿的节径上，由床头向尾架方向施焊。横向施焊与一般轴类零件修复时的自动堆焊相同。为保证堆焊质量，焊前应将工件预热。堆焊结束时，应在焊丝离开工件后断电，以免产生端面弧坑。堆焊后要重新进行铣削或磨削加工，以达到规定的技术要求。

（3）按照规定的工艺规程进行低温镀铁，镀铁后再进行磨削加工，使其符合规定的技术要求。

7. 裂纹和折断的修复

轴出现裂纹后若不及时修复，就有折断的危险。

对于轻微裂纹还可采用黏接修复：先在裂纹处开槽，然后用环氧树脂填补和黏接，待固化后进行机械加工。

对于承受载荷不大或不重要的轴，其裂纹深度不超过轴直径的 10% 时，可采用焊补修复。焊补前，必须认真做好清洁工作，并在裂纹处开好坡口。焊补时，先在坡口周围加热，然后再进行焊补。为消除内应力，焊补后需进行回火处理，最后通过机械加工达到规定的技术要求。

对于承受载荷很大或重要的轴，其裂纹深度超过轴直径的 10% 或存在角度超过 10°的扭转变形，则应予以调换。

当载荷大或重要的轴出现折断时，应及时调换；一般受力不大或不重要的轴折断时，可用图 8-2 所示的方法进行修复。其中，图 8-2(a) 所示为用焊接法把断轴两端对接起来。焊接前，先将两轴端面钻好圆柱销孔，插入圆柱销，然后开坡口进行对接。圆柱销直径一般为（0.3～0.4）d，d 为断轴外径。图 8-2(b) 所示为用双头螺柱代替圆柱销。

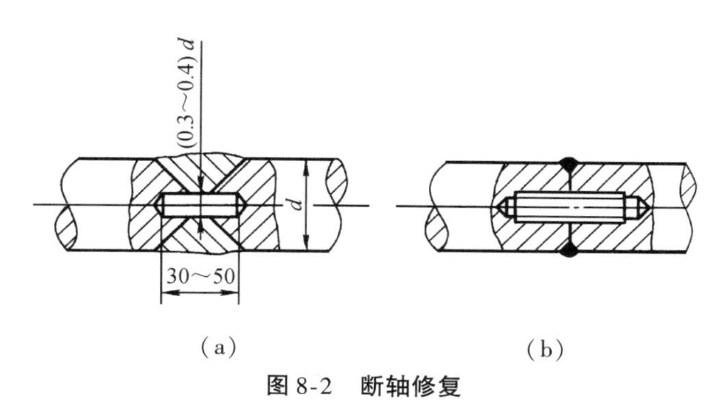

图 8-2　断轴修复

若轴的过渡部分折断，则可另加工一段新轴代替折断部分，新轴一端车出带有螺纹的尾部，旋入轴端已加工好的螺孔内，然后进行焊接。

有时折断的轴经过修整后，使轴的长度缩短了，此时需要采用局部修换法进行修复，即在轴的断口部位再接上一段轴颈。

8. 弯曲变形的修复

对弯曲量较小的轴（一般小于长度的 8/1 000），可用冷校法进行校正。通常对普通的轴可在车床上校正，也可用千斤顶或螺旋压力机进行校正。这些方法的弯曲量能达到 1 m 长弯曲 0.05～0.15 mm，可满足一般低速运行的机械设备要求。对要求较高、需精确校正的轴，或弯曲量较大的轴，则用热校法进行校正。通过加热使轴的温度达到500～550℃，待冷却后进行校正。加热时间根据轴的直径大小、弯曲量及具体的加热设备确定。热校后应使轴的加热处退火，以达到原来的力学性能和技术要求。

9. 其他失效形式的修复

外圆锥面或圆锥孔磨损，均可用车削或磨削方法加工到较小或较大尺寸，达到修配要求。再另外配相应的零件；轴上销孔磨损时，也可将尺寸铰大一些，另配销子；轴上的扁方头及球头磨损可采用堆焊或加工、修整几何形状的方法修复；当轴的一端损坏时，可采用局部修换法进行修理，即切削损坏的一段，再焊上一段新的后，加工到要求的尺寸。

8.2　箱体轴承孔的修理

轴类部件由轴承和箱体轴承孔（或轴承座）支撑定位，轴的位置精度受轴承和箱体轴承孔（或轴承座）精度的影响。因此检验主轴箱体轴承孔位置精度是必要的。

1. 主轴箱体轴承孔同轴度的检验

如图8-3所示的箱体两端孔径为ϕ155 mm与ϕ150 mm的两孔必须同轴。一般将箱体放在镗床的工作台上检测较方便，如图8-4所示，将箱体底面放在铣镗床工作台上的可调千斤顶2上，在长镗杆上装内径杠杆百分表，使镗杆3长度大于2倍箱体长度，低速旋转镗杆并移动工作台，先校准镗杆与一端孔的同轴度，然后再移动工作台检测另一端的孔。为减少相对误差，镗杆只作旋转运动而不作轴向移动，检测得两孔的同轴度一般应在0. 015 mm以下；同时检测两端面对主轴轴承孔的垂直度误差，在安装法兰的直径范围内小于0. 015 mm；用内径杠杆百分表检测孔的锥度和圆度误差，一般应小于0. 01 mm。

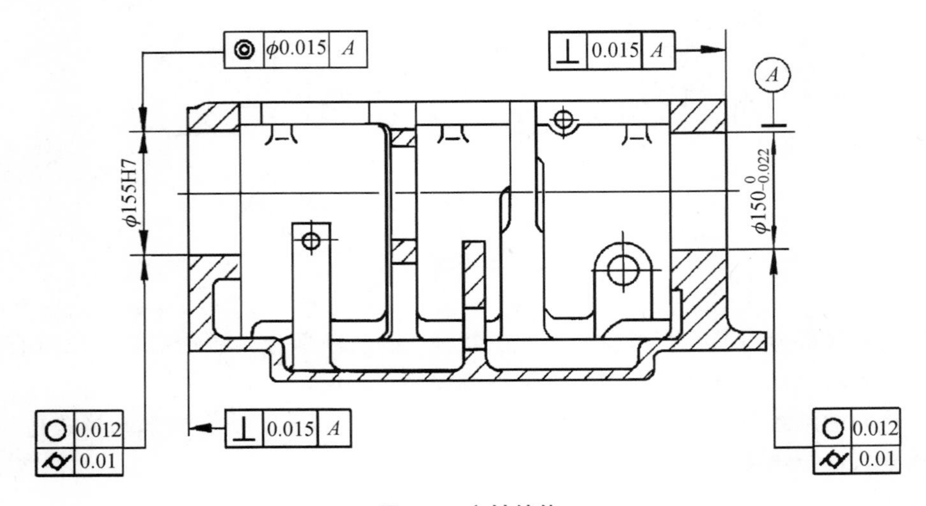

图8-3　主轴箱体

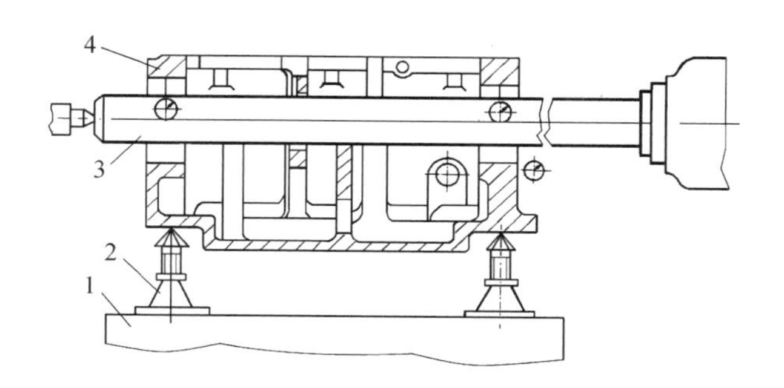

图 8-4　在镗床上检测主轴箱体的精度

1—镗床工作台；2—可调千斤顶；3—镗杆；4—主轴箱体

2. 主轴箱体轴承孔的修复

如果箱体前轴承孔磨损较大，与轴承配合松动或有较大锥度和圆度误差时，将引起轴承外圈变形或在孔中转动，破坏了滚动轴承原有的精度。轴承孔为标准配合孔径，不宜研磨或刮研修复精度，应采用镗孔镶套为宜。

首先按图 8-5 所示制备一个 45 号钢套，外圆加工至 ϕ156r6，长度留余量 2～3 mm；然后将主轴箱体放在铣镗床的工作台上，以两端轴承孔校正夹紧（两端轴承孔中心线与镗轴轴线平行），按镶套外径镗箱体孔径 ϕ156H7，保证配合最佳过盈量为 0. 03～0. 05 mm。保持箱体不动，利用镗轴将套压入，并按轴承外径配镗镶套内孔，保证过盈量在 0～0. 005 mm 之内为宜。利用镗刀刮平端面，这样既保证了孔的同轴度，又保证了端面与孔的垂直度。

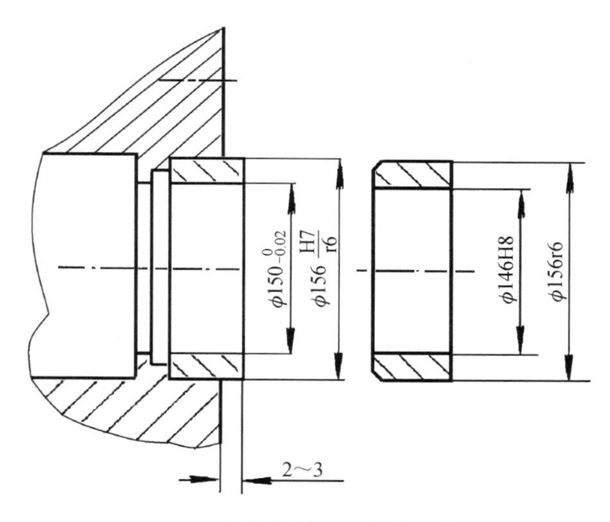

图 8-5　箱体前轴承孔镶套示意图

8.3 轴承的修理

8.3.1 滑动轴承的修理

滑动轴承由于具有结构简单、便于制造和维修、外形尺寸小、承受重载冲击载荷的性能较好等优点，应用相当广泛。滑动轴承常见的失效形式有磨损及刮伤、胶合、疲劳破裂等。出现各种形式的失效，使滑动轴承过早损坏，需要维修。

常见的维修方法如下。

1. 更换轴瓦法

更换轴瓦一般在下述条件下需要更换新轴瓦。

（1）严重烧损、瓦口烧损面积大、磨损深度大，用刮研与磨合的方法不能挽救。

（2）瓦衬的轴承合金减薄到极限尺寸。

（3）轴瓦发生碎裂或裂纹严重。

（4）磨损严重，径向间隙过大而不能调整。

2. 刮研法

轴承在运转中擦伤或严重胶合（烧瓦）的事故是经常见到的。通常的维修方法是清洗后刮研轴瓦内表面，然后再与轴颈配合刮研，直到重新获得需要的接触精度为止。对于一些较轻的擦伤或某一局部烧伤，可以通过清洗并更换润滑油，然后用在运转中磨合的方法来处理，而不必再进行拆卸刮研。

3. 调整径向间隙法

剖分式轴承因磨损而使径向间隙增大，从而出现漏油、振动、磨损加快等现象。在维修时经常用增减轴承瓦口之间的垫片重新调整径向间隙，改善上述缺陷。修复时若撤去轴承瓦口之间的垫片，则应按轴颈尺寸进行刮配。如果轴承瓦口之间无调整垫片，可在轴衬背面镀铜或垫上薄铜皮，但必须垫牢防止窜动。袖衬上合金层过薄时，要重新浇注抗磨合金或更换新轴衬后刮配。

4. 补焊和堆焊法

对磨损、刮伤、断裂或有其他缺陷的轴承，可用补焊或堆焊修复。一般用气焊修复轴瓦。对常用的巴氏合金轴承采用补焊，主要的修复工艺如下。

（1）用扁錾、刮刀等工具对需要补焊的部位进行清理，做到表面无油污、残渣、杂质，并露出金属光泽。

（2）选择与轴承材质相同的材料作为焊条，用气焊对轴承补焊，焊层厚度一般为2～3 mm，较深的缺陷可补焊多层。

（3）补焊面积较大时，可将轴承底部浸入水中冷却，或间歇作业，留有冷却时间。

（4）补焊后要再加工，局部补焊可通过手工修整与刮研完成修复，较大面积的补焊可在机床上进行切削加工。

5. 塑性变形法

对于青铜轴套或轴瓦还可采用塑性变形法进行修复，主要有镦粗、压缩和校正等方法。

（1）镦粗法。它是用金属模和芯棒定心，在上模上加压，使轴套内径减小，然后再加上其内径。它适用于轴套的长度与直径之比小于 2 的情况。

（2）压缩法。将轴套装入模具中，在压力的作用下使轴套通过模具把其内、外径都减小，减小后的外径用金属喷涂法恢复原来的尺寸，然后再加工到需要的尺寸。

（3）校正法。将两个半轴瓦合在一起，固定后在压力机上加压成椭圆形，然后将半轴瓦的接合面各切去一定厚度，使轴瓦的内外径均减小，外径用金属喷涂法修复，再加工到所要求的尺寸。

6. 镶套法

对于整体式轴承，没有轴套的轴承内孔磨损后，可用镶套法修复，即把轴承孔镗大，压入加工好的衬套，然后按轴颈修整，使之达到配合要求。

8.3.2　滚动轴承的修理

滚动轴承应用很广，它的使用寿命与选型是否适当、安装是否正确、使用是否合理、保养是否及时等有很大的关系。

滚动轴承属于标准零件，出现故障后一般均采用更换的方式，不进行修复，这是因为它的构造比较复杂，精度要求高，修复受到一定条件的限制。通常滚动轴承在工作过程中如发现以下各种缺陷，应及时调整和更换。

（1）滚动轴承的工作表面受交变载荷应力的作用，金属因疲劳而产生脱皮现象。

（2）由于润滑不良、密封不好、灰尘进入，造成工作表面被腐蚀，初期产生具有黑斑点的氧化层，进而发展形成锈层而剥落。

（3）滚动体表面产生凹坑，滚道表面磨损或鳞状剥落，使间隙增大，工作时发生噪声且无法调整。如果继续使用，就会出现振动。

（4）保持架磨损或碎裂，使滚动体卡住或从保持架上脱落。

（5）轴承因装配或维护不当而产生裂纹。

（6）轴承因过热而退火。

（7）内外圈与轴颈和轴承座孔配合松动，工作时，两者之间发生相互滑移，加速磨损；或者它们之间配合过紧，拆卸后轴承转动仍过紧。

但是，在某些情况下，如使用大中型轴承、特殊型号轴承，购置同型号的新轴承比较困难，或轴承个别零件磨损，稍加修复即可使用，并能满足性能要求等，从解决生产急需、节约的角度出发，修复旧轴承还是非常必要的。这时需要根据轴承的大小、类型、缺陷的严重程度、修复的难易、经济效益和本单位的实际条件综合考虑。下面简要介绍一些修复方法。

（1）选配法。它不需要修复轴承中的任何一个零件，只要将同类轴承全部拆卸，并清洗、检验，把符合要求的内外圈和滚动体重新装配成套，恢复其配合间隙和安装精度即可。

（2）电镀法。凡选配法不能修复的轴承，可对外圈和内圈滚道镀铬，恢复其原来的尺寸后再进行装配。镀铬层不宜太厚，否则容易剥落，降低机械性能；也可镀铜、镀铁。

（3）电焊法。圆锥或圆柱滚子轴承的内圈尺寸若能确定修复，可采用电焊修补。修补的工艺过程是：检查、电焊、车削整形、抛光、装配。

（4）修整保持架。轴承保持架除变形过大、磨损过度外，一般都能使用专用夹具和工具进行整形。若保持架有裂纹，可用气焊修补。为了防止保持架整形和装配时断裂，应在整形前先进行正火处理，正火后再抛光待用。若保持架有小裂纹，也可在校正后用胶黏剂修补。

如果在维修过程中需要更换的轴承缺货，且又不便于修复，这时可考虑代用。代用的原则是必须满足同种轴承的技术性能要求，特别是工作寿命、转速、精度等级。代用的方法主要有直接代用、加垫代用、以宽代窄、内径镶套改制代用、外径镶套改制代用、内外径同时镶套代用、用两套轴承代替一套轴承等。

8.4 丝杠螺母机构的修理

丝杠在使用过程中极易产生磨损，并在全长上不均匀；丝杠在力的作用下极易产生弯曲，如车床床身导轨磨损，使得溜板箱连同开合螺母下沉，造成丝杠弯曲，旋转时产生振动，影响机床加工质量。因此对产生缺陷的丝杠必须进行修复。

丝杠的修理过程是：先检查与校直丝杠，再精车丝杠螺纹和轴颈，最后研磨丝杠螺纹。对于梯形螺纹丝杠，螺纹齿厚减小量在0.1 mm之内时，适合于修复使用。

8.4.1 丝杠的检查与校直

丝杠修理前必须查明丝杠的弯曲状况、丝杠轴颈与安装孔的配合间隙是否合适。检查时，可将丝杠放在托架上用百分表检测其挠度。缓慢转动丝杠，用百分表在丝杠的两端和中间检测三处，百分表偏转的差值即为丝杠挠度的两倍。

8.4.2 精车丝杠的螺纹和轴颈

丝杠经检测校直后，即可着手重新精车螺纹，其切削深度应以消除齿面磨损厚度为宜。

修好螺纹面后，可精车丝杠大径至螺纹标准深度。丝杠的这种修理方法比较简单易行，修复的丝杠仅大径稍小了一些，工作时几乎同新丝杠一样，所以该方法常被采用。

丝杠轴颈的旋转摩擦常由支承轴颈的衬套来承受。在这种情况下，更换衬套十分方便，即根据车修丝杠轴颈的实际尺寸压入新的衬套。在没有衬套的结构中，最好镗出衬套孔，显然这样做暂时比较麻烦，但以后只要更换衬套和车修轴颈就可完成丝杠支承的修理工作。为了保证丝杠螺纹和轴颈的同轴度，车削螺纹和车削轴颈必须同时进行。

对于长丝杠，如果一头磨损而另一头未磨损，可采用“调头法”修理。

8.4.3 丝杠的研磨

研磨法修复丝杠的方法简单易行，不需要复杂的设备，只要较长的卧式车床和研磨套就能进行研磨。该法不仅能保证丝杠的修复质量，还能提高丝杠精度。

研磨套的内螺纹是利用一种特制的专用丝锥攻制的。一般要用两个规格不同的丝锥，其中一个丝锥校正部分的中径值比被研磨丝杠螺纹最大中径值大0.05～0.1 mm，供粗研丝杠螺纹用；另一个比被研磨丝杠螺纹的最小中径值大0.05 mm左右，供精研丝杠螺纹用。

研磨时先在研磨套内涂上一薄层研磨剂，再将它旋在丝杠上，并把丝杠顶在车床的两顶尖之间，然后根据丝杠的磨损情况进行研磨。如果丝杠齿廓只有一个工作面磨损，使研磨套只与磨损的那个面接触，研磨剂也只涂在需要研磨的那个面上。如图 8-6 所示，开动机床以 2～3 m/min 的研磨速度进行研磨，并用手扶住研磨套，不让它随丝杠旋转，而沿着丝杠做轴向移动，使研磨套与丝杠接触表面产生研磨运动。粗研时以最大研磨量位置为起点，逐渐由最大研磨量位置移向最小研磨量位置，随着研磨量的微量减小，误差逐渐消除，整个丝杠中径趋于一致。然后，用煤油清洗丝杠，更换研磨套，并涂精研磨剂进行精研，直至合格。

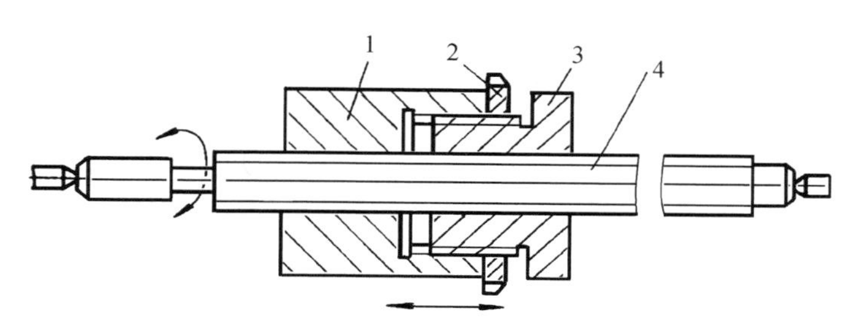

图 8-6　研磨套结构和丝杠研磨

1—研磨套；2—螺母；3—可调研磨套；4—丝杠

如果丝杠齿廓两个工作面都被磨损，则这两面都需要研磨。研磨时，在两个面上均涂以研磨剂，采用双研磨套研磨。双研磨套是在研磨套上另外辅加一个可调研磨套，它们通过螺纹来调整研磨套与丝杠的接触面，使之与丝杠成双面齿廓接触，并用螺母固定。

丝杠研磨修理是一项非常细致的工作，为达到比较理想的效果，应注意下列几点。

(1) 在研磨丝杠前，应以轴颈为基准修理丝杠的中心孔。

(2) 研磨套必须保证被研磨丝杠在有效齿廓高度上能被全部研磨到。研磨套材料可用灰铸铁或中等硬度的黄铜制成。

(3) 为了提高研磨效率和保证研磨质量，粗研和精研应分别配制合适的研磨剂。

(4) 在研磨过程中，应避免发生过热现象，经常用手摸丝杠，不应有较热的感觉。

螺母的螺纹比丝杠上的螺纹磨损更大，因此，在设备修理过程中，常用更换螺母的方法修复。为节省青铜材料和简化更换螺母时的工作过程，可将旧螺母的螺纹部位镗大孔径，在孔中压入青铜塞头，重新加工螺母。

8.5　齿轮的修理

齿轮的失效形式有轮齿断裂、疲劳点蚀、齿面剥落、齿面胶合、塑性变形。

具体的修复内容，归纳以下要点。

8.5.1　调整换位法

对于单向运转受力的齿轮，轮齿常为单面损坏，只要结构允许，可直接用调整换位法修复，所谓调整换位，就是将已磨损的齿轮变换一个方位，利用齿轮未磨损或磨损轻的部位继续工作。

对于结构对称的齿轮，当单面磨损后可直接翻转 180°，重新安装使用，这是齿轮修复的通用办法。但是，对圆锥齿轮或具有正反转的齿轮不能采用这种方法。

若齿轮精度不高，并由齿圈和轮毂组合的结构、（铆合或压合），其轮齿单面磨损时，可先除去铆钉，拉出齿圈，翻转180°换位后再进行铆合或压合，即可使用。

结构左右不对称的齿轮，可将影响安装的不对称部分去掉；并在另一端用焊、铆或其他方法添加相应结构后，再翻转180°安装使用；也可在另一端加调整垫片，把齿轮调整到正确位置，而无须添加结构。

对于单面进入啮合位置的变速齿轮，若发生齿端碰缺，可将原有的换挡拨叉槽车削去掉，然后把新制的拨叉槽用铆或焊的方法装到齿轮的反面。

8.5.2 栽齿修复法

对于低速、平稳载荷且要求不高的较大齿轮，单个齿折断后可将断齿根部锉平，根据齿根高度及齿宽情况，在其上面栽上一排与齿轮材质相似的螺钉，包括钻孔、攻螺纹、拧螺钉，并以堆焊联接各螺钉，然后再按齿形样板加工出齿形。

8.5.3 镶齿修复法

对于受载不大但要求较高的齿轮，单个齿折断，可用镶单个齿的方法修复；若齿轮有几个齿连续损坏，可用镶齿轮块的方法修复；若多联齿轮、塔形齿轮中有个别齿轮损坏，可用齿圈替代法修复。重型机械的齿轮通常把齿圈以过盈配合的方式装在轮芯上，成为组合式结构。当这种齿轮的轮齿磨损超限时，可把坏齿圈拆下，换上新的齿圈。

8.5.4 堆焊修复法

当齿轮的轮齿崩坏，齿端、齿面磨损超限，或存在严重表层剥落时，可以使用堆焊法进行修复。齿轮堆焊的一般工艺为：焊前退火、焊前清洗、施焊、焊缝检查、焊后机械加工与热处理、精加工、最终检查及修整。

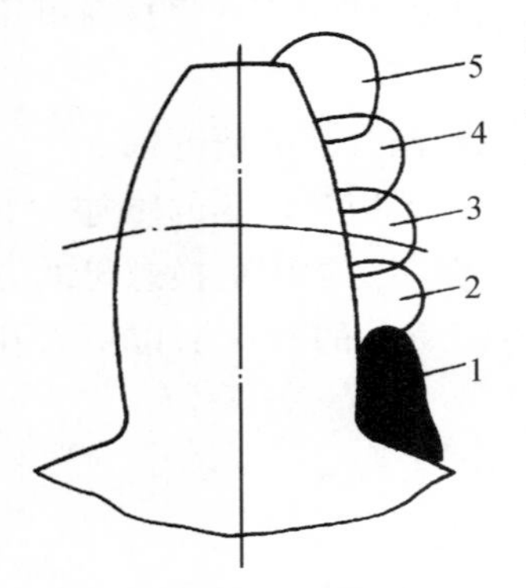

图8-7 齿面分层堆焊

1. 轮齿局部堆焊

当齿轮的个别齿断齿、崩牙，遭到严重损坏时，可以用电弧堆焊法进行局部堆焊。为防止齿轮过热、避免热影响，可把齿轮浸入水中，只将被焊齿露出水面，在水中进行堆焊。轮齿端面磨损超限，可采用熔剂层下粉末焊丝自动堆焊。

2. 齿面多层堆焊

当齿轮少数齿面磨损严重时，可用齿面多层堆焊。施焊时，从齿根逐步焊到齿顶，每层重叠量为2/5～1/2，焊一层经稍冷后再焊下一层。如果有几个齿面需堆焊，应间隔进行。

对于堆焊后的齿轮，要经过加工处理以后才能使用。最常用的加工方法有磨合法和切削加工法两种。

(1) 磨合法。按应有的齿形进行堆焊，以齿形样板随时检验堆焊层厚度，基本上不堆焊出加工余量，然后通过手工修磨处理，除去大的凸出点，最后在运转中依靠磨合磨出光洁表面。这种方法工艺简单、维修成本低，但配对齿轮磨损较大、精度低。它适用于转速很低的齿轮修复。

（2）切削加工法。齿轮在堆焊时留有一定的加工余量，然后在机床上进行切削加工。此种方法能获得较高的精度，生产效率也较高。

8.5.5　塑性变形法

塑性变形法是用一定的模具和装置并以挤压或滚压的方法将齿轮轮缘部分的金属向齿的方向挤压，使磨损的齿加厚，如图 8-8 所示。

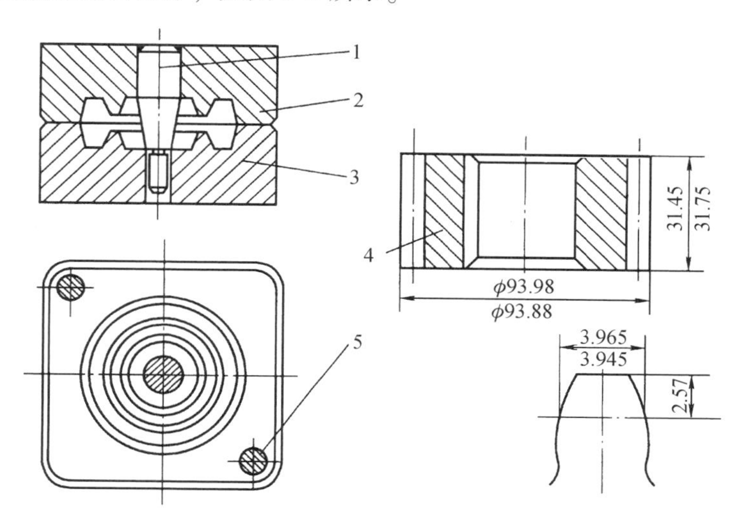

图 8-8　用塑性变形法修复齿轮

1—销子；2—上模；3—下模；4—被修复的齿轮；5—导向杆

将齿轮加热到 800～900℃放在图示下模 3 中，然后将上模 2 沿导向杆 5 装入，用手锤在上模四周均匀敲打，使上下模具互相靠紧。将销子 1 对准齿轮中心以防止轮缘金属经挤压进入齿轮轴孔的内部。在上模 2 上施加压力，齿轮轮缘金属即被挤压流向齿的部分，使齿厚增大。齿轮经过挤压后，再通过机械加工铣齿，最后按规定进行热处理。图中 4 为被修复的齿轮，尺寸线以下的数字为修复后的尺寸；尺寸线以上的数字为修复前的尺寸。

塑性变形法只适用于修复模数较小的齿轮。由于受模具尺寸的限制，齿轮的直径也不宜过大。需修复的齿轮不应有损伤、缺口、剥蚀、裂纹以及用此法修复不了的其他缺陷；材料要有足够的塑性，并能成型；结构要有一定的金属储备量，使磨损区的齿轮得到扩大，且磨损量应在齿轮和结构的允许范围内。

8.5.6　热锻堆焊结合修复法

磨损严重的大型钢齿轮，用热锻与堆焊结合的方法进行修复比较适宜。其工艺过程如下。

（1）将齿轮外圆车掉 1～1.5 mm，除去渗碳层。

（2）将齿轮加热至 800～900℃置于压模中进行锻压镦粗，用热锻将齿顶非工作部分金属挤压到工作部分，恢复轮齿齿厚。

（3）在轮齿顶部进行堆焊，满足齿高要求。

（4）机械加工。

（5）热处理。

（6）检验。

这种修复工艺较之不经热锻的堆焊修复，其金属熔合性好，能保证质量。

8.5.7　变位切削法

齿轮磨损后可利用变位切削，将大齿轮的磨损部分切去，另外换一个新的小齿轮与大齿轮相配，齿轮传动即能恢复。大齿轮经过负变位切削后，它的齿根强度虽降低，但仍比小齿轮高，只要验算轮齿的弯曲强度在允许的范围内便可使用。

当两齿轮的中心距不能改变时，与经过负变位切削后的大齿轮相啮合的新小齿轮必须采用正变位切削。它们的变位系数大小相等，符号相反，形成高度变位，使中心距与变位前的中心距相等。

若两传动轴的位置可调整，则新小齿轮不用变位，仍可采用原来的标准齿轮。若小齿轮装在电动机轴上，则可移动电动机来调整中心距。

采用变位切削法修复齿轮，必须进行下列方面的验算。

（1）根据大齿轮的磨损程度，确定切削位置，即大齿轮切削最小的径向深度。

（2）当大齿轮齿数小于40时，需验算是否会有根切现象；而大于40时，一般不会发生根切，可不验算。

（3）当小齿轮齿数小于25时，需验算齿顶是否变尖；而大于25时，一般很少使齿顶变尖，可不验算。

（4）必须验算轮齿齿形有无干涉现象。

（5）对闭式传动的大齿轮经负变位切削后，应验算轮齿表面的接触疲劳强度，而开式传动可不验算。

（6）当大齿轮的齿数小于40时，需验算弯曲强度；而大于或等于40时，因强度减少不大，可不验算。

变位切削法适用于大传动比、大模数的齿轮传动。因齿面磨损而失效，成对更换不合算，采取对大齿轮进行负变位修复而得到保留，只需配换一个新的正变位小齿轮，使传动得到恢复。它可减少材料消耗，缩短修复时间。

8.5.8　真空扩散焊修法

对齿轮和轴做成一体的齿轮轴，若其齿轮部分损坏而将整个齿轮轴都报废是比较可惜的，这样既浪费了材料，又增加了维修工时。遇到这个情况，可采用真空扩散焊修法进行修复。

这种方法是在真空下使两结合表面的原子经较长时间的高温和显著的塑性变形作用而相互扩散，从而使材料结合紧密牢固。

修复时，先把损坏的齿轮从轴上切下，然后将新制的齿轮部分或齿轮毛坯与原来的轴在真空中用扩散法焊牢。若焊上去的是齿轮毛坯，则焊好后需加工成齿形。

8.5.9　金属涂敷法

对于模数较小的齿轮齿面磨损，不便于用堆焊等工艺修复，可采用金属涂敷法。

这种方法的实质是在齿面上涂以金属粉或合金粉层，然后进行热处理或者机械加工，而使零件的原来尺寸得到恢复，并获得耐磨及其他特性的覆盖层。

涂敷时所用的粉末材料，主要有铁粉、铜粉、钴粉、钼粉、镍粉、堆焊合金粉、镍-硼合金粉等，修复时根据齿轮的工作条件及性能要求选择确定。涂敷的方法主要有喷涂、压制、沉积和复合等。

此外，铸铁齿轮的轮缘或轮辐，产生裂纹或断裂时，常用气焊、铸铁焊条或焊粉将裂纹处焊好；用补夹板的方法加强轮缘或轮辐；用加热的扣合件在冷却过程中产生冷缩将损坏的轮缘或轮辐锁紧。

齿轮键槽损坏，可用插、刨或钳工把原来的键槽尺寸扩大 10%～15%，同时配制相应尺寸修复。若损坏的键槽不能用上述方法修复，可转位在与旧键槽成 90°的表面上重新开一个键槽，同时将旧键槽堆焊补平。若待修复齿轮的轮毂较厚，也可将轮毂孔以齿顶圆定心进行镗大，然后在镗好的孔中镶套，再切制标准键槽；但镗孔后轮毂壁厚小于 5 mm 的齿轮不宜用此法修复。

齿轮孔径磨损后，可用镶套、镀铬、镀镍、镀铁、电刷镀、堆焊等工艺方法修复。

8.6　导轨的修复

机体零件是机械设备的基础件。有许多零部件都装在机体上，有的部件还在机体的导轨上运动，各部件的相互位置精度以及一些部件的运动精度，都和机体本身的精度有直接的关系。机体类零件很多，如机床的床身、立柱和摇臂；轧钢机的机架；破碎机的机身；主要加工表面为一些固定联接各零部件的平面、精度要求较高的孔和作为有些部件运动基准的导轨面等。

卧式车床床身是保证机床各部件装配在其所需位置的重要部件。床身的修复主要是导轨面及配合面的修复。床身的导轨面是车床的基准面，它的主要作用是承载和导向，要求它无论在空载或切削时，都应保证床鞍运动的直线性；要求它耐磨和具有足够的刚度，保持精度的持久性和稳定性；要求它磨损后容易修复和调整。

由于床身导轨暴露在外面，受到灰尘和氧化磨损、机械摩擦磨损、腐蚀、黏着磨损，极易产生拉伤和撞击损伤等，使导轨工作条件恶劣，精度下降较快。磨损严重时会造成溜板箱运动与主轴、丝杠、光杠等部件的传动精度发生变化，并直接影响工件的尺寸误差、形状误差、相互位置误差和表面粗糙度。对床身导轨如何采取合理先进的修复工艺，延长使用寿命乃是维修人员的重要课题之一。

1. 导轨面局部损伤的修复

导轨面常见的局部损伤是碰伤、擦伤、拉毛、研伤等。导轨出现损伤，一经发现必须及时修理，不使其恶化。常见的修复方法有以下几种。

（1）焊接。例如，黄铜丝气焊、银锡合金钎焊、锡铋合金钎焊、特制镍铜焊条电弧冷焊、奥氏体铁铜焊条堆焊、锡基轴承合金化学镀铜钎焊等。

（2）黏接。用有机或无机胶黏剂直接粘补，如用 AR-4 耐磨胶、KH-501、合金粉末粘补、HNT 耐磨涂料等。黏接工艺简单、方便，节省能源、成本低廉，应用较多。

（3）刷镀。当机床导轨上出现 1～2 条划伤或局部出现凹坑时用刷镀法修复，不仅工艺简便，而且修复质量好。

2. 导轨的刮研修复

刮研法适合各种导轨，去除余量小，切削力小，产热低，可达到任意精度要求。它不受工件位置、形状和条件限制，方法简便可靠。虽属手工操作，但在维修中仍占有重要地位。

刮研时，首先要选定刮研基准，对选为基准的导轨首先修刮至技术要求，然后以它为基准去检查和修刮其他导轨，达到相互位置要求和各自的平面度、直线度要求。

在修复导轨时，还应注意导轨磨损变形的规律，以减少修刮工作量和避免不必要的返工。

3. 导轨的机械加工修复

导轨磨损与损伤严重时，可采用龙门刨床精刨来代替劳动强度大的刮研，但需谨慎使用，因为刨削去除余量大，不利于导轨的耐磨，所以加工时余量应尽可能小。另外对刨床的精度和刨刀要求较高，工艺较严。此外，还可利用导轨磨床进行磨削加工，以磨代刮。它适用于硬导轨面，去除的余量比刮研稍大、精度高、劳动强度小、效率高，通过一定的工艺措施可以达到导轨的凸、凹形状要求。以磨代刮应注意磨削的进给吃刀量必须适当，不宜过大，否则在磨削中易产生较多的热量，使导轨变形，造成磨削表面精度不稳定。

4. 导轨的软带修复

软带是一种以聚四氟乙烯（PTFE）为基，添加适量青铜粉、二硫化钼、石墨等填充剂构成的高分子复合材料，又称为填充聚四氟乙烯导轨软带。它具有特别高的抗磨性能和很小的滑动阻力。将它用特种胶黏剂黏接在导轨面上是当代国内外机床制造和维修中的先进技术。

采用软带后不需要铲刮、研磨即能满足导轨的各种精度且耐磨。

用软带黏接的导轨具有静动摩擦因数差值小，使部件运行平稳，无爬行，定位精度高；摩擦因数小；耐磨损；吸振性能好；耐老化；不受其他一切化学物质的腐蚀（除强酸和氧化剂外）；自润滑性好；改善导轨的工作性能；使用寿命长等特点。特别是使用软带后，磨损主要在软带导轨面上，相配导轨面受到软带转移膜的保护而磨损极微。修复时如软带导轨磨损已不能满足工作要求，可将原软带剥去，胶层清除干净，重新黏接新的软带即可，维修非常简便。

目前，软带品种很多，国内生产的主要有广州机床研究所研制的TSF；晨光化工研究院的填充聚四氟乙烯塑料；洛阳偃师耐磨材料厂的F4和中美合资嘉兴银泰工程有限公司的YT型导轨软带等。

有关软带修复的详细内容可参阅有关手册和资料。

8.7 零件修复实例

在现有的修复工艺中，任何一种方法都不能完全适应各种材料，不能完全适应同一种材料制成的各种零部件，实际的机械修复往往是多种修复工艺的综合运用。在选择零件修复工艺时要考虑修复工艺对材质的适应情况、各种修复工艺所能达到的修补层厚度、零件修补后的强度、零件的结构对修复工艺的影响、修复的经济性等多种因素。下面以实例进行简要说明。

8.7.1　修复实例一——轧辊堆焊修复

下面以轧辊堆焊为例进行简单介绍。

轧制过程中的轧辊是在复杂的应力状态下工作的。各个部位承受着不同的交变应力的作用。这些应力包括残余应力、轧辊表面的接触应力、轧辊横向压缩引起的应力、热应力以及弯矩、扭矩作用所引起的应力等。轧制过程中产生的辊面缺陷主要有不均匀磨损、裂纹、掉皮、压痕、凹坑等，这些缺陷会直接影响到产品质量、增加辊耗。当缺陷程度轻微时，经过磨削后即可再用，当缺陷程度严重如裂纹较深、掉皮严重时，经车削再磨削后如果其工作直径能满足使用要求也可再用。当其工作直径过小时，只能报废。轧辊报废的原因还有轧制力过大或制造工艺不完善造成的断辊，疲劳裂纹引起的断辊，扭矩过大损坏辊颈等。目前，国内每年轧辊消耗量极大，据统计国内生产 1 t 钢的轧辊消耗为 7.5 kg，而国外的轧辊消耗为 1.8 kg/t。降低轧辊消耗的途径除合理使用轧辊外，就是采用堆焊方法修复报废的轧辊，可节约大量资金，降低生产总成本。

(1) 轧辊的准备。轧辊堆焊前必须用车削加工除去其表面的全部缺陷，保证有一个致密的金属表面，采用超声波探伤检查。对大型旧轧辊堆焊前，要进行 550～650℃退火以消除其疲劳应力。

(2) 轧辊预热。由于轧辊的材质和表面堆焊用的材料均是含碳量和合金元素比较高的材料，加之轧辊直径比较大，为了预防裂纹和气孔，并改善开始堆焊时焊层与母材的熔合，减少焊不透的缺陷，必须在堆焊前对轧辊预热。预热温度应在 Ms 点（马氏体开始转变温度）以上。因为堆焊轧辊表面时，第一层焊完后，温度下降到 Ms 点以下，就变成马氏体组织。再堆焊第二层时，焊接热量就会加热已堆焊好的第一层金属，使其回火软化。所以从开始堆焊到堆焊完毕，层间温度不得低于预热温度 50℃。

(3) 堆焊。对于辊芯含碳量高的轧辊堆焊，必须采用过渡层材料，这是为了避免从辊芯向堆焊金属过渡层形成裂纹。焊接参数在施焊中不要随意变动，焊接时要防止焊剂的流失，要确保焊剂的有效供应。

(4) 冷却与消除内应力。堆焊完后，最好把轧辊均匀加热到焊前的预热温度。如果轧辊表面比内部冷得快，会引起收缩而造成应力集中，形成表面裂纹。因此，需要缓慢地冷却。热处理规范根据不同堆焊材质制定。焊后最好立即进行 150～200℃的回火处理，可减少应力，避免裂纹产生。然后粗磨，再经磁力探伤检查。

(5) 表面加工。表面硬度不高时可用硬质合金刀具车削，硬度高则用磨削加工，合格后送精磨。

(6) 焊丝的选择。焊丝是直接影响堆焊层金属质量的一个最主要因素。堆焊的目的不仅是修复轧辊尺寸，重要的是提高其耐热耐磨性能，故要选择优于母材材质的焊丝。焊丝材料有低合金高强度钢、热作模具钢、马氏体不锈钢和高合金高碳工具钢。

① 低合金高强度钢。牌号 3CrMnSi，其堆焊金属硬度不高，只有 35～40 HRC，只能起恢复轧辊尺寸作用，不能提高轧辊的使用寿命，但价钱便宜。

② 热作模具钢。牌号 3Cr2W8V，其堆焊和消除应力退火后硬度可达 40～50 HRC，需用硬质合金刀具切削，其寿命比原轧辊可提高 1～5 倍。用于堆焊初轧机、型钢轧机、管带轧机的轧辊。

③ 马氏体不锈钢。牌号 CrB、2CrB、3CrB，其堆焊硬度为 45～50 HRC，用于堆焊开

坯轧辊、型钢轧辊。

④ 高合金高碳工具钢。瑞典牌号 Tobrod15.82（80Cr4M08W2VMn2Si），这种焊丝由于含碳和合金元素较高，容易出现裂纹，要求有高的预热温度和层间温度。堆焊后硬度高达 50～60 HRC，用于精轧机、成品轧机工作辊。

（7）焊剂的选择。焊剂的作用是使熔融金属的熔池与空气隔开，并使熔融焊剂的液态金属在电弧热的作用下，起化学作用调节成分。常用的有熔炼焊剂和非熔炼焊剂。

① 熔炼焊剂。又分为酸性熔炼焊剂和碱性熔炼焊剂，酸性熔炼焊剂工艺性能好，价格便宜，但氧化性强，使焊丝中的 C、Cr 元素大量烧损，而 Si、Mn 元素大量过渡到堆焊金属中。碱性熔炼焊剂，氧化性弱，对堆焊金属成分影响不大，但易吸潮，使用时先要焙烤，工程中常用碱性熔炼焊剂。

② 非熔炼焊剂。常用的是陶质焊剂，它是由各种原料的粉末用水玻璃黏结而成的小颗粒，其中可以加入所需要的任何物质，陶质焊剂与熔炼焊剂相比，其优点是陶质焊剂堆焊的焊缝成形美观、平整，质量好，热脱渣性好（温度达 500℃时仍能自动脱渣，渣壳成形）；而熔炼焊剂是做不到的。其次，采用熔炼焊剂，金属化学成分中的 C、Cr、V 等有效元素大量烧损，而 P、S 等有害元素都有所增加。因而降低了堆焊金属的耐磨性能，提高了焊缝金属的裂纹倾向。采用陶质焊剂，不但可以减少易烧损的有用元素，而且还可以过渡来一些有用的元素。另外，通过回火硬度和高温硬度比较，可以看出同样的焊丝采用陶质焊剂时硬度都大大提高。特别是 3Cr2W8 最为明显。陶质焊剂与熔炼焊剂的回火硬度和高温硬度相比，如图 8-9 与图 8-10 所示。图中的实线代表陶质焊剂，虚线代表熔炼焊剂。从图中可以看出，采用陶质焊剂后，堆焊金属的硬度性能大幅度提高，从而提高了轧辊的耐磨能力。

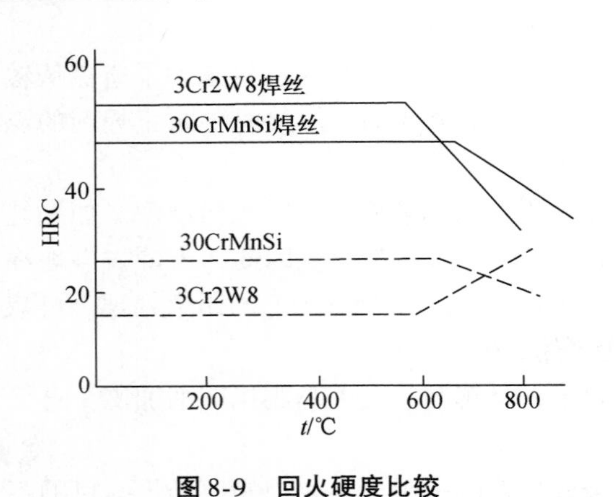

图 8-9 回火硬度比较

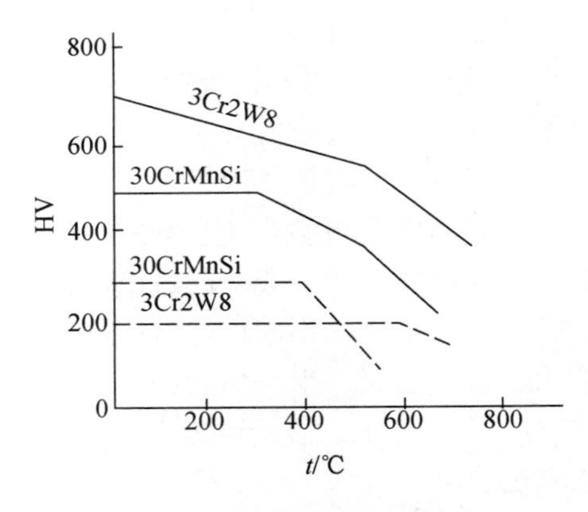

图 8-10 高温硬度比较

8.7.2 修复实例二——轧机机架窗口磨损修复

ϕ800 mm 可逆式开坯轧机机架（材质为 ZG270-500），在安放下轧辊轴承座部位窗口的两侧面，由于轧辊受到轧件不断的冲击，致使机架窗口与下轴承座接触的两侧面逐渐磨成上大下小的喇叭形，如图 8-11 所示。造成上下轧辊中心线交叉，影响了产品质量，因此必须进行处理。

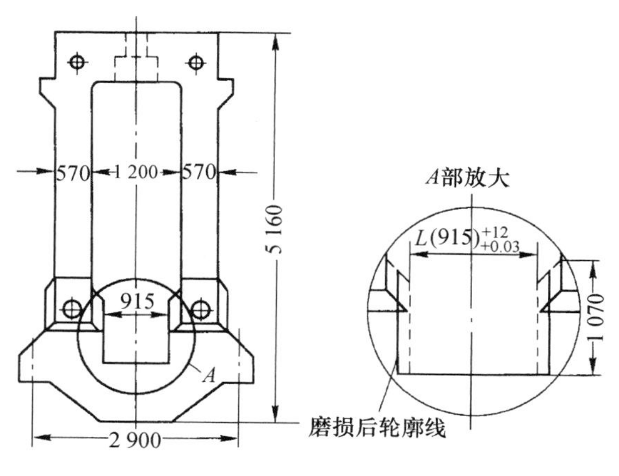

图 8-11　轧机机架磨损部位示意图

1. 修复方案

将已形成喇叭口部位的两侧面铣平，再镶配钢滑板。用埋头螺钉或黏合法固定，使两钢滑板之间尺寸恢复到设计尺寸 $L(915)^{+12}_{+0.03}$。

2. 修复工艺及措施

（1）安装临时组合机床。为了完成铣削加工任务，组合机床应具有如图 8-12 所示的机构。

（2）铣平面。

（3）检查尺寸。用内径千分尺测窗口尺寸及两机架中心线偏差。测量方法如图 8-13 所示。一般应使 $l_1 = l_2$，$l_3 = l_4$，最好是 $l_1 = l_2 = l_3 = l_4$。用角尺测量铣削面与窗口底面的垂直度。

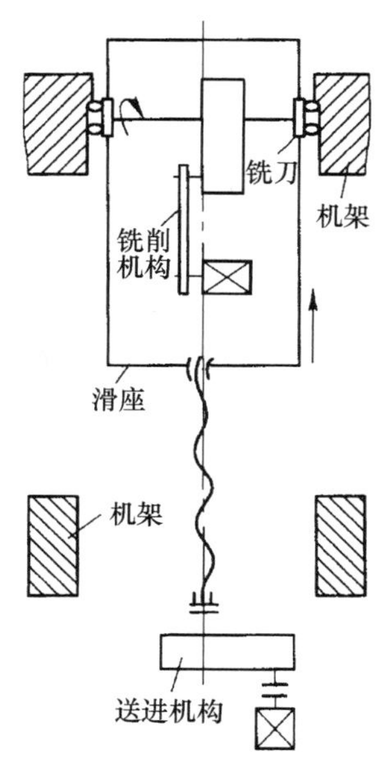

图 8-12　组合机床简图

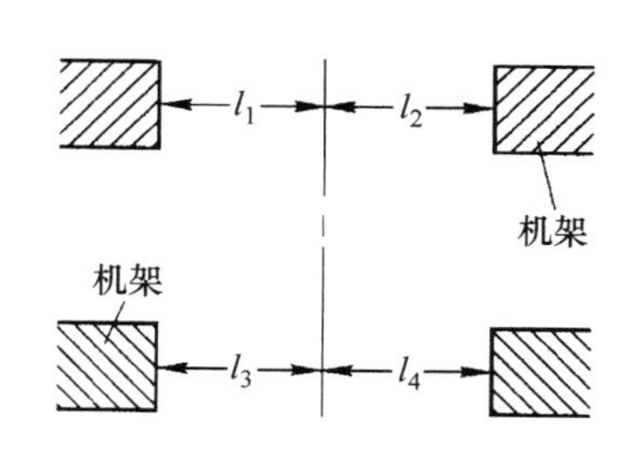

图 8-13　测量方法

（4）机架钻孔攻丝。按图样纸在机架上画线定中心，用手电钻钻 ϕ25 mm 的孔，然后再攻丝。

（5）滑板配厚度、钻孔并锪沉头。若 $l_1 \neq l_2$ 则两滑板的厚度不能相同。否则轧机机架中心线就不与轧机传动中心线重合。为了防止安装滑板时孔不对机架孔的差错，可先用废图纸在机架上打取孔群实样，然后按实样在滑板上配钻。

（6）安装滑板，拧紧沉头螺钉。

8.7.3　修复实例三——1 MN 摩擦压力机曲轴前孔严重裂成三瓣的修复

1 MN 摩擦压力机曲轴前孔受强烈冲击负荷。材质为 QT 450-05，破裂成三瓣，其修复过程如下。

1. 修复方案

为了使修复后能承受强烈的冲击载荷，故采取焊接与扣合键相结合的修复方法，如图 8-14 所示。

扣合键采用热压半圆头式，如图 8-15 所示。由于键和键槽加工容易，使用比较可靠，热压的作用是让键代替焊缝承受很大一部分负荷，并且加强了焊缝，使焊缝不易形成裂纹。

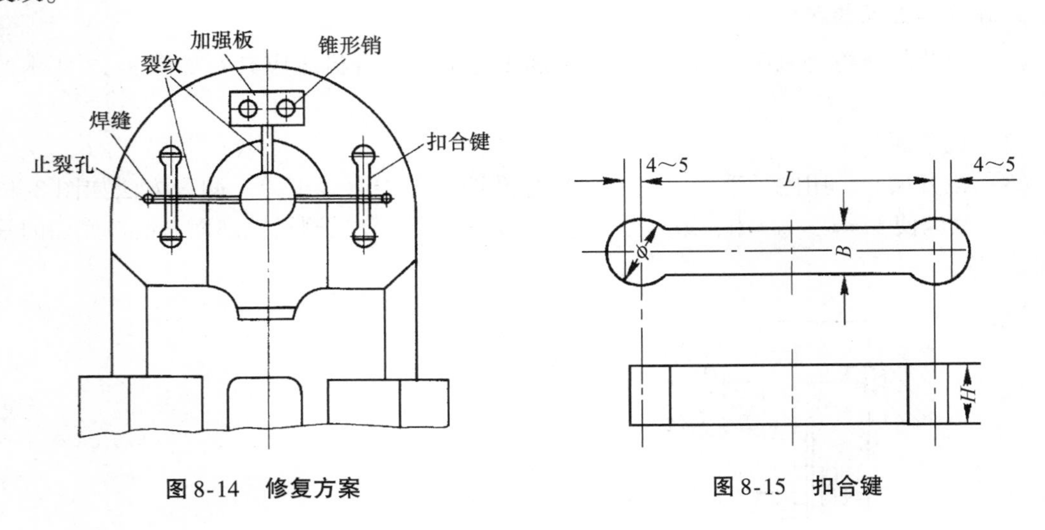

图 8-14　修复方案　　　　图 8-15　扣合键

2. 修复工艺

（1）找出所有裂纹及其端点位置。

（2）钻止裂孔（钻在裂纹尾部）。

（3）根据裂纹处的具体位置，确定键的外形尺寸及端面尺寸，并根据压力机最大负荷验算键的端面尺寸，要求键的强度大于工件镶键处的截面能承受的负荷。选键的材质为 45 号钢。

（4）在与裂纹垂直的适当位置，按确定键的尺寸画线，使键的两个半圆头对称于裂纹。

（5）加工两个键槽。

（6）开出键槽底面上的裂纹坡口。

（7）用 $\phi4$ mm 奥氏体铁铜焊条焊平键槽底面上的裂纹坡口，同时焊平在加工键槽圆孔时遗留下来的钻坑，如图 8-16 所示。焊完后，将两处的焊缝铲至与键槽底一样平滑。

（8）计算键两半圆头中心距的实际尺寸 L。

（9）制造扣合键。

（10）将键加热到 850℃，随即放入键槽，用锤打下去。

（11）用 $\phi4$ mm 奥氏体铁铜焊条将键焊死在工件上，其余所开坡口处亦焊至与键平齐为止。为消除焊接应力，在熄弧后立即锤击焊缝。

（12）镶加强板。将曲轴前孔正上方的焊缝铲平，用砂轮打光，镶上如图 8-17 所示的加强板（因该处空间小，不用扣合键）。加强板用锥销打入球墨铸铁内深 25～30 mm，再把加强板焊在工件上，最后把锥销端头焊在加强板上。

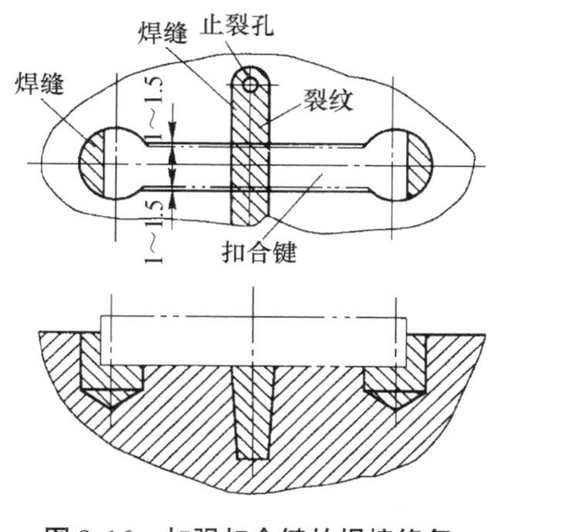

图 8-16　加强扣合键的焊接修复

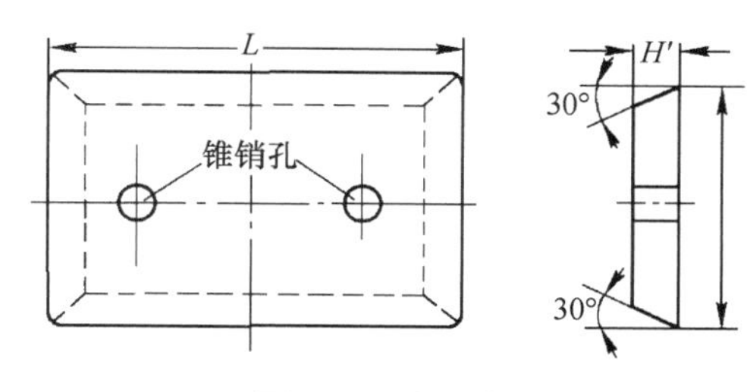

图 8-17　加强板

（13）检查所有焊缝有无裂纹及其他缺陷，若没有问题，把曲轴孔放平，用砂轮打磨曲轴孔的焊缝。在接近磨光时，涂红丹，用圆弧面样板研磨，找出凸点，再磨去凸点，直到焊缝加工和原来孔表面一致平滑、尺寸合格为止。

（14）装配试运转。先手动试运转，无问题后逐渐加负荷试运转。当负荷加到超过设计负荷 10% 时仍无问题，即认为合格。

8.8　实　　训

8.8.1　实训名称

X62W 型万能铣床的修理。

8.8.2　实训目的

（1）具备一定的设备装配和维修能力。

（2）加强对机械原理的认识和理解。

（3）加深理解机械设备精度及其重要性。

（4）掌握一般设备精度的检测方法。

8.8.3 实训设备

X62W 型万能铣床、百分表、检验棒、挡铁、平板、V 形架、等高垫块、平行平尺、锥柄检验棒、杠杆式千分表，各种扳手等拆装工具。

8.8.4 主要部件的修理

在铣床主要部件的修理过程中，可以几个部件同时进行，也可以交叉进行。一般可按下列顺序修理：主轴及变速箱、床身、升降台及下滑板、回转滑板、工作台、工作台及回转滑板配刮、悬梁及刀杆支架等。

主轴部件的修理

（1）主轴的修复。主轴是机床的关键零件，其工作性能则直接影响机床的精度，因此，修理中必须对主轴各部分进行全面检查。如果发现有超差现象，则应修复至原来的精度。目前，主轴的修复一般是在磨床上精磨各轴颈和精密定位圆锥等表面。

① 主轴轴颈及轴肩面的检测与修理。如图 10-1 所示，在平板 3 上用 V 形架 5 支承主轴的 A、B 轴颈，用千分尺检测 B、D、F、G、K 各表面间的同轴度，其允差为 0.007 mm。如果同轴度超差，可采用镀铬工艺修复并磨削各轴颈至要求。再用千分表检测表面 H、J 和 E 的径向跳动量允差为 0.007 mm。如果超差，可以在修磨表面 A、K 的同时磨削表面 H、J。表面 S 的径向圆跳动量允差为 0.05 mm。如果超差，可以同时修磨至要求。

② 主轴锥孔的检测与修复。如图 8-18 所示，把带有锥柄的检验棒插入主轴锥孔，并用拉杆拉紧，用千分表检测主轴锥孔的径向跳动量，要求在近主轴端的允差为 0.005 mm；距主轴端 300 mm 处为 0.01 mm。如果达不到上述精度要求或内锥表面磨损，将主轴尾部用磨床卡盘夹持，用中心架支承轴颈 C 的径向圆跳动量，使其小于 0.005 mm；同时校正轴颈 G，使其与工作台运动方向平行；然后修磨主轴锥孔 I，使其径向圆跳动量在允许范围内，并使接触率大于 70%。

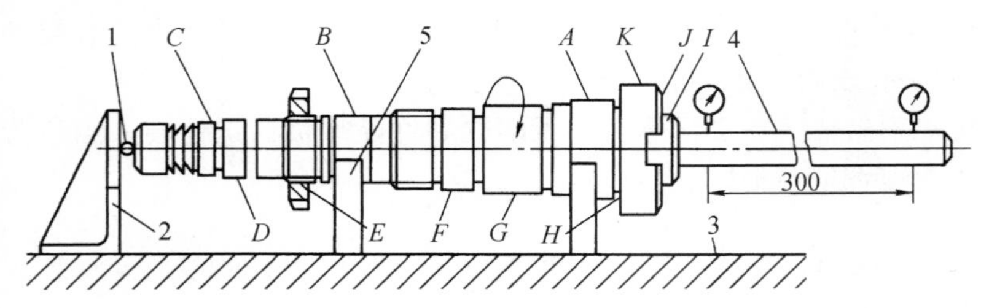

图 8-18 主轴结构和主轴检测

1—钢球；2—挡铁；3—平板；4—检验棒；5—V 形架

（2）主轴部件的装配。图 8-19 所示为主轴部件结构图。主轴 1 有 3 个支承，前支承为圆锥滚子轴承 2；中间支承为圆锥滚子轴承 3；后支承为深沟球轴承 4。前、中轴承是决定主轴工作精度的主要支承；后轴承是辅助支承。前、中轴承可采用定向装配方法，以提高这对轴承的装配精度。主轴上装有飞轮 5，利用它的惯性储存能量，以便消除铣削时的振动，使主轴旋转更加平稳。

为了使主轴得到理想旋转精度，在装配过程中，要特别注意前、中轴承径向和轴向间隙的调整。调整时，先松开紧固螺钉 7，然后用专用扳手钩住调整螺母 6 上的孔，借主轴端面键 9 转动主轴，使圆锥滚子轴承 3 内圈右移，以消除两个轴承的径向和轴向间隙。调整完毕，再把紧固螺钉 7 拧紧，防止其松动。轴承的预紧量应根据机床的工作要求决定，当机床进行载荷不大的精加工时，预紧量可稍大一些，但应保证在 1 500 r/min 转速下，运转 30～60 min 后，轴承的温度不超过 60℃。

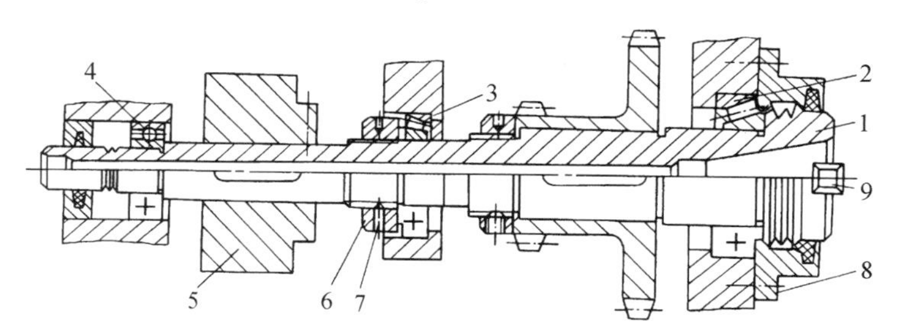

图 8-19　主轴部件结构图

1—主轴；2、3—圆锥滚子轴承；4—深沟球轴承；5—飞轮；
6—调整螺母；7—紧固螺钉；8—盖板；9—端面键

对调整螺母 6 的右端面有较严格的要求，其右端面的径向圆跳动量应在 0. 005 mm 内，其两端面的平行度应在 0. 001 mm 内，否则将对主轴的径向圆跳动产生一定影响。

主轴的装配精度应按照 GB 3933—1983 卧式万能升降台铣床精度标准、允差、检验方法的要求进行检查。

8. 8. 5　主传动变速箱的修理

主传动变速箱的展开图如图 8-20 所示。轴 Ⅰ～Ⅳ的轴承和安装方式基本一样，左端轴承采用内、外圈分别固定于轴上和箱体孔中的形式；右端轴承则采用只将内圈固定于轴上，外圈则在箱体孔中游动的方式。装配轴 Ⅰ～Ⅲ时，轴由左端深入箱体孔中一段长度后，把齿轮安装到花键轴上；然后装右端轴承，将轴全部深入箱体内，并将两端轴承调整好固定。轴Ⅳ应由右端向左端装配，先伸入右边一跨，安装大滑移齿轮块；轴继续前伸至左边一跨，安装中间轴承和三联滑移齿轮块，并将 3 个轴承调整好。

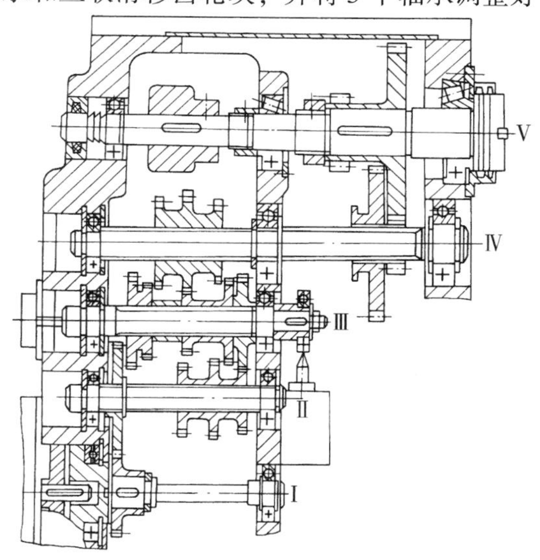

图 8-20　主传动变速箱的展开图

1. 主变速操纵机构简介

主变速操纵机构示意图如图 8-21 所示，它主要由孔盘 5、齿条轴 2 和 4、齿轮 3 及拨叉 1 等组成。变速时，将手柄 8 顺时针转动，通过齿扇 15、齿杆 14、拨叉 6 使孔盘 5 向右移动，与齿条轴 2、4 脱开；根据转速转动选速盘 11，通过锥齿轮 12、13 使孔盘 5 转到所需的位置；再将手柄 8 逆时针转动到原位，孔盘 5 使三组齿条轴改变位置，从而使三联滑移齿轮块改变啮合位置，实现主轴的 18 种转速的变换。

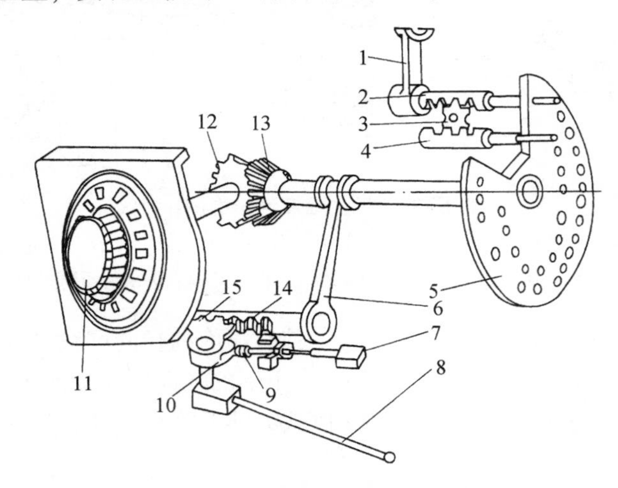

图 8-21 主变速操纵机构示意

1、6—拨叉；2、4—齿条轴；3—齿轮；5—孔盘；7—开关；8—手柄；
9—顶杆；10—凸块；11—选速盘；12、13—锥齿轮；14—齿杆；15—齿扇

瞬时压合开关 7，使电动机启动。当凸块 10 随齿扇 15 转过后，开关 7 重新断开，电动机断电随即停止转动。电动机启动后运转了短暂的时间，以便于滑移齿轮与固定齿轮的啮合。

2. 主变速操纵机构的调整

为避免组装操纵机构时错位，拆卸选速盘轴上的锥齿轮 12、13 的啮合位置时要作标记。拆卸齿条轴中的销子时，每对销子长短不同，不能装错，否则将会影响齿条轴脱开孔盘的时间和拨动齿轮的正常次序。另一种方法是在拆卸之前，把选速盘转到 30 r/min 的位置上，按拆卸位置进行装配；装配好后扳动手柄 8 使孔盘定位，并应保证齿轮 3 的中心至孔盘端面的距离为 231 mm，如图 8-22 所示。若尺寸不符，说明齿条轴啮合位置不正确。此时应使齿条轴顶紧孔盘 5，重新装入齿轮 3，然后检查齿轮 3 的中心至孔盘端面的距离是否达到要求，再检查各转速位置是否正确无误。

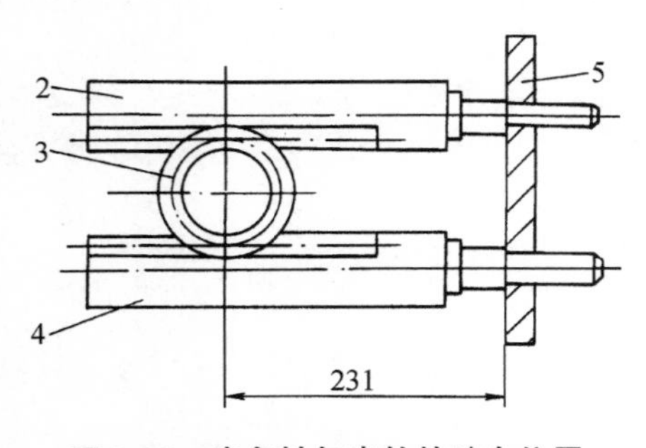

图 8-22 齿条轴与齿轮的啮合位置

当变速操纵手柄 8（如图 8-21 所示）回到原位并合上定位槽后，如发现齿条轴上的拨叉来回窜动或滑移齿轮错位，则可拆出该组齿条轴之间的齿轮 3，用力将齿条轴顶紧孔盘端面，再装入齿轮 3。

8.8.6　床身导轨的修理要求

床身导轨结构示意图如图 8-23 所示。要恢复其精度，可采用磨削或刮削的方法。对床身导轨的具体要求有以下几方面。

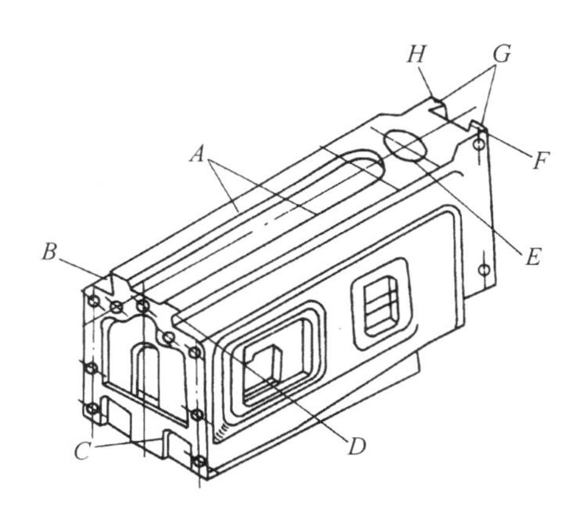

图 8-23　床身导轨结构示意图

（1）磨削或刮削床身导轨面时，应以主轴回转线为基准，保证导轨 *A* 纵向垂直度允差为 0.015 mm/300 mm，且只允许回转轴线向下偏；横向垂直度允差为 0.01 mm/300 mm。其检测方法如图 8-24 所示。

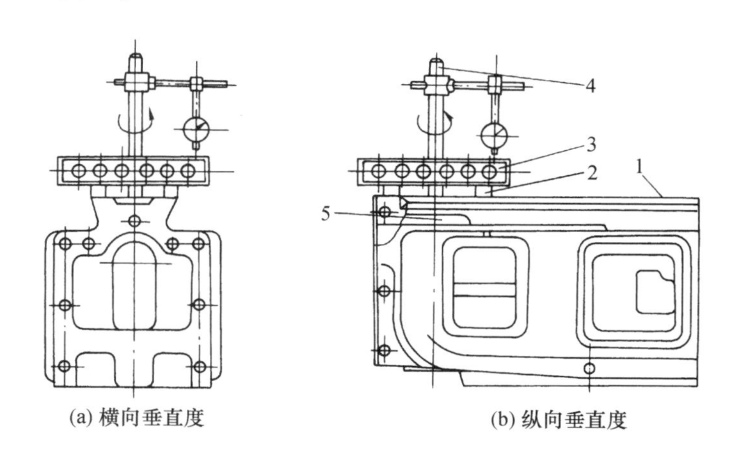

图 8-24　导轨对主轴回转轴线垂直度检测

1—床身导轨；2—等高垫块；3—平行平尺；4—锥柄检验棒；5—主轴孔

（2）保证导轨 *B* 与 *D* 的平行度，全长上允差为 0.02 mm；直线度误差为 0.02 mm/1 000 mm，并允许中凹。

（3）燕尾导轨面 *F*、*G*、*H* 结合悬梁修理进行配刮。

（4）采用磨削工艺，各表面的表面粗糙度 *R*a 值应小于 0.8 μm。采用刮削工艺，各表面的接触点在 25 mm × 25 mm 内为 6～8 点。

8.8.7 升降台与床鞍、床身的装配

升降台的修理一般采用磨削或刮削的方法，与床鞍或床身相配时，再进行刮配。图8-25所示为升降台结构示意图，要求修磨后的升降台导轨面 *C* 的平面度小于0.011 mm；导轨面 *F* 与 *H* 的垂直度允差在全长上为0.02 mm，直线度允差为0.02 mm/1000 mm；导轨面 *G*、*H* 与 *C* 的平行度允差在全长上为0.02 mm，并只允许中凹。

1. 升降台与床鞍下滑板的装配

（1）以升降台修磨后的导轨面为基准，刮研下滑板导轨面 *K*，如图8-26所示。各表面的接触点在25 mm×25 mm内为6～8点。

（2）刮研下滑板表面 *J* 与 *K* 的平行度在全长上为0.02 mm，接触点在25 mm×25 mm内为6～8点。

（3）刮研床鞍下滑板导轨面 *L* 与 *J* 的平行度纵向误差小于0.01 mm/300 mm。横向误差小于0.015 mm/300 mm。接触点在25 mm×25 mm内为6～8点。

（4）刮好的楔铁与压板装在床鞍下滑板上，调整修刮松紧程度合适。用塞尺检查楔铁及压板与导轨面的密合程度，用0.03 mm塞尺检查，两端插入深度应小于20 mm。

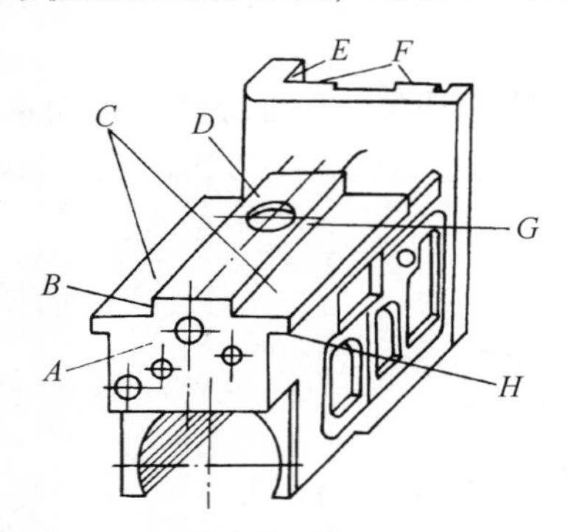

图8-25　升降台结构示意图

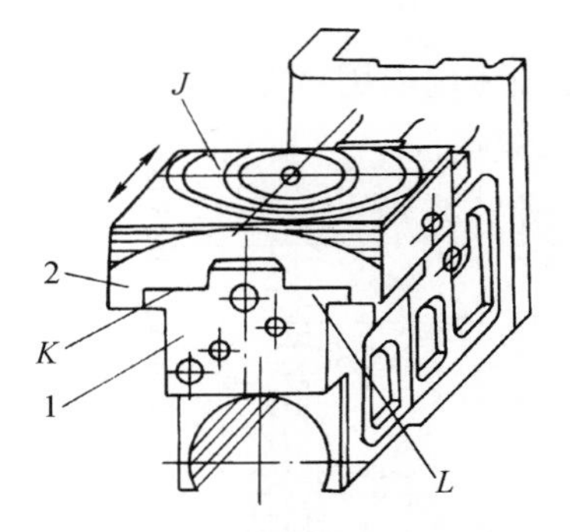

图8-26　升降台与床鞍下滑板的配刮
1—升降台；2—床鞍下滑板

2. 升降台与床身的装配

将粗刮过的楔铁及压板装在升降台上，调整松紧适当，再刮至接触点在25 mm× 25 mm内为6～8点。用0.04 mm塞尺检查与导轨面的密合程度，塞尺插入深度小于20 mm。

8.8.8 升降台与床鞍、板传动零件的组装

（1）圆锥齿轮副托架的装配。装配圆锥齿轮副托架时，要求升降台横向传动花键轴中心线与床鞍下滑板的圆锥齿轮副托架的中心线的同轴度允差为0.02 mm，其检测方法如图8-27(a）所示。如果床鞍下滑板下沉，可以修磨圆锥齿轮副托架的端面，使之达到要求；若升降台或床鞍下滑板磨损造成水平方向同轴度超差，则可镗削床鞍上的孔，并镶套补偿，如图8-27(b）所示。

（2）横向进给螺母支架孔的修复。升降台上面的床鞍向手动或机动是通过横向丝杠带动横向进给螺母座使工作台横向移动的，由于床鞍的下沉，使螺母孔的中心线产生同轴度偏差，装配中必须对其加以修正。

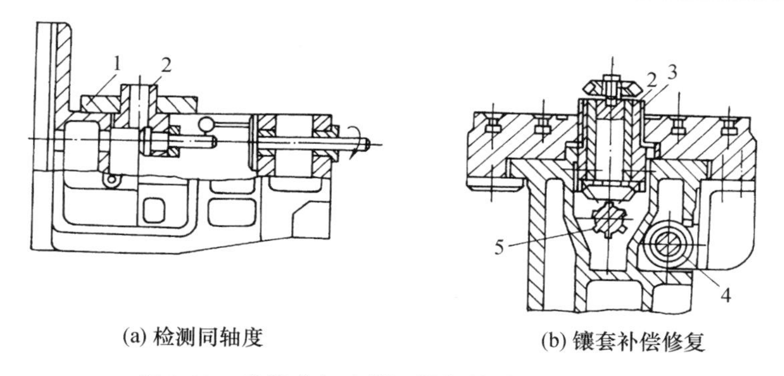

(a) 检测同轴度　　(b) 镶套补偿修复

图 8-27　升降台与床鞍下滑板传动零件的组装

1—下滑板支承；2—圆锥齿轮副托架；3—套；4—螺母座；5—花键轴

8.8.9　进给变速传动系统的修理和变速箱与升降台装配的调整

进给变速箱展开图如图 8-28 所示。从进给电动机传给轴Ⅺ的运动有进给传动路线和快速移动路线。进给传动路线是：经轴Ⅷ上的三联齿轮块、轴 X 上的三联齿轮块和曲回机构传到轴Ⅺ上，可得到纵向、横向和垂直三个方向各 18 级进给量。快速移动路线是：由右侧箱壁外的 4 个齿轮直接传到轴Ⅺ上。进给运动和快速移动均由轴Ⅺ右端 z_{28} 齿轮向外输出。

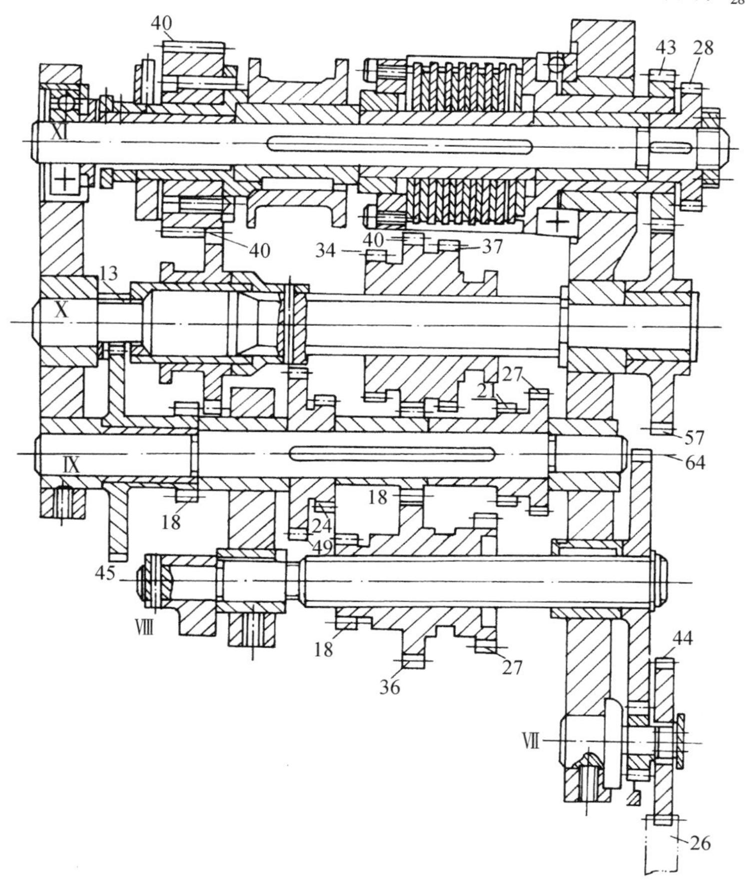

图 8-28　进给变速箱展开图

1. 轴XI的结构简介

在如图 8-28 所示的轴XI上，装有安全离合器、牙嵌式离合器和片式摩擦离合器。安全离合器是定转矩装置，用于防止过载时损坏机件，它由左半离合器、钢球、弹簧和圆柱销等组成。牙嵌式离合器处于常啮合状态，只有接通片式摩擦离合器时，它才脱开啮合。牙嵌式离合器是用来接通工作台进给运动，宽齿轮 z_{40} 传来的运动经安全离合器和牙嵌式离合器传给轴XI，并由右端齿轮 z_{28} 输出。片式摩擦离合器是用来接通工作台快速移动的，轴XI右端齿轮 z_{43} 用键与片式摩擦离合器的外壳体联接，接通片式摩擦离合器，齿轮 z_{43} 的运动经外壳体传给外摩擦片，外摩擦片传给内摩擦片，再通过套键传给轴XI，也由齿轮 z_{28} 输出。牙嵌式离合器与片式摩擦离合器是互锁的，即牙嵌式离合器断开啮合，片式离合器才能接通；反之，片式摩擦离合器中断啮合，牙嵌式离合器才能接通。

2. 进给变速箱的修理

（1）工作台快速移动是直接传给轴XI的，其转速较高，容易损坏。修理时，通常予以更换。牙嵌式离合器工作时频繁啮合，端面齿很容易损坏。修理时，可予以更换或用堆焊方法修复。

（2）检查摩擦片有无烧伤，平面度允差是否在 0.1 mm 内。若超差，可修磨平面或更换。

（3）装配轴XI上的安全离合器时，应先调整离合器左端的螺母，使离合器端面与宽齿轮如端面之间有 0.40～0.60 mm 的间隙，然后调整螺套，使弹簧的压力能抵抗 160～200 N · m 的转矩。

（4）进给变速操纵机构装入进给箱前，手柄应向前拉到极限位置，以利于装入进给箱。调整时，可把变速盘转到进给量为 750 mm/min 的位置上，拆去堵塞和转动齿轮，使各齿条轴顶紧孔盘，再装入转动齿轮和堵塞，然后检查 18 级进给量位置，应做到准确、灵活、轻便。

（5）进给变速箱装配后，必须进行严格的清洗，检查柱塞式液压泵、输油管道，以保证油路畅通。

3. 工作台横向和升降操纵机构的修理与调整

工作台横向和升降进给操纵机构示意图如图 8-29 所示。手柄 1 有 5 个工作位置，前、后扳动手柄 1，其球头拨动鼓轮 2 做轴向移动，杠杆使横向进给离合器啮合，同时触动行程开关启动进给电动机正转或反转，实现床鞍向前或向后移动。同样，手柄 1 上、下扳动，其球头拨动鼓轮 2 回转，杠杆使升降离合器啮合，同时触动行程开关启动进给电动机正转或反转，实现工作台的升降移动。手柄 1 在中间位置时，床鞍和升降台均停止运动。

鼓轮 2 表面经淬火处理，硬度较高，一般不易损坏，装配前应清洗干净。如局部严重磨损，可用堆焊法修复并淬火处理。装配时，注意调整杠杆机构的带孔螺钉 3，保证离合器的正确开合距离，避免工作台进给中出现中断现象。扳动手柄 1 时，进给电动机应立即启动，否则应调节触动行程开关的顶杆 4。

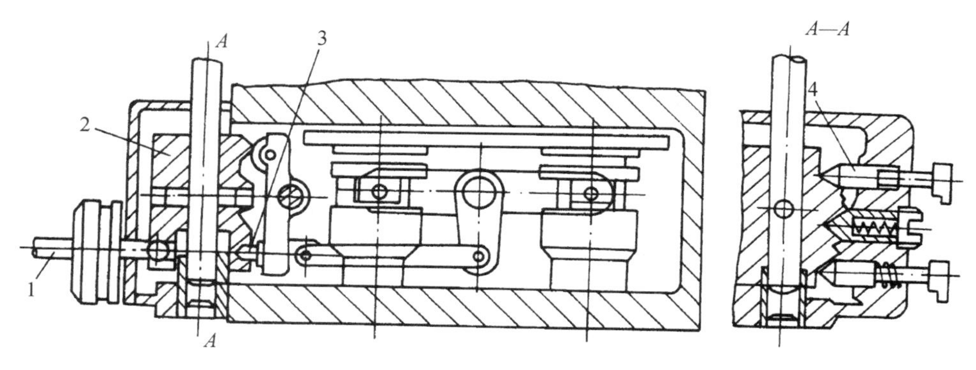

图 8-29　工作台横向和升降进给操纵机构示意图

1—手柄；2—鼓轮；3—螺钉；4—顶杆

4. 进给变速箱与升降台的装配与调整

进给变速箱与升降台组装时，要保证电动机轴上的齿轮 z_{26} 与轴Ⅶ上的齿轮 z_{44} 的啮合间隙，可以用调整进给变速箱与升降台结合面的垫片厚度来调节啮合间隙的大小。

8. 8. 10　工作台与回转滑板的修理

工作台与回转滑板的配刮

工作台中央 T 形槽一般磨损极少，刮研工作台上、下表面以及燕尾导轨时，应以中央 T 形槽为基准进行修刮。工作台上、下表面的平行度纵向允差为 0. 01 mm/500 mm、横向允差为 0. 01 mm/300 mm。

按中央 T 形槽与燕尾导轨两侧面平行度允差在全长上为 0. 02 mm 的要求刮研好各表面后，将工作台翻过去，以工作台上表面为基准与回转滑板配刮，如图 8-30 所示。

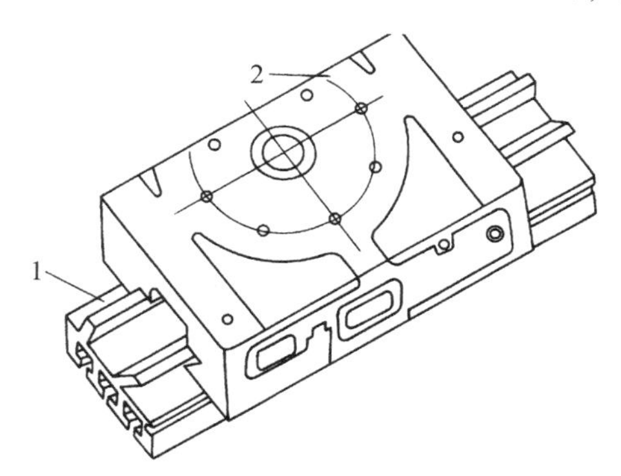

图 8-30　工作台与回转滑板配刮

1—工作台；2—回转滑板

（1）回转滑板底面与工作台上表面的平行度允差在全长上为 0. 02 mm，滑动面间的接触点在 25 mm × 25 mm 内为 6～8 点。面之间的密合程度，插入深度应小于 20 mm。

（2）工作台传动机构的调整。工作台与回转滑板组装时，弧齿锥齿轮辐的正确啮合间隙可通过配磨调整环端面加以调整，如图 8-31 所示。工作台纵向丝杠螺母间隙的调整如

图 8-32 所示，打开盖 1，松开螺钉 2，用一字旋具转动蜗杆轴 4，通过调整外圆带蜗轮的螺母 5 的轴向位置来消除间隙。调好后，工作台在全长上运动时应无阻滞、轻便灵活，然后紧固螺钉 2，压紧垫圈 3，装好盖 1 即可。

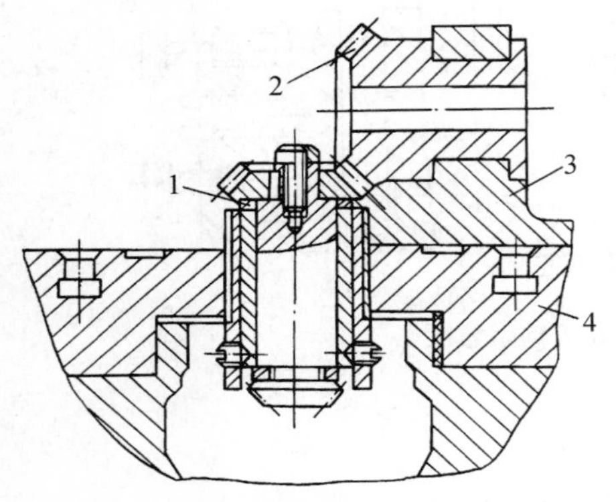

图 8-31　工作台弧齿锥齿轮副的调整

1—调整环；2—弧齿锥齿轮；3—工作台；4—回转滑板

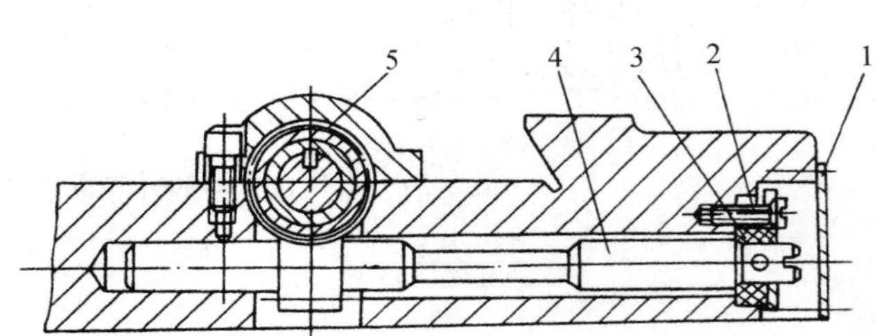

图 8-32　丝杠螺母间隙的调整机构

1—盖；2—螺钉；3—垫圈；4—蜗杆轴；5—外圆带蜗轮的螺母

8.8.11　悬梁和床身顶面燕尾导轨的装配

悬梁的修理工作应与床身顶面燕尾导轨一起进行。可先磨或刮削悬梁导轨，达到精度后与床身顶面燕尾导轨配刮，最后进行装配。

将悬梁翻过，使导轨面朝上，对导轨面磨削或刮削修理，保证表面 *A* 的直线度允差为 0.015 mm/ 1 000 mm；并使表面 *B* 与 *C* 的平行度允差为 0.03 mm/400 mm；接触点在 25 mm × 25 mm 内为 6～8 点，检测方法如图 8-33 所示。以悬梁导轨面为基准，刮削床身顶面燕尾导轨，配刮面的接触点在 25 mm × 25 mm 内为 6～8 点，与主轴中心线的平行度允差为 0.025 mm/300 mm。

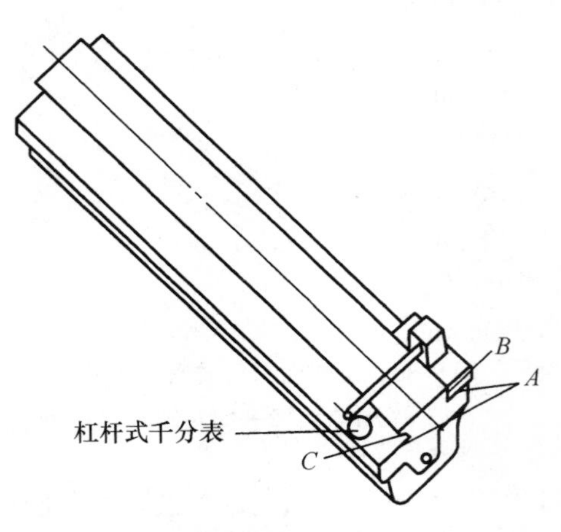

图 8-33　悬梁导轨的精度检测

8.8.12　X62W 型万能铣床试车验收

1. 空运转试验

(1) 空运转试验前的准备工作

① 将机床置于自然水平，不用螺栓固定。

② 检查各油路，并用煤油清洗，使油路均畅通无阻。

③ 用手操纵所有移动装置在全长上运动，应无阻滞、轻便灵活。

④ 在摇动手轮或手柄，特别是启动电动机进给时，工作台各方向的夹紧手柄应松开。

⑤ 检查电动机旋转方向和限位装置。

(2) 空运转试验

① 空运转试验从低速开始，逐级加速，各级转速的运转时间不少于 2 min，最高转速运转时间不少于 30 min，主轴承达到稳定时温度低于 60℃。

② 启动进给电动机，进行逐级进给运动及快速移动试验，各级进给量的运转时间大于 2 min，最大进给量运转达到稳定温度时，轴承温度应低于 50℃。

③ 所有转速的运转中，各工作机构应平稳，无冲击、振动和周期性噪声。

④ 机床运转时，各润滑点应有连续和足够的油液。各轴承盖、油管接头均不得漏油。

⑤ 检查电气设备的工作情况，包括电动机启动、停止、反向、制动和调速的平稳性等。

2. 负载试验

机床负载试验的目的是考核机床主运动系统能否承受标准所规定的最大允许切削规范，也可根据机床实际使用要求取最大切削规范的 2/30 mm，一般选下述项目中的一项进行切削试验。

(1) 切削钢的试验。切削材料为正火 210～220 HBS 的 45 钢。

① 圆柱铣刀：直径 = 100 mm，齿数 = 4；切削用量：宽度 = 50 mm，深度 = 3 mm，转速 = 750 r/min，进给量 = 750 mm/min。

② 端面铣刀：直径 = 100 mm，齿数 = 14；切削用量：宽度 = 100 mm，深度 = 5 mm，转速 = 37.5 r/min，进给量 = 190 mm/min。

(2) 切削铸铁试验。切削材料为 180～220 HBS 的 HT200。

① 圆柱铣刀：直径 = 90 mm，齿数 = 18；切削用量：宽度 = 100 mm，深度 = 11 mm，转速 = 47.5 r/min，进给量 = 118 mm/min。

② 端面铣刀：直径 = 200 mm，齿数 = 16；切削用量：宽度 = 100 mm，深度 = 9 mm，转速 = 60 r/min，进给量 = 300 mm/min。

3. 工作精度检验

机床工作精度检验应在机床空运转试验和负载试验之后，并确认机床所有机构均处于正常状态，按照 GB 3933—1983 卧式升降台铣床精度标准、检验方法进行。

切削试件材料为铸铁，试件的形状尺寸如图 8-34 所示，用圆柱铣刀进行铣削加工，铣刀直径小于 60 mm。铣削加工前，应对试件底面先进行精加工，在一次安装中，用工作台纵向机动、升降台机动和床鞍横向手动铣削 *A*、*B*、*C* 三个表面。用工作台纵向机动和升降台手动铣削 *D* 面，接刀处重叠 5～10 mm。试件应安装于工作台纵向中心线上，使试件长度相等地分布在工作台中心线的两边。铣削后应达到的精度如下。

（1）表面 *B* 的等高度允差为 0.03 mm。

（2）表面 *A* 和 *B*、表面 *C* 和 *D* 的垂直度允差为 0.02 mm；表面 *A*、*B*、*C* 和 *D* 的垂直度允差为 0.03 mm。

（3）表面 *D* 的平面度允差为 0.02 mm。

（4）各加工面的表面粗糙度 *R*a 的值为 1.6 μm。

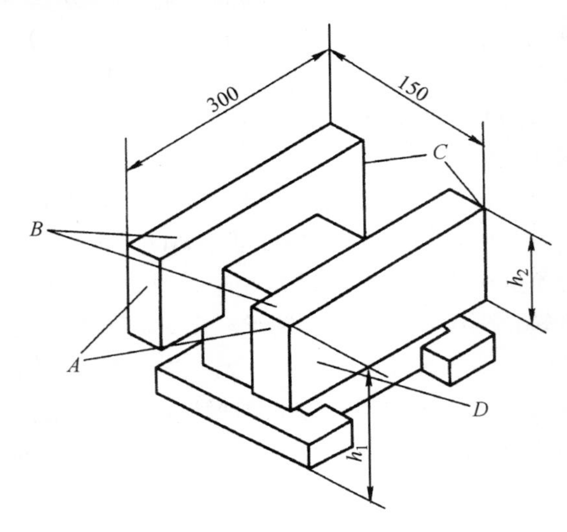

图 8-34　试件的形状尺寸

4. 几何精度检验

机床的几何精度检验，可按照 GB 3933—1983 卧式升降台铣床精度标准、检验方法进行。

如果机床已修过多次，有些项目达不到精度标准，则可根据加工工艺要求选择项目验收。

8.9 思考题

1. 轴颈磨损的修复方法有哪些？
2. 如何修复键槽？
3. 列举滑动轴承修理常见的维修方法。
4. 滚动轴承在什么状况下应及时调整和更换？
5. 简述丝杠的研磨操作过程和注意事项。
6. 列举齿轮的几种修复方法。
7. 导轨面局部损伤的修复方法有哪些？
8. 简述导轨刮研修复的特点。

第9章　设备电气维修

教学目标

- 熟悉常用电气图形、文字符号，正确识读电气控制线路图
- 了解常见设备电气控制系统工作原理
- 基本掌握设备常见电气故障分析排除方法

电气控制系统是机械设备的重要组成部分，了解电气控制系统对于机械设备的正确安装、调试、维护与使用都是必不可少的。在本章中将以车床和摇臂钻床为例对机械电气控制线路进行分析，以期掌握阅读电气原理图的方法，培养电气故障检修基本能力。

9.1　设备电气控制线路常识

电气控制线路是由各种继电器、可编程控制器（PLC）、接触器、按钮、行程开关等电器元件，按一定方式连接起来组成的控制线路。其作用是实现对电力拖动系统的启动、正反向、制动和调速等运行性能的控制，实现对拖动系统的保护，满足生产工艺要求，实现生产加工自动化。

电气控制线路图用于表达电气控制系统的结构、原理，便于进行电器元件的安装、调整、使用和维修，根据简明易懂的原则，使用统一规定的电气图形符号和文字符号进行绘制。

9.1.1　常用电气图形、文字符号

电气控制线路图是电气工程技术的通用语言，为便于沟通与交流，必须使用通用的图形、符号按标准规定的方法绘制。近年来，国家颁发了一系列与国际电工委员会（IEC）颁布的有关文件接轨的国家系列新标准，如1996—2000年颁发的GB/T 4728.2～4728.13《电气简图用图形符号》，取代了1984—1985年版的国家标准《电气图用图形符号》；1997年颁发的GB/T 6988.1～6988.3《电气技术用文件的编制》，取代了1986年版国家标准《电气制图》。

表9-1列出了部分常用电气图形、文字符号，更详细的内容请参阅相关标准。

表 9-1 常用电气图形、文字符号（摘录）

名称		图形符号	文字符号
三极电源开关			QS
低压断路器			QF
位置开关	常开触点		SQ
	常闭触点		
	复合触点		
熔断器			FU
按钮	启动	E	SB
	停止	E	
	复合	E	
热继电器	热元件		FR
	常闭触点		

名称		图形符号	文字符号
接触器	线圈		KM
	主触点		
	常开辅助点		
	常闭辅助点		
时间继电器	线圈		KT
	通电延时继电器		
	断电延时继电器		
	常开延时闭合触点		
	常闭延时断开触点		
	常闭延时闭合触点		
	常开延时断开触点		
照明灯			EL

续表

名　　称		图形符号	文字符号
继电器	线圈		KA
热电器	过电流继电器线圈	I>	KA
	欠电流继电器线圈	I<	
	常开触点		
	常闭触点		
转换开关			
电磁离合器			YC
桥式整流装置			VC

名　　称	图形符号	文字符号
信号灯		HL
电阻器	或	R
接插器		XS
电磁铁		YA
电磁吸盘		YH
单相变压器		T
整流变压器		
照明变压器		TC
控制电路电源用变压器		
三相自耦变压器		T

9.1.2　电气原理图

1. 电气原理图

电气原理图表示电路的工作原理、各电器元件的作用和相互关系，而不考虑电路元器件的实际安装位置和实际连线情况。

绘制、查阅和识读电气原理图时，一般应注意以下几个方面。

（1）电气控制线路分为主电路和控制电路。从电源到电动机的这部分电路为主电路，通过强电流；由按钮、继电器触点、接触器辅助触点、线圈等组成的控制电路，通过弱电流。一般主电路画在左侧，控制电路画在右侧。

（2）采用电器元件展开图的画法。同一电器元件的各导电部件（如线圈和触点）常常不画在一起，但需用同一文字符号标明。多个同一种类的电器元件，可在文字符号后面加上数字序号下标，如 SB_1、SB_2 等。

（3）所有电器元件的触点均按“平常”状态绘出。对按钮、行程开关类电器，是指没有受到外力作用时的触点状态；对继电器、接触器等，是指线圈没有通电时的触点状态。

（4）主电路标号由文字符号和数字组成。文字符号用以标明主电路中元件或线路的主要特征，数字标号用以区别电路不同线段。三相交流电源引入线采用 L_1、L_2、L_3 标号，电源开关之后的三相主电路分别标 U、V、W。如 U_{11} 表示电动机第一相的第一个接点代号，U_{21} 为第一相的第二个接点代号，以此类推。

（5）控制电路标号由三位或三位以下数字组成。交流控制电路的标号一般以主要压降元件（如线圈）为分界，横排时，左侧用奇数，右侧用偶数；竖排时，上面用奇数，下面用偶数。直流控制电路中，电源正极按奇数标号，负极按偶数标号。

图 9-1 为笼型电动机启动、停止控制线路的电气原理图。

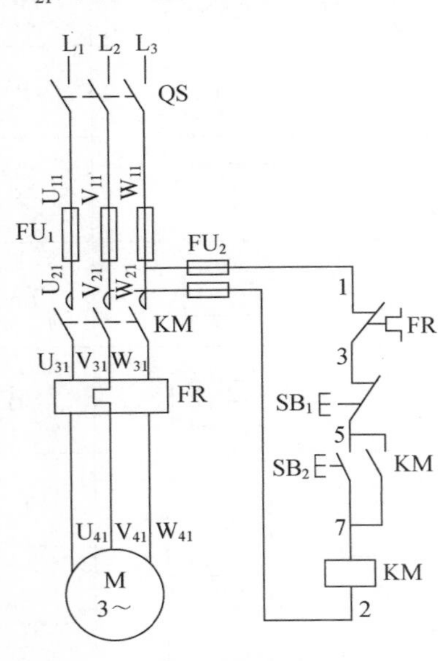

图 9-1 笼型电动机启动、停止控制线路的电气原理图

2. 电气原理图识读

电气原理图是表示电气控制线路工作原理的图形，所以熟练识读电气原理图，是掌握设备正常工作状态、迅速处理电气故障的必不可少的环节。

在阅读电气原理图时，一般应做好以下几步。

（1）熟悉图中各器件符号和作用。这是读懂电气控制电路的基础。

（2）阅读主电路。了解主电路有哪些用电设备（如电动机、电炉等），其用途和工作特点。并根据工艺过程，了解各用电设备之间的相互联系、采用的保护方式等。

（3）阅读控制电路。控制电路由各种电器组成，主要用来控制主电路工作。在阅读控制电路时，一般先根据主电路接触器主触点的文字符号，到控制电路中去找与之相应的吸引线圈，以接触器线圈为核心，从上到下、从左到右弄清控制电路的每个环节，进一步弄清楚各电动机的控制方式。

（4）阅读照明、信号指示、监测、保护等各辅助电路环节。

对于比较复杂的控制电路，可按照先简后繁，先易后难的原则，逐步解决。因为无论怎样复杂的控制线路，总是由许多简单的基本环节所组成。阅读时可将它们分解开来，先逐个分析各个基本环节，然后再综合起来全面加以解决。

3. 电气控制原理符号表示法

电气控制工作原理可以用符号表示，以便于阅读理解。规定如下：各种电器在没有外力作用或未通电的状态记作“－”，受到外力作用或通电状态记作“＋”，并将它们的相互关系用线段“—”连接，线段左面的符号表示原因，右面的符号表示结果。如图 9-1 所示笼型电动机启动、停止控制电路工作原理可用符号表示如下。

启动：$SB_2^{\pm}$—$KM_{自}^{+}$—M^{+}，表示按一下（按后松开）按钮 SB_2，接触器 KM 得电吸合并自锁，电动机 M 通电旋转。

停止：$SB_1^{\pm}$—KM^{-}—M^{-}，表示按一下按钮 SB_1，接触器 KM 断电释放，电动机 M 断电停转。

9.1.3　电气安装接线图

电气安装接线图表示电器元件在设备中的实际安装位置和实际接线情况。各电器元件的安装位置是由设备的结构和工作要求决定的，如电动机要与被拖动的机械部件在一起，行程开关应安放在要获取信号的地方，操作元件应放在操作方便的地方，一般电器元件应放在电气控制柜内。

绘制电气安装接线图应遵循以下原则。

(1) 各电器元件用规定的图形符号绘制，同一电器元件的各部件必须画在一起。各电器元件在图中的位置，应与实际安装位置一致。

(2) 不在同一控制柜或配电屏上的电器元件的电气连接必须通过端子排进行。各电器元件的文字符号及端子排的编号应与原理图一致，并按原理图的接线进行连接。

(3) 走向相同的多根导线可用单线表示。

(4) 画连接导线时，应标明导线的规格、型号、根数和穿线管的尺寸。

笼型电动机启动、停止控制线路的安装接线图如图 9-2 所示。

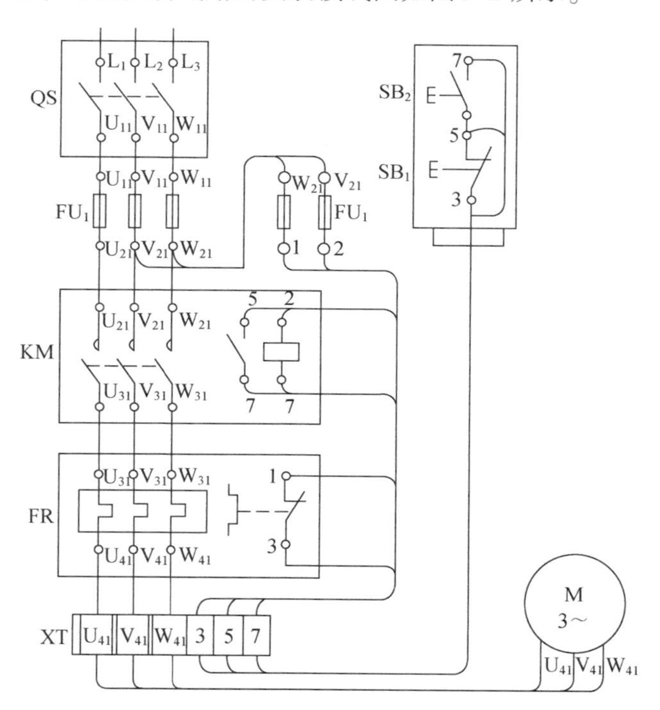

图 9-2　笼型电动机启动、停止控制线路的安装接线图

9.1.4　机械设备电气故障常见的诊断方法

目前，可编程控制器（PLC）在机械设备电气控制线路中的应用日益增多，但传统的继电器-接触器控制系统在现有机械设备中仍占很大比例。继电器-接触器电气控制系统常用的故障检查方法有电压法、电阻法、短接法。下面以一段有代表性的控制电路为例，说明这几种方法的具体应用。

1. 电压测量法

图 9-3 为测量示意图。接通电源，按下启动按钮 SB_2，正常时，KM_1 吸合并自锁。将万用表拨到交流 500 V 挡，对电路进行测量。这时电路中点（1-2）、点（2-3）、点（3-4）、点（4-5）各段电压均应为 0，点（5-6）电压应为 380 V。

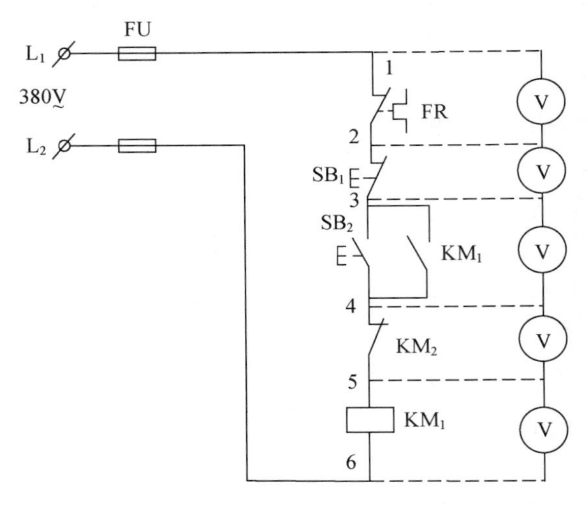

图 9-3　分段电压测量示意图

（1）触点故障。按下按钮 SB_2，若 KM_1 不吸合，可用万用表测量点（1-6）之间的电压，若测得电压为 380 V，说明电源电压正常，熔断器是好的。可接着测量点（1-5）之间的各段电压，如点（1-2）之间电压为 380 V，则热继电器 FR 常闭触点已动作或接触不良，应检查 FR 所保护的电动机是否过载或 FR 整定电流是否调得太小，触点本身是否接触不好或连线松脱；如点（4-5）之间电压为 380 V，则 KM_1 触点或连接导线有故障，以此类推。

（2）线圈故障。若点（1-5）之间各段电压均为 0，点（5-6）之间的电压为 380 V，而 KM_1 不吸合，则故障是 KM_1 线圈或连接导线断开。

除了上述分段测量法，还有分阶测量法和对地测量法。分阶测量法一般是将电压表的一只表笔固定在线路的一端（如图 9-3 中的 6 点），另一只表笔由下而上依次接到 5、4、3、2、1 各点，正常时，电表读数为电源电压。若无读数，则表笔逐级上移，当移至某点读数正常，说明该点以前触点或接线完好，故障一般是此点后第一个触点（即刚跨过的触点）或连线断路。因为这种测量方法像上台阶一样，故称为分阶测量法。对地测量法适用于机床电气控制线路接 220 V 电压且零线直接接于机床床身的电路检修，根据电路中各点对地电压来判断确定故障点。

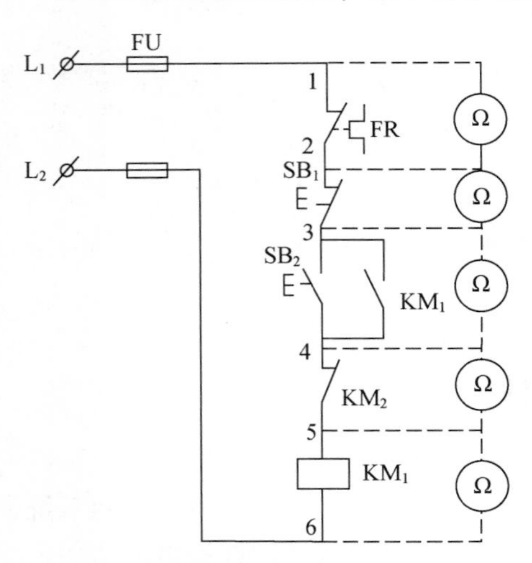

图 9-4　分段电阻测量示意图

2. 电阻测量法

电阻测量法分为分段测量法和分阶测量法，图 9-4 为分段电阻测量示意图。检查时，先断开电源，把万用表拨到电阻挡，然后逐段测量相邻两标号点（1-2）、点（2-3）、点（3-4）、点（4-5）之间的电阻。若测得某两点间电阻很大，说明该触点接触不良或导线断路；若测得点（5-6）间电阻很大（无穷大），则线圈断线或接线脱落；若电阻接近零，则线圈可能短路。

必须注意：用电阻测量法检查故障一定要断开电路电源，否则会烧坏万用表；所测电路如果并联了其他电路，所测电阻值就不准确，易产生误导。因此，测量时必须将被测电路与其他电路断开。最后一点要注意的是选择好万用表的量程，如测量触点电阻时，量程不要放得太高，否则，可能掩盖触点接触不良的故障。

3. 短接法

继电器－接触器控制线路的故障多为断路故障，如导线断路、虚连、虚焊、触点接触不良、熔断器熔断等。对这类故障，用短接法查找往往比用电压法和电阻法更为快捷。检查时，只需用一根绝缘良好的导线将所怀疑的断路部位短接。当短接到某处，电路接通，说明故障就在该处。

（1）局部短接法。局部短接法的示意图如图9-5所示。按下启动按钮SB_2时，若KM_1不吸合，说明电路中存在故障，可运用局部短接法进行检查。检查前，先用万用表测量（1-6）两点间电压，电压不正常，不能用短接法检查。在电压正常的情况下，按下启动按钮SB_2不放，用一根绝缘良好的导线，分别短接标号相邻的两点，如点（1-2）、点（2-3）、点（3-4）、点（4-5）。当短接到某两点时，KM_1吸合，说明这两点间存在断路故障。注意：千万不可将（5-6）两点短接，否则，会将电源短路。

（2）长短接法。长短接法是用导线一次短接两个或多个触点查找故障的方法。相对局部短接法，长短接法有两个重要作用和优点。一是在两个以上触点同时接触不良时，局部短接法很容易造成判断错误，而长短接法可避免误判。以图9-5为例，先用长短接法将（1-5）点短接，如果KM_1吸合，说明（1-5）这段电路有断路故障，然后再用局部短接法或电压法、电阻法逐段检查，找出故障点。二是使用长短接法，可把故障压缩到一个较小的范围。如先短接（1-3）点，KM_1不吸合，再短接（3-5）点，KM_1能吸合，说明故障在（3-5）点之间电路中，再用局部短接法即可确定故障点。

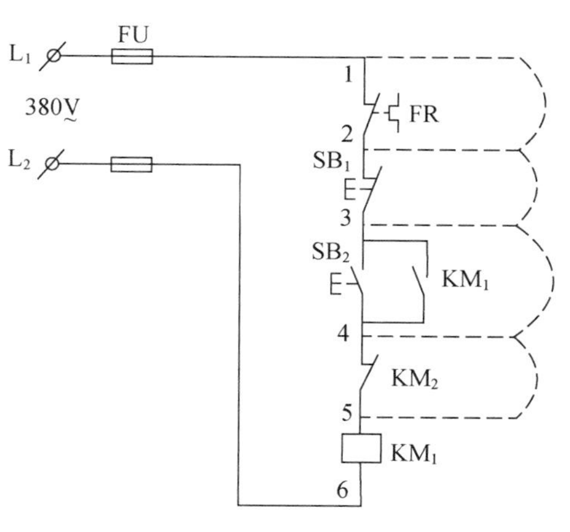

图9-5　局部短接示意图

必须注意：一是短接法是带电操作，因此要切实注意安全。短接前要看清电路，防止错接，烧坏电器设备。二是短接法只适用于检查连接导线及触点一类的断路故障，对线圈、绕组、电阻等断路故障，不能采用此法。三是对机床等设备的某些重要部位，最好不要使用短接法，以免考虑不周，造成事故。

9.1.5　机械设备电气故障的检修步骤

机械设备电气控制电路发生故障后，一般要按如下检修步骤检修电气电路的故障。

1. 熟悉机械设备电气系统维修图

机械设备电气维修图包括机械设备电气原理图、电气箱（柜）内电器位置图、机械设备电气安装接线图及机械设备电器位置图。通过学习电气维修图，做到掌握机械设备电气系统原理的构成和特点，熟悉电路的动作要求和顺序，熟悉各个控制环节的电气控制原理，了解各种电器元件的技术性能。对于一些较复杂的机械设备，还应学习和掌握一些机械设备的机械结构、动作原理和操作方法。如果是液压控制设备，还应了解一些液压原理。这些都是有助于分析机械设备的故障原因的，而且更有助于迅速、灵活、准确地判断、分析和排除故障。

2. 详细了解电气故障产生的经过

机械设备发生故障后，首先必须向操作者详细了解故障发生前设备的工作情况和故障现象（如响声、冒烟、火花等），询问故障前有哪些征兆，这对处理故障极为有益。

3. 分析故障情况，确定故障的可能范围

知道了故障产生的经过以后，对照原理图进行故障情况分析，对比较复杂的机械设备电路，可把它分解成若干控制环节来分析，缩小故障范围，就能迅速地找出故障的确切部位。另外还应查询机械设备的维修保养、电路更改等记录，这对分析故障和确定故障部位有帮助。

4. 进行故障部位的外表检查

故障的可能范围确定后，应对有关电器元件进行外观检查，检查方法如下。

（1）闻。当某些严重的过电流、过电压情况发生时，由于保护电器的失灵，造成电动机、电器元件长时间过载运行，使电动机绕组或电磁线圈发热严重，绝缘破坏，发出臭味、焦味。所以闻到焦味、臭味就能随之查到故障的部位。

（2）看。有些故障发生后，故障元件有明显的外观变化，如各种信号的故障显示，带指示装置的熔断器、空气断路器或热继电器脱扣，接线处或焊点松动脱落，触点烧毛或熔焊、线圈烧毁等。看到故障元件的外观情况，就能着手排除故障。

（3）听。电器元件正常运行时和故障运行时发出的声音有明显差异，听听它们的工作声音有无异常，就能查找到故障元件，如电动机、变压器、接触器等元件。

（4）摸。电动机、变压器、电磁线圈等发生故障和熔断器熔体熔断时，温度明显升高，用手摸一摸发热情况，也可查找到故障所在，但应注意先切断电源，并防止烫伤。

5. 试验机械设备的动作顺序和完成情况

在外表检查中没有发现故障点时，或对故障还需进一步了解时，可采用试验方法对电气控制的动作顺序和完成情况进行检查。应先对故障可能部位的控制环节进行试验，以缩短维修时间。此时只可操作某一个按钮或开关，观察电路中各继电器、接触器、各位置开关的动作是否符合规定要求，是否能完成整个循环过程。如动作顺序不对或中断，则说明此电器与故障有关，再进一步检查，即可发现故障所在。但在采用试验方法检查时，必须特别注意设备和人身安全，尽可能断开主回路电源，只在控制回路进行，不能随意触动带电部位，以免故障扩大和造成设备损坏。另外也要预先估计到部分电路试验后可能发生的不良影响或后果。

6. 用仪表查找故障元件

用仪表测量电器元件是否通路，电路是否有开路情况，电压、电流是否正常，这也是检查故障的有效措施。常用的电工仪表有万用表、兆欧表、钳形电流表、电桥等。

（1）测量电压。对电动机、各种电磁线圈、有关控制电路的并联分支电路两端电压进行测量，如果发现电压与规定要求不符时，则是故障的可能部位。

（2）测量电阻。先将电源切断，用万用表的电阻挡测量电路是否通路、触点的接触情况、元件的电阻值等。

（3）测量电流。测量电动机三相电流、有关电路中的工作电流。

（4）测量绝缘电阻。测量电动机绕组、电器元件、电路的对地绝缘电阻及相间绝缘电阻。

7. 总结经验、摸清故障规律

每次排除故障后，应将机械设备的故障修复过程记录下来，总结经验，摸清并掌握机械设备电气电路故障规律。记录内容主要包括设备名称、型号、编号、设备使用部门及操作者姓名、故障发生日期、故障现象、故障原因、故障元件、修复情况等。

9.2 车床电气控制系统

车床是应用极为广泛的金属切削机床，在各种车床中，用得最多的是卧式车床。主要用于车削外圆、内圆、端面、螺纹和成型表面，也可用钻头、铰刀、镗刀等进行加工。本节以 C616 型卧式车床为例介绍车床电气控制系统的原理及故障检修。

9.2.1 机床结构及控制特点

1. 机床结构

卧式车床主要由床身、床头箱（主轴变速箱）、进给箱、溜板箱、溜板及刀架、尾架、光杠、丝杠等部分组成，如图 9-6 所示。

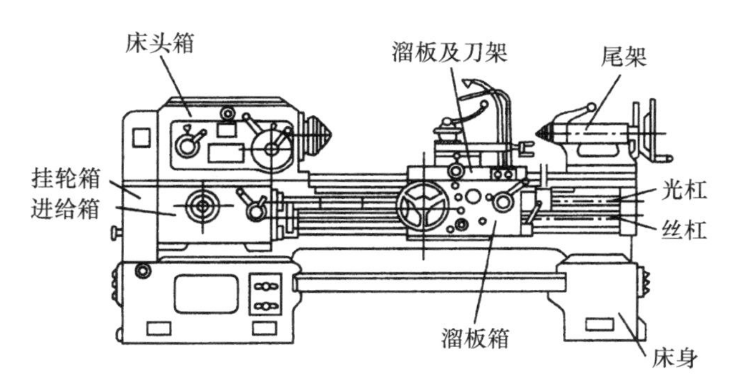

图 9-6　卧式车床结构示意图

车床的主运动是主轴的旋转运动，由主轴电动机通过皮带传到主轴箱驱动；刀架由溜板箱带着直线移动，实现车削进给运动。进给运动仍由主轴电动机驱动实现，运动经主轴箱输出，通过挂轮箱传给进给箱，再通过光杠（加工螺纹时是丝杠）将运动传入溜板箱，溜板箱带动刀架作纵、横两个方向的进给运动。

2. 控制特点

图 9-7 是 C616 型车床的电气原理图。该电路由三部分组成：从电源到三台电动机的电路称为主电路，这部分电路中通过的电流大；由接触器、继电器等组成的电路称为控制电路，采用 380 V 电源供电；第三部分是照明及指示电路，由变压器 TC 次级供电，其中指示灯 HL 的电压为 6.3V，照明灯 EL 的电压为 36 V 安全电压。

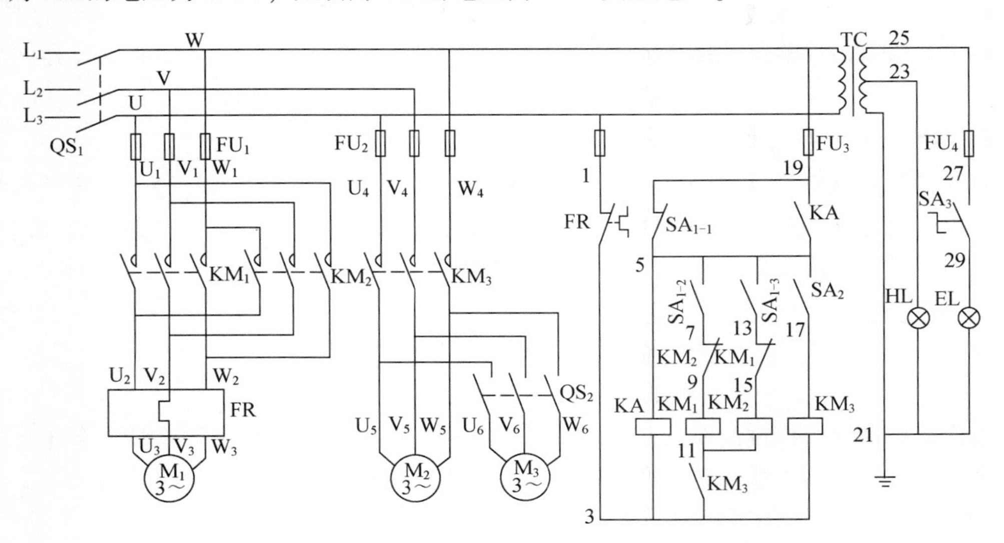

图 9-7　C616 型车床的电气原理图

该车床共有三台电动机，其中 M_1 为主电动机，功率 4 kW，通过 KM_1 和 KM_2 的控制可实现正、反转，并设有过载保护、短路保护和零压保护；M_2 为润滑电动机，由接触器 KM_3 控制；M_3 为冷却泵电动机，功率为 0.125 kW，它除了受 KM_3 控制外，还可视实际需要由转换开关 QS_2 进行控制。

9.2.2　电路工作原理

1. 启动准备

合上电源开关 QS_1，接通电源，变压器 TC 副边有电，指示灯 HL 亮。合上 SA_3，照明灯 EL 点亮照明。

由于 $SA_{1\text{-}1}$ 为常闭触点，故（U-1-3-5-19-W）的电路接通，中间继电器 KA 得电吸合，它的常开触点（5-19）接通，为开车做好了准备。

2. 润滑泵、冷却泵启动

在启动主电动机之前，先合上 SA_2，接触器 KM_3 吸合。一方面，KM_3 的主触点闭合，使润滑泵电动机 M_2 启动运转；另一方面，KM_3 的常开辅助触点（3-11）接通，为 KM_1、KM_2 吸合准备了电路。这就保证了先启动润滑泵，使车床润滑良好后才能启动主电动机。

在润滑泵电动机 M_2 启动后，可合上转换开关 QS_2，使冷却泵电动机 M_3 启动运转。

3. 主电动机启动

SA_1 为鼓形转换开关，它有一对常闭触点 $SA_{1\text{-}1}$，两对常开触点 $SA_{1\text{-}2}$ 与 $SA_{1\text{-}3}$。当启动

手柄置于“零位”时，SA_{1-1}闭合，两对常开触点均断开；当启动手柄置于“正转”位置时，SA_{1-2}闭合，SA_{1-1}、SA_{1-3}断开；当启动手柄置于“反转”位置时，SA_{1-3}闭合，SA_{1-1}、SA_{1-2}断开。这种转换开关可代替按钮进行操作，有的 C616 型车床是用按钮进行操作的，其作用与转换开关相同。

主电动机工作过程如下：当启动手柄置于“正转”位置时，SA_{1-2}接通，电流经（U-1-3-11-9-7-5-19-W）形成回路，接触器 KM_1 得电吸合，其主触点闭合，使主电动机 M_1 启动正转。同时，KM_1 的常闭辅助触点（13-15）断开，形成对反转接触器 KM_2 的互锁。

若需主电动机反转，只要将启动手柄置于“反转”位置，SA_{1-3}接通，SA_{1-2}断开，接触器 KM_1 释放，正转停止，并解除了对 KM_2 的互锁，接触器 KM_2 吸合使 M_1 反转。

主电动机 M_1 需要停止时，只要将 SA_1 置于“零位”，SA_{1-2}及 SA_{1-3}均断开，主电动机的正转或反转均停止，并为下次启动做好准备。

4. 零压保护

零压保护又称为失压保护，它是电动机在正常工作过程中，因外界原因断电时，电动机停止运转；而恢复供电以后，确保电路不会自行接通，电动机不会自行启动运转的一种保护措施。常用的带有自锁环节的按钮-接触器控制电路就具有失压保护功能。

C616 型车床的零压保护是通过中间继电器 KA 实现的。当启动手柄不在“零位”，即电动机 M_1 在正转或反转工作状态而断电时，中间继电器 KA 断电释放，其常开触点（5-19）断开。恢复供电后，由于手柄不在“零位”，SA_{1-1} 断开，KA 不会吸合，它的常开触点（5-19）不会自行接通，电动机 M_1 不会自行启动，起到了零压保护的作用。

9.2.3 常见故障及处理

（1）主轴电动机不能启动。这类故障应重点检查主电动机 M_1 主电路熔断器及控制电路熔断器是否完好，其次检查热继电器 FR 是否动作。

（2）主轴电动机缺相运行。这是因为电源缺相或接触器主触点接触不良等原因造成的。

（3）局部照明及信号灯不亮。重点检查变压器 T 二次侧有无 36 V 电压以及开关和线路是否正常，或者灯是否损坏。

9.3 钻床电气控制系统

钻床是一种应用较广泛的孔加工机床，可进行钻孔、扩孔、铰孔、镗孔和攻螺纹等加工。按结构形式，可分为台式钻床、摇臂钻床、深孔钻床、立式钻床、卧式钻床等。摇臂钻床操作方便、灵活、适用范围广，多用于单件或中、小批量生产中带有多孔大型工件的孔加工。本节介绍 Z3040 型摇臂钻床电气系统工作原理及常见故障处理方法。

9.3.1 机床结构及控制特点

1. 机床结构与运动特点

摇臂钻床的结构示意图如图 9-8 所示，主要由底座、内外立柱、摇臂、主轴箱和工作台等组成。内立柱固定在底座的一端，在它外面套有外立柱，摇臂可连同外立柱绕内立柱回转。摇臂的一端为套筒，套装在外立柱上，借助丝杠的正反转可沿外立柱作上下移动。

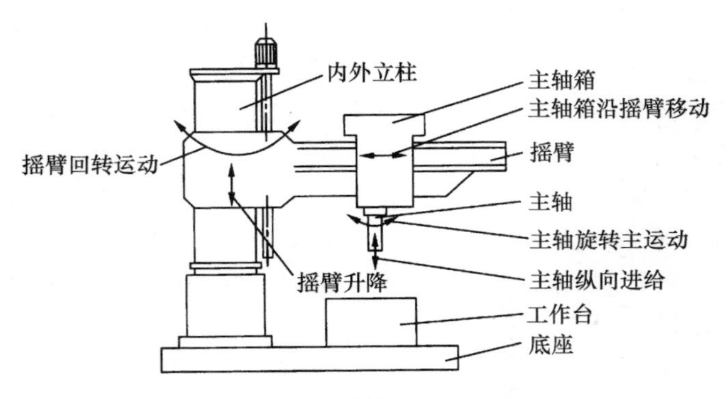

图 9-8　摇臂钻床结构示意

主轴箱安装在摇臂的水平导轨上，可通过手轮操作使其在水平导轨上沿摇臂移动。加工时，根据工件高度的不同，摇臂可沿外立柱上下升降调整，当达到所需位置时，摇臂会自动夹紧在立柱上。

钻床的主运动是主轴带着钻头做旋转运动，进给运动是钻头的上下移动，辅助运动是主轴箱沿摇臂水平移动，摇臂沿外立柱上下移动，和摇臂与外立柱一起绕内立柱的回转运动。

2. 控制特点

图 9-9　是 Z3040 型摇臂钻床电气控制原理图。Z3040 型摇臂钻床是经过系列更新的产品，采用 4 台电动机拖动：主电动机 M_1、摇臂升降电动机 M_2、液压泵电动机 M_3 和冷却泵电动机 M_4。其控制特点如下。

（1）主轴电动机 M_1 担负主轴的旋转运动和进给运动，由接触器 KM_1 控制，只能单方向旋转。主轴的正反转、制动停车、空挡、主轴变速和变速系统的润滑，都是通过操纵机构液压系统实现的。热继电器 FR_1 做 M_1 的过载保护。

（2）摇臂升降电动机 M_2 由接触器 KM_2、KM_3 实现正反转控制。摇臂的升降由 M_2 拖动，摇臂的松开、夹紧则通过夹紧机构液压系统来实现。因 M_2 为短时工作，故不设过载保护。

（3）液压泵电动机 M_3 受接触器 KM_4、KM_5 控制，M_3 的主要作用是供给夹紧装置压力油，实现摇臂的松开与夹紧、立柱和主轴箱的松开与夹紧。热继电器 FR_2 为 M_2 的过载保护电器。

（4）冷却泵电动机 M_4 功率很小，由组合开关 QS_1 直接控制其启停，不设过载保护。

（5）主电路、控制线路、信号（指示）灯线路、照明线路的电源引入开关分别采用自动开关 QF_1～QF_5，自动开关中的电磁脱扣器作为短路保护电器取代了熔断器，并具有零压保护和欠压保护功能。

（6）摇臂升降与其夹紧机构动作之间插入时间继电器 KT_1，使得摇臂升降完成，升降电动机电源切断后，需延时一段时间，才能使摇臂夹紧，避免了因升降机构惯性造成间隙，再次启动摇臂升降时产生的抖动。

（7）设置了明显的指示装置，如主轴箱、立柱松开指示、夹紧指示、主轴电动机旋转指示等。

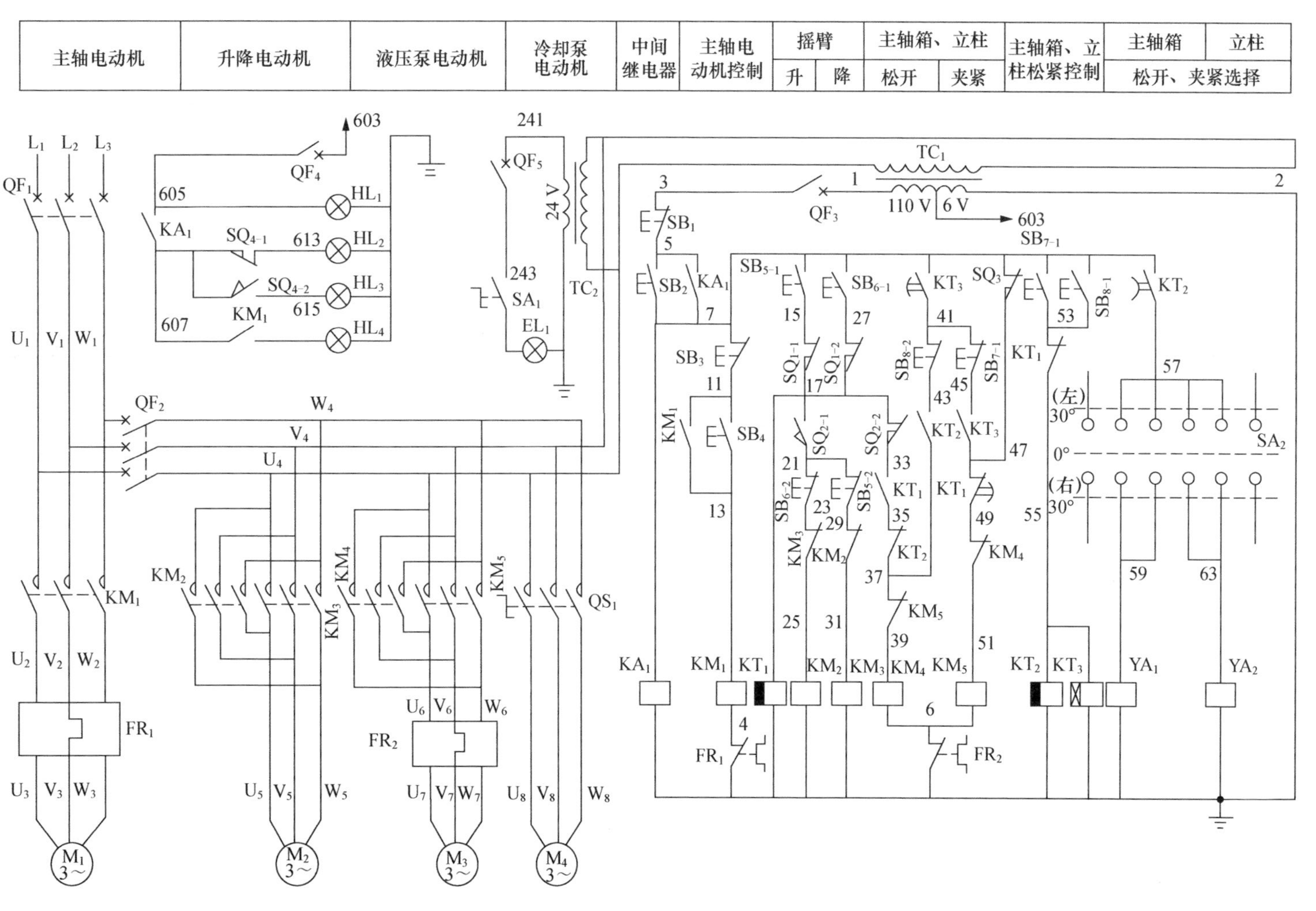

图9-9　Z3040型摇臂钻床电气控制原理图

9.3.2 电路工作原理

开车之前，先将自动开关 QF_2～QF_5 接通，再将电源总开关 QF_1 扳到“接通”位置，引入三相交流电源。电源指示灯 HL_1 点亮，表示机床电气线路已处于带电状态。按下总启动按钮 SB_2，中间继电器 KA_1 线圈得电并自锁，为主轴电动机及其他电动机的启动做好准备。

1. 主轴旋转的控制

主轴的旋转运动由主轴电动机 M_1 拖动，M_1 由主轴启动按钮 SB_4、停止按钮 SB_3、接触器 KM_1 实现单方向启动、停止控制。指示灯 HL_4 为主轴电动机旋转指示。

启动时，$SB_4^{\pm}$—$KM_{1\ 自}^{+}$—M_1^{+}，主轴电动机转动，指示灯 HL_4 亮。

停车时，$SB_3^{\pm}$—KM_1^{-}—M_1^{-}，M_1 断电停止，由液压系统控制使主轴制动停车。

主轴的正、反转运动是由液压系统和正、反转摩擦离合器配合共同实现的。

2. 摇臂升降的控制

摇臂升降由按钮 SB_5、SB_6 点动控制，必须与摇臂夹紧机构液压系统紧密配合，具体动作过程为：摇臂放松—上升或下降—夹紧。所以它与液压泵电动机 M_3 的控制有着密切的关系。以下以摇臂上升为例加以说明。

按下上升按钮 SB_5：SB_5^{+}—KT_1^{+}—$KT_1(33\text{-}35)^{+}$—KM_4^{+}—M_3^{+}，M_3 得电启动正转，液压泵供给压力油。

压力油经分配阀体进入摇臂松开油腔，推动活塞使摇臂松开。摇臂松开到位后，限位开关 SQ_2 动作：

SQ_2^{+} ┬ $SQ_{2\text{-}2}^{-}$—KM_4^{-}—M_3^{-}，M_5 断电停止，液压泵停止供油。
└ $SQ_{2\text{-}1}^{+}$—KM_2^{+}—M_2^{+}，M_2 启动正向旋转，带动摇臂上升。

如果摇臂没有松开，SQ_2 的常开触点 $SQ_{2\text{-}1}$ 就不能闭合，KM_2 就不能通电，M_2 不能旋转，保证了只有在摇臂可靠松开后才能使摇臂上升。

当摇臂上升到所需位置时，松开按钮 SB_5：

SB_5^{-} ┬ KM_2^{-}—M_2^{-},—M_2 断电停止,摇臂停止上升。
└ KT_1^{-}—延时 1 ～ 3 s 后,$KT_1(47\text{-}49)^{+}$—KM_5^{+}—M_3^{+},M_3 反向启动旋转。

压力油经分配阀进入摇臂的夹紧油腔，反方向推动活塞，使摇臂夹紧。摇臂夹紧到位后，活塞杆通过弹簧片使限位开关 SQ_3 的常闭触点（7-47）断开，接触器 KM_5 断电释放，液压泵电动机 M_3 停止旋转，完成了摇臂的松开—上升—夹紧动作。

摇臂的下降过程与上升基本相同，它们的夹紧和放松电路完全一样。所不同的是按下降按钮 SB_6 时为接触器 KM_3 线圈通电，摇臂升降电动机 M_2 反转，带动摇臂下降。

时间继电器 KT_1 的作用是控制 KM_5 的吸合时间，使 M_2 停止运转后，再夹紧摇臂。KT_1 的延时时间应视摇臂在 M_2 断电至停转前的惯性大小调整，应保证摇臂停止上升（或下降）后才进行夹紧，一般调整在 1～3s。

行程开关 SQ_1 担负摇臂上升或下降的极限位置保护。SQ_1 有两对常闭触点，触点 $SQ_{1\text{-}1}$（15-17）是摇臂上升时的极限位置保护，触点 $SQ_{1\text{-}2}$（27-17）是摇臂下降时的极限位置保护。

行程开关 SQ_3 的常闭触点（7-47）在摇臂可靠夹紧后断开。如果液压夹紧机构出现故障，或 SQ_3 调整不当，将使液压泵电动机 M_3 过载。为此，采用热继电器 FR_2 进行过载保护。

3. 立柱和主轴箱的松开、夹紧控制

立柱和主轴箱的松开及夹紧控制可单独进行，也可同时进行，由转换开关 SA_2 和复合按钮 SB_7（或 SB_8）进行控制。SA_2 有 3 个位置：中间位（零位）时，立柱和主轴箱的松开或夹紧同时进行；左边位为立柱的夹紧或放松；右边位为主轴箱的夹紧或放松。复合按钮 SB_7、SB_8 分别为松开、夹紧控制按钮。

以主轴箱的松开和夹紧为例：先将 SA_2 扳到右侧，触点（57-59）接通，（57-63）断开。

主轴箱松开：SB_7^+ ┬ KT_2^+—KT_2(7-57)$^+$—YA_1^+，YA_1 通电吸合接通油路。
└ KT_3^+—延时(1 ～ 3 s)KT_3(7-41)$^+$—KM_4^+—M_3^+ 正转，液压泵供油。

压力油经分配阀进入主轴箱油缸放松油腔，推动活塞使主轴箱放松。松到位后活塞杆使行程开关 SQ_4 复位，触点 SQ_{4-1} 闭合，SQ_{4-2} 断开，指示灯 HL_2 亮，表示主轴箱已松开。

主轴箱夹紧：SB_8^+ ┬ KT_2^+—KT_2(7-57)$^+$—YA_1^+，YA_1 通电吸合接通油路。
└ KT_3^+—延时(1 ～ 3s)KT_3(7-41)$^+$—KM_5^+—M_3^+ 反转，液压泵供油。

压力油经分配阀进入主轴箱油缸夹紧油腔，推动活塞使主轴箱夹紧。夹紧到位后活塞杆使行程开关 SQ_4 动作，触点 SQ_{4-1} 断开，SQ_{4-2} 闭合，指示灯 HL_3 亮，表示主轴箱已夹紧。

当把转换开关 SA_2 扳到左侧时，触点（57-63）接通，（57-59）断开。按松开按钮 SB_7 或夹紧按钮 SB_8 时。电磁铁 YA_2 通电，此时，立柱松开或夹紧；SA_2 在中间位时，触点（57-59）、（57-63）均接通。按下按钮 SB_7 或 SB_8，电磁铁 YA_1、YA_2 均通电，主轴箱和立柱同时进行松开或夹紧。动作过程与主轴箱松开和夹紧时完全相同，不再详述。

由于立柱和主轴箱的松开与夹紧是短时间的调整工作，所以采用点动控制方式。

9.3.3　Z3040 摇臂钻床常见故障分析

Z3040 摇臂钻床电气电路比较简单，其电气控制的特殊环节是摇臂的运动。摇臂在上升或下降时，摇臂的夹紧机构先自动松开，在上升或下降到预定位置后，其夹紧机构又要将摇臂自动夹紧在立柱上。这个工作过程，是由电气、机械和液压系统的紧密配合而实现的。所以，在维修和调试时，不仅要熟悉摇臂运动的电气过程，而且更要注重掌握机电液配合的调整方法和步骤。

1. 摇臂不能上升（或下降）

（1）首先检查行程开关 SQ_2 是否动作，如已动作，即 SQ_2 的常开触点 SQ_{2-1} 已闭合，说明故障发生在接触器 KM_2 或摇臂升降电动机 M_2 上；如 SQ_2 没有动作，则可能是 SQ_2 位置调整不当。后一种情况较常见，实际上此时摇臂已经放松，但由于活塞杆压不上 SQ_2，使接触器 KM_2 不能吸合，升降电动机不能得电旋转，摇臂不能上升。

（2）液压系统发生故障，如液压泵卡死、不转，油路堵塞或气温太低时油的黏度增大，使摇臂不能完全松开，压不上 SQ_2，摇臂也不能上升。

（3）电源的相序接反，按摇臂上升按钮 SB_5，液压泵电动机反转，使摇臂夹紧，压不上 SQ_2，摇臂也就不能上升或下降。

排除故障时，当判断是行程开关 SQ_2 位置改变造成的，则应与机械、液压维修人员配合，调整好 SQ_2 的位置并紧固。

2. 摇臂上升（或下降）到预定位置后，摇臂不能夹紧

（1）行程开关 SQ_3 安装位置不准确，或紧固螺钉松动造成 SQ_3 行程开关过早动作，使液压泵电动机 M_3 在摇臂还未充分夹紧时就停止旋转。

（2）接触器 KM_5 线圈回路出现故障。

3. 立柱、主轴箱不能夹紧（松开）

立柱、主轴箱的夹紧或松开可同时进行，也能单独控制。立柱、主轴箱不能夹紧或松开可能是油路堵塞、接触器 KM_4 或 KM_5 线圈回路出现故障造成的。

4. 按 SB_8 按钮，立柱、主轴箱能夹紧，但放开按钮后，立柱、主轴箱却松开

立柱、主轴箱的夹紧和松开，都采用菱形块结构，故障多为机械原因造成，可能是菱形块和承压块的角度方向装错，或者距离不合适造成的。如果菱形块立不起来，这是因为夹紧力调得太大或夹紧液压系统压力不够所致。作为电气维修人员，掌握一些机械、液压知识，将对维修带来方便，可避免盲目检修并能缩短机床停机时间。

5. 摇臂上升或下降行程开关失灵

行程开关 SQ_1 担负摇臂上升或下降的极限位置保护，失灵分为以下两种情况。

（1）行程开关损坏，触点不能因开关动作而闭合，使电路不能正常工作，摇臂不能上升或下降。

（2）行程开关不能动作，触点熔焊，使电路始终呈接通状态。当摇臂上升或下降到极限位置后，摇臂升降电动机堵转，发热严重，由于电路中没设过载保护元件，会导致电动机绝缘损坏。

6. 主轴电动机刚启动运转，熔断器就熔断

按主轴启动按钮 SB_4，主轴电动机刚旋转，就发生熔断器熔断故障。原因可能是机械机构发生卡住现象，或者是钻头被铁屑卡住，进给量太大，造成电动机堵转，主轴电动机电流剧增，使熔断器熔断。也可能因为电动机本身的故障造成熔断器熔断。

排除故障时，应先退出主轴，根据空载运行情况，区别故障现象，找出原因。

9.4 思考题

1. 如何正确识读设备电气控制原理图？
2. 机械设备电气故障的基本检修方法有哪些？
3. 机械设备电气检修应注意什么问题？
4. C616 型卧式车床主轴的正反转是怎样实现的？
5. C616 型卧式车床电气控制具有哪些保护？它们是如何实现的？
6. Z3040 型摇臂钻床的上升、下降动作分为几个步骤？举例说明。
7. Z3040 型摇臂钻床主轴的正、反转是如何实现的？
8. 在 Z3040 型摇臂钻床电气控制电路中，行程开关 SQ_1～SQ_4 各起什么作用？
9. 分析 C616 型车床电气控制线路，说明：

（1）当熔断器 FU_1，烧断一根时，会出现什么故障现象？

（2）照明灯由 36 V 安全电压供电，为什么它的一端还要接地？

10. 分析 Z3040 型摇臂钻床电气控制线路，说明：

（1）中间继电器 KA_1 在电路中有什么作用？

（2）时间继电器 KT_1、KT_2 的作用是什么？

（3）简述摇臂升降与松开、夹紧的自动过程。

11. 如果 Z3040 型摇臂钻床的摇臂不能夹紧，可能的故障有哪些？

参考文献

［1］巫世晶. 设备管理工程［M］. 北京：中国电力出版社，2005.

［2］郁君平. 设备管理［M］. 北京：机械工业出版社，2001.

［3］胡先荣. 现代企业设备管理［M］. 北京：机械工业出版社，1994.

［4］张翠凤. 机械设备润滑技术［M］. 广州：广东高等教育出版社，2001.

［5］高来阳. 机械设备修理学［M］. 北京：中国铁道出版社，1996.

［6］李葆文. 简明现代设备管理手册［M］. 北京：机械工业出版社，2004.

［7］邵泽波. 机电设备管理技术［M］. 北京：化学工业出版社，2005.

［8］贾继赏. 机械设备维修工艺［M］. 北京：机械工业出版社，2007.

［9］陈冠国. 机械设备维修［M］. 北京：机械工业出版社，2007.

［10］吴先文. 机电设备维修［M］. 北京：机械工业出版社，2005.

［11］张翠凤. 机电设备维修技术［M］. 北京：机械工业出版社，2001.

［12］李士军. 机械维护修理与安装［M］. 北京：化学工业出版社，2004.

［13］高钟秀. 钳工［M］. 北京：金盾出版社，2003.

［14］技工学校机械类通用教材编审委员会. 钳工工艺学［M］. 北京：机械工业出版社，2004.

［15］付承云. 数控机床安装调试及维修现场实用技术［M］. 北京：机械工业出版社，2011.

［16］韩鸿鸾，荣维芝. 数控机床的结构与维修［M］. 北京：机械工业出版社，2004.